“十二五”国家重点图书出版规划项目

马克思主义中国化与当代中国丛书

# 生态文明

## ——建设美丽中国的创新抉择

丛书主编：顾海良

本册主编：张云飞

湖南教育出版社

**图书在版编目（CIP）数据**

生态文明：建设美丽中国的创新抉择 / 顾海良，张云飞主编．—长沙：湖南教育出版社，2014.10
（马克思主义中国化与当代中国丛书）
ISBN 978-7-5539-1347-6

Ⅰ．①生… Ⅱ．①顾…②张… Ⅲ．①生态环境建设－研究－中国 Ⅳ．①X321.2

中国版本图书馆CIP数据核字(2014)第102722号

shengtai wenming jianshe meili zhongguo de chuangxin jueze

**生态文明——建设美丽中国的创新抉择**

丛书主编：顾海良
本册主编：张云飞

策　　划：曹有鹏　龚　宇
责任编辑：张丽英　龚　宇
装帧设计：肖睿子
出版发行：湖南教育出版社（长沙市韶山北路443号）
网　　址：http://www.hneph.com
电子邮箱：228411705@qq.com
客　　服：电话0731—85486742　QQ 228411705
经　　销：湖南省新华书店
印　　刷：湖南贝特尔印务有限公司
开　　本：710×1000　　1/16
印　　张：32
字　　数：459000
版　　次：2014年10月第1版第1次印刷
书　　号：ISBN 978-7-5539-1347-6
定　　价：65.00元

# 序

顾海良

马克思主义中国化的命题，一方面是对运用马克思主义来“化”中国，指导中国革命、建设和改革实践的概括，另一方面也是对以中国实践的经验和理论来“化”马克思主义，实现马克思主义的中国形式和中国话语体系的概括。

马克思主义中国化的命题，是近百年来在中国社会的巨大变革的历史过程中凝练而成的，在中国人民为民族独立、人民解放和国家富强的不懈奋斗中铸就而成的，在中华民族汇聚自身伟大的信念、信心和力量而不断奋进中谱写而成的，在中国共产党人与时俱进地推进马克思主义与中国具体实际相结合的过程中提升而成的。

《马克思主义中国化与当代中国》丛书旨在从理论、历史和现实相结合的视界，以当代中国的改革开放和现代化建设的历史进程和现实推进为主线，描绘中国特色社会主义经济建设、政治建设、文化建设、社会建设、生态文明建设、党的建设、国防和军队建设以及国际战略发展的全景，展示新时期马克思主义中国化的社会背景、历史进程、实践运用、基本经验及理论成果，弘扬中国道路拓新、制度创建及其理论体系创新的感召力、影响力和认同力，提升马克思主义中国化的理论自觉、理论自信和理论自强。

《马克思主义中国化与当代中国》丛书力求以当代中国和世界发展的实际问题、以我们正在做的事情为中心，着眼于马克思主义理论的运用，着眼于实际问题的理论思考，着眼于新的实践和新的发现。在马克思主义基本理论的科学内涵、精神实质和时代风格的结合上，在体现马克思主义中国化、时代化和大众化的融汇中，在坚持党性和凸显人民性的统一上，讲真、讲实、讲好、讲活、讲深中国故事、中国情怀，以丰富人民精神世界、增强人民精神力量、满足人民精神需求，以彰显马克思主义中国化的解释力、影响力和作用力。

《马克思主义中国化与当代中国》丛书努力在紧密联系社会生活实际，多方面和多方位地解读中国实践、中国道路、中国形象中，不断概括出实践和理论创新中科学的开放融通的新概念、新范畴、新表述，传播中国好声音。努力在巩固壮大主流思想舆论和弘扬主旋律上，把握好“时、度、效”，产生更大的正能量，在引领思想政治教育和巩固意识形态阵地的协同上，增强国家精神力量，激发全社会团结奋进的强大力量。在事关大是大非和政治原则问题上，划清是非界限、澄清模糊认识，增强主动性、掌握主动权、打好主动仗。高扬中国特色社会主义伟大旗帜，在多元中立主导、在多样中谋共识、在多变中定方向，尽显中国化马克思主义在思想道德教育和社会思潮中的引领作用。

《马克思主义中国化与当代中国》丛书意在中国梦的意蕴解读、理想升华和实践指向的结合上，在未来瞻望、现实发展和艰苦奋进的联结上，取得新的理论进展。自2012年11月29日习近平总书记在参观《复兴之路》展览时提出“实现中华民族伟大复兴，就是中华民族近代以来最伟大的梦想”以来，中国梦已经成为党的十八大以来中国故事的新开端，成为中国情怀的新抒发，成为中国声音的新乐章。中国梦是对党的十八大主题的深化，集中体现了新一代中央领导集体实现“两个一百年”奋斗目标的战略构想；中国梦是对中华民族近代以来追求“国家富强、民族振兴、人民幸福”夙愿的升华，是中国人对于国家、民族和个人未来的美好憧憬；中国梦是对坚持中国道路、弘扬中国精神、凝聚中国力量的宣示，是对坚持道路自信、理论自信和制度自信的表达；中国梦也是对推动建设公正、民主、和谐的世界秩序的表达，是中国为人类文明进步做出更大贡献的追求。

根据以上这些意旨和要求，《马克思主义中国化与当代中国》丛书分作9册，它们分别是：《旗帜与道路》《中国经济发展模式的创新与发展》《特色与优势——中国政治发展之路》《文化强国之路》《社会建设——走向和谐社会之路》《生态文明——建设美丽中国的创新抉择》《当代中国执政党建设之路》《强军之路》《中国国际战略的新视野》。

《马克思主义中国化与当代中国》丛书撰稿人以武汉大学马克思主义学院学者为主，同时也得到中共中央党校、国防大学、中国人民大学等院校学者的鼎力相助。两年来，在湖南教育出版社领导和编辑人员的指导和策划下，撰稿的学者们通力合作，精心写作。在此，向所有参与撰稿的学者们和湖南教育出版社的朋友们表示衷心的感谢!

《马克思主义中国化与当代中国》丛书被列入“十二五”国家重点图书出版规划，并获得国家出版基金资助。同时，也是湖南省2013年重点出版项目，武汉大学“985”三期重点学科建设支持项目。

# CONTENTS

## 第5章　建设美丽中国的永续未来



# 中　篇　绿色的向往

## 第1章　建设美丽中国的生态目标



## 第2章　建设美丽中国的经济目标

# 前言

QIANYAN

在加快全面建设小康社会的历史进程、开创建设中国特色社会主义新局面的过程中，党的十七大创造性地提出了生态文明的奋斗目标新要求。

党的十七大以来，我们积极大胆地推动生态文明的理论创新。在这方面，形成了以下科学认识：①生态文明的理论内涵。在强调生态文明与可持续发展、人与自然和谐发展的辩证统一的基础上，科学发展观以生态学为科学依据、以马克思主义唯物论为哲学基础、以当代中国的可持续发展为现实目的，以生态理性的精神科学地揭示了生态文明的理论内涵："建设生态文明，实质上就是要建设以资源环境承载力为基础、以自然规律为准则、以可持续发展为目标的资源节约型、环境友好型社会。"[①] 这样，就深化了对生态文明的科学认识，突出了生态阈值、自然规律、生态和谐在生态文明中所具有的本质规定的地位。当然，人口、能源、生态、防灾减灾也是人类生存和发展必备的自然物质条件，与资源和环境存在着复杂的互动关系，因此，科学发展观也十分重视保持和实现这些要素可持续性的意义和价值。文明是实践的事情，是社会的素质。在其哲学实质上，生态文明是人化自然和人工自然的积极进步成果的总和。②生态文明的历史演进。在同自然的和谐相处中发展自己，是人类生存和进步的永恒主题。立足于我国仍然处于社会主义

① 胡锦涛．在新进中央委员会的委员、候补委员学习贯彻党的十七大精神研讨班上的讲话//十七大以来重要文献选编（上）．北京：中央文献出版社，2009：109．

初级阶段的实际，从总结人类文明发展规律的高度，科学发展观没有将生态文明看作是对工业文明的简单的否定和超越，而要求我们走出一条科技含量高、经济效益好、资源消耗低、环境污染少、人力资源优势得到充分发挥的新型工业化路子。这就是，"我们必须把推进现代化与建设生态文明有机统一起来，把建设资源节约型、环境友好型社会放在工业化、现代化发展战略的突出位置，加快形成节约能源资源和保护生态环境的产业结构、增长方式、消费模式"[①]。即要把生态化（生态文明）贯穿在工业化、信息化、城镇化、市场化和全球化发展的全过程中，坚持打一场持久战。③生态文明的系统构成。立足社会系统的复杂构成，根据马克思社会有机体理论和中国特色社会主义总体布局，科学发展观看到了生态化（人与自然和谐发展）对于整个社会有机体的正常存在、健康运行和永续发展的基础性意义，强调指出，"推进生态文明建设，是涉及生产方式和生活方式根本性变革的战略任务，必须把生态文明建设的理念、原则、目标等深刻融入和全面贯穿到我国经济、政治、文化、社会建设的各方面和全过程，坚持节约资源和保护环境的基本国策，着力推进绿色发展、循环发展、低碳发展，为人民创造良好生产生活环境"[②]。即不能将生态文明看作是一个简单的环境保护问题，而必须将之融入和贯穿到社会结构的各个领域中，促进经济、政治、文化、社会等建设事业的全面生态化。同时，绿色发展、循环发展、低碳发展是生态文明的题中之义。④生态文明的依靠力量。建设生态文明是一项复杂的社会系统工程，不是单纯的科技问题，也非精英的一种优雅选择，更非对现行政策的修修补补，而需要我们的大胆创新，因此，科学发展观提出："我们要在新的起点上进一步推进植树造林工作，坚持依靠群众、依靠科技、依靠改革，不断提高生态文明建设成效，努力促进经济社会可持续发展。"[③] 这样，就从社会系统动力观的高度科学地

---

① 胡锦涛．加快转变经济发展方式，走中国特色新型工业化道路//十七大以来重要文献选编（上）．北京：中央文献出版社，2009：78.

② 胡锦涛．全党全国各族人民更加紧密地团结起来　沿着中国特色社会主义伟大道路奋勇前进．人民日报，2012-07-24（1）．

③ 胡锦涛．依靠群众依靠科技依靠改革　不断提高生态文明建设成效．人民日报，2011-04-03（1）。

回答了生态文明建设的途径问题。此外，我们必须将可持续发展战略（生态文明）、科教兴国战略、人才强国战略统一起来，充分发挥教育在生态文明建设中的作用。最后，生态文明建设与作为社会主义和谐社会的要求和特征的人与自然的和谐是一致的，因此，我们必须依托社会主义和谐社会来推进生态文明建设，必须追求人道主义和自然主义相统一的共产主义远大理想。

由于人与自然的关系问题是影响、制约甚至是决定人类存在和发展的基本问题，自然规律存在着复杂性和非线性，因此，“人类对自然规律的认识和把握，是一个永不停息的过程，规律性的东西往往要通过现象的不断往复和科学技术的不断发展才能更明确地被人们认知。只要我们坚定不移地走科学发展道路，锲而不舍地探索和认识自然规律，坚持按自然规律办事，不断增强促进人与自然相和谐的能力，就一定能够不断有所发现、有所发明、有所创造、有所前进，就一定能够做到让人类更好地适应自然、让自然更好地造福人类”[①]。在这个意义上，生态文明既不是一蹴而就的，也不是一劳永逸的。生态文明不能也不可能成为取代工业文明的新的文明。事实上，生态文明是贯穿人类文明发展始终的永恒主题，是人类社会的一项永远未竟的事业。

其实，生态文明建设的过程就是人类从必然王国不断向自由王国飞跃的过程，需要我们不断在物种方面和社会关系方面将自己从动物中提升出来，实现人与自然的和解、人与社会的和解。“马克思在《资本论》中对未来社会作了描绘，指出：‘社会化的人，联合起来的生产者，将合理地调节他们和自然之间的物质变换，把它置于他们的共同控制之下，而不让它作为一种盲目的力量来统治自己；靠消耗最小的力量，在最无愧于和最适合于他们的人类本性的条件下来进行这种物质变换。’这里面既强调了社会关系的变革，也强调了人与自然关系的变革，深刻体现了马克思主义关于发展的世界观和方法论。”[②] 因此，生

① 胡锦涛．在全国抗震救灾总结表彰大会上的讲话//十七大以来重要文献选编（上）．北京：中央文献出版社，2009：644．

② 胡锦涛．在新进中央委员会的委员、候补委员学习贯彻党的十七大精神研讨班上的讲话//十七大以来重要文献选编（上）．北京：中央文献出版社，2009：108．

态文明，即人与自然和谐发展的程度和水平，只有在共产主义条件下才能真正成为现实。当代中国的生态文明建设是联系现实和未来的桥梁。我们必须为人道主义和自然主义相统一的共产主义理想而不懈奋斗！

党的十七大以来，我国的生态文明建设稳步推进，取得了一系列的重大成果。作为可持续发展战略的积极实践者，“我们注重统筹兼顾经济发展、社会进步和环境保护。在经济发展方面，过去34年国内生产总值年均增长9.9%，贫困人口减少2亿多，中国成为最早实现联合国千年发展目标中‘贫困人口比例减半’的国家。中国实行最严格的耕地和水资源保护制度，用占全球不到10%的耕地和人均仅有世界平均水平1/4的水资源，养活了占全球1/5的人口。在社会建设方面，全面实现免费义务教育，不断深化养老保障制度改革，初步建立覆盖城乡居民的基本养老和基本医疗保障体系。在环保领域，全面推进节能减排，过去6年单位国内生产总值能源消耗降低了21%，相当于减少二氧化碳排放约16亿吨，主要污染物排放总量减少了15%左右。建成世界上最大的人工林，面积达62万平方千米。我们用行动履行了对本国人民和国际社会的庄严承诺”①。这样，在推动生态文明建设取得骄人成就的同时，也极大地促进了当代中国的全面发展。此外，我国为推进生态文明也在政治和文化上不断进行努力。例如，为控制气候问题，我国已制定和实施了《应对气候变化国家方案》，成立了国家应对气候变化和节能减排工作领导小组以及应对气候变化专门管理机构，颁布了一系列法律法规，提出了节能减排的具体任务。现在，已将之纳入“十二五”规划纲要中，并将继续采取强有力的措施。

同时，我国在环境外交和环境国际合作领域也取得了重大成就。我国领导人出席了一系列的重大的国际环境会议。从世界资本主义体系发展不平衡的实际出发，在充分考虑到全球性问题的复杂性的同时，我国在国际环境事务中一直坚持“共同但有区别的责任”的原则：“携手推进可持续发展，应当坚持公平公正、开放包容的发展理念。我们既要勇于承担保护地球的共同责任，又要正视各国发展阶段、发展水平不同

① 温家宝．创新理念　务实行动　坚持走中国特色可持续发展之路——在联合国可持续发展大会高级别圆桌会上的发言．人民日报，2012-06-22（2）．

的客观现实，继续发扬伙伴精神，坚持里约原则，特别是共同但有区别的责任原则，确保实现全球可持续发展，确保在这一过程中各国获得公平的发展权利。发展中国家应当根据本国国情，制定并实施可持续发展战略，继续把消除贫困放在优先位置。发达国家要践行承诺，改变不可持续的生产和消费方式，减少对全球资源的过度消耗，并帮助发展中国家增强可持续发展能力。多样性是当今世界的基本特征。国际社会应当本着开放包容的精神，尊重不同历史文化、宗教信仰、社会制度的国家自主选择可持续发展道路。”[①]作为可持续发展国际合作的有力推动者，我们积极推进南北合作和南南合作，承担了与自身能力相符的责任与义务。例如，截至2011年底，中国累计免除50个重债穷国和最不发达国家近300亿元人民币的债务，承诺给予绝大多数最不发达国家97%税目的产品零关税待遇。中国领导人表示，今后，我们将一如既往地促进最不发达国家的可持续发展。

当然，在肯定成绩的同时，我们也不讳言存在的问题。从根本上来看，这是由我国仍然处于社会主义初级阶段的实际决定的，是由人口多而资源人均占有量少的国情造成的，是由非再生性资源储量和可用量不断减少的趋势决定的。因此，我们一直强调，必须把建设生态文明摆在重要的战略位置，把工作抓得紧而又紧、做得实而又实。

在上述理论创新成果的指导下，根据我国生态文明建设的实践经验，为了实现全面建成小康社会的奋斗目标，立足于我国目前的实际，党的十八大进一步将生态文明纳入中国特色社会主义总体布局中，将中国特色社会主义看作是由社会主义市场经济、社会主义民主政治、社会主义先进文化、社会主义和谐社会、社会主义生态文明构成的整体；要求将生态文明放在突出地位，融入经济建设、政治建设、文化建设和社会建设各方面和全过程，努力建设美丽中国，实现中华民族的永续发展；为此，要形成节约资源和保护环境的空间格局、产业结构、生产方式和生活方式，要加强生态文明制度建设。同时，党的十八大把中国共产党领导人民建设社会主义生态文明的内容第一次明确地写入了《中国

① 温家宝．共同谱写人类可持续发展新篇章——在联合国可持续发展大会上的演讲．人民日报，2012-06-21（2）．

共产党章程》。在此基础上，2013年11月，党的十八届三中全会通过的《中共中央关于全面深化改革若干重大问题的决定》提出，必须加快生态文明制度建设，用制度保护生态环境 。

显然，在建设中国特色社会主义的实践中，生态文明是在马克思主义中国化的过程中由中国特色社会主义理论尤其是科学发展观提出的重大理论创新成果，不仅丰富和发展了马克思主义生态文明理论，而且开创和形成了中国化马克思主义尤其是中国特色社会主义的生态文明理论。这样，在告别“修补论”（生态现代化理论和绿色资本主义）、批判“超越论”（浪漫主义、生态中心主义和后现代主义）、超越“嫁接论”（生态马克思主义和生态社会主义）的过程中，科学发展观就成为一种生态上的“创新论”，就成为科学的生态文明观。只有在科学发展观的指导下，我们才能走上生产发展、生活富裕、生态良好的文明发展道路，才能建成美丽中国，才能走向社会主义生态文明新时代，才能对世界文明做出重大的贡献。

根据上述考虑，我们分“绿色的选择”、“绿色的向往”和“绿色的行动”三篇来布展本书的结构和内容。

上篇立足党在社会主义初级阶段的基本路线，根据逻辑与历史、理论与实践相统一的辩证思维原则，将着重考察当代中国生态文明建设的科学依据。这就是要看到，“中国特色社会主义道路，是实现我国社会主义现代化的必由之路，是创造人民美好生活的必由之路。中国特色社会主义道路，既坚持以经济建设为中心，又全面推进经济建设、政治建设、文化建设、社会建设、生态文明建设以及其他各方面建设；既坚持四项基本原则，又坚持改革开放；既不断解放和发展社会生产力，又逐步实现全体人民共同富裕、促进人的全面发展”[①]。为此，我们将探讨建设美丽中国提出的战略构想、创新视野、指导思想、辩证要求和永续方向，展现生态文明的新构想。

中篇立足中国特色社会主义总体布局，根据唯物史观关于社会有机体存在和演化的自然物质条件理论和社会结构理论，将重点说明当代

① 习近平．紧紧围绕坚持和发展中国特色社会主义　学习宣传贯彻党的十八大精神．人民日报，2012-11-19（2）．

中国生态文明建设的内容构成。核心是“要深刻理解把生态文明建设纳入中国特色社会主义事业总体布局的重大意义，深入领会生态文明建设的指导原则和主要着力点，自觉把生态文明建设融入经济建设、政治建设、文化建设、社会建设各方面和全过程”[①]。为此，我们将生态文明系统的构成划分为生态目标、经济目标、政治目标、文化目标和社会目标五个方面（五个子系统），将之视为建设美丽中国的五个基本要求，由此展现生态文明的全景图。

下篇根据唯物史观的社会动力系统理论，将主要论述当代中国生态文明建设的系统路径。我们要看到，“党的十八大把生态文明建设纳入中国特色社会主义事业总体布局，使生态文明建设的战略地位更加明确，有利于把生态文明建设融入经济建设、政治建设、文化建设、社会建设各方面和全过程。这是我们党对社会主义建设规律在实践和认识上不断深化的重要成果。我们要按照这个总布局，促进现代化建设各方面相协调，促进生产关系与生产力、上层建筑与经济基础相协调”[②]。为此，我们将探讨建设美丽中国的科技支撑、教育支撑、制度支撑、群众路线和远大理想，由此展现生态文明的大愿景。

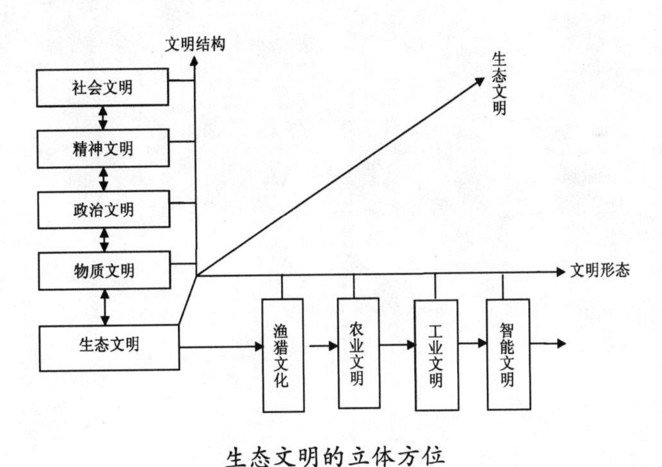


生态文明的立体方位

我们试图在历史和现实、理论和实践、要素和系统、要素和过

① 习近平．认真学习党章　严格遵守党章．人民日报，2012-11-20日（1）．
② 习近平．紧紧围绕坚持和发展中国特色社会主义　学习宣传贯彻党的十八大精神．人民日报，2012-11-19（2）．

程、事实和价值相统一的基础上，描绘出一幅建设美丽中国的新构想、全景图和大愿景。

显然，当代中国的生态文明建设，就是要建设美丽中国，实现中华民族的伟大复兴和永续发展，走向社会主义生态文明新时代，为全球生态安全和人类可持续发展做出重大贡献。

# 上篇

## 绿色的选择

lüse
de xuanze

# 建设美丽中国的战略构想

建设生态文明，是关系人民福祉、关乎民族未来的长远大计。面对资源约束趋紧、环境污染严重、生态系统退化的严峻形势，必须树立尊重自然、顺应自然、保护自然的生态文明理念，把生态文明建设放在突出地位，融入经济建设、政治建设、文化建设、社会建设各方面和全过程，努力建设美丽中国，实现中华民族永续发展。

——胡锦涛：《坚定不移沿着中国特色社会主义道路前进　为全面建成小康社会而奋斗——在中国共产党第十八次全国代表大会上的报告》（2012年11月8日），北京：人民出版社，2012年，第39页。

中国特色社会主义是全面发展、全面进步的事业。在建设中国特色社会主义的过程中，不仅必须大力搞好经济建设、政治建设、文化建设、社会建设，而且必须大力加强生态文明建设。建设生态文明，关系到人民群众的切身利益，关系到中华民族的生存发展，关系到人类社会的永续未来。只有大力加强生态文明建设，我们才能建成美丽中国。

# 一、民族复兴的科学蓝图

鸦片战争后，中国陷入了内忧外患之中，于是，实现中华民族的伟大复兴成为近代以来中国的伟大使命。历史表明，实现中国特色社会主义现代化是实现这一使命的必由之路。

## （一）中国特色社会主义现代化是历史的必然选择

古老的中国之所以在西方的坚船利炮面前一败涂地，重要原因之一就是没有实现现代化。为了实现现代化，经过艰辛的探索，我们最终选择了中国特色社会主义现代化道路。

1949年之前，在中国形成了传统主义、资本主义和新民主主义三种现代化的道路。但是，无论是“师夷长技以制夷”的地主开明派的探索，还是“办洋务制洋兵”的地主阶级实力派的尝试，都以失败而告终。中国资产阶级在走上历史舞台之时，就开始了对现代化的追求。但是，戊戌变法最终以夭折收场。“护法战争”和“国民革命”的失败，证明资产阶级革命派的模式是无效的。民族资产阶级的模式具有空想性。官僚资本主义的模式使中国现代化彻底走上了一条不归之路。而中国共产党强调，在新民主主义政治条件具备之后，必须采取切实的步骤逐步使中国变为工业国；为此，一定要“节制资本”和“平均地权”。显然，中国选择社会主义是历史的必然，是人民的选择。

在领导中国人民进行现代化建设的过程中，中国共产党把马克思主义基本原理与中国具体实际相结合，最终开辟了中国特色社会主义道路。①现代化制度的选择。尽管现代化首先是在西方资本主义国家完成的，但是，资本主义现代化是以“异化”为代价而实现的；因此，中国现代化必须选择社会主义作为制度保障。当然，强调现代化的社会主义性质，并不是要一概否定资本主义现代化。②现代化内容的拓展。1953年，我们提出了以“一化三改”为主要内容的过渡时期的总路线，明确把社会主义工业化作为国家独立和民族富强的当然要求和必要条件。虽然工业化是现代化的基础和核心，但不是现代化的全部。因此，1959年以后，我们对现代化的认识逐步从经济领域扩展到了国防和科技领域，最终提出了实现工业现代化、农业现代化、科学技术现代化和国防现代化的奋斗目标。在三届人大（1965年）和四届人大（1975年）会议上，我们将之上升到了国家意志的高度。自此，实现社会主义现代化就成为中国社会发展的目标。③现代化模式的确立。在新中国成立之初，我们采用的是“苏联模式”。从1955年底开始，我们提出中国的社会主义建设应该避免走苏联那样的弯路。但是，由于一系列复杂的原因，到20世纪80年代初期，极“左”路线造成的阻碍现代化的因素仍然没有得到有效消除。为此，1978年以后，我们采取了改革开放的路线。改革开放以来，我国经济总量已经上升为世界第2位，生产力水平、综合国力和人民群众的物质文化水平得到了极大提高。取得这一切成绩和进步的根本原因就是：我们开辟了中国特色社会主义道路，形成了中国特色社会主义理论体系，初步建立了中国特色社会主义制度。

总之，中国特色社会主义现代化是我们对近代以来中国的基本主题的科学解答，是实现中华民族伟大复兴“中国梦”的必然选择。

### （二）中国特色社会主义现代化是整体的历史进步

在实现社会主义现代化的过程中，我们不断进行实践和探索，使得中国特色社会主义现代化的总体目标和发展任务不断系统化。

在改革开放之初，我们首先明确了我们所要实现的现代化是中国特色社会主义的现代化。由于社会生产力较为落后，我国仍然处于社会主义初级阶段，因此，我国现代化建设必须从这个最大的实际出发。在提出社会主义初级阶段理论的基础上，党的十三大正式确立了我国现代化“三步走”的发展战略：第一步，以1980年为基点，到1990年实现人均国民生产总值翻一番（达到500美元），解决人民群众的温饱问题；第二步，到20世纪末，实现国民生产总值再翻一番，达到人均1000美元，人民生活达到小康水平；第三步，到21世纪中叶，再翻两番，人均国民生产总值大体上达到4000美元，人民生活比较富裕，基本实现现代化，然后，在此基础上继续前进。最后，党的十三大把建设富强、民主、文明的现代化强国确立为我国社会发展的目标。

中国特色社会主义现代化的内涵和目标是随着时代的发展而不断拓展的。2000年10月，中共十五届五中全会提出，我们的现代化必须依靠科技进步和创新推动，发展必须是全面的、协调的，是包括经济、社会、生态环境在内的全面发展，是物质文明和精神文明的协调发展。2002年11月，党的十六大报告明确提出，全面建设小康社会包括经济、政治、文化和可持续发展等目标，在此基础上，要推动整个社会走上生产发展、生活富裕、生态良好的文明发展道路。这一要求将可持续发展纳入现代化建设的发展目标中，体现了全面建设小康社会是一个整体的、全面的社会进步过程。

在现代化建设中，必然会遇到各种利益关系，需要协调各种矛盾。因此，在阐述全面建设小康社会的宏伟目标时，党的十六大报告提出了“经济更加发展、民主更加健全、科教更加进步、文化更加繁荣、社会更加和谐、人民生活更加殷实”的发展愿景，这样，社会和谐就成为现代化建设的题中应有之义。在此基础上，党的十六届四中全会提出了构建社会主义和谐社会的任务。社会主义和谐社会是民主法治、公平正义、诚信友爱、充满活力、安定有序、人与自然和谐相处的社会。这样，就使中国特色社会主义总体布局发展成为包括经济建设、政治建设、文化建设、社会建设在内的四位一体的格局。

没有良好的可持续支撑系统，任何现代化目标都无从谈起，因此，在十六大报告中提出的全面建设小康社会新目标的基础上，党的十七大将生态文明确立为全面建设小康社会的新要求。经过5年的探索和实践，党的十八大进一步将生态文明确立为中国特色社会主义总体布局中的重要一位（中国特色社会主义总体布局是由社会主义市场经济、社会主义民主政治、社会主义先进文化、社会主义和谐社会、社会主义生态文明构成的整体）。作为中国特色社会主义总体布局中的一位，生态文明涵纳了人口、资源和能源、环境、生态和防灾减灾等一系列的要求，还涉及空间格局的优化、产业结构的调整、生产方式的转变、生活方式的变革、思想观念的更新等方面的问题。在实质上，生态文明是如何更好地促进人与自然和谐发展的问题。在总体上，生态文明是促进社会主义现代化顺利前进的基础和保证。

事实上，现代化是整体的社会历史进步过程。任何一个领域现代化的缺失，都是不完整的现代化；任何一种文明的充分发展，都将极大地促进现代化的速度与水平。因此，努力构建社会主义物质文明、社会主义政治文明、社会主义精神文明、社会主义社会文明和社会主义生态文明五位一体的社会主义文明体系，既是中国特色社会主义发展的题中应有之义，也是社会主义现代化建设的目标与主旨。

总之，在加强党的建设的基础上，中国特色社会主义就是要把中国建设成为一个富强、民主、文明、和谐、美丽的社会主义现代化强国。

## 二、经济起飞的自然困境

现代化建设需要良好的自然物质条件的支撑，但是，我国现代化从起飞之初就面临着严峻的自然物质条件方面的制约。

### （一）经济起飞的人口困境

持续的人自身生产为物质生产提供了主体条件，而不可持续的人自身生产会限制物质生产。在这方面，人口数量膨胀和人口素质低下一直是困扰我国现代化的重大障碍。

人口基数大，增长速度快。人口问题已成为阻碍世界各国可持续发展的重大障碍。我国人口的增长经历着与世界人口变化大致相同的历程。1949年，我国约有5.4亿人口；1954年人口达到6亿，54年等于前140年的增长数；1969年，人口猛增到8亿，仅15年就等于过去54年的增长数；1980年人口近10亿，在11年内又增加了2亿；1995年，达到12.1亿；2010年，我国总人口数约为13.4亿。在过去的30多年中，尽管我们不遗余力地抓了计划生育工作，但人口问题积重难返。人口数量增长带来了一系列压力。例

如，为了满足现有庞大人口生存的需要，我国国民生产总值的1/4被新增人口抵消了。（以上数据未包括台湾、香港、澳门）

人口素质低，教育发展慢。在我国，面临着人力资本存量严重不足的问题。①身体素质情况。虽然我们在提高人口身体素质方面取得了巨大的成就，但是，仍然存在着相当数量的身体素质低下的人口，各种地方病、遗传疾病成为影响提高身体素质的严重障碍。②文化素质情况。1949年，我国文盲率高达80%，小学入学率是20%。到1976年，文盲率下降到了20%，小学入学率提升至96%。到2005年底，全国普及九年义务教育和扫除青壮年文盲地区的人口覆盖率已提高到95%，小学入学率达到99%，青壮年文盲率下降到4%以下。截至2010年11月，我国文盲人口（15岁及以上不识字的人）为54656573人。尽管同十年前相比，文盲率由6.72%下降为4.08%，但是，这个比例仍然成为我国人口素质低下的一个主要表征。这样，人力资本的投资情况就成为影响我国现代化的关键变量之一。（以上数据未包括台湾、香港、澳门）

总之，人口数量和质量的双重压力，决定了中国的现代化建设必须走可持续发展之路。

### （二）经济起飞的资源困境

尽管我国素有地大物博的先天优势，但是仍然面临着严重的资源能源压力。

资源总量与人均占有量不对称。尽管我国资源能源的基础储备值较高，但由于人口基数大，人均占有量很低。①水土资源人均情况。我国陆地面积约为960万平方千米，居世界第3位，但是，人均土地面积不及世界平均水平的1/3。我国耕地占世界耕地面积的9%，居世界第4位，但人均耕地面积0.094公顷，只相当于世界平均水平的40%左右。我国森林面积1.75亿公顷，人均森林面积只有世界平均水平的1/5。我国草地面积4.0亿公顷，居世界第2位，但人均面积仅为世界平均水平的50%。我国水资源总量为2.8万亿立方米，居世界第4位，但是，人均淡水资源只有2100立方米，仅为世界平均水平的1/4，列世界第120位。②能源资源人均情况。我国煤炭、石油、天然气人均占有量分别为世界水平的2/3、1/6和1/15。③矿产资源人均情况。目前，我国已查明的矿产资源总量约占世界的12%，居世界第3位；但是，人均占有量仅为世界平均水平的58%，居世界第53位。其中，煤、石油、天然气人均占有水平分别只及世界平均水平的55%、11%和4%。总之，中国目前以占世界9%的耕地、6%的水资源、4%的森林、1.8%的石油、0.7%的天然气、不足9%的铁矿石、不足5%的铜矿和不足2%的铝土矿，养活着占世界20%的人口。

资源分布与资源使用不对称。我国的许多资源在地理分布上存在着天然的不均衡现象。①水土资源分布情况。如果以昆仑山—祁连山—秦岭—淮河为界，我国南方水资源占全国总量的4/5，耕地不到全国总耕地面积的2/5，水田面积占全国水田面积的90%以上；而北方水资源、耕地资源分别占同类资源全国总量的1/5和3/5，耕地以旱地居多，占全国总面积的70%以上，且水热条件差，大部分依赖灌溉。如果以东西区域来看，水资源存在东多西少的特点，全国80%以上的水力资源则集中在西部12个省（市、区）。②能源资源分布情况。煤炭资源北多南少，北方地区占据着全国煤炭资源的90%以上；其中，太行山—雪峰山以西的储量为7750亿吨。天然气资源西多东少，全国80%以上的天然气资源集结在四川盆地和塔里木盆地之中；中、西部天然气分别占陆上资源量的43.2%和39.0%。石油资源分布也极为不均，陆上石油资源主要分布在松辽、渤海湾、塔里木、准噶尔和鄂尔多斯五大盆地。③矿产资源分布情况。我国的矿产资源的分布也表现为西多东少的特点。西部地区铬铁矿储量占全国的73%，铜、铅占41%，锌占44%，镍占88%，汞占86%，钾盐占99%，磷矿占49%，石棉矿占98%。然而，全国消耗资源能源较大的东部和沿海地区基本上是资源能源较为缺乏的地区。这些资源的分布状况极大地影响了地区经济的稳定发展和全国经济水平的均衡发展，导致了每年资源能源运输方面的巨大压力。

总之，我国资源能源存在的上述特点，对我国现代化建设构成了一种难以逾越的障碍。

### （三）经济起飞的生态困境

我国在开始现代化的征程时，就是在较为严重的生态恶化的情况下进行的。

森林破坏的历史及其影响。我国原本拥有十分丰富的森林资源。据1988年全国森林调查显示，我国当时森林面积为124.6万平方千米，与古代森林面积比较，大约减少了289.3万平方千米。根据2006年公布的第六次全国森林资源清查结果，我国现有森林面积1.75亿公顷，森林覆盖率18.21%，森林蓄积量124.56亿立方米。两次清查间隔期内，我国森林覆盖率增长了1.66个百分点，但是，仍然低于22.0%的世界平均水平。

水土流失的历史及其影响。孕育了中华文明的黄河流域，在先秦时期，生态环境状况良好，适合农业生产。到了秦汉时期，这一区域的森林开始遭到破坏。由于植被破坏和水土流失，黄河流域经常泛滥成灾。据记载，2000多年来，黄河下游溃堤达一千五六百次，较大规模的改道有26次，水灾范围北至天津，南抵苏皖，广达25万平方千米。清初至鸦片战争近200年间，黄河决口达361次，平均每6个多月1次。在1854—1855年，黄河的入海口向北移动了将近500千米，几百万人为此丧生。由于我国生态环境具有脆弱性的特点，致使生态环境进一步持续恶化。

自然灾害的特点及其影响。我国幅员辽阔，地理气候条件复杂，自然灾害表现出以下特点：①灾害种类多，发生频率高。除现代火山活动导致的灾害外，水灾、旱灾、地震、台风、风雹、雪灾、山体滑坡、泥石流、病虫害、森林火灾等，在我国每年都有发生。其中，我国受季风气候影响十分强烈，气象灾害频繁；位于欧亚、太平洋及印度洋三大板块交会地带，地震活动也十分频繁。从公元前206年到公元1949年的2155年中，我国发生水旱灾害1750次，其中大旱灾1000多次，大水灾600多次，平均约81%的年份都经受不同程度的水、旱灾害。②区域性特征明显，分布地域广。旱灾主要分布在黄淮海平原和黄土高原；水灾多出现在七大流域中下游沿河两岸；台风多见于东南沿海；雪灾、寒潮大风主要分布于青藏高原和内蒙古高原；沙暴多发生在西北地区；地震主要发生在华北、西北、西南三大地震带上；滑坡、泥石流集中在地貌二级阶梯上且以西南地区最盛。同时，全国各地均不同程度受到自然灾害的影响。我国有45%的土地属于干旱或半干旱地区，干旱频率均在40%以上，南方地区在50%～60%。2/3以上的土地面积受到洪涝灾害威胁。东北、西北、华北等地区旱灾频发，西南、华南等地严重干旱时有发生。约占土地面积69%的山地、高原区域因地质构造复杂，滑坡、泥石流、山体崩塌等地质灾害频繁发生。另外，我国灾害还具有季节性和阶段性特征突出、灾害共生性和伴生性显著等特点。

可见，我国的基础生态体系具有脆弱性的特点，构成了现代化建设的重要自然障碍。

总之，人口资源环境构成了最基本的自然物质条件，经济社会发展必须与之相协调，但是，我国在自然物质条件方面存在着天然的不足和局限，这样，就决定了我国的现代化必须选择可持续发展的道路。

## 三、经济发展的环境代价

改革开放以来，我国加快了现代化的发展速度，一直以平均两位数左右的速度在增长。但是，快速的经济增长在造就“中国奇迹”的同时，也带来了严重的生态环境方面的后果。

### （一）资源消耗加快

伴随着举世瞩目的快速的经济增长，我国资源能源的消耗速度在不断加快，资源能源领域所承受的压力日益加大。

开发力度加大，剩余储备减少。为了满足社会对资源能源的需求，我们加大了资源能源的开发力度。从用水的情况来看，2000—2010年，全国总用水量、人均用水量都节节攀升。由于总用水量呈增长态势，加之我国本身存在着人均水资源少的国情，这样，就加剧了水荒。从能源消费的情况来看，近些年，我国煤炭、石油和天然气查明可采储量相较于20世纪均有所上升，但是，由于能源消耗速度始终快于经济增长速度，结果导致了能源储备量的下降。目前，我国煤炭、石油、天然气的人均剩余可采储量分别只有世界平均水平的58.6%、7.69%和7.05%。伴随着剩余储备的减少，煤荒、电荒、油荒也纷至沓来。从矿产资源的消费来看，也一直存在着供不应求的情况。目前，大宗性矿产资源开采量过大，保障程度很低。面对快速增长的经济，矿产资源供需紧张的局面预计有可能进一步加剧。

消耗速度加快，利用效率较低。我国正处于现代化的快速发展进程中，经济社会发展对于资源能源的依赖程度比发达国家大得多，加之粗放的资源能源开发和利用方式，致使资源能源的消耗规模和强度都十分巨大。与1980年相比，2010年我国能源消耗总量比1980年增加了264664万吨标准煤，增幅较大。与此同时，资源能源的利用效率却并不乐观。一直以来，我国的能源利用效率总体水平偏低，单位GDP能耗远远高于世界平均水平。2005年，我国单位GDP的能耗为1.22吨标准煤。按当时的汇率算，比世界平均水平高2.2倍。比美国、欧盟、日本分别高2.4倍、4.6倍、8倍。2011年我国单位GDP能耗下降估计为3%左右，但没有实现原定的下降3.5%的全年目标。

对外依存度高，资源安全堪忧。由于能源资源自然禀赋的局限和社会经济需求的增大，导致我国资源能源的对外依存度加大。在能源方面，自1993年成为石油净进口国之后，我国石油对外依存度在1995年到2000年这5年间增加了23.4个百分点。近年来，全球石油进口增长量中的40%来自我国，我国已成为世界上第二大石油消费国。2009年，我国石油进口量为2.56亿吨，对外依存度超过56.6%。预计到2020年，石油对外依存度将有可能接近60%。在资源方面，自2000年以来，世界铁矿石贸易增加量的85%都流向我国，我国铁矿石对外依存度2003年为54%，到2009年已超过68%。2009年，我国共进口铁矿石6.28亿吨，比2008年增长了63.8%。资源能源对外依存度的提高，增加了国家安全方面的风险。

21世纪的头20年是我国现代化的重要战略机遇期，如何有效平衡经济增长与资源能源供应之间的矛盾，是我国现代化必须直面的关键课题。

## （二）环境污染加重

尽管我们在理论上意识到了西方工业化的生态弊端，但是，在赶超现代化目标的过程中，并没有摆脱先污染后治理的窠臼。

水体污染的基本情况。伴随着经济腾飞，水污染已成为影响人民生活、制约现代化的重大问题。2000—2010年，全国废水排放量不断上升。大量工业废水和生活废水的排放，造成了地表水的严重污染。现在，全国2/3的地下水受到了不同程度的污染。2000年，我国七大水系地表水普遍存在着有机污染的问题，全国多数城市地下水受到一定程度的污染；2010年，地表水污染依然较为严重，七大重点流域总体为轻度污染，地下水状况形势严峻，50%的监测点水质为较差一极差级。此外，还存在着湖泊营养丰富、污染物较多等情况。水污染对于人民群众的正常生活和整个生态系统平衡造成了巨大的威胁。

**我国“十一五”期间废水排放情况**

单位：亿吨

| 年份 | 废水排放总量 | 工业废水排放总量 | 生活废水排放治理 |
|---|---|---|---|
| 2000 | 415.2 | 194.2 | 220.9 |
| 2005 | 524.5 | 243.1 | 281.4 |
| 2006 | 536.8 | 240.2 | 296.6 |
| 2007 | 556.8 | 246.6 | 310.2 |
| 2008 | 571.7 | 241.7 | 330.0 |
| 2009 | 589.1 | 234.4 | 354.7 |
| 2010 | 617.3 | 237.5 | 379.8 |

（数据来源：国家统计局社会和科技统计司编：《“十五”时期环境统计》，第3页；国家统计局社会和科技统计司编：《“十一五”时期环境统计》，第3页）

空气污染的基本情况。由于举办2008年北京奥运会等原因，近年来，我国的空气质量总体上在不断提高，但是，我国的二氧化硫和二氧化碳排放量都居世界前列。尽管单位GDP的碳排放量逐年下降，但总体排放量却在逐年上升。我国是用煤大国，燃煤所产生的二氧化硫是造成酸雨的主要原因，20世纪90年代酸雨面积较之于80年代扩大了100多万平方千米。据世界银行研究报告，我国一些主要城市大气污染物浓度远远超过国际标准，位于世界污染最为严重的城市之列。作为城市化的“并发症”，空气污染不仅严重恶化了生态环境，而且对人体健康具有极大的危害。

**我国“十一五”期间废气排放情况**

单位：万吨

| 年份 | 二氧化硫 | | 烟尘 | | 工业排放总量 |
|---|---|---|---|---|---|
| | 排放总量 | 工业排放总量 | 排放总量 | 工业粉尘排放量 | |
| 2005 | 2549.4 | 2168.4 | 1182.5 | 948.9 | 911.2 |
| 2006 | 2588.8 | 2234.8 | 1088.8 | 864.5 | 808.4 |
| 2007 | 2468.1 | 2140.0 | 986.6 | 771.1 | 698.7 |
| 2008 | 2321.2 | 1991.4 | 901.6 | 670.7 | 584.9 |
| 2009 | 2214.4 | 1865.9 | 847.7 | 604.4 | 523.6 |
| 2010 | 2185.1 | 1864.4 | 829.1 | 603.2 | 448.7 |

（数据来源：国家统计局、环境保护部编：《2011中国环境统计年鉴》，北京：中国统计出版社，2011年，第55页）

工业固体废物的基本情况。我国工业固体废物每年都在以递增的趋势发展着。2000—2010年，上升了159336万吨。工业固体废物会污染土壤，容易使土壤的酸碱度发生倾斜，造成土壤的化学变化，影响土壤质量；长期堆积还会对地表水和地下水有所影响，形成水体污染，对环境危害极大。

城市生活垃圾的基本情况。随着城市化进程的推进和人民生活水平的提升，日常消耗性产品的使用逐渐增多，这样，生活垃圾也成为一类难处理的环境问题。全世界垃圾年均增长速度为8.42%，而我国达到10%以上；全世界每年产生4.9亿吨垃圾，而我国每年就产生近1.5亿吨城市垃圾。现在，我国已成为世界上垃圾包围城市最严重的国家之一。例如，北京垃圾年均递增8%，其中90%为填埋处理，每年因此占用土地500亩。此外，焚烧垃圾后产生有害气体二噁英，也是严重的污染问题。城市生活垃圾，对于生态环境有着极大的影响，威胁着人民的健康和生活水平。

发达国家是在高度工业化的情况下出现环境污染的，而我国是在工业化起飞中遭遇这一问题的。因此，如何实现工业化和生态化的融合，就成为我国现代化必须解决的重大课题。

### （三）生态退化加剧

在我国快速的现代化过程中，由于粗放的、不合理的发展方式，也引发了严重的生态退化问题。

土地退化的基本情况。改革开放以来，对耕地的迫切需求以及过度砍伐与过度放牧等行为，使森林、草地等生态参与者的生态功能受到威胁，水土流失现象较为严重。目前，我国水土流失面积达356.92万平方千米，亟待治理的面积近200万平方千米，全国现有水土流失严重县646个，其中82.04%处于长江流域和黄河流域。此外，土地沙漠化的速度在20世纪80年代以每年2100平方千米的速度在增长。现在，全国沙化面积17310.77公顷，约占土地面积的18%，影响着近4亿人的生产和生活，每年造成的直接经济损失达500多亿元。北方地区的沙漠化土地将近150万平方千米，约占土地面积的15.55%。显然，土地退化已经严重地威胁到我国的可持续发展。

生物多样性减少的基本情况。随着我国现代化速度的加快，我国生物多样性出现了减少的趋势。从森林资源来看，我国人均森林覆盖率远远低于世界平均水平。从生物物种来看，根据《中国物种红色名录》（第一卷，2004年），我国受威胁的生物物种的比例达15%，其中裸子植物、兰科植物等具有重要的经济价值的类群受威胁的比例高达40%以上。另外，根据国家统计局所编的《2012国际统计年鉴》，我国濒危物种的基本情况是：哺乳动物74种，鸟类85种，鱼类97种，高植株植物453种。生物多样性的减少，将会影响到我国的整体的生态安全甚至是人民群众的生产和生活。

灾害的基本情况。我国是一个灾害频发、灾损严重的国家。如，20世纪50年代的黄淮海水灾，60年代河北省水灾以及邢台地震，70年代河南水灾以及唐山地震，1978—1983年的北方干旱，1998年波及全国多个省市的特大洪灾等。2006年是1998年之后我国自然灾害最为严重的一年。灾害的发生往往与人口密集和破坏自然有直接联系。盲目砍伐造成的水土流失、江河泥沙淤积、河床抬高，也使洪涝灾害有加剧的趋势。

生态退化的上述表征，直接导致了生态系统的失衡，影响经济发展与资源环境的协调性。

总之，面对发展造成的生态环境代价，不仅需要我们痛定思痛，更需要我们悔过自新，走一条生态现代化的道路。生态文明就是我们做出的战略抉择。

## 四、发展观念的绿色变革

正确处理现代化和生态化的关系，是中国特色社会主义现代化必须高度关注的重大课题。为此，我们进行了创造性的探索，最终提出了生态文明建设的奋斗目标，并将之纳入中国特色社会主义总体布局中。

### （一）开启社会主义现代化阶段的绿色探索

从1949年新中国成立尤其是1953年提出实现社会主义工业化的奋斗目标开始，我国才真正开启了现代化的征程。在新中国成立后前27年的发展中，我们提出了协调社会经济发展和自然物质条件关系的思想。

必须控制人口。新中国成立之初，由于我们的首要任务是巩固政权和发展生产，因此，人口问题还没有被提上议事日程。后来，我们认识到了人口多具有二重性，提出“计划生育，也来个十年规划”[①]。1957年，我们在不同场合多次讲到计划生育，提出由试点、推广到普及，实行政府和群众两手抓，波浪式地推行计划生育。当时的设想是，政府可能要设一个部门，或者设一个节育委员会，作为政府的机关。也可以组织一个计划生育方面的人民团体。

倡导节约资源能源。20世纪50年代，我们一度提出了征服自然的口号。后来，对人多地少的矛盾有了清醒的认识，因此，社会主义改造完成后，我们在全国发动了增产节约运动。当时明确提出，“必须反对铺张浪

① 毛泽东文集：第7卷. 北京：人民出版社，1999：308.

费，提倡艰苦朴素作风，厉行节约。在生产和基本建设方面，必须节约原材料”[①]。为此，中央发出了在各行各业中广泛开展增产节约运动以克服各种浪费现象的指示。这个方针实施仅仅几个月，就产生了明显的效果。

关注环境保护。在20世纪50—60年代，我们简单地认为，环境污染是资本主义的“文明病”。从20世纪60—70年代开始，我们明确地意识到了西方工业化的生态弊端，提出了经济建设、城乡建设和环境建设要同步规划、同步实施、同步发展的“三同步”方针，并在国务院设立了相应的机构来处理这方面的问题。同时，我国积极开展环境外交和环境合作，派出代表团参加了1972年联合国人类环境会议。1973年8月，第一次全国环境保护工作会议在北京召开。会议最终审议通过了“全面规划、合理布局、综合利用、化害为利、依靠群众、大家动手、保护环境、造福人民”的环境保护工作32字方针和我国第一个环境保护文件——《关于保护和改善环境的若干规定》。

重视生态保护。在20世纪50年代，我们就认为，树可以保持水土、湿润空气、防风沙、遮阳、做用材，种树对社会主义建设具有重大的意义。因此，我们发出了“植树造林，绿化祖国”的号召。同时，我们提出了要注意水土流失造成的灾害问题。在农村地区，“短距离的开荒，有条件的地方都可以这样做。但是必须注意水土保持工作，决不可以因为开荒造成下游地区的水灾”[②]。因此，农村经济规划应包括绿化荒山和村庄。此外，我们认为，水利是农业的命脉。只有动员全民大兴水利，从流域治理、水利工程建设方面入手，才能彻底根治水旱灾害。

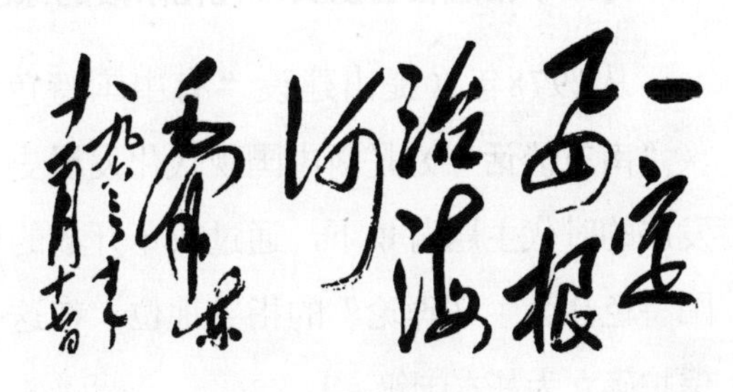

毛泽东题词

① 毛泽东文集：第7卷. 北京：人民出版社，1999：160.
② 毛泽东文集：第6卷. 北京：人民出版社，1999：466.

加强防灾减灾。新中国建立后，我们明确提出了“备战、备荒、为人民”的口号。在坚持为人民服务的正确方向下，突出了预防为主的方针，要求人们要深入研究和认识灾害的规律。在应对农业自然灾害方面，突出了生产自救的重要性。尤其是，我们将统筹兼顾作为防灾减灾的方针：“我们的方针是统筹兼顾、适当安排。无论粮食问题，灾荒问题，就业问题，教育问题，知识分子问题，各种爱国力量的统一战线问题，少数民族问题，以及其他各项问题，都要从对全体人民的统筹兼顾这个观点出发，就当时当地的实际可能条件，同各方面的人协商，作出各种适当的安排。”[①]在这个过程中，我们十分重视综合平衡。

当然，在现代化起飞的过程中，在统筹人与自然和谐发展方面，我们也走过了一条艰辛的探索道路。尽管如此，上述科学认识和成就为当代中国提出生态文明的奋斗目标积累了有益的科学的经验。

### （二）推进社会主义现代化阶段的绿色国策

从1978年（提出建设“有中国特色社会主义”的命题）到1992年（“南方谈话”）是新中国现代化发展史上的第二个历史时期。在和平与发展的时代主题背景下，通过改革开放的伟大实践，我们最终确立“有中国特色社会主义理论”的指导地位。在这一阶段，我们将计划生育和环境保护确立为基本国策。

坚持从自然物质条件出发推进现代化。当代中国最大的实际就是仍然处在社会主义初级阶段。社会主义初级阶段理论提出的基本依据之一就是我国自然物质条件的特殊性。其中的一个方面“是人口多，耕地少。现在全国人口有九亿多，其中百分之八十是农民。人多有好的一面，也有不利的一面。在生产还不够发展的条件下，吃饭、教育和就业就都成为严重的问题。我们要大力加强计划生育工作，但是即使若干年后人口不再增加，人口多的问题在一段时间内也仍然存在。我们地大物博，这是我们的优越

① 毛泽东文集：第7卷. 北京：人民出版社，1999：228.

条件。但有很多资源还没有勘探清楚，没有开采和使用，所以还不是现实的生产资料。土地面积广大，但是耕地很少。耕地少，人口多特别是农民多，这种情况不是很容易改变的。这就成为中国现代化建设必须考虑的特点"[①]。因此，人口多、耕地少的特殊国情，决定了我国现代化必须量力而行。

确立计划生育和环境保护的基本国策。我国人口多、底子薄、各种人均资源相对不足的特殊国情，决定了必须实施计划生育的基本国策。为此，1982年，党的十二大报告明确提出，实行计划生育，是我国的一项基本国策。同时，必须实行优生优育和大力发展教育。此外，我们也清醒地认识到环境污染的严重性和危害性。1978年，五届人大一次会议通过的《中华人民共和国宪法》明确规定，国家保护环境和自然资源，防治污染和其他公害。这是我国第一次在宪法中对环境保护做出明确的规定。1990年，《国务院关于进一步加强环境保护工作的决定》指出，保护和改善生产环境与生态环境、防治污染和其他公害，是我国的一项基本国策。上述两项基本国策的确立，体现了我们对人口控制和环境保护的高度重视。

依靠科技和法制推进可持续发展。面对人口资源环境难题，关键是能够找到既能够促进社会经济发展又能够有益于人口资源环境的科技。例如，提高农作物单产、发展多种经营、改革耕作栽培方法、解决农村能源、保护生态环境等等，都要靠科学。同时，只有加强社会主义法制建设，才能有效解决人口资源环境问题。为此，应该集中力量制定森林法、草原法、环境保护法等法律。自此，我国的人口资源环境工作开始纳入社会主义法制轨道。可见，实现社会经济和人口资源环境的协调发展，最为重要的是依靠科技进步和健全法制。

大力倡导、推动和参与全民义务植树。植树造林具有重大的可持续发展价值。"植树造林、绿化祖国，是建设社会主义、造福子孙后代的伟大事业，要坚持二十年，坚持一百年，坚持一千年，要一代代永远干下

---

① 邓小平文选：第2卷．北京：人民出版社，1994：164．

去。”[①]为此，1979年，五届人大常委会第六次会议确定每年3月12日为我国植树节。五届人大四次会议审议通过了《关于开展全民义务植树运动的决议》，以法律形式规定了全民植树的义务。30多年来，全国参加义务植树人数累计达127亿人次，义务植树589亿株，取得了巨大成就。

“中国植树节”图标

总之，建设富强民主文明的社会主义现代化强国，必须坚决贯彻和落实计划生育和环境保护的基本国策。这就是我们在改革开放初期积累的可持续发展经验。

### （三）完成总体小康目标阶段的绿色方略

从1993年（将建立“社会主义市场经济”作为我国经济体制改革的目标）到2002年（党的十六大提出“全面建设小康社会”的目标），是新中国现代化发展史上的第三个历史时期。这是在经济全球化的背景下，在社会主义市场经济的框架中，全面推进中国特色社会主义现代化建设的阶段。在这一阶段，可持续发展被确立为我国现代化建设的重大战略。

必须将可持续发展作为我国现代化的重大战略。1992年，联合国环境与发展大会之后，我国马上开始了相应的行动。1994年3月，国务院批准了世界上第一个国家级的可持续发展行动纲领：《中国21世纪议程——中国21世纪人口、环境与发展白皮书》。1997年9月，党的十五大报告将可持续发展战略正式确立为我国社会主义现代化的重大战略。2001年3月，在“十五”规划纲要中，我们首先在国家的“五年计划”中提出了可持续发展的具体目标。2002年12月，党的十六大进一步将可持续发展能力的不断增强作为全面建设小康社会的新目标。由于小康既是我国现代化的特殊称呼，又是我国现代化的具体阶段，因此，将可持续发展作为小康的奋斗目

① 国家环境保护总局，中共中央文献研究室，编. 新时期环境保护重要文献选编. 北京：中央文献出版社，2001：39.

标，就表明我们将生态化和现代化看作是一个统一的整体。

按照“三个代表”重要思想推进可持续发展。只有在“三个代表”重要思想的指导下，才能实现我国的可持续发展。①必须代表中国先进生产力的发展要求。生产力是实现人与自然之间物质变换的过程。破坏资源环境就是破坏生产力，保护资源环境就是保护生产力，改善资源环境就是发展生产力。为此，必须将实现可持续发展与发展先进生产力统一起来。②必须代表中国先进文化的前进方向。环境意识和环境质量如何，是衡量一个国家和民族的文明程度的重要标志之一。因此，我们要加强思想政治工作、宣传工作、群众工作和组织工作，努力提高人民群众的环境意识。③必须代表中国最广大人民群众的根本利益。如果脱离人民群众的根本利益来谋求可持续发展，可持续发展就会丧失群众基础。我们要看到，“环境问题直接关系到人民群众的正常生活和身心健康。如果环境保护搞不好，人民群众的生活条件就会受到影响，甚至会造成一些疾病流传。对于已经产生的严重危害人民群众身心健康和正常生活的环境污染，必须抓紧治理”[①]。当然，也应该教育人民群众正确处理各种利益关系。总之，只有坚持“三个代表”重要思想，我们才能真正实现可持续发展。

以综合创新的方式从整体上推进可持续发展。科技创新和制度创新是推动可持续发展的两大动力。①通过科技创新实现可持续发展。在加强国家知识创新体系建设的过程中，必须将人口资源环境问题作为研发的重点，尤其是要运用信息科技的成果来解决人口资源环境问题。大力开发和利用信息资源，可以有效地降低单位国内生产总值的物耗和能耗，在突破资源能源瓶颈的同时，可以实现经济的可持续发展。为此，我们必须坚持走新型工业化道路。②通过制度创新实现可持续发展。人口资源环境工作，都是有着显著社会效益的公益性事业。为此，必须搞好人口资源环境与经济社会发展的综合规划，完善相关的决策机制。必须坚持和完善各级党委、政府对人口资源环境工作的目标责任制，认真落实党政领导责任考

① 江泽民文选：第1卷．北京：人民出版社，2006：535．

核制度。必须完善人口资源环境方面的法律法规，对违法行为，要依法予以追究，构成犯罪的要依法惩处。总之，推进可持续发展，要求我们必须进行大胆的创新。

可见，将可持续发展战略确立为我国社会主义现代化的重大战略，是提出生态文明奋斗目标新要求的关键一步和直接准备。

### （四）全面建设小康社会阶段的生态文明目标

2003年，我国人均GDP达到1090美元，顺利实现了“三步走”战略的前两步目标。但是，我们所实现的小康还是低水平的、不全面的、发展很不平衡的小康，还必须建设一个高水平的、全面的、均衡的小康。在科学回答这一高难度发展课题的过程中，2003年10月，中共十六届三中全会提出了科学发展观。这标志着新中国现代化开始迈入第四个历史发展时期。在贯彻和落实科学发展观的过程中，党的十七大在规定实现全面建设小康社会奋斗目标的新要求时，又与时俱进地提出了建设生态文明的奋斗目标。党的十八大进一步将生态文明确立为中国特色社会主义总体布局中的重要一环（五位一体中的一位）。

生态文明是科学发展观提出的重大创新理论。党的十六大以来，在马克思主义的指导下，我们立足于社会主义初级阶段的基本国情，放眼世界和未来，在推进中国特色社会主义的过程中，科学把握人类社会发展规律、社会主义建设规律和党的执政规律，不断深化对人与自然和谐发展规律的科学认识，提出了建设生态文明的新要求。在这个过程中，从提出科学发展观到构建社会主义和谐社会，都蕴含了对人与自然和谐发展的追求；从提出建设资源节约型和环境友好型社会的要求到实施节能减排的措施，更是将人与自然和谐发展的追求落到了实处；建设创新型国家，则为之提供了强大的科技支撑。在此基础上，党的十七大在人类文明发展史上首次将生态文明写入执政党的政治报告中，明确了当代中国生态文明建设的基本内涵和总体要求。十七大之后，我国生态文明建设取得了重大进展。在理论上，提出了绿色、低碳发展等理念，进一步深化了对生态文明的科学认识。在实践上，“十二五”规划纲要专门设置了“绿色发展 建设资源节约型、环境友好型社会”一篇，对未来五年的生态文明建设进行了全面、系统的部署。在这些理论创新成果和实践经验的基础上，党的十八大将生态文明纳入中国特色社会主义总体布局中，提出了建设美丽中国的战略目标和要求。

生态文明是贯穿整个科学发展观体系的要求。科学发展观科学地回答了什么是生态文明、为什么要建设生态文明以及如何建设生态文明等一系列的问题。①加强生态文明建设才能保证经济建设的中心地位。坚持以经济建设为中心，关键是发展必须要有新思路。为此，必须坚持走新型工业化道路。只有这样，才能保证实现中国发展的长期奋斗目标。②加强生态文明建设才能真正体现以人为本。人是发展的终极目的。人口资源环境工作，都是涉及人民群众切身利益的工作，一定要把最广大人民的根本利益作为出发点和落脚点。只有这样，才能真正坚持以人为本。③加强生态文明建设才能真正实现全面发展。如果缺乏生态文明建设的内容，就谈不上全面发展。坚持全面发展，就是要在促进经济建设、政治建设、文化建设、社会建设和生态文明建设共同发展的基础上，实现物质文明、政治文明、精神文明、社会文明和生态文明的共同发展。④加强生态文明建设才能真正实现协调发展。统筹人与自然和谐发展是协调发展的重要要求。统筹人与自然协调发展，就是要推动整个社会走上生产发展、生活富裕、生态良好的文明发展道路。⑤加强生态文明建设才能真正实现可持续发展。只有将生态化的原则和要求渗透到社会构成的各个领域、贯穿于社会发展的各个阶段，建设生态文明，才能真正实现可持续发展。在这个意义上，科学发展观也就是科学的生态文明观。

科学的生态文明概念是一个立足于社会实践基础上的开放的包容的创新的概念。从最终结果来看，生态文明集中体现为人与自然的和谐发展。从哲学实质来看，生态文明是人化自然和人工自然的积极进步成果的总和。具体到当代中国的现实来看，“建设生态文明，实质上就是要建设以资源环境承载力为基础、以自然规律为准则、以可持续发展为目标的资源节约型、环境友好型社会”。可见，生态文明不仅仅是局限于环境保护领域的目标，而是要求将生态化的原则和要求贯彻到经济建设、政治建设、文化建设和社会建设等现代化建设的各环节中，贯彻到工业化、信息化、城镇化、市场化、国际化的阶段中。

**生态文明的科学建构**

| 理念 | 出处 | 主要内容 |
|---|---|---|
| 科学发展观 | 《中共中央关于完善社会主义市场经济体制若干问题的决定》（2003） | 坚持以经济建设为中心，坚持以人为本，树立全面、协调、可持续的发展观 |
| 循环经济 | 《在中央人口资源环境工作座谈会上的讲话》（胡锦涛，2004）；《国务院关于加快发展循环经济的若干意见》（2005） | 按照“减量化、再利用、资源化”原则，大力发展循环经济，实现自然生态系统和社会经济系统的良性循环 |
| 资源节约型社会和环境友好型社会 | 《调整经济结构和转变经济增长方式是缓解人口资源环境压力的根本途径》（胡锦涛，2005）；《中共中央关于制定国民经济和社会发展第十一个五年规划的建议》（2005） | 要把节约资源作为基本国策，发展循环经济，保护生态环境，加快建设资源节约型、环境友好型社会，促进经济发展与人口、资源、环境相协调 |
| 社会主义和谐社会 | 《中共中央关于加强党的执政能力建设的决定》（2004）；《在省部级主要领导干部提高构建社会主义和谐社会能力专题研讨班上的讲话》（胡锦涛，2005） | 社会主义和谐社会应该是民主法治、公平正义、诚信友爱、充满活力、安定有序、人和自然和谐相处的社会。人与自然和谐相处，就是生产发展、生活富裕、生态良好 |
| 节能减排 | 《中华人民共和国国民经济和社会发展第十一个五年规划纲要》（2006） | 节约能源、降低能源消耗、减少污染物排放。“十一五”期间单位国内生产总值能耗降低20%左右、主要污染物排放总量减少10% |
| 创新型国家 | 《走中国特色自主创新道路　为建设创新型国家而奋斗》（胡锦涛，2006） | 建设创新型国家，核心就是把增强自主创新能力作为发展科学技术的战略基点，走出中国特色自主创新道路，推动科学技术的跨越式发展 |

续表

| 理念 | 出处 | 主要内容 |
| --- | --- | --- |
| 生态文明 | 《高举中国特色社会主义伟大旗帜　为夺取全面建设小康社会新胜利而奋斗》（胡锦涛，2007） | 建设生态文明，基本形成节约能源资源和保护生态环境的产业结构、增长方式、消费模式。循环经济形成较大规模，可再生能源比重显著上升。主要污染物排放得到有效控制，生态环境质量明显改善。生态文明观念在全社会牢固树立 |
| 绿色发展、循环发展、低碳发展 | 《中共中央关于制定国民经济和社会发展第十二个五年规划的建议》（2010）；《沿着中国特色社会主义伟大道路奋勇前进》（胡锦涛，2012）；《坚定不移沿着中国特色社会主义道路前进　为全面建成小康社会而奋斗》（胡锦涛，2012） | 坚持节约资源和保护环境的基本国策，着力推进绿色发展、循环发展、低碳发展，为人民创造良好生产生活环境 |
| “五位一体”的中国特色社会主义总体布局 | 《坚定不移沿着中国特色社会主义道路前进 为全面建成小康社会而奋斗》（胡锦涛，2012）；《中国共产党章程》（2012）；《紧紧围绕坚持和发展中国特色社会主义　学习宣传贯彻党的十八大精神》（习近平，2012）；《认真学习党章　严格遵守党章》（习近平，2012） | 建设中国特色社会主义的总体布局是五位一体，即建设社会主义市场经济、社会主义民主政治、社会主义先进文化、社会主义和谐社会、社会主义生态文明 |
| 建设美丽中国 | 《坚定不移沿着中国特色社会主义道路前进　为全面建成小康社会而奋斗》（胡锦涛，2012） | 建设生态文明，是关系人民福祉、关乎民族未来的长远大计。努力建设美丽中国，实现中华民族永续发展 |
| 加快生态文明制度建设 | 《中共中央关于全面深化改革若干重大问题的决定》（2013） | 建设生态文明，必须建立系统完整的生态文明制度体系 |

要之，在科学反思现代化和生态化的关系的基础上，中国特色社会主义理论提出了生态文明的科学理念，必将推动我国走上生产发展、生活富

裕、生态良好的文明发展道路，必将使我国成为为人类文明做出更大贡献的国家。

## 五、文明成果的生态提升

尽管在人类文明发展的进程中提出过许多重要的生态文明思想，形成了许多生态文明建设的成果，但是，只有科学发展观才第一次明确地提出了生态文明的科学概念；尽管国内外的学术界从20世纪80年代初就开始讨论生态文明的理论和实践问题，但是，只有科学发展观才第一次鲜明地将生态文明上升到了国家意志和发展方略的高度。因此，生态文明理念的形成、生态文明实践的推进，具有重大的战略意义。

### （一）永续发展内涵的拓展和升华

在新的历史起点上，在十六大确定的全面建设小康社会的可持续发展目标、十七大确定的全面建设小康社会奋斗目标的生态文明新要求的基础上，党的十八大将生态文明纳入中国特色社会主义总体布局中并提出了建设美丽中国、实现中华民族永续发展的战略目标和要求，进一步拓展和升华了可持续发展的科学内涵。

可持续发展是人类面对全球性问题采取的共同抉择。20世纪80年代，为了有效地应对人类所面临的环境与发展问题、南北问题、裁军与安全问题等全球性问题，联合国分别组织了环境与发展委员会、南北问题委员会、裁军与安全委员会，就上述三个问题进行了广泛、深入、细致的研究，在他们于1987年分别发表的最终报告《我们共同的未来》、《我们共同的危机》和《我们共同的安全》中，不约而同地提出了可持续发展的结论。在最一般的意义上，可持续发展（又可译为“永续发展”），是既满足当代人的需要，又不对后代人满足其需要的能力构成危害的发展。经过1992年联合国环境与发展大会的努力，可持续发展成为人类解决环境发展问题的总体对策和迈向21世纪的战略抉择。

生态文明与可持续发展战略、人与自然和谐是相统一的。作为一种可持续的发展观，科学发展观要求贯彻和实施可持续发展战略，统筹人与自然和谐发展，走生产发展、生活富裕和生态良好的文明发展道路。①可持续发展是我国社会主义现代化建设的重大战略。可持续发展，就是在现代化建设的过程中，将控制人口、节约资源、保护环境置于重要位置，使人口增长与生产力发展相适应，使经济发展与资源、环境相协调，实现良性循环和发展。为此，必须要正确处理眼前利益与长远利益的关系，实现代际公正。②可持续发展的核心是人与自然的和谐发展。为了实现可持续发展的目标和要求，首先必须实现人与自然的和谐发展。这在于，人是自然的产物，自然物质条件是人类社会存在和发展的基本条件。只有在实现人与自然和谐发展的基础上，可持续发展才能获得物质上的保障。人与自然的和谐包括三个方面的要求：在理论上，必须科学把握人和自然的辩证统一的关系，认识和尊重自然规律；在环境保护中，必须把人对自然的开发、利用和改造与保护、修复和完善有机地统一起来，按自然规律办事；在社会经济发展的过程中，必须坚持走生产发展、生活富裕、生态良好的文明发展道路。③可持续发展的目标是建设高度的生态文明。实施可持续发展战略，实现人与自然和谐发展，就是要走生产发展、生活富裕、生态良好的文明发展道路，即建设高度的生态文明。人是可持续发展的主体和中心，而只有满足人的需要才能保证这一点，因此，生活富裕是可持续发展的基本追求；只有在生产发展的基础上，才能满足人的需要，进而只有在生产发展过程中，才能真正确保人的主体地位和主体作用，因此，生产发展是可持续发展的基本手段；自然界提供了满足人的需要的自然物质财富、进行物质生产的自然物质条件，因此，生态良好是生产发展、生活富裕的生态基础，是可持续发展的基本保证。这样，“三生”互动的过程就是实现可持续发展的过程，其最终成果就是生态文明。显然，实施可持续发展战略、统筹人与自然和谐发展、建设生态文明，是层层递进、节节升高的关系。

总之，生态文明是在贯彻和落实可持续发展战略的过程中，统筹人与自然和谐发展的积极进步的成果。因此，当科学发展观提出生态文明的理念、原则、目标时，就进一步拓展和升华了可持续发展的科学内涵，是对可持续发展理论和可持续发展战略的重大贡献，开辟了可持续发展的新视野。

### （二）文明体系内容的丰富和深化

作为一个复杂性系统，文明有着丰富而深刻的内涵，包括纵向演进（文明形态）和横向构成（文明结构）两个层面。科学发展观突出了生态文明在整个人类文明体系中的重要地位，丰富和深化了对文明体系构成内容的科学认识。

第一，生态文明是文明纵向发展的基本要求。在生产力的推动下，人类社会展现为一个历史发展的过程。从其总的进化图景来看，可以将之区分为蒙昧、野蛮和文明三个时代。蒙昧时代是以获取现成的天然产物为主的时期；人工产品主要是用作获取天然产物的辅助工具。野蛮时代是学会畜牧和农耕的时期，是学会靠人的活动来增加天然产物生产的方法的时期。文明时代是学会对天然产物进一步加工的时期，是真正的工业和艺术的时期。在社会基本矛盾的推动下，文明时代同样展现为一个历史发展的过程。从生产力的发展水平来看，继渔猎社会之后，可以将之划分为农业文明、工业文明、智能文明等几个阶段（文明形态）。大体说来，农业文明是使用手工工具的劳动密集型经济的发展阶段，工业文明是使用机器体系的资本密集型经济的发展阶段，智能文明是使用电子计算机的知识密集型经济的发展阶段。因此，取代工业文明的是智能文明，而不是生态文明。

但是，在文明形态更替的过程中，始终存在着一个如何协调人与自然关系的问题。作为一个感性存在物，人类具有一系列感性需要，但是，人自身并不能自动地满足这些需要，为此，必须将人的需要外在化。自然是人之外的唯一存在物。这样，实现人与自然之间的物质变换就成为社会存在和社会发展的前提和基础。在这个过程中，如果人类遵循自然规律尤其是人与自然和谐发展的规律，物质生产就能正常进行，人类文明就能延续；如果违背自然规律尤其是单纯地强调人对自然的改造和征服，那么，物质生产就难以持续，人类文明就会受到威胁。就后者来看，“文明是一个对抗的过程，这个过程以其至今为止的形式使土地贫瘠，使森林荒芜，使土壤不能产生其最初的产品，并使气候恶化”[①]。可见，生态环境问题并非是工业文明的毒瘤，而是人类始终要防范的问题。同样，生态文明并非是工业文明的超越，而是人类始终要承担的建设任务。

在实现社会主义现代化、全面建设小康社会的过程中，当我们提出建设生态文明的要求尤其是提出走新型工业化道路时就表明，必须将生态化的原则和要求贯穿于农业产业化、工业化和信息化的全过程，这样，才能真正实现可持续发展。目前，我国农业产业化的任务还未完成，正处于工业化的发展中期，又面临着信息化的挑战和机遇。在这种情况下，只有毕三功（农业产业化、工业化和信息化）于一役（现代化），才能实现中华民族的伟大复兴。假如我们将生态文明看作是取代工业文明的新的文明，那么，就要拖中国现代化的后腿，就要终止中国现代化的进程。这样，在浪漫主义复辟的过程中，当生态中心主义和解构性后现代主义在中国大行其道时，必然使中国重新回到落后挨打的老路上。因此，问题不是要不要工业化的问题，而是选择什么样的工业化道路的问题。将生态文明确立为全面建设小康社会的奋斗目标和中国特色社会主义总体布局中的一位，就是要在避免西方资本主义工业化先污染后治理的弊端、借鉴西方生态现代化模式的基础上，走出一条生态创新型的现代化道路。这样，作为科学发展观重大理念的生态文明，就在超越生态中心主义和解构性后现代主义的过程中，深化了对人类文明演进规律的科学认识。

第二，生态文明是文明横向构成的基本内容。人类历史发展的过程，就是自然界向人的不断生成过程，即文化发展的过程。文化的发展具有双重的效应和后果。文化发展的积极进步的成果就是文明。因此，“文明是实践的事情，是社会的素质”[②]。在社会有机体中，包含有经济、政治、

---

① 恩格斯．自然辩证法．北京：人民出版社，1984：311．

② 马克思恩格斯文集：第1卷．北京：人民出版社，2009：96．

文化、社会和生态等结构。人类实践活动在这些结构领域中形成的积极进步的成果便分别形成了物质文明、政治文明、精神文明、社会文明和生态文明等几种形式（文明结构）。物质文明是人类实践在经济结构领域中形成的积极进步的成果，政治文明是人类实践在政治结构领域中形成的积极进步的成果，精神文明是人类实践在文化结构领域中形成的积极进步的成果，社会文明是人类实践在社会结构中形成的积极进步的成果，生态文明是人类实践在生态结构领域中形成的积极进步的成果。上述任何一个结构对于社会有机体来说都是不可或缺的，上述任何一种文明形式对于文明系统都是不可缺少的。

中国特色社会主义的发展过程就是不断深化对人类文明系统丰富内容科学认识的过程。在建设中国特色社会主义的伟大进程中，我们对于文明尤其是社会主义文明体系的内涵和构成的认识也是不断发展和深化的。将文明系统划分为物质文明和精神文明，是邓小平理论对于文明系统构成的基本认识。邓小平理论一直强调，两个文明都搞好才是有中国特色的社会主义。在强调社会主义社会是全面发展、全面进步的社会的基础上，“三个代表”重要思想提出，建设有中国特色社会主义，应是我国经济、政治、文化全面发展的进程，是我国物质文明、政治文明、精神文明全面建设的进程。这样，将文明系统划分为物质文明、政治文明和精神文明，是“三个代表”重要思想在文明问题上的重大贡献。此外，“三个代表”重要思想将走生产发展、生活富裕、生态良好的文明发展道路作为可持续发展战略的目标，已经蕴含着生态文明的要求。在此基础上，我们提出了社会主义和谐社会的战略构想，提出了全面建设小康社会奋斗目标新要求。这样，除了作为现代化建设事业领导力量的共产党自身的建设外，整个社会主义建设事业就是由经济建设、政治建设、文化建设、社会建设和生态文明建设等五者构成的系统（五大建设），整个社会主义文明系统就是由物质文明、政治文明、精神文明、社会文明和生态文明等五者构成的系统（五大文明）。为此，必须把我国建设成为一个富强、民主、文明、和谐、美丽的社会主义现代化强国。

只有系统推进各方面文明建设才能实现人的全面发展。促进人的全面发展是建设社会主义新社会的本质要求。为此，我们必须系统推进五大建设。五大建设彼此之间具有整体的逻辑关系，既关注自然系统的发展，也关注社会系统的发展；既关注客体世界的发展，也关注主体世界的发展。与之相应，完善的社会主义文明体系的最终目标也必须指向人的全面发展。建设社会主义物质文明，旨在满足人民群众的物质需求，参与经济建设，共同享受经济建设成果；建设社会主义政治文明，旨在保障人民群众当家作主的权利，依法实现和保障自身权益，共同享受政治建设的成果；建设社会主义精神文明，旨在满足人民群众精神文化需要，丰富人民群众的精神文化生活，提升人民群众的思想文化素质，共同享受文化建设的成果；建设社会主义社会文明，旨在保障和改善民生，促进社会参与、维护社会稳定、实现社会公平，共同享受社会建设的成果；建设社会主义生态文明，旨在保障人民群众的生态利益，发挥人民群众在生态文明建设的主体作用，共同享受生态文明建设的成果。这样，当我们提出生态文明的奋斗目标时，已经达到了对人类文明系统尤其是社会主义文明系统的总体把握。

总之，当科学发展观提出生态文明的理念、原则、目标时，既深化了对人类文明演进规律的科学认识，又深化了对人类文明系统构成的科学认识，开辟了人类文明发展的新境界。

综上，生态文明不仅是科学发展观提出的“生态创新性现代化”，而且是科学发展观提出的“人类文明的生态愿景”。这不仅是对社会主义文明理论和实践的重大贡献，而且是对世界文明理论和实践的重大贡献。

# 建设美丽中国的创新视野

人类社会是在认识、利用、适应自然的过程中不断发展进步的，永不停息的科技进步和创新使人类认识、利用、适应自然的水平和能力不断提高。当前，人和自然的关系日益密切和复杂，寻求科学的发展理念和可持续的发展方式已成为世界各国共同关注的重大问题。

——胡锦涛：《在中国科学院第十五次院士大会、中国工程院第十次院士大会上的讲话》（2010年6月7日），《十七大以来重要文献选编（中）》，北京：中央文献出版社，2011年，第746页。

在全球性问题的时代，当代中国的生态文明建设，必须坚持以马克思主义为指导，在坚持“古为今用，洋为中用”中大力“推陈出新”，这样，才能建成美丽中国。

## 一、生态建设的参照坐标

建设美丽中国，必须注重生态文明建设的纵横时空参照坐标，既要体现鲜明的中国特色，又要体现高度的创新特色。

### （一）建设美丽中国的科学指南：马克思主义

马克思主义发展到现在，历经150多年，其思想魅力依然光芒四射，为人类指明了前进的方向。建设美丽中国，是在马克思主义指导下的伟大创新事业。

1840年鸦片战争后，无数仁人志士尝试过多种拯救中国的道路，但是，最后都以失败告终。只有马克思主义，一经传入中国，就产生了强大的生命力，为我们提供了科学的思想指南，从而保证了中国革命、建设和改革的巨大成功。事实充分证明，是历史和人民选择了马克思主义。在追求发展和进步的进程中，我们党坚持与时俱进，坚持把马克思主义基本原理同中国具体实际结合起来，相继产生了毛泽东思想和中国特色社会主义理论体系两大理论成果。中国化马克思主义在新的历史条件下丰富和发展了马克思主义，及时回答了实践提出的新课题，及时为实践提供了理论指导。总之，马克思主义是以实践为基础的科学真理，为我国社会发展进步提供了思想武器和科学指导。

对于当代中国的生态文明建设，马克思主义仍然具有指导意义。①辩证唯物主义和历史唯物主义的世界观和方法论，是马克思主义最根本的理论特征，因此，在马克思主义指导下进行生态建设，才能更好地处理人与自然、人与社会之间的关系，实现人与自然、人与社会的和谐发展。②实现物质财富极大丰富、人民精神境界极大提高、每个人自由而全面发展的共产主义社会，是马克思主义最崇高的社会理想，因此，在马克思主义指导下进行生态建设，才能够将理想和现实统一起来。③马克思主义政党的一切理论和奋斗都应致力于实现最广大人民的根本利益，这是马克思主义最鲜明的政治立场，因此，在马克思主义指导下进行生态建设，才能切实维护人民群众的生态权益。④坚持一切从实际出发，理论联系实际，实事求是，在实践中检验真理和发展真理，是马克思主义最重要的理论品质，因此，在马克思主义指导下进行生态建设，才能够科学解决生态建设中的各种创新问题。总之，在马克思主义指导下进行生态文明建设，才能实现建设美丽中国的理想。

中国特色社会主义理论体系是当代中国的马克思主义，包括邓小平理论、“三个代表”重要思想、科学发展观。它系统回答了在中国这样一个十几亿人口的发展中大国建设什么样的社会主义、怎样建设社会主义，建设什么样的党、怎样建设党，实现什么样的发展、怎样发展等一系列重大问题。生态文明建设是中国特色社会主义伟大事业的重要组成部分，科学发展观就是科学的生态文明观。因此，中国特色社会主义理论体系，是指导我们沿着中国特色社会主义道路实现中华民族伟大复兴“中国梦”的正确理论，是推动我们走上生产发展、生活富裕、生态良好的文明发展道路的科学指南。

总之，对于当代中国来说，只有坚持马克思主义，才能保证生态文明建设的正确方向。

### （二）建设美丽中国的纵向坐标：古为今用

作为人类文明的一种形式（文明结构），生态文明同样有时间上的演化过程，因此，生态文明建设必须要有历史意识。

作为文化积极进步成果的文明具有历史传承性。人类优秀的文明成果不仅会成为现实发展的历史起点，而且会成为未来发展的历史瑰宝。假如人们完全割断历史、一概否定传统，每天都重新进行发明和创造，那么，社会不仅不可能获得发展和进步，而且有可能出现停滞甚至是倒退。因此，在反对复古主义的同时，我们必须反对历史虚无主义的观点。其中，最可靠、最必需、最重要的就是不要忘记基本的历史联系，要善于在继承和利用传统的基础上打破和超越传统。这样，才能推动人类文明不断向前发展。同样，包括生态文明在内的整个社会主义文明系统的建设都必须遵循历史主义的原则。

在我国五千多年文明发展历程中，各族人民紧密团结、自强不息，共同创造出源远流长、博大精深的中华文化，为中华民族发展壮大提供了强大精神力量，为人类文明进步做出了不可磨灭的重大贡献。从成立之日起，中国共产党就是中国优秀传统文化的继承者和弘扬者，也是中国先进文化的积极倡导者和发展者。中共十七届六中全会通过的《中共中央关于深化文化体制改革　推动社会主义文化大发展大繁荣若干重大问题的决定》进一步指出，优秀传统文化凝聚着中华民族自强不息的精神追求和历久弥新的精神财富，是发展社会主义先进文化的深厚基础，是建设中华民族共有精神家园的重要支撑。同样，当代中国的生态文明建设，必须继续这一历史进程。

作为世界上仍然存续的文明古国，我国不仅具有历史悠久的一般文化资源，而且具有历久弥新的生态文化资源。在几千年的农耕文化发展的基础上，我们的祖先尊重自然规律、生产规律、生存规律，重视天时、地利、人和的统一，形成了以和谐为主要特征的文化和文明。此外，中华文化和中华文明始终通过各门学科之间的相互融合、相互渗透而发展；通过同世界各国的相互交流、相互学习而进步。总之，中国传统文化和传统文明兼容并蓄、博大精深，为当代中国的生态文明建设奠定了良好的文化基础。

可以说，中华文明为当代中国的生态文明建设提供了丰富的历史资源和文化基础，当代中国的生态文明是对中国传统文化和传统文明的继承和发扬。

### （三）建设美丽中国的横向坐标：洋为中用

在全球化的时代，当代中国的生态文明建设，必须要有宽广的世界眼光，必须把世界文明作为横向参照坐标，积极吸取其优秀绿色成果，取长补短，做到“洋为中用”。

文明多样性是人类社会的基本特征，也是人类文明发展和进步的重要动力。正是文明多样性的存在，才使人类生活和人类社会丰富多彩，充满生命力。尊重文明的多样性，推动不同文明间的交流、合作与融合，有利于各种文明的发展和进步。在不同文明的对话、传递与碰撞中，可以产生出创新的火花，出现新的文明成果，促进人类文明的进一步发展。所以，包括生态文明建设在内的整个社会主义文明系统的建设都必须奉行“拿来主义”的原则。

在全球化的时代，中国的发展同样不能离开世界，中国特色社会主义建设同样不能闭关锁国。中国的对外开放是全方位、全天候的。不仅在经济建设上要对外开放，在生态文明建设上也必须对外开放。在这方面，处于工业化起步较早阶段的老牌资本主义国家，较早地遭遇到了工业化和城市化带来的生态环境问题，较早地意识到了生态环境问题的危害性，较早地开始了生态环境治理。因此，他们的代价和经验对于我们来说，都是宝贵的财富。我们必须大胆地奉行“拿来主义”，这样，才能避免走西方工业化先污染后治理的老路。

对于当代中国来说，在生态文明建设上对外开放，就是要科学借鉴和吸收国外最新的生态环境方面的科学理念和学科知识，推动中国的生态启蒙；就是要引进国外在生态环境治理方面的先进的技术、设备、管理和人才，提高我们的生态环境治理的能力和水平；就是要引进国外的雄厚的资金，为我国生态环境治理提供经济支撑；就是要积极参与环境外交和国际合作，发挥中国在全球生态环境治理方面与自己的国情和国力相应的责任和义务，与世界人民一道共同呵护人类的家园——地球。因此，在生态环境事务上加强对外交流和合作，可以更好地推动当代中国的生态文明建设。

总之，在这个错综复杂的世界整体中，当代中国的生态文明建设，必须坚持走向世界，树立和增强世界眼光和战略思维。

现在，以大时空坐标为“镜”，借鉴古今中外生态文明建设的经验教训，我们就一定能够走出一条生态文明建设的新路。

## 二、生态建设的指导思想

马克思主义思想博大精深，科学地展示出了人与自然关系的辩证图景和社会性质，是当代中国生态文明建设的理论基础和指导思想。

### （一）马克思主义生态思想的历史演进

马克思主义生态思想是随着马克思主义理论体系的产生、丰富和发展的历程而逐步建构起来的，同时，又进一步丰富和发展了马克思主义理论体系。

走向唯物主义和共产主义过程中的生态思想。在自由资本主义伊始，就产生了严重的生态问题，打乱了人与自然的物质变换，危害着无产者和劳动者的身心健康。因此，致力于无产阶级和人类解放的马克思恩格斯一登上理论舞台就对之给予了高度的关注。在《1844年经济学哲学手稿》中，马克思就揭露了资本主义社会中的生态异化问题：完全违反自然的荒芜，日益腐败的自然界，成了工人的生活要素；光、空气等，甚至动物的最简单的爱清洁，都不再是人的需要了；人又退回到穴居，不过这穴居现在已被文明的污浊毒气污染。因此，取代资本主义的共产主义将实现自然主义和人道主义的统一。在《英国工人阶级状况》（1844年9月—1845年3月）中，恩格斯深刻揭露了污染的社会危害。他指出，由于工人区的空气污染，人们的肺得不到足够的氧气，结果导致工人的生命力减退；工人区的垃圾和死水洼对公共卫生造成最恶劣的后果，被污染的河流也散发出了臭气。英国社会把工人过早地送进了坟墓。在此之前，恩格斯在《国民经济学批判大纲》（1844年2月）中就提出，瓦解一切私人利益只不过替人类与自然的和解以及人类本身的和解开辟道路。显然，在其青年时代，马克思恩格斯就表达了对人与自然关系的辩证的革命的看法。

创立历史唯物主义过程中的生态思想。唯物史观是马克思在科学上的第一个伟大贡献。马克思恩格斯立足于科学实践观展开了其生态思想。在充分肯定“粗糙的物质生产”作用的基础上，《神圣家族》（1845年2月）认为：人对自然的关系存在着理论和实践两种类型，人和自然都服从于同样的规律。在此基础上，《德意志意识形态》（1845年秋—1846年5月）既强调物质对于意识的优先性，又强调实践的重要性。其生态观的要点是：全部人类历史的第一个前提是有生命的个人的存在，第一个需要确认的事实是个人的肉体组织以及由此产生的个人对其他自然的关系。但是，个人是什么样的，既和他们生产什么一致，又和他们怎样生产一致。于是，就产生了从“自然的历史”向“历史的自然”的转变。在实践的作用下，自然成为“历史的产物”，即历史的自然（人化自然）。在这个过程中，生产表现为自然的和社会的双重关系。社会关系是指许多个人的共同活动。最后，对实践的唯物主义者即共产主义者来说，全部问题在于使现存世界革命化。由此来看，“我们仅仅知道一门唯一的科学，即历史科学。历史可以从两方面来考察，可以把它划分为自然史和人类史。但这两方面是不可分割的；只要有人存在，自然史和人类史就彼此相互制约”[①]。这里的“历史科学”即广义的历史唯物主义，蕴含着深刻的生态思想。

发现剩余价值过程中的生态思想。剩余价值理论是马克思在科学上的第二个伟大贡献。在发现剩余价值的过程中，马克思主义生态思想日臻完善。《资本论》三大手稿包含着更为广阔的哲学视野。在此基础上，其生态思想有：人与自然的关系是主体和客体的关系；以劳动为基础和中介，发生了主体的客体化和客体的主体化。只有在资本主义制度下，自然界才真正是人的对象，认识自然规律的目的是使自然界服从于人的需要。但是，资本遇到了难以克服的自然障碍。只有在自由劳动的基础上产生出全面发展的人，才能保证人与自然之间物质变换的正常进行。进而，《资本论》三大卷（1867年，1885年，1894年）构筑起了以“物质变换”为核心概念的生态思想：劳动和自然界是一切财富的源泉。劳动首先是人和自然之间的物质变换过程。在劳动中，人既使自然物发生形式变化，又在自然物中实现其目的。但是，资本主义导致人与自然之间的物质变换出现了断裂。随着科技进步，可以发现废物的新用途。在根本上，只有走向自由王国，才能保证人与自然之间物质变换的持续进行。生态学马克思主义代表人物奥康纳认为，马克思主义政治经济学并不具有明显的生态思维痕迹。显然，这一看法是不能成立的。事实上，《资本论》及其手稿是科学生态思想的宝库。

完善马克思主义理论体系中的生态观。在唯物史观和剩余价值论的基础上，社会主义成为科学。随着无产阶级解放事业的推进，马克思恩格斯进一步完善了科学社会主义。1871年巴黎公社之后，马克思发展了其生

---

① 马克思恩格斯文集：第1卷．北京：人民出版社，2009：516.

态思想：自然因素影响着文明的发生和演化，东方社会特殊性与其自然地理环境有关，人和自然的关系区分为实践的、认识的和价值的三种类型，对劳动所得应扣除应付不幸事故、自然灾害的后备基金或保险基金。尤其是，恩格斯在《反杜林论》（1876年5月—1878年7月）、《家庭、私有制和国家的起源》（1884年）、《路德维希·费尔巴哈和德国古典哲学的终结》（1886年）、《自然辩证法》（1873—1886年）等著作中完善了马克思主义哲学体系。在确立科学自然观的同时，恩格斯发展了科学的生态思想：生态环境问题，固然是由将人与自然割裂开来、对立起来的形而上学造成的，但是，关键是由资本家追求剩余价值的本性和急功近利的价值观造成的。因此，要调节人与自然的关系，光认识到人与自然的统一性是远远不够的，还必须对目前为止的一切生产方式进行革命的变革。显然，恩格斯的哲学著作尤其是《自然辩证法》是马克思主义生态思想走向定型的标志。

总之，马克思主义生态思想是马克思主义发展史的必然产物，是马克思主义理论体系的内在的不可分割的组成部分。

### （二）马克思主义生态思想的基本内容

在承认自然（物质）的客观性的前提下，马克思恩格斯科学地揭示出了人与自然关系的辩证图景和社会性质，建构起了科学的生态思想。

自然的先在性和人的能动性的统一。人与自然是生产（劳动）的两个基本要素，二者是相互设定的。①自然对人的制约。自然对作为人的自由自觉活动的劳动具有制约作用。不仅劳动对象、劳动资料来自自然界，而且作为劳动主体的人首先是一种自然存在物。劳动过程无非是将自然物质转化为经济物质的过程。劳动产品的使用价值来自自然物质的属性和功能。②人对自然的作用。人凭借其劳动不仅在自然界满足其需要、实现其目的，而且给自然界打上了自己活动的印记，促使自然史向人类史转变。这样，就改变了自然界的结构，使自然界成为原初自然、人化自然和人工自然的统一体。③自然对人类盲目行为的“报复”和“惩罚”。尽管人类是能动性的存在物，劳动是创造性的过程，但是，在人类改造自然界的活动中，不能违背自然规律，否则，自然界会对人的盲目行为进行“报复”和“惩罚”。因此，人类的一切活动必须以遵循自然规律为前提，必须要考虑自己行为的长远影响和后果。

马克思和恩格斯创立了辩证唯物主义的自然观，这种自然观完全洞悉他们时代的主要科学革命（如同他们对达尔文理论的把握所表明的那样），并且是与突创性和偶然性的辩证关系结合在一起的。其中相当大的一部分思想在后来的社会主义思想和科学思想中得到了回应。

——John Bellamy Foster，The Ecological Revolution：making peace with planet， New York，Monthly Review Press，2009，P.153.

劳动是人和自然之间的物质变换。人类的实践活动促进了人类与自然的联系。①劳动发生的生态学机制。作为一种感性存在物，人类有吃喝住穿用行等一系列的需要。但是，人类自身并不能直接满足其需要，这样，就激起了人类的匮乏感，要求将其需要诉诸人类外部唯一的对象——自然界，实现人与自然之间的物质变换。但是，自然界走着自己的路，并不会自动满足人的需要。这样，在人的匮乏感和自然的必然性之间就产生了矛盾。人类劳动就是在解决这一矛盾的过程中发生的。②劳动过程的生态学属性。动物是凭借本能实现物质变换的，而人是通过劳动实现物质变换的。劳动“是制造使用价值的有目的的活动，是为了人类的需要而对自然物的占有，是人和自然之间的物质变换的一般条件，是人类生活的永恒的自然条件”[①]。即作为实现人与自然之间物质变换过程的劳动具有生态学属性。③劳动结果的生态学功能。为了在对自身生活有用的形式上占有自然物质，人就使他身上的自然力（臂和腿、头和手）运动起来。当他通过这种运动作用于外部自然并改变外部自然时，也就同时改变了内部自然。这

① 马克思恩格斯文集：第5卷．北京：人民出版社，2009：215.

样，就引起了自然界和人自身的新进化。于是，以劳动为基础和中介，人与自然的关系就从生物关系转化成为社会关系。

自然生产、物质生产和人自身生产的统一。作为联系人和自然之间桥梁和纽带的劳动，主要指物质生产。但是，物质生产和自然生产、人自身的生产是密不可分的。①自然生产是物质生产的自然物质基础。自然生产是自然界所具有的生产物质产品的能力。正是在自然生产提供的自然物质的基础上，经过物质变换，才生产出了经济物质。这个过程，就是物质生产的过程。②人自身的生产是物质生产的劳动力基础。人自身的生产，即种的繁衍，同样是一种客观的物质力量。正是在人自身的生产提供的劳动力的基础上，物质生产才能成为现实过程。③物质生产是自然生产和人自身生产的经济基础。通过物质生产，可以维持和延续自然生产。例如，对土壤的施肥、浇灌，可以维持和提高土壤的生产力。同样，物质生产提供了人自身生产所需的物质条件。这样看来，只有实现自然生产、物质生产和人自身生产的协调发展，才能保证人类社会的可持续发展。

协调人和自然的关系是一项复杂的社会系统工程。人与自然关系的失衡和失调，既有思想认识原因，也有社会历史原因，因此，协调人和自然的关系是一项复杂的社会系统工程。①协调人与自然关系的思想认识途径。从思想认识方面来看，如果人类从个人主观欲望出发去征服自然，而不顾及自然规律和生态平衡，必然会遭到自然界的“报复”和“惩罚”。因此，遵循自然规律，学会辩证思维，是协调人和自然关系的思想认识途径。②协调人与自然关系的社会历史途径。从社会历史方面来看，资本主义制度下人类对自然的征服遵循资本逻辑，是以环境破坏为代价换来的。因此，必须从人类的根本利益出发来调整人们的社会关系，这样，才能实现人与自然的和谐共生。当然，协调人与自然的关系还涉及社会系统的经济建设、政治建设、文化建设、社会建设等要素。

共产主义是人道主义和自然主义的本质统一。私有制是造成人与自然、人与社会等方面异化的最终根源，资本逻辑将之推到了极致，因此，在无产阶级革命的过程中，必须将消灭私有制、铲除资本逻辑作为人的解放和自然解放的前提。由于共产主义是对私有制的积极扬弃，消除了人的自我异化，实现了对人的本质的真正占有，完成了“人向自身、向社会的即合乎人性的人的复归”，因此，“这种共产主义，作为完成了的自然主义，等于人道主义，而作为完成了的人道主义，等于自然主义，它是人和自然界之间、人和人之间的矛盾的真正解决，是存在和本质、对象化和自我确证、自由和必然、个体和类之间斗争的真正解决”[①]。在自由王国，由于人们能够以理性、人道的方式调节人和自然、人和社会的关系，因此，人与自然的和谐、人与社会的和谐才真正成为可能。

总之，马克思主义生态思想实现了科学性和革命性的统一，是解决人和自然关系的科学指南，是当代中国生态文明建设的指导思想。

### （三）马克思主义生态思想的继承发展

与时俱进是马克思主义最鲜明的理论品质，马克思主义生态思想同样是随着实践的发展而不断向前发展的。

在领导苏联人民进行社会主义建设的过程中，列宁进一步发展了马克思主义生态思想。他认为，天然富源是生产力发展的空前条件，“一般说来，人的劳动是无法代替自然力的，就像普特不能代替俄尺一样。无论在工业或农业中，人只能在认识到自然力的作用以后利用这种作用，并借助机器和工具等等以减少利用中的困难”[②]。因此，人必须遵循自然规律。他揭露了资本主义农业所造成的土壤生产力的下降和土壤物质成分循环周期的破坏等问题，认为人造肥料既造成了自然肥料的浪费，又造成了环境污染；因此，为了保证土地的正常的物质循环，必须消灭城乡对立。在实践上，在苏维埃政权刚创立的时候，列宁就签署了关于保护土地、森林、矿产、海洋资源、自然遗迹以及疗养院、狩猎区、居民住宅卫生和空气等一系列法令；他还提出，“为了保护我国的原料产地，我们应当执行和遵守科学技术规程。例如，在出租森林时，必须规定要合理经营林业。在出租

① 马克思恩格斯文集：第1卷．北京：人民出版社，2009：185.

② 列宁全集：第5卷．北京：人民出版社，1986：90.

油田时，必须规定要同淹水现象作斗争。这样就必须遵守科学技术规程，进行合理开发"[1]。显然，列宁将法律和科技看作是社会主义条件下合理开发自然的主要手段。

由于以卢卡奇、葛兰西和柯尔施为代表的西方马克思主义拒斥自然辩证法，因此，从恩格斯逝世之后到法兰克福学派和施密特的《马克思的自然概念》（1962年）出版之前，西方马克思主义者在自然研究和生态研究方面几乎没有做出任何重要贡献。但是，"五月风暴"之后，随着资本主义生态危机的日益加剧，这种局面被扭转了，突出的标志是生态学马克思主义应运而生。尤其是20世纪90年代以来，几部新书正在使生态社会主义范式强有力地对抗着已无生机的资本主义文化和思想意识。它们是：奥康纳的《自然的理由——生态学马克思主义研究》（1998年）、福斯特的《马克思的生态学——唯物主义与自然》（1999年）、伯克特的《马克思和自然：一种红色和绿色的视野》（1999年）、科韦尔的《自然的敌人》（2000年）等。其中，最引人注目的是福斯特发现了"马克思的生态学"。在宽泛的意义上，可以将生态马克思主义看作是生态社会主义的一个派别或一个发展阶段。"那么，什么是生态社会主义？生态社会主义是一种生态的思考和行动的流派，它采用了马克思主义的基本观点中有益的成分，并且摒弃了其生产主义的糟粕。对于生态社会主义者而言，市场的盈利逻辑和在死去的实际存在的社会主义中存在的官僚独裁主义的逻辑，都是和保护自然环境的需要不相容的。在批评工人运动为主体的意识形态的同时，生态社会主义者懂得，工人和工人组织是任何社会系统剧烈变革中不可或缺的力量，也是建立一个社会主义的和生态的社会的不可或缺的力量。"[2]显然，一些生态学马克思主义的代表人物是对马克思主义持批评和怀疑态度的，置疑或否定物质生产在社会发展中的决定作用、工人阶级在社会发展中的历史主体作用，因此，我们不能将之作为当代中国生态文

---

① 列宁全集：第41卷．北京：人民出版社，1986：161.

② LöWY MICHAEL．What Is Ecosocialism？．Capitalism， Nature， Socialism，Vol. 16，No.2，2005（6）：7-18.

明建设的理论依据。

在推进马克思主义中国化的过程中，我们党坚持马克思主义基本原理尤其是马克思主义生态思想，立足当代中国实际和实践尤其是中国自然实际状况和生态建设实践，回应世界发展和时代发展的绿色潮流，形成和发展了中国化马克思主义的生态思想。生态文明的理念、原则、目标的提出，是中国化马克思主义生态思想的突出标志和显著成就。科学发展观就是科学的生态文明观。可见，尊重自然规律、实现人与自然的和谐与统一，是中国化马克思主义在生态问题上的共同追求。中国化马克思主义生态思想是中国化马克思主义的重要内容。

尽管马克思主义生态思想在马克思之后仍然获得了持续的发展，但是，只有作为世界上最大国家的执政党的中国共产党才第一次明确地提出了生态文明的理念、原则、目标，并将之确立为社会主义中国的国家意志和治国方略。因此，在当代中国，坚持科学发展观就是坚持中国特色社会主义，就是坚持中国化马克思主义，就是坚持马克思主义。

## 三、生态建设的历史资源

中华文明自古就有追求和崇尚天人和谐（人与自然的和谐）的传统。可以说，作为一种新的文明理念的生态文明，是对这一传统的发扬光大。

### （一）中国传统生态思想的精华

中国传统文化千姿百态、流派纷呈，儒道释“三教合一”构成了其主流。这三家都追求人与自然的和谐发展，与今天的生态文明在追求目标上不谋而合。

儒家的“天人合一”思想。儒家的核心范畴是“仁义”，推崇“天人合一”。①“天人合一”的本体论意义。孔子认为，天地万物的变化是一个自然而然的过程，“天何言哉？四时行焉，百物生焉，天何言哉？”（《论语·阳货》）因此，人类对自然应持有自然主义的态度。荀子认为：

"天行有常，不为尧存，不为桀亡。"（《荀子·天论》）人类只有遵守自然规律，做到"序四时，裁万物，兼利天下"（《荀子·王制》），方可达到与天地万物的和谐，使"万物各得其和以生，各得其养以成"（《荀子·天论》）。《中庸》有言："唯天下至诚，为能尽其性；能尽其性，则能尽人之性；能尽人之性，则能尽物之性；能尽物之性，则可以赞天地之化育；可以赞天地之化育，则可以与天地参矣。"这里的"天地"即自然，"诚"即真实无妄，"与天地参"即人与自然的和谐与统一。汉代董仲舒提出"天人之际，合而为一"（《春秋繁露·深察名号》），认为人与自然是一个有机的整体。②"天人合一"的价值论意义。"仁"就是推己及人之道，不仅要"爱人"，而且要"爱物"。在孔子那里，一方面主张"钓而不纲，弋不射宿"（《论语·述而》），要求人们要以节制的方式利用自然，切不可贪得无厌。另一方面主张"知者乐水，仁者乐山"（《论语·雍也》），要求人们要在亲近自然、热爱自然的过程中成智（知）、成仁。董仲舒要求将"爱物"直接纳入"仁"的怀抱中，"质于爱民，以下至于鸟兽昆虫莫不爱。不爱，奚足谓仁？"（《春秋繁露·仁义法》）在此基础上，宋儒张载提出了"民胞物与"的生态伦理命题："乾称父，坤称母；予兹藐焉，乃混然中处。故天地之塞，吾其体；天地之帅，吾其性。民吾同胞，物吾与也。"（《西铭·正蒙·乾称》）即天下百姓是我的同胞兄弟，自然万物是我的朋友伙伴。显然，"民胞物与"是儒家的理想生活形态的典范。可见，"天人合一"既是儒家的本体论也是儒家的价值观，"民胞物与"是联结本体论和价值论的桥梁。

道家的"道法自然"思想。老庄学派的核心范畴是"道"，基本主张是"道法自然"。①"道法自然"的本体论意义。在道家看来，天地万物的存在和演化是一种自然而然的现象。老子提出，"有物混成，先天地生。寂兮寥兮，独立而不改，周行而不殆，可以为天地母"，"人法地，地法天，天法道，道法自然"（《老子》第25章）。因此，人的恰当行为就是"无为"。这是一种对自然现象的顺应和遵从。进而，老子也讲究"知常"："夫物芸芸，各复归其根，归根曰静，静曰复命。复命曰常，知常曰明。不知常，妄作凶。”（《老子》第16章）即自然万物都有其存在和运行的规律，人们必须遵循自然规律，不能违背规律。遵循自然规律，就可达到“天地与我并生，而万物与我为一”（《庄子·齐物论》）的境界。因此，“以道观之，物无贵贱”（《庄子·秋水》），即天下万物之间无所谓有无、高下、贵贱的区别，事实上是平等的。②“道法自然”的价值论意义。“道法自然”对人类行为提出的基本要求就是要做到“慈”、“俭”和“不敢为天下先”：“我有三宝，持而保之：一曰慈，二曰俭，三曰不敢为天下先。慈，故能勇；俭，故能广；不敢为天下先，故能成器长。今舍慈且勇，舍俭且广，舍后且先，死矣。夫慈，以战则胜，以守则固。天将救之，以慈卫之。”（《老子》第67章）这里，“慈”即宽容，不仅对待他人应具有宽容的美德，而且对待天下自然万物也应具有宽容的美德。“俭”就是将人类的欲望及其满足方式控制在“自然”的范围内，不能由于人类欲望的膨胀而使“道”亏损。“不敢为天下先”即自然无为。在此基础上，方可“判天地之美”。在庄子看来，“天地有大美而不言”（《庄子·知北游》）。这里的“大美”即“道”，“不言”即无为，“天地大美”即“道法自然”。这样，通过对“道”的审美观照，就可实现人和自然的和谐。可见，“道”具有生态价值的意蕴，“道法自然”与西方环境运动倡导的“让河流自己流淌”（Let river lives）有异曲同工之妙。

佛教的“无情有性”思想。佛教自传入我国后，历经数千年已然中国化。佛教派宗诸多，其佛法思想包含着丰富的生态观念。①“无情有性”的佛性论。“无情有性”即“草木成佛”论。“无情”指草木、瓦砾等自然物，“性”即佛性。对之提出系统论证的是唐代天台宗的湛然。“无情有性”的中心意思是，“一尘一心即一切生佛之心性”（《金刚錍》）。具体来看，佛性犹如虚空，能涵盖一切，自然包括了无情的墙壁瓦石等；真如是遍满一切事物的，有情、无情之物都是真如的体现；作为万法的实相，佛性自然地遍布万物。可见，“无情有性”论进一步拓展了佛家“众生平等”说，认为自然万物皆有佛性，佛性真如，要尊重自然。②戒杀、放生、素食的宗教戒律。为了方便救护一切众生，佛教把“不杀生”列为五戒十善之首，要求信仰者必须将之作为最基本的行为规范。作为佛教徒，做到不杀生远远不够，还必须要主动地去放生，应该用慈悲之心去对待众生。进而，佛教倡导和力行素食主义。在他们看来，“一切菩萨不得食一切众生肉”，“食肉得无量罪”（《梵网经·四十八轻戒·食肉戒》）。显然，佛教提倡的这些戒律体现了一种护生的宗教道德要求，包含着倡导一切生物权利平等的思想，有益于自然保护尤其是动物保护。可见，佛教不仅具有悲天悯人的情怀，而且深刻地洞察到了“内在价值”的重要性。西方生态中心主义认为，一切存在物由于其自身的存在都天然地具有价值，即内在价值。

罪恶第一为杀，天地大德曰生。

老鸭扎扎，延颈哀鸣，

我为赎归，畜于灵囿。

功德回施群生，愿悉无病长寿。

——丰子恺：《护生画集一·49.老鸭造像》

总之，在儒道释思想中已经包含有一定程度的生态思想，构成了当代中国生态文明建设的历史发生之源。

### （二）中国传统生态实践的成就

在长期农业生产发展的基础上，中华文明积累了丰富的协调人与自然关系的实际经验。

生态实践的科学基础。为了抵抗自然灾害、便利生产与生活，中国自古就有遵循自然规律的传统。①“和”的生态意蕴。中国古代十分重视和谐。西周末年的史伯提出：“夫和实生物，同则不继。以他平他谓之和，故能丰长而物归之；若以同裨同，尽乃弃矣。故先王以土与金木水火杂，以成百物。”（《国语·郑语》）这里的“和”就是人与自然的协同进化。

《黄帝内经》认为："本乎天者，天之气也；本乎地者，地之气也。天地合气，六节分，而万物化生矣。"（《黄帝内经·素问·至真要大论》）即万物都是在天地之气的和谐中产生的。②"时"的生态意蕴。为了农耕等需要，中国古代十分重视农时，形成了"时禁"。《礼记·月令》记述了各月的天象、物候、万物生长的规律以及各月应做的农事和时禁。例如，孟春之月，"禁止伐木，毋覆巢，毋杀孩虫胎夭飞鸟，毋麛，毋卵"。即在万物萌发的季节，要反对一切灭绝生物生长的破坏性行为。《吕氏春秋·士容论》提出了"四时之禁"："山不敢伐材下木。泽（人）不敢灰僇，缳网罝罦不敢出于门，罛罟不敢入于渊，泽非舟虞，不敢缘名，为害其时也。"即在规定的季节中，禁止各种破坏自然的行为。这里的"时"其实就是生态学的季节节律。可见，尽管中国古代无"生态学"之名，但有源远流长的生态学之实。

自然资源保护的实践。中国自古就有保护自然资源的传统，反对"竭泽而渔"和"杀鸡取卵"等短期行为。管仲十分注意保护自然资源。在他看来，自然资源是国家的自然之本，即"为人君而不能谨守其山林、菹泽、草莱，不可以立为天下王"（《管子·轻重甲》）。在管理原则上，必须遵循"时禁"："苟山之见荣者，谨封而为禁。有动封山者，罪死而不赦。有犯令者，左足入、左足断，右足入、右足断。"（《管子·地数》）即在生长发育的季节，必须封山育林；要严格执行相关的规定。荀子也提出："圣王之制也，草木荣华滋硕之时，则斧斤不入山林，不夭其生，不绝其长也；鼋鼍鱼鳖鳅鳣孕别之时，罔罟、毒药不入泽，不夭其生，不绝其长也。春耕夏耘，秋收冬藏，四者不失时，故五谷不绝而百姓有余食也；污池渊沼川泽，谨其时禁，故鱼鳖优多，而百姓有余用也；斩伐养长不失其时，故山林不童，而百姓有余材也。"（《荀子·王制》）这里，生态（时）持续性是生产（耕耘）持续性和生活（百姓）持续性的基础。只有三者皆得到保障，才能有政治上的稳定性（圣王之制）。这就构筑了一部中国古代版的自然资源保护大纲。

生态农业的实践成就。农学是中国古代四大"实学"之一。勤劳勇敢的中国人民在劳动实践中发明了有机农业模式。①混合农作制度和农作多样化技术。盛行于珠江三角洲地区的桑基鱼塘是这方面的典型。桑基鱼塘自17世纪明末清初兴起，到20世纪初一直在发展。它利用桑、蚕、鱼三者之间的生物链关系（蚕食桑叶，鱼食蚕粪，塘泥肥桑），形成桑、蚕、鱼、塘互相依存、互相促进的良性循环，实现了种养加的统一，提高了资源利用效率，减少了环境污染。②节水农业和农业水利建设技术。大家熟知的大禹治水的故事是历史上最早记录的遵循自然规律治理水害的例子。之后，人们吸取治水经验，在考察地理地貌的基础上，兴修水利工程。都江堰是其典范。作为防洪、灌溉、航运综合水利工程，都江堰的建造充分考虑到了自然环境和自然条件。③病虫害的综合防治技术。在长期农耕生活中，中华民族发现了病虫害的生物防治法。如，利用除虫菊中的除虫菊酯杀虫，利用昆虫（如蜘蛛、瓢虫）和鸟类（如猫头鹰）防治害虫，等等。有机农业突出了遵循自然规律的重要性，因此，中国古代有机农业具有生态农业的意义和价值。

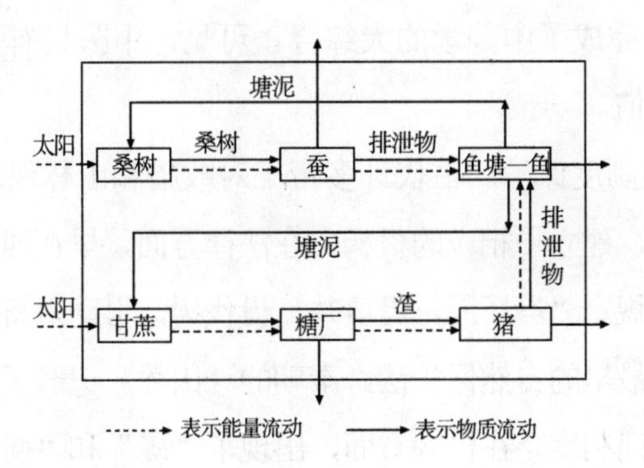


桑基、蔗基、鱼塘系统物质循环和能量流动示意图

（资料来源：http：//baike.baidu.com/view/571816.htm）

生态医学的实践成就。医学也是实学之一。中医是我国古代人民对抗疾病的经验总结和长期医疗实践的智慧结晶。①中医学的生态成就。中医把人体看作形、神、气的统一体，向人们提出了“参天地”、“应阴阳”的要求：“此人之所以参天地而应阴阳也，不可不察。”（《黄帝内

经·灵枢·经水》）即保持人与自然的和谐是健康的基本条件。春秋战国时期的扁鹊通过望、闻、问、切四诊法，探求病因，诊治疾病。东汉张仲景创立“六经辨证”的治疗原则，即在阴阳说的基础上区分出太阳、阳明、少阳、太阴、少阴、厥阴六经，判断邪正消长，进而得出病名进行诊治，以使人体阴阳调和而康复。可见，中医以阴阳五行为医理基础，诊治疾病从整体出发，注重人体内部脏腑经络及人体与环境的和谐关系。②中药学的生态成就。中医以中草药为治疗药物，要求药物采取、煎熬要遵循其本性，以生态疗法对抗人体因系统失衡导致的疾病。例如，唐代孙思邈非常重视采药的时宜。“夫药采取不知时节，不以阴干曝干，虽有药名，终无药实。故不依时采取，与朽木不殊，虚费人功，卒无裨益。”（《千金翼方·药录纂要》）即只有适时采药，才能保证药效；反之，则无药效。明代李时珍所著《本草纲目》，将药物分为水、火、土、金石、草、谷、菜、果、木、器服、虫、鳞、介、禽、兽、人共16部60类；每药标正名为纲，纲下列目，纲目清晰；这一“从微至巨”和“从贱到贵”的原则，基本上符合进化路线，完成了中药学的大综合。可见，中医具有系统医学、生态医学的意义和价值。

生态实践的制度保障。古代许多帝王对畋猎和山林保护比较重视，形成了相应的法律，建立了相应的机构。在法律方面，早在西周时期就出现了《伐崇令》。它规定“毋坏屋，毋填井，毋伐树，毋动六畜，有不如令者，死无赦”。这是最早的自然保护法。秦朝的《田律》记载了农田耕作和山林保护等方面的法律制度。在机构方面，出现了“虞”和“衡”这样的专门负责自然资源管理和保护的机构。此外，历朝历代都有水政管理，并有相应的制度约束，以便抵御自然灾害，保障农业生产。例如，“修堤梁，通沟浍，行水潦，安水臧，以时决塞，岁虽凶败水旱，使民有所耘艾，司空之事也”（《荀子·王制》）。即“司空”掌管防洪、排涝、蓄水、灌溉等水利事务。显然，这些法律和机构都具有环境管理的意义和价值。

可见，在中国古代，积累有较为丰富的生态学、资源保护、生态农业、生态医学和环境管理等方面的经验，代表着农业文明时代的最高生态成就。

综上，中国历史悠久，既有朴素的生态思想，又有悠久的生态实践，为我国目前的生态文明建设提供了丰富的历史资源。

## 四、生态建设的国际经验

在全球性问题愈演愈烈、全球化方兴未艾的今天，绿色文明已经成为国际社会的追求和共识。这构成了当代中国生态文明建设的重要参照系。

### （一）全球走向绿色文明的国际助力

现在，生态环境问题已经成为国际事务的重要议题，尤其是在联合国的推动下，可持续发展成为世界性的潮流，推动着全球性的绿色文明转向。

斯德哥尔摩人类环境会议。为了有效地解决日益恶化的全球性生态环境问题，1972年6月5日至16日，联合国人类环境会议在瑞典斯德哥尔摩举行。会议提出了“只有一个地球”的口号。这是人类文明史上第一次由世界各国政府共同讨论当代环境问题、探讨保护全球环境战略的国际会议。会议通过了《联合国人类环境会议宣言》，呼吁各国政府和人民为维护和改善人类环境、造福全体人民、造福子孙后代而共同努力。

里约热内卢联合国环境与发展大会。为了有效推动全球可持续发展、纪念斯德哥尔摩会议召开20周年，1992年6月3日至14日，联合国环境与发展大会在巴西里约热内卢举行。会议提出了“地球在我们手中”的口号，通过和签署了《里约热内卢环境与发展宣言》（以下简称《里约宣言》）、《21世纪议程》、《关于森林问题的原则声明》、《联合国气候变化框架公约》和《生物多样性公约》等文件。《里约宣言》是一份关于保护地球生态环境、实现可持续发展、建立新的全球伙伴关系的指导原则和开展国际环境合作的框架性文件。自此，可持续发展成为全球性的共识。

约翰内斯堡可持续发展高峰会议。为了全面审议《里约宣言》、《21世纪议程》等重要文件和其他主要环境公约的执行情况，积极推进全球可持续发展，2002年9月2日至4日，以“拯救地球、重在行动”为宗旨的可持续发展世界首脑会议在南非约翰内斯堡召开。会议通过了《可持续发展世界首脑会议执行计划》、《约翰内斯堡可持续发展宣言——从人类的发源地走向未来》等文件。各国承诺将不遗余力地执行可持续发展的战略，把世界建成一个以人为本、人类与自然协调发展的美好社会。

里约热内卢联合国可持续发展大会。为了重拾各国对可持续发展的承诺、找出在实现可持续发展过程中取得的成就与面临的不足、继续面对不断出现的各类挑战，为了纪念联合国环境与发展大会召开20周年，2012年6月20日至22日，联合国可持续发展大会（简称“里约+20”）在巴西里约热内卢举行。围绕“可持续发展和消除贫困背景下的绿色经济”和“促进可持续发展机制框架”两大主题，各方进行了深入讨论。会议通过了《我们憧憬的未来》的宣言。该宣言主要重申了“共同但有区别的责任”原则，决定发起制定可持续发展目标进程，注重消除贫困；肯定绿色经济是实现可持续发展的重要手段之一；决定建立可持续发展高级别政治论坛，并加强联合国环境规划署职能；敦促发达国家履行官方发展援助承诺，向发展中国家提供资金、转让技术和帮助加强能力建设；等等。

上述努力反映了国际社会渴求绿色文明的共同心声，在推动全球可持续发展的同时，也推动了各国的可持续发展。

### （二）各国推动绿色文明的具体经验

在可持续发展逐渐成为国际共识的背景下，各国都在走向可持续发展的过程中进行了积极探索，积累了丰富的经验。

绿色经济的尝试和经验。目前，绿色经济、低碳经济已经成为国际社会的重要趋势和基本选择。日本在这方面走在了世界前列。在2008年3月发布的《凉爽地球能源创新技术计划》中，日本提出了可大幅度减排二氧化碳的21项技术。采用这些技术可实现其二氧化碳排放减半目标的60%。

2008年5月发布的《面向低碳社会的十二大行动》报告，提出了建设低碳社会迫切要做的十二大行动及其可实现的减排量。2008年7月29日的内阁会议通过了《建设低碳社会行动计划》。其具体行动和目标有：2020年前实现二氧化碳捕集与封存技术（CCS）的应用；在2020—2030年将燃料电池价格降至目前的1/10；2020年将太阳能发电量提高到目前的10倍，2030年提高到40倍，在3～5年的时间内将太阳能发电成本降至目前的一半；研究低成本利用可循环能源的途径；到2020年新一代汽车的一半为电动车，并配有30分钟充满电的快速充电设备；制定排放交易制度；研究“地球环境税”政策；制定商品从生产到使用全过程的二氧化碳排放标准，从2009年开始试行标识制度；调查夏令时制的实行效果及成本。[①]我国发展绿色经济必须借鉴国际经验。

绿色政治的尝试和经验。20世纪后半期，许多环境组织和绿党纷纷诞生，开始活跃在政治舞台之上，成为较有影响的新生力量，如德国绿党、欧洲议会绿色党团等。社会生态学、非暴力、基层民主、生物区域自治是欧洲绿党的基本纲领。作为绿色运动/环境运动的参政思想，绿色政治强调在施政过程中关注环境，关注生态，把环境保护理念纳入施政纲领，以实现政治发展的另一种进步。1994年，欧洲议会绿色党团提出的《欧洲联盟绿党与欧洲议会党团竞选纲领》，就环境保护问题提出了一系列具体主张，如征收生态税、实施绿色交通等。他们通过议会内发表演讲和报告，议会外发行绿党的宣传材料［如传单、系列宣传品《绿色文告》（Green Papers Series Brochures）及杂志《绿叶》（Green Leaves）等］，极大地扩大了绿党在欧洲的影响，使其思想主张深入民心。在充分体现社会主义制度优越性的前提下，当代中国的生态文明建设，必须积极吸收和借鉴西方绿色政治的积极成果。

绿色法律的尝试和经验。国外环境保护效果较明显的一个重要原因就

① 中国科学院可持续发展战略研究组．2010中国可持续发展战略报告——绿色发展与创新．北京：科学出版社，2010：240．

是制定了完善的环境保护法律法规，并严格执法。美国1969年颁布的《国家环境政策法》、1970年颁布的《环境质量改善法》等法律法规，有力地推动了美国环境事业的发展。德国在发展循环经济方面走在了世界前列，其废物处理法最早制定于1972年。英国在这方面也有较快的发展，1990年制定了《环境保护法》。瑞士于1999年1月1日实施《联邦能源法》和《联邦能源条例》。在此基础上，开始实施《瑞士能源条例》。主要是“通过与各行各业达成自愿的协议，并在信息和公民意识的支持下”，推动对“新型可再生资源的利用，并通过减少对矿物燃料的依赖程度，增强了能源安全”。[①]这一条例取得了明显的效果。在应对公害诉讼的过程中，日本出台了《公害对策基本法》（1967年）。以后，相关的立法日益完善。其中，《废弃物处理法》（1970年）明确规定了处理废弃物的责任，即一般废弃物由市区街道负责，产业废弃物由企业负责。1991年修改后的新《废弃物处理法》又明文规定了国民的“责任义务”。这有助于推动全民参与环境保护。与之相比，我国在这方面仍然存在着相当大的距离，为此，必须虚心学习国外在生态环境立法、执法等方面的经验。

绿色文化的尝试和经验。在全球绿色浪潮的影响下，出现了控制自然观念向保护自然观念的转向，文化的绿色气息越来越浓郁。例如，在日常生活意识和社会心理的层面，西方人不仅日益崇尚绿色，而且像《瓦尔登湖》和《寂静的春天》这样的绿色作品日益深入人心，“人诗意地栖居”的理念大行其道。在社会思潮的层面，从生态悲观主义（罗马俱乐部）和生态乐观主义（西蒙、卡恩等）的论战到可持续发展的面世，从人类中心主义和生态中心主义的争辩到生态和谐思想的传播，从激进生态学（深层生态学、生态女性主义和社会生态学）的流派到红色的绿色思潮（生态马克思主义、生态社会主义）的出现，都展示了绿色思潮激动人心的画面。另外，绿色社会意识形态改变了意识形态的版图和色彩。生态化的社会科

---

① ［瑞士］孟葳（Walter Meyer），常纪文，主编. 中瑞气候变化法律论坛论文选编. 北京：中国环境科学出版社，2010：37.

学重塑了社会科学的结构和功能。在全球化尤其是在互联网的时代，绿色文化的传播异常迅速和广泛，为此，我们必须在拒绝和盲从之间做出理性的选择。

绿色生活的尝试和经验。其中，引人注目的是"乐活"生活理念与生活方式的出现和流行。"所谓乐活（LOHAS），就是Lifestyle of Health And Sustainability的略称，是一种关爱健康、注重环境的生活方式。"① 最早在欧美国家出现的"乐活族"，崇尚节俭、朴素、环保的生活方式，提倡使用环保产品，以环保价值观指导自己的人生。日本也宣传"乐活"思想。绿色生活的践行，有力地促进了环保事业的发展。在我国，受这种时尚的影响，北京地球村（环保民间组织）通过"乐和社区"、"乐和之家"真正践行着绿色生活的模式。它同时以实际行动影响企业研制和生产符合"乐活"要求的产品，从而延伸绿色环保理念。在应对消费社会带来的问题的过程中，当代中国也需要从"乐活"中汲取智慧。

总之，从国际上来看，绿色（生态化）正渗透到经济、政治、法律、文化和生活等方面。因此，当代中国的生态文明建设，必须借他山之石。

### （三）全球走向绿色文明的伦理诉求

在应对全球性问题挑战的过程中，各种政府间组织和非政府组织通力合作，将可持续发展上升到了伦理道德的高度，预示着绿色文明的降临。

倡导可持续发展战略。1980年，世界自然保护联盟（IUCN）、世界自然基金会（WWF）和联合国环境规划署（UNEP）合作推出了《世界自然保护大纲》。《世界自然保护大纲》首次提出了可持续发展概念。可持续发展就是使生物圈既能满足当代人的最大持续利益，又能保持其满足后代人需求与欲望的潜力。在可持续发展视野内，发展和保护对于我们的生存以及履行我们作为后代所享用自然资源的代管人的责任来讲是同等重要的。这取决于人类对地球的保护。自然保护的目标是：主要的生态过程和

① ［日］岩佐茂. 环境的思想与伦理. 北京：中央编译出版社，2011：143.

“世界自然基金会”图标

生命支持体系必须延续下去，遗传多样性必须得到保护，任何物种或生态系统的利用必须是可持续的。为此，必须研究自然的、社会的、生态的、经济的和利用资源过程中的基本关系，确保全球的可持续发展。自此，人们开始大量使用可持续发展术语。显然，可持续发展事实上包括绿色文明的呼吁。

倡导可持续生存的世界道德准则。为了进一步推动可持续发展，1990年，IUCN、WWF和UNEP又联手推出了《保护地球——可持续生存战略》。在他们看来，可持续发展的含义是，在不超出支持它的生态系统的承载能力的情况下改善人类生活质量。为此，必须倡导和践行可持续生存的世界道德准则。①每一个人都是有生命大家庭的一员，构成了全部活着的生物。该大家庭包含文化的和自然的多样性。②每一个人都有同样的基本和平等的权利。谁都不具有剥夺他人生计的权利。谁都有资格尊重和保护这些权利。③每个生命形式以它对人类的价值有理由得到尊重。发展不应该威胁自然的整体性和其他物种的生存。人们应该善待所有生物。④每个人应该就其对自然界的影响负责。人类应该保护生态进程和自然界的多样性，节俭有效地利用资源，保证资源的可持续性。⑤每个人都应该有目的地公平分享资源利用效益和费用。一个社会或世代的发展不应该限制其他社会或世代的发展。⑥保护人类权利和自然界的其他东西是世界范围的责任。这些责任既是个人的也是集体的。这样，将可持续发展与生活质量联系起来并呼吁与之相应的世界道德，就将绿色文明的要求赋予了可持续发展。

倡导环境伦理学。为了纪念《斯德哥尔摩宣言》发表25周年、《里约宣言》发表5周年，1997年，UNEP发表了《首尔环境伦理宣言》。呼吁为了保护“全生命系统”，必须倡导环境伦理学。①创造精神文化。工业文明带来的物欲的横流和价值的扭曲，已将人类社会带到了危急的关头，为此，必须寻求物质追求和精神满足之间的适度协调。现代人必须学会在与自然环境和谐相处中生存。②实现环境公正。地球行星是人类共同的家园，必须努力公正地分享环境利益，并且要对使用环境而产生的后果承担起相应的责任。环境公正应存在于不同的国家、民族和人类世代当中。③绿化科学技术。科技发展及其应用后果已威胁到了生态系统和人类社会的稳定性，必须反思科学共同体的使命和责任。技术发展和运用必须要考虑到自然的有限的承载能力和“全生命系统”复杂的相互作用。环境友好技术的发展和环境信息的收集必须得到鼓励。技术应该成为严格评价的对象。④承担共同责任。人类社会的所有成员都对维护作为“全生命系统”的环境的完整性负有不可推卸的责任。在日常生活中，我们必须以自己的决断接受和履行自己保护全球环境完整性的责任。这样，从环境伦理学推出绿色文明就成为自然而然的结论。

由于伦理道德与文明不是简单的种属关系，因此，生态文明呼之欲出。

在绿色已经成为国际社会普遍潮流的情况下，当代中国的生态文明建设，必须睁眼看世界，必须奉行“拿来主义”。

## 五、生态文明的发展动力

生态文明是中国特色社会主义事业的重要组成部分，建设生态文明必须走中国特色自主创新道路。

### （一）生态创新的科学理念

生态文明是当代中国的生态创新，必须坚持以科学的理论为指导，这样，才能保持其正确的方向。

社会实践在不断向前发展，思想认识在不断更新，因此，坚持以马克思主义为指导，最重要的是坚持马克思主义基本原理同中国具体实际相结合，不断推进理论创新。为此，我们要以我国改革开放和现代化建设的实际问题、以我们正在做的事情为中心，着眼于马克思主义理论的运用，着眼于对实际问题的理论思考，着眼于新的实践和新的发展。生态文明就是科学发展观与时俱进地提出的科学创新理论。总之，生态创新要以科学的理念为指导，而科学理论本身也要创新。

建设创新型国家，核心就是把增强自主创新能力作为发展科学技术的战略基点，走出中国特色自主创新道路，推动科学技术的跨越式发展；就是把增强自主创新能力作为调整产业结构、转变增长方式的中心环节，建设资源节约型、环境友好型社会，推动国民经济又好又快发展；就是把增强自主创新能力作为国家战略，贯穿到现代化建设各个方面，激发全民族创新精神，培养高水平创新人才，形成有利于自主创新的体制机制，大力推进理论创新、制度创新、科技创新，不断巩固和发展中国特色社会主义伟大事业。

——胡锦涛：《坚持走中国特色自主创新道路　为建设创新型国家而努力奋斗》（2006年1月9日），《十六大以来重要文献选编（下）》，北京：中央文献出版社，2008年，第187页。

尽管我国改革开放和现代化建设取得了巨大成就，经济总量已位居世界前列，但是，我国仍然处于社会主义初级阶段。为此，我们必须深刻认识我国所处的历史阶段及所面临问题的复杂性和艰巨性，增强自主创新能力，形成更多具有自主知识产权的创新技术，构建完整的创新体系，推进生态文明建设健康发展。在这个过程中，生态创新要把科技进步与国家发展战略、经济社会发展目标、人民日益增长的物质文化需要、人民生活水平和质量及健康素质等紧密结合起来，利用高新技术成果，突破制约我国经济社会发展的资源能源瓶颈，着力解决关系国计民生的重大生态环境问题，不断改善生态环境和保障民生安全。

总之，生态创新必须坚持以马克思主义为指导，必须坚持从社会主义初级阶段的实际出发，以更好地推动我国走上生产发展、生活富裕、生态良好的文明发展道路。

### （二）生态创新的宽广视野

生态创新在生态文明建设中发挥着越来越重要的作用。生态创新即可持续创新。实现生态创新，就要做到古为今用、洋为中用。

反对历史虚无主义和复古主义，坚持古为今用。生态创新最主要的仍然是原始性创新。但是，坚持原始性创新不能妄自菲薄，否定中华文明史上的尊重自然、保护自然的优秀传统。中华文化博大精深，是人民群众劳动实践的智慧结晶，其中的实践成果和精华思想对于当代中国的生态文明建设仍然具有重要意义。因此，我们不能忘记传统文化中的大智慧，要让传统文化的大智慧在新时代以新面貌继续发挥其魅力。因此，我们不能跟着生态中心主义和解构性后现代主义跑。但是，“天人合一”和“民胞物与”毕竟是农业文明时代的产物，具有其特定的时代印记甚至是阶级烙印。因此，我们不能一味地推崇传统而忘记当前的世界形势和科技进步。否则，我们将远离人类文明发展大道。

反对闭关锁国和崇洋媚外，坚持洋为中用。经过长期探索，西方国家在发展绿色科技、加强环境管理等方面积累了丰富的经验。尽管这些经验是在资本主义条件下获得的，但是，也反映了人与自然和谐发展的一般规律，也集中了无产阶级和劳动人民在生态治理方面的贡献和成就，因此，我们没有理由拒绝西方的经验。但是，我们和西方国家毕竟在历史传统、现实状况、社会制度、意识形态等方面存在着诸多差异，因此，也不能盲目照抄照搬西方的经验。在这方面，生态中心主义、解构性后现代主义自有其历史价值和现实启迪，但一味地移植到中国会出现“水土不服”的情况。因而，将生态文明定位于“后工业文明”的观点总有西方中心论之嫌，可能会为生态殖民主义和生态帝国主义推波助澜。

总之，建设美丽中国，必须坚持古为今用，洋为中用，综合创新。

### （三）生态创新的系统途径

只有为生态创新提供坚实的理论基础、先进的科技和教育支持以及完善的制度保障，我们才能实现生态文明建设的目标。

生态创新的理论支持。生态创新必须在创造性思维的引领下进行实践创新。为此，我们必须将马克思主义生态文明理论作为生态创新和生态建设的理论支持。马克思主义生态文明理论是关于人与自然辩证关系的“一门科学”的自觉的理论建构。建构马克思主义生态文明理论必须坚持整体性的原则。为此，在马克思主义哲学中，必须坚持自然辩证法和历史唯物主义的统一，注重人与自然的关系和人与社会的关系之互相作用；在马克思主义理论体系中，必须坚持哲学、政治经济学、科学社会主义的统一，科学批判资本支配导致的生态异化，将人与自然的和解、人与社会的和解作为无产阶级革命的内在追求和基本目标；在知识体系中，必须坚持自然科学和社会科学的统一，通过跨学科研究，从整体上把握人和自然的系统关系。只有将马克思主义生态文明理论作为一种专门的研究领域进行自觉的系统建设的时候，才能进一步增强生态文明建设的科学性、系统性、预见性和有效性。

生态创新的科技支持。科学技术是社会发展中最活跃、最革命的因素。在新世纪的新科技革命环境中建设生态文明，必须利用高新技术带来的生态创新成果，解决我们面临的人口健康、资源能源、生态环境、自然灾害等问题。为此，我们必须坚持和实施科教兴国战略，建设创新型国家，全面发挥科技进步和生态创新的作用，提高认识、利用、适应自然的能力和水平，建设资源节约型、环境友好型社会，实现人与自然和谐相处，推动可持续发展。

生态创新的教育支持。在新世纪，知识创新已成为国家竞争力的核心要素。为此，必须大力发展教育事业，提高全体人民的知识水平和实践能力。我们要通过教育创新，加强生态文明教育，引导人民群众树立科学的世界观、人生观和价值观，深刻领会科学发展的新理念，激发人的创新意识和创造能力，推动形成符合生态化要求的空间结构、产业结构、生产方式、生活方式、思维方式和价值观念。总之，国家教育水平的增强和全体人民整体素质的提高，能够为生态文明建设提供强大的智力支持。

生态创新的制度支持。制度创新是一切创新的保障。我们建设创新型国家，必须充分发挥社会主义制度的优势。在此前提下，我们要不断完善环境保护制度和生态安全机制，制定和完善相关的管理政策，加大环保型科技投入，显著提高科技和创新对于生态建设的贡献率。此外，必须积极营造支持生态创新的法律政策环境、市场环境和社会文化环境，为加快建设资源节约型、环境友好型社会提供制度保障。

总之，生态创新体系的建立是一项复杂的系统工程。只有各方面的创新相互配合和共同协作，才能充分发挥生态创新的能力和优势，极大地推进我国的生态文明建设。

综上，建设中国特色社会主义现代化事业，推进生态文明建设，必须坚持以马克思主义为指导，必须坚持从社会主义初级阶段的实际出发，必须坚持古为今用、洋为中用，必须坚持生态创新，必须建立和完善生态创新体系。这样，生态创新才能成为推动当代中国生态文明建设、建设美丽中国的强大动力。

# 建设美丽中国的科学理念

进入新世纪，中国结合国内外实践，提出以人为本、全面协调可持续的科学发展观，建设资源节约型、环境友好型社会和生态文明，走新型工业化道路，这些先进理念，充分体现了中国特色，也吸取了有益的国际经验。

——温家宝：《创新理念　务实行动　坚持走中国特色可持续发展之路——在联合国可持续发展大会高级别圆桌会上的发言》（2012年6月20日），《人民日报》2012年6月22日第2版。

作为中国特色社会主义的最新理论成果，科学发展观内涵丰富，是一个科学的理论体系。其第一要义是发展，核心是以人为本，基本要求是全面协调可持续，根本方法是统筹兼顾。建设美丽中国必须以科学发展观作为指导思想。

## 一、创新理论的绿色主题

把生态文明建设纳入中国特色社会主义总体布局和中国特色社会主义理论体系，是我们党在新世纪理论创新的突出表现。

### （一）生态文明在中国特色社会主义总体布局中的位置

中国特色社会主义总体布局是一个自组织的过程，将生态文明建设作为全面建设小康社会奋斗目标的新要求，进一步完善了中国特色社会主义总体布局。

社会有机体层次

| 社会有机体层次 | 人类活动层次 | 建设领域 | 文明结构（形式） | 奋斗目标 |
| --- | --- | --- | --- | --- |
| 经济结构 | 经济活动 | 经济建设 | 物质文明 | 富强 |
| 政治结构 | 政治活动 | 政治建设 | 政治文明 | 民主 |
| 文化结构 | 文化活动 | 文化建设 | 精神文明 | 文明 |
| 社会结构 | 社会活动 | 社会建设 | 社会文明 | 和谐 |
| 生态结构 | 生态活动 | 生态建设 | 生态文明 | 美丽 |

人的全面发展和社会的全面进步

中国特色社会主义总体布局的构成

生态文明是中国特色社会主义总体布局的重要构成部分。中国特色社会主义总体布局，是中国特色社会主义道路、制度和理论体系的具体体现和战略部署。现在，将生态文明纳入中国特色社会主义总体布局中具有重大的意义。从理论上来看，这符合马克思主义社会有机体理论。人类社会是一个不断变化的有机体。以劳动为基础和中介，自然史转向人类史，自然进入社会，这样，由人化自然和人工自然构成的生态结构就成为社会系统的独立构成单元（层次）。因此，将中国特色社会主义总体布局表述为“四位一体”是远远不够的，还必须纳入生态文明的内容和要求。从政策上来看，这有利于相关政策表述的一致性和连贯性。在这种情况下，由于四项基本原则已包括了坚持党的领导的要求，党的建设的具体内容可并入政治建设中，因此，应该将中国特色社会主义总体布局看作是由经济建设、政治建设、文化建设、社会建设、生态文明建设构成的总体。同时，应将党在社会主义初级阶段的基本路线表述为：坚持以经济建设为中心，坚持四项基本原则，坚持改革开放，把我国建设成为经济富强、政治民主、文化繁荣、社会和谐、生态优美的社会主义现代化强国。

生态文明建设理论与实践深化了对人类社会发展规律的科学认识。人与自然的关系对人类社会的存在和发展有重大的影响。当资源能源充足、生态环境良好、人与自然和谐发展时，社会一般会健康运行、持续发展。反之，社会的存在和发展则会受到影响，严重时甚至会导致文明的衰落与灭亡。例如，采用“斯维顿农业”（Sweden，游耕农业，迁移农业）生产方式的玛雅文明灭绝的重要原因就在于遭遇到了严重的生态破坏问题。这种农业的特点是，人们通过毁林烧荒而掘穴播种，不翻地，不施肥，不养畜，坐等收成。但是，在湿热气候下，植被破坏后的土地受侵蚀淋溶十分强烈，土壤肥力在1到3年内即急剧耗竭。人们被迫弃耕，另觅新地。大约经过5至12年，随着烧垦地段越来越远，只好迁移。丢荒的土地则不能恢复森林。这样，随着土壤肥料补充不足、森林面积锐减所引发的生态环境恶化，在导致农业生产力下降的基础上，最终使一个高度发达的文明湮灭在历史的尘埃中。可见，人与自然和谐发展是社会发展的基本规律。科学发展观提出建设生态文明的理念、原则、目标，进一步深化了对人类社会发展规律尤其是对人与自然和谐发展规律的科学认识。

生态文明建设理论与实践深化了对社会主义建设规律的科学认识。社会主义建设同样必须以良好的自然环境为前提。生态环境问题的凸显和加剧，不仅不利于社会主义社会的良性运行，甚至会影响到社会主义社会的稳定与和谐。目前，日益严峻的生态环境问题，不断危及人民群众的生命健康，由此引发的环境群体性事件成为影响社会稳定的重大问题。这样，将生态文明作为中国特色社会主义总体布局的重要一环，有利于积极应对环境群体性事件，有效化解由环境问题引起的人民内部矛盾；有利于推进社会系统的健康运行，推进社会主义和谐社会建设。因此，我们进行社会主义建设，必须统筹人与自然和谐发展，处理好经济发展和环境保护的关系，避免资本主义工业化的生态弊端，积极建设经济富强、政治民主、文化繁荣、社会和谐、生态优美的社会主义现代化强国。总之，在保护环境的基础上大力发展生产力，促进生态化和现代化的融合，促进经济发展和环境保护的共同进步，是我们党对社会主义建设规律的新的深刻的科学认识。

生态文明建设理论与实践深化了对共产党执政规律的科学认识。我们党历来重视对执政规律的科学探索，以不断提高党的领导水平和执政能力，更好地实现全心全意为人民服务的宗旨。从国际共产主义运动经验来看，由于一些苏东执政党对切尔诺贝利核泄漏以及由此导致的社会问题应对不力，引起了群众的强烈不满。在这种情况下，一些组织以“生态公开性”的名义对共产党提出了挑战，结果成为“压倒骆驼的最后一根稻草”。因此，为了更好地应对复杂多变的国内外形势的挑战，加强和巩固共产党的执政地位，将生态理念纳入党的施政纲领和党章中具有重大的战略意义。我们党不断深化对绿色施政纲领的科学认识，在对执政规律的新认识中加强和提高了党的执政能力，以切实的行动彰显了我们党执政的合法性和合理性。

总之，生态文明是中国特色社会主义总体布局的重要构成内容，对中国特色社会主义将产生重大而深远的影响。

### （二）生态文明在中国特色社会主义理论体系中的位置

中国特色社会主义理论体系与中国特色社会主义总体布局不能简单等同，二者具有不同的内涵。中国特色社会主义理论体系是中国共产党集体智慧的理论成果，是一笔重要的精神财富，是全国各族人民团结奋斗的思想基础，是建设中国特色社会主义现代化强国的思想保证。中国特色社会主义理论体系，包括邓小平理论、“三个代表”重要思想和科学发展观。中国特色社会主义总体布局是中国特色社会主义建设事业和构建社会主义和谐社会的重要部署，是中国特色社会主义理论体系的贯彻和落实方案。中国特色社会主义理论体系为中国特色社会主义总体布局的制定和实施提供思想指南，中国特色社会主义总体布局为贯彻和落实中国特色社会主义理论体系提供了实践方案和行动计划。生态文明建设是中国特色社会主义总体布局中的重要因素，生态文明理论是贯穿于中国特色社会主义理论体系的重要议题。

从纵向来看，生态文明是贯穿于邓小平理论、“三个代表”重要思想和科学发展观的重要议题。作为马克思主义中国化的最新理论成果，中国特色社会主义理论体系能够紧密结合中国和世界发展的新形势、新特点，与时俱进，具有体现时代性、把握规律性和富于创造性的特点。由于实现经济社会发展与人口资源环境的协调是建设中国特色社会主义的重大问题，因此，中国特色社会主义理论体系包含着深刻的生态文明思想。邓小平理论在新的时代条件下科学地揭示了社会主义本质和社会主义初级阶段的基本国情，强调发展是硬道理，重视资源能源节约和生态环境问题，要求实行严格的计划生育政策和土地资源管理政策，重视绿化和环境保护。“三个代表”重要思想是一个统一的整体。发展先进生产力和先进文化必须考虑中国的自然生态国情，结合世界发展的绿色主题，坚持可持续发展的科学理念，这样，才能切实维护广大人民群众的生态权益，真正代表中国最广大人民的根本利益。科学发展观是我们党与时俱进提出的新的科学发展理念，是应对国内外严重的生态环境问题的经验总结，是世界形势和时代发展的需要。在科学发展观的视野中，坚持以经济建设为中心，包含着实现可持续发展的内在要求；坚持以人为本，包含着维护人民群众的生态环境权益的要求；实现全面发展，就意味着经济建设、政治建设、文化建设、社会建设和生态文明建设的共同发展；实现协调发展，就包含着统筹人与自然和谐发展的要求；实现可持续发展，就是要走上生产发展、生活富裕、生态良好的文明发展道路。从邓小平理论到科学发展观的提出，都体现了我们党与时俱进的理论品格。我们党在任何时期都坚持从实际出发，坚持具体问题具体分析，重视生态文明建设，为社会主义生态文明建设提供了科学指南。总之，作为我们党的集体智慧的结晶，中国特色社会主义理论体系包含着丰富的生态文明思想。坚持中国特色社会主义理论体系，必须大力加强生态文明建设。

从横向来看，生态文明理论是与中国特色社会主义经济建设理论、政治建设理论、文化建设理论和社会建设理论并列的重要内容。中国特色社会主义理论体系是一个由中国特色社会主义经济建设理论、政治建设理论、文化建设理论、社会建设理论以及生态文明建设理论构成的科学体系。其中，生态文明建设是经济建设、政治建设、文化建设和社会建设过程中始终要考虑的重大内容，也就是在经济建设、政治建设、文化建设和社会建设中要始终兼顾生态环境问题，在保护生态环境的基础上促进经济、政治、文化和社会的发展，强化中国共产党的绿色执政理念，保持党的先进性。只有坚持生态文明建设，发展绿色经济、循环经济和低碳经济，才能保障经济的可持续发展，体现先进生产力的发展要求，增强国家的经济实力；只有以科学发展观为指导进行生态文明建设，实施绿色施政纲领，切实维护广大人民群众的生态健康权益，才能为我们党赢得广泛的支持，增强党的群众基础，巩固党的执政地位；只有在文化发展中坚持"百花齐放、百家争鸣"，促进生态文化的发展，努力提高人民群众的生态环境意识，才能更好地促进社会主义先进文化的大发展大繁荣；只有在社会建设中坚持统筹兼顾、协调发展，正确认识和处理人与自然的矛盾，实现人与自然关系的和解，才能有效化解风险社会的威胁，减少自然灾害的发生，推进社会主义和谐社会的建设。可见，生态文明建设贯穿于中国特色社会主义经济建设、政治建设、文化建设和社会建设的各个环节，对于中国特色社会主义经济建设、政治建设、文化建设和社会建设具有重要的意义和价值。在这个意义上，生态文明理论是与中国特色社会主义经济建设理论、政治建设理论、文化建设理论和社会建设理论相并列的重要内容。

总之，生态文明是贯穿中国特色社会主义理论体系的重要议题，是中国特色社会主义理论体系的重要内容，对于丰富和完善中国特色社会主义理论体系具有重要的意义和价值。就此而论，中国特色社会主义生态文明理论是能够成立的。这一理论是马克思主义生态文明理论在当代中国的创造性发展。

综上，生态文明建设是中国特色社会主义总体布局的重要组成部分，生态文明理论是中国特色社会主义理论体系的重要内容。我们必须在中国特色社会主义生态文明建设理论的指导下，大力推进中国特色社会主义生态文明建设。

## 二、生态建设的物质基础

在当代中国，生态文明既是科学发展的具体体现，又是科学发展的自然物质支撑，因此，必须将生态化和现代化统一起来，坚持可持续发展。

### （一）坚持把发展作为党执政兴国的第一要务

我国正处于并将长期处于社会主义初级阶段，必须坚持把发展作为党执政兴国的第一要务。因此，建设生态文明，必须立足于这一基本国情，必须服从和服务于第一要务。

坚持发展是对社会发展基本规律的自觉把握。在我国现代化建设中，坚持发展，就是强调以经济建设为中心的全面、协调和可持续发展。这是对社会发展基本规律的自觉把握。坚持发展，是为了促进社会基本矛盾的良性运行，更好地推动社会向前发展。我们坚持以经济建设为中心，取得了很大的成就。但反观发展的历程，却发现走的仍然是一条传统的发展道路，甚至有些时候是在重蹈西方国家早期工业化的覆辙，忽视了人类社会发展的多样性和复杂性，忽视了人与自然和谐发展的规律，造成对环境的破坏和资源的掠夺，带来了一系列的生态环境问题。正是在科学总结正反两方面的经验教训中，我们党及时地提出科学发展观，为进一步坚持以经济建设为中心，为推进经济、社会和人的全面发展指明了方向，开拓了全面、协调、可持续发展的新的发展道路。

坚持发展是解决当代中国现实矛盾的科学选择。改革开放30多年来，我国国民经济持续、快速、健康发展，综合国力和人民生活水平显著提高。但是，随着经济的快速发展，出现了严重的贫富差距现象等一系列的问题。目前，我国已成为世界上贫富差距最大的国家之一，由分配不均衡导致的群体性事件与日增多。缩小贫富差距，化解群体性事件，不能采用

"文革式"的方式，必须首先坚持发展，用发展的办法来解决发展中的问题。只有在经济持续发展的基础上，加强公平正义，才能实现社会和谐。同样，生态文明建设不能背离经济建设的中心。科学发展观为生态文明建设中的发展问题指明了方向，并把发展确立为一种全面、协调、可持续的发展。我们党的根本宗旨是全心全意为人民服务，生态文明建设就是要在保护生态环境、保证环境整体平衡和优化的前提下，利用环境资源，促进经济社会发展，满足人民群众的物质文化生活需要。因此，只有以造福最广大的人民群众为价值目标，力求环境和发展的协调，才能真正化解社会矛盾，实现科学发展。

坚持发展是社会主义优越性的高度体现。我国是社会主义国家，社会主义的本质是解放生产力，发展生产力，消灭剥削，消除两极分化，最终达到共同富裕。同样，我国的生态文明建设集中体现了社会主义本质，具有鲜明的中国特色。生态文明就是要实现环境和发展的协调，走生产发展、生活富裕、生态良好的文明发展道路。这重点体现了更好地发展生产力的方面。为此，只有将解放和发展生产力建立在生态化的基础上，大力发展生态化的生产力，才能更好地发展生产力；只有在经济发展中高度防范和杜绝生态恶化和环境污染对劳动主体的伤害，切实维护劳动主体的合法的生态环境权益，才能更好地消灭剥削、消除两极分化；只有在经济发展中公平地配置发展的物质成果和生态成果（生态善物），依法处理造成生态环境问题（生态恶物）的责任者，才能更好地实现共同富裕。总之，在经济高度发展的基础上，全力避免资本主义工业化的生态弊端，公正配置生态善物，才能更好地发展生产力，才能更好地体现社会主义的本质和社会主义制度的优越性。

总之，从社会主义初级阶段的实际出发，必须把发展作为党执政兴国的第一要务，同时，这种发展必须是可持续发展。

### （二）正确处理环境和发展的辩证关系

正确处理环境与发展的关系，有利于促进经济社会的健康发展，维护人民群众的切身利益，实现人与自然的和谐发展，促进生态文明建设和中国特色社会主义现代化建设。

生态文明建设为经济建设提供自然物质条件。坚持以经济建设为中心，是我们党在社会主义初级阶段“一个中心，两个基本点”基本路线的核心内容，也是贯彻和落实科学发展观的根本要求。建设生态文明，提高人民群众的生态文明意识和生态素质，能够为经济建设提供高素质的人力资本支持。人本身也是自然力和生产力，人的素质的提高，能够促进生态文明建设和经济建设的健康发展。生态文明建设为人类营造良好的自然环境，为经济建设提供坚实的自然物质基础。社会经济的发展必须以丰富的自然资源和能源为后盾，生态文明建设从能源资源的循环使用和可持续利用出发，强调节约资源能源，积极开发绿色新能源，从而为我国的经济建设提供坚实的自然物质保障。总之，坚持以经济建设为中心，并不是片面追求经济增长，而是必须要考虑社会经济的发展与人口资源环境的相互协调，考虑经济发展、社会进步和人的全面发展，考虑资源能源的永续利用和社会、经济、人口的可持续性。

经济建设为生态文明建设提供经济物质基础。随着人类实践活动的发展，人与自然之间的原始和谐被打破，生态环境问题开始出现。生态文明建设就是为了更好地解决生态环境问题，加强对生态环境的治理，以实现人与自然的和谐。为了保证人类有一个良好的生活和工作环境，为了在地球上创造对改善生活质量所必要的条件，经济和发展是非常必要的。只有经济建设搞上去了，才能提升人力资本的实力，为生态文明建设提供人力支撑；只有经济建设搞上去了，才能扩大货币资本的总量，为生态文明建设提供财经支撑；只有经济建设搞上去了，才能扩大社会物质总量，为生态文明建设提供物质支撑；只有经济建设搞上去了，才能提升技术资本实力，为生态文明建设提供科技支撑。同样，我国坚持以经济建设为中心，加快发展生产力，促进经济增长和社会发展，能够加大对环境治理和环境维护的投入，为生态环境的治理提供坚实的经济物质基础，增强应对生态环境危机的经济实力。坚持以经济建设为中心是我国经济发展的必然要求，也是我国生态文明建设的必然要求。

努力实现生态建设和经济建设的高度的、有机的统一。我国社会主义初级阶段的主要矛盾仍然是人民群众日益增长的物质文化需要同落后的社会生产之间的矛盾。只有坚持以经济建设为中心，才能增强综合国力和提高人民群众的生活水平，促进社会主要矛盾的解决。我国的生态文明建设，并不是一个漂亮的辞藻，而是切切实实的实际行动。它注重发展的生态特征，增强发展生产力的持续性，摈弃了单纯追求经济增长的粗放型增长模式，而转变为关心环境、保护环境的集约型发展模式。发展中国特色社会主义事业，促进生态文明建设，必须努力实现生态文明建设和经济建设的高度的、有机的统一。为此，必须反对两种倾向：一是借口经济建设的重要性而忽略甚至是拒斥生态文明建设。这是与科学发展观背道而驰的，事实上是一种非科学甚至反科学的发展观。在政界尤其应该重视这一倾向。二是借口生态文明建设的重要性而怀疑甚至是否认经济建设。其典型是，试图以生态文明取代工业文明，认为生态文明是工业文明之后的一种新的文明。这实质上是脱离我国社会主义初级阶段的基本国情，机械地照抄照搬西方生态中心主义和后现代主义尤其是解构性后现代主义的做法。在学界尤其应该重视这一倾向。在这个问题上，科学的选择是实现环境和发展的统一、生态建设和经济建设的统一、生态化和现代化的统一，走新型工业化道路。

总之，当代中国生态建设必须成为环境和发展、生态化和现代化的高度的、有机的统一。

### （三）努力实现又好又快的发展

把生态文明建设与经济建设和社会发展相结合，努力实现社会经济又好又快的发展，必须根据自然的承载能力、涵容能力和自净能力，正确处理发展的数量和质量、速度和效益的关系，走新型工业化道路。

正确处理发展的数量和质量的关系。经济发展是社会发展的基础，贯彻落实科学发展观，建设生态文明，必须正确处理发展的数量和质量的关系，促进经济社会的可持续发展。首先，必须加快经济发展，保持经济增长，扩大经济总量，这样，才能夯实经济基础，为包括生态文明建设在内的各项建设提供经济物质支撑。但是，经济发展不能一味追求数量，在保持经济增长的同时也要重视发展的质量，实现数量和质量的统一。为此，必须考虑自然的承载能力、涵容能力和自净能力，必须考虑满足人民群众日益增长的物质文化生活的需要。提高发展的质量，就是要促进产业结构的优化升级，淘汰落后产业，积极发展新型环保型产业，加大科技创新力度，提高经济发展的可持续能力，走中国特色的自主创新道路。没有量的支撑，质是难以保证的；没有质的约束，量是盲目的甚至是破坏性的力量。坚持发展的数量和质量的统一，是贯彻落实科学发展观的基本要求。科学发展观要求既保持发展的数量，又保证发展的质量，促进经济社会的全面、协调和可持续发展。

正确处理发展的速度和效益的关系。我国作为一个发展中国家，要实现全面建设小康社会的目标和中国特色社会主义现代化建设的任务，必须保持较快的发展速度，实现经济又好又快的发展。但是，强调经济发展速度，不能脱离我国的实际，要坚持速度与效益的辩证统一。效益是多重的。在追求发展速度的过程中，必须追求生态效益、经济效益和社会效益的统一。其中，生态效益是实现其他效益的基础。生态效益就是要以尽可能少的资源能源投入、尽可能低的环境污染和生态恶化，而获得尽可能大的社会经济产出。因此，在追求发展速度的过程中，不能违背生态文明建设的目标，而是要坚持绿色发展、循环发展和低碳发展，实现经济社会发展和人口资源环境的协调发展。在生态良好的基础上发展经济，必须实现良好的经济效益，让人民群众得到较多实惠，减少资源浪费和污染，促进环境保护；必须把发展的速度控制在社会和环境的可承受范围内，既保持增长的速度，又促进发展的效益的实现，稳中求快，努力提高发展的质量和效益。

坚持走新型工业化道路。现在，西方国家在反思传统现代化（工业化）生态弊端的过程中，提出了生态现代化的替换方案。生态现代化事实上是要实现生态化和现代化的统一，谋求数量和质量的统一、速度和效益的统一。我国生态文明建设，必须借鉴西方工业化和生态现代化的经验，从我国国情出发，转变发展模式，走新型工业化道路，即坚持以信息化带动工业化，以工业化促进信息化，走出一条科技含量高、经济效益好、资源消耗低、环境污染少、人力资源优势得到充分发挥的新型工业化道路。新型工业化道路，以科学发展观为指导，能够有效应对信息化的挑战，能够适应全球环境保护的大势，符合我国人多地少、发展不足的基本国情，在保护环境的同时能够推动我国经济又好又快的发展。新型工业化道路，可以实现发展的质和量的统一，发展的速度和效益的统一。

总之，在建设中国特色社会主义事业过程中，我们必须充分发挥社会主义制度的优越性，实现生态化与现代化的有机统一，正确处理环境与发展的辩证关系，走新型工业化道路。

## 三、生态建设的价值理念

以人为本是科学发展观的核心和本质，是建设美丽中国必须坚持的价值理念。

### （一）坚持以人为本的重大意义

今天，加强生态文明建设，建设美丽中国，必须坚持以人为本的价值理念，推动整个社会走上生产发展、生活富裕、生态良好的文明发展道路。

以人为本是人类社会发展价值理念的集大成者。在前工业社会的相当长时期内，由于生产力发展水平低下和思想认识水平落后，人们把各种自然现象归结为神的显灵，认为各种灾害是上天在惩罚人类，对神灵顶礼膜拜。这样，就形成了以神为本的价值观念。近代以来，出现了以物为本的价值形态。在资本主义社会中，以物为本达到了登峰造极的地步。金钱统帅一切，商品高于一切，资本支配一切。在发展问题上，以物为本就表现为机械发展观。在机械发展观的视野中，社会发展以物质财富的增长为首要指标甚至是唯一目标，经济增长被视为解决社会贫穷落后的灵丹妙药。但是，由于以物为本忽视了对人类的关心和对自然的保护，导致了经济危机、生态危机、人的危机共存的困境。这样，以人为本就成为必然的选择。在全面建设小康社会的征程中，我们党与时俱进地提出了科学发展观，并把以人为本作为其本质和核心。以人为本涉及人民群众生活和人的全面发展的各个方面，把人的生存与发展作为最高价值目标，并将人民群众的根本利益作为一切工作的出发点和落脚点。因此，以人为本是实现科学发展的价值理念。

以人为本是马克思主义政治立场的鲜明体现。相信谁，依靠谁，为了谁，始终是一个关乎人们政治立场的问题。我们所坚持的以人为本，体现了唯物史观与群众史观的统一。唯物史观坚持从物质生活出发观察社会，发现物质生产是人类社会的存在基础和发展动力，这样，就发现了从事物质生产的人民群众在社会发展中的主体作用。群众史观承认人民群众的历史主体作用，也就是承认人民群众从事的物质生产在社会发展中的决定作用。在这个意义上，代表最广大人民的根本利益，是马克思主义最鲜明的政治立场。今天，我们坚持以人为本，就是坚持以最广大人民群众的根本利益为出发点和归宿，就是尊重人民群众在历史创造活动中的主体地位，以实现人的全面发展为最高准则和根本目标。

以人为本是社会主义价值目标的集中体现。促进人的全面发展是建设社会主义新社会的本质要求。坚持社会主义，就是要维护人民群众的国家主人翁地位，更好地维护人民群众的根本利益和满足人民群众的需要。中国特色社会主义建设，坚持社会主义价值标准，可以实现人民群众作为社会财富的创造者与发展成果的享有者的统一。我们党提出科学发展观，坚持以人为本，是对社会主义价值目标的客观把握和集中体现。我国经过60多年的社会主义建设尤其是30多年的改革开放，社会经济已得到长足发展，中国特色社会主义事业蓬勃发展，营造了尊重人、理解人、关心人的社会环境。同时，我们积极应对生态环境变化对人类的影响，坚持计划生育、节约资源和环境保护的基本国策，为人民群众的生存和发展创造了良好的社会自然环境。作为科学发展观的基本价值理念，以人为本是广大人民群众可以共同接受的价值观念。它可以整合各种合理要求，使之各得其所又和谐相处，从而能够推动人的自由而全面的发展。

以人为本是共产党执政理念的深刻体现。中国共产党是中国工人阶级的先锋队，同时也是中国人民和中华民族的先锋队。它以全心全意为人民服务为根本宗旨。我们党除了最广大人民群众的根本利益外，没有自己的特殊利益。在革命、建设和改革的实践中，我们党不断进行经验总结和理论提升，形成了符合党的执政规律的新的科学的执政理念。以人为本的提出，是我们党对社会主义现代化建设规律和党的执政规律认识的进一步深化，是认识上的一次新的飞跃。这里的以人为本，是与党的性质、宗旨和历史使命完全一致的。它深刻揭示了我们党一贯坚持的立党为公、执政为民的执政理念，集中体现了我们党“权为民所用、情为民所系、利为民所谋”的执政要求。坚持以人为本与坚持中国共产党的领导在本质上并不矛盾，可以更好地坚持党在中国特色社会主义事业中的领导地位，推动中国特色社会主义事业的发展，促进社会主义和谐社会的实现。

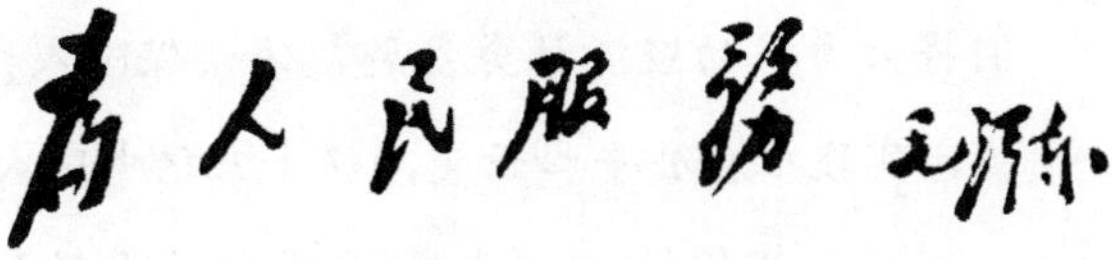

毛泽东题词

总之，以人为本是包括生态文明建设在内的各项社会主义建设事业必须坚持的科学的价值理念。

### （二）坚持以人为本的基本要求

作为发展的主体，人民群众既是发展的根本目的，也是发展的根本手段，是发展目的和发展手段的统一。以人为本从马克思主义价值论和历史观相统一的高度回答了“相信谁、为了谁、依靠谁、成果由谁共享”的问题，是一个马克思主义的科学命题。

今天，我们坚持以人为本，就是要坚持发展为了人民、发展依靠人民、发展成果由人民共享，关注人的价值、权益和自由，关注人的生活质量、发展潜能和幸福指数，最终是为了实现人的全面发展。保障人民的生存权和发展权仍是中国的首要任务。我们将大力推动经济社会发展，依法保障人民享有自由、民主和人权，实现社会公平和正义，使十三亿中国人民过上幸福生活。

——胡锦涛：《在美国耶鲁大学的演讲》（2006年4月21日），《十六大以来重要文献选编（下）》，北京：中央文献出版社，2008年，第429页。

以人为本的经济要求。人的需要与发展是一切生产的终极目的。在经济层面上，以人为本要求一切生产都要以满足人的需要尤其是人民群众的需要为目的。现代化建设的最终目的是为了满足人民群众的物质文化需要，为了提高人民群众的物质文化生活水平。在经济建设中坚持“以人为本”，必须坚持公平正义的原则，尊重所有人的基本需要、合法权益，为人的发展提供平等的机会、规则、管理与服务，使人们能各得其所。同时，要做到既满足当前的需要又顾及未来的需要。以人为本的经济的发展，能够为生态文明建设提供坚实的经济基础。

以人为本的政治要求。在政治上，以人为本要求把人民放在本位，始终代表人民群众的根本利益，切实保障人民群众当家作主的权利。人民是我们国家的主人，我们进行社会主义现代化建设，目的就是服务人民，通过充分发挥人民群众当家作主的政治权利，让人民过上幸福而有尊严的生活。坚持以人为本与坚持我们党的根本宗旨以及立党为公、执政为民的执政理念在本质上是一致的，以人为本集中体现了中国共产党的执政理念。以人为本的政治的发展，能够为生态文明建设提供正确的政治保障。

以人为本的文化要求。在文化上，坚持以人为本，就是要充分保障人民群众的文化权益，满足人民群众的文化需要，提高人民群众的文化水平。在长期实践的基础上，我们形成了符合时代特征的社会主义新文化。

大众文化是社会主义新文化的重要维度。今天，我们必须为了人民群众进行文化建设，必须依靠人民群众进行文化建设，文化建设的成果必须由人民群众共享，文化建设的成效必须由人民群众评判。中国特色社会主义文化事业的发展也有利于提高人民群众的生态环境意识，能够为生态文明建设提供强大的生力军和持续的精神动力。

以人为本的社会要求。从社会层面上讲，坚持以人为本，就是要着力解决关系到人民群众切身利益的民生问题，大力维护人民群众的社会权益，充分发挥人民群众在社会治理中的主体地位，切实维护社会公平正义。对于当代中国来说，必须努力做到为了人民群众进行社会建设，依靠人民群众进行社会建设，社会建设成果由人民群众共享，社会建设成效由人民群众评判。坚持以人为本，协调好各种利益关系，能够有效防止出现两极分化，科学化解社会矛盾，维护社会稳定，保证社会公正，实现社会和谐。以人为本的社会建设事业的发展，可以为生态文明建设提供适宜的社会环境和条件。

以人为本的生态要求。在人与自然关系的层面上，坚持以人为本，就是要以人与自然的和谐为生态文明的目标。实现人与自然的和谐发展，必须以承认和尊重自然规律为前提。为此，必须克服"人为自然立法"的虚妄的主体性，走出绝对的人类中心主义尤其是人类沙文主义。同时，必须围绕满足人的需要、实现人的目的来协调人和自然的关系。这在于，人毕竟是自然进化中的新质涌现。对于当代中国来说，坚持以人为本，就是要努力做到为了人民群众建设生态文明，依靠人民群众建设生态文明，生态文明建设的成果由人民群众共享，生态文明建设的成效由人民群众评判。只有使大自然演进过程和社会历史进程赋予人自身的一切个性和能力都得到充分的实现，人类才能有一个可持续的未来。

总之，以人为本的理念具有丰富的内涵，涵盖了社会有机体的方方面面。坚持以人为本，必须全面、充分体现以人为本的各层面的科学内涵和基本要求。

### （三）坚持以人为本的生态要求

按照以人为本的要求建设美丽中国，就是要真正做到“三个着眼于”。在科学发展观看来：“人口资源环境工作，都是涉及人民群众切身利益的工作，一定要把最广大人民的根本利益作为出发点和落脚点。要着眼于充分调动人民群众的积极性、主动性和创造性，着眼于满足人民群众的需要和促进人的全面发展，着眼于提高人民群众的生活质量和健康素质，切实为人民群众创造良好的生产生活环境，为中华民族的长远发展创造良好的条件。”[①]“三个着眼于”就是以人为本的价值理念在生态文明建设中的具体体现。

着眼于充分调动人民群众的积极性、主动性和创造性。按照以人为本的原则来推进生态文明建设，关键是要解决生态文明建设“依靠谁”的问题。在这个问题上，最关键的是要充分发挥人民群众的主体作用。为此，必须从以下几个方面进行努力：①在思想态度上，必须相信群众，尊重群众在生态文明建设中的首创精神，提高人民群众的生态环境意识。党和政府不能以居高临下的态度对待人民群众，绿色团体（环境非政府组织）和绿色人士（专门从事环境运动的人员）同样不能如此。②在工作方法上，必须坚持从群众中来到群众中去的群众路线，积极发挥人民群众的主体作用。不仅党和政府要坚持群众路线，绿色团体和绿色人士能否有持续的未来也取决于此。③在组织落实上，必须放手发动群众、组织群众，共同推进生态文明建设的开展。因此，不仅党和政府要做好群众工作，绿色团体和绿色人士也应如此。总之，着眼于充分调动人民群众的积极性、主动性和创造性来建设生态文明，就是要充分发挥人民群众在生态文明建设中的历史主体作用。

着眼于满足人民群众的需要和促进人的全面发展。现阶段，坚持以人为本，推进生态文明建设，就是要在满足人民群众的物质文化需要的同时

① 胡锦涛．在中央人口资源环境工作座谈会上的讲话//十六大以来重要文献选编（上）．北京：中央文献出版社，2005：852—853．

满足人民群众的生态需要，为人民群众自由而全面的发展创造良好健康的自然社会环境。为此，必须做到：①在思想上，必须坚持以人为本的价值理念，深刻认识以人为本的生态要求，实现好、维护好、发展好最广大人民的根本利益，更加自觉地促进人的全面发展。②在实践中，必须处理好生态需要与其他需要的关系。人民群众的需要是多样的，生态需要渗透于其他各种需要之中。只有满足人民群众的生态需要，才能切实保障人民群众的生态权益，实现人的自由而全面的发展。③在法律上，国家必须将环境权作为人权的重要构成部分纳入宪法中，为人民群众维护其环境权益、为有关方面化解环境群体性事件提供法律依据。总之，坚持以人为本的生态要求，就是要重视满足人民群众的生态需要和维护人民群众的生态环境权益。

着眼于提高人民群众的生活质量和健康素质。如何更好地解决生态环境问题，为人类的生存和发展营造一个良好的自然环境氛围，是生态文明建设需要解决的迫切问题。在这一点上，当代中国的生态文明建设不同于生态中心主义。①必须大力发展生态科技和生态经济，通过生态式开发扶贫增强贫困地区的发展能力，不断缩小地区和行业差距，增强国家的经济实力，为人民群众生活质量的可持续提高奠定坚实的物质基础，为保证人民群众的健康素质提供雄厚的物质支撑。②必须高度防范经济建设项目可能导致的环境污染和生态破坏对人民群众的正常生活造成的影响和冲击；必须加大环境污染的防范力度，依法严格查处造成环境群体性事件的环境污染事故和事件的责任人；必须积极采取措施抵制环境污染的跨境危害，有效防范外来物种的入侵，保持生物多样性，防范由之造成的对人民群众的生命安全的伤害和危害。③必须切实加强对食品、药品、餐饮卫生等的市场监管和生态监管，保障人民群众的健康安全；深入开展专项整治，严厉打击生产加工领域制售假冒伪劣食品、药品行为，建立科学有效的食品和药品安全标准体系、检验检测体系，加强监督检查。当然，坚持以人为本，并非如人类中心主义一样只重视人而轻视自然环境，而是在提高人民群众生活质量和健康素质的同时要高度关心自然环境，促进人与自然的和谐发展、共生共荣。

综上，按照以人为本的价值理念建设美丽中国，符合时代发展趋势，顺应历史发展潮流，有利于充分发挥社会主义制度的优越性，推进社会主义生态文明建设事业的健康发展。

## 四、生态建设的基本要求

全面、协调、可持续是科学发展观的基本要求，也是建设美丽中国的基本要求。

### （一）坚持全面、协调、可持续发展的必然选择

在中国现代化进程中，片面追求经济增长的粗放型的增长方式带来了一系列的生态环境问题。这些问题促使人们开始反思现代化的方式，于是，全面、协调、可持续发展成为当代中国的必然选择。

从不全面发展到全面发展。长期以来，由于偏重单纯的经济增长，在现实中出现了物质文明“一手硬”而精神文明“一手软”、经济建设“一腿长”而社会建设“一腿短”等问题。事实上，人类社会是一个有机整体。全面发展就是在坚持以经济建设为中心的基础上，全面推进经济、政治、文化、社会和生态等方面的建设，实现经济社会的全面进步和人的全面发展。对于当代中国来说，必须坚持以经济建设为中心，积极推进物质文明建设，为其他方面的发展奠定坚实的物质基础；必须深化政治体制改革，建设政治文明，为社会主义社会其他方面的建设提供良好的政治保障；必须加强和谐社会建设，整体推进社会建设的系统工程，实现社会有机体的健康运转；必须积极推进社会主义文化事业的大繁荣大发展，建设社会主义精神文明，为社会的全面发展提供精神动力和智力支持；必须加强生态文明建设，切实解决发展过程中出现的生态环境问题，为社会的全面发展提供良好的自然环境条件。总之，为了实现全面发展，必须保持各方面的发展齐头并进。

从不协调发展到协调发展。目前，我国的发展还存在着较为严重的不协调性。由于按照梯度开发的方式推进发展，导致工农之间、城乡之间、区域之间的差距拉大。实现由不协调到协调的转变，是中国社会发展的必然选择。协调发展，就是要促进生产力和生产关系、经济基础和上层建筑相协调，推进经济、政治、文化、社会、生态等建设的各个环节、各个方面相协调，统筹城乡协调发展，统筹区域协调发展，统筹经济社会协调发展，统筹对内改革和对外开放，统筹人与自然和谐发展，实现发展的良性循环。在社会主义初级阶段，生产力与生产关系之间、经济基础和上层建筑之间还存在一些矛盾，还不能互相适应。这些问题和矛盾需要在社会发展的过程中逐步加以调解和化解。

从不可持续发展到可持续发展。在我国发展的进程中，由于发展方式的不可持续性，也遇到了严重的生态环境问题。同时，人口多，人均资源能源占有量少，社会经济发展的生态环境压力大，也是我国的基本国情。在这种情况下，必须从不可持续的发展行为转向可持续发展。可持续发展，是立足国情、放眼世界的选择，就是要充分考虑发展的代内公平和代际公平，统筹考虑眼前利益与长远利益，就是要促进人与自然的和谐，实现社会经济发展和人口资源环境相协调，走生产发展、生活富裕、生态良好的文明发展之路，全面提高人的素质，促进社会永续发展。总之，我们必须大力贯彻和落实可持续发展战略。

综上，坚持全面、协调、可持续发展，是中国进行现代化建设、实现中华民族伟大复兴的必然选择，是中国生态文明建设的基本要求。

### （二）坚持全面、协调、可持续发展的基本要求

坚持全面、协调、可持续发展，就是要实现发展内容的全面性、发展方式的协调性和发展条件的可持续性，积极推进中国特色社会主义建设事业。

实现发展内容的全面性。全面发展就是各个方面都要发展。我国正处于社会主义初级阶段，现阶段的主要矛盾决定了我们必须始终坚持以经

济建设为中心，促进经济的不断发展和人民生活水平的提高。坚持以经济建设为中心，并不意味着单纯追求经济增长的目标，而是要兼顾其他，着眼于经济、政治、文化、社会、生态等各个方面的发展，把发展的数量、速度和质量、效益辩证统一起来，把不全面的小康，建设成为经济更加发展、民主更加健全、科教更加进步、文化更加繁荣、社会更加和谐、人民生活更加殷实的惠及十几亿人口的更高水平的小康。坚持全面发展，就是坚持社会的全面发展和人的全面发展的有机统一。可见，全面发展包含着生态文明建设的要求，生态文明丰富了全面发展的内涵，不包括生态文明在内的发展不可能是全面的发展。

实现发展方式的协调性。协调发展要求我们必须保持经济社会发展的各个要素均衡、协调地发展。我们解决经济社会发展过程中的各种矛盾，追求经济社会发展的理想状态，必须以协调发展为手段，充分发挥社会主义制度的优越性，通过社会主义制度的自我完善来协调社会基本矛盾，实现社会各方面的协调发展，取得预期目标，建设社会主义和谐社会。在目前，坚持协调发展，必须统筹城乡协调发展，统筹地区协调发展，统筹经济和社会协调发展，统筹对内改革和对外开放，统筹人与自然和谐发展。“五个统筹”是实现协调发展的关键和要害。可见，协调发展包括生态文明的内容和要求，即人与自然的协调发展。生态文明的理念、原则、目标的提出，丰富和发展了协调发展的内涵，不包括人与自然的协调发展，就难以真正实现协调发展。

实现发展条件的可持续性。在特定的时空范围内，地球的承载能力、涵容能力和自净能力都是有限的。为了保证人类社会的延续，人类必须将自己的行为控制在自然界的生态阈值之内，保护地球这艘“诺亚方舟”不至于在风雨飘摇中沉没，这样，才能实现可持续发展。可持续发展，就是既满足当代人的需求又不对后代人满足其需求的能力构成危害的发展，以求在生态阈值和人类延续之间达成平衡。可持续发展突出强调的是资源能源配置上的代际公平原则。坚持发展的可持续性，既是中国基本国情和经济社会发展的现实要求，也是我国生态文明建设的必然选择。当代中国的生态文明建设，强调发展的持续性，要求经济社会的发展既要着眼于当前的需要，又要着眼于未来的需要；在发展经济的同时，应该充分考虑资源、能源、环境、生态的承受能力，实现社会经济发展与人口资源环境相协调，保持人与自然的和谐发展以及人与人、人与社会之间的和谐，实现自然资源的永续利用和社会的永续发展。

总之，坚持全面、协调、可持续发展，才能保证经济社会又好又快发展，从而实现好、维护好、发展好最广大人民的根本利益。

### （三）按照全面、协调、可持续发展的要求推进生态文明建设

坚持以科学发展观为指导，按照全面、协调、可持续发展的基本要求建设美丽中国，有利于促进人与自然的和谐发展，实现中华民族的永续发展。

生态文明建设的全面性要求。根据唯物辩证法普遍联系的观点和科学发展观关于全面发展的要求，当代中国的生态文明建设必须坚持全面性的要求。①从宏观上来看，必须立足于社会主义文明系统来推进生态文明建设。社会主义文明系统是由物质文明、政治文明、精神文明、社会文明和生态文明等方面构成的整体。这五者的相互联系、相互作用构成了社会主义的进步过程。物质文明是其他文明的经济基础，政治文明是其他文明的政治保障，精神文明是其他文明的价值导引，社会文明是其他文明的社会环境，生态文明是其他文明的自然条件。因此，生态文明建设必须以整个社会系统的全面发展和全面进步为目标，必须促进其他文明的发展；要注意过分强调生态文明的重要性而对其他文明的阻碍作用，尤其是对物质文明的阻碍作用。这样，才能促进全面发展。②从微观上来看，必须立足于生态文明系统来推进生态文明建设。生态文明是由生态目标、经济目标、政治目标、文化目标和社会目标构成的整体，既涉及人与自然的关系，也涉及人与社会的关系。因此，不能将生态文明简单地看作是一个涉及人口、资源、能源、环境、生态和防灾减灾的生态学问题，而必须看到生态文明也有其经济、政治、文化和社会等方面的构成和目标；这样，就必须通过大力发展生

态经济、生态政治、生态文化和生态社会来推进生态文明建设。同时，也不能简单地将生态文明当作是一个人与自然和谐发展的问题，而必须看到人与社会的关系对人与自然关系的制约和影响；这样，就必须通过调整人与社会的关系来实现人与自然的和谐发展，将人与自然的和谐看作是一个社会建构的过程。在此基础上，生态文明建设才能达到预期的目标。总之，全面性是当代中国生态文明建设即建设美丽中国的基本原则。

生态文明建设的协调性要求。协调性是生态文明建设的具体要求。它要求生态文明建设要处理好各要素间的关系，坚持以协调发展为路径，实现经济、社会、资源、环境的协调发展。①在宏观上，生态文明建设作为中国特色社会主义现代化建设总体布局的重要一位，要与其他组成因素协调发展，处理好“五个统筹”之间的关系，共同推进中国特色社会主义事业的进步。同时，从社会主义文明系统的整体出发，保持文明系统各组成部分间的协调，正确处理物质文明、政治文明、精神文明、社会文明和生态文明等文明形式的关系，把握规律，统筹全局，促进各文明结构形式协调发展，进而推进中国特色社会主义的健康运行。②在微观上，生态文明建设的协调性要求就是要从生态文明系统的整体出发，积极促进生态文明各构成部分如生态经济、生态政治、生态文化、生态社会等的协调发展。在协调发展中，既讲求经济效益，也重视社会效益和生态效益，实现生态效益、经济效益和社会效益的有机统一。总之，协调性是当代中国生态文明建设即建设美丽中国的基本要求。

生态文明建设的持续性要求。建设生态文明，保护生态环境，必须立足于我国的基本国情。人口众多，资源相对不足，生态环境承载能力较弱，是我国的基本国情。建设生态文明，促进社会经济发展与人口资源环境相协调，成为我国现代化建设面临的一个重大挑战。自然资源并不是永不枯竭、可无限利用的，而是有限的。作为工业化、城镇化快速发展的人口大国，我国面临的能源资源和生态环境矛盾尤为突出，推动可持续发展任务尤为艰巨。建设生态文明，必须从这一基本国情出发，重点解决社会经济发展与能源资源和生态环境之间的矛盾，坚持在发展中保护、在保护中发展的原则，把节约放在首位，依靠科技进步推进环境保护和环境治理，积极研发新能源，增强可持续发展的能力。为此，必须从实际出发，制定相应的国家战略，积极贯彻落实计划生育、节约资源和环境保护的基本国策，实现政府调控与市场机制相结合，从体制和机制上促进可持续发展。此外，人类社会是一个不断演化的过程，文明的兴衰与环境密切相关。生态文明建设，在满足人类需要的基础上重视环境保护，有利于社会的持续发展和文明的永续传承。我国建设生态文明，在保持资源能源的可持续利用的基础上，必须重视发展的质量。这样，既有利于提高当前人民群众的生活水平，实现全面建设小康社会的目标，又为未来社会的发展奠定良好的基础。总之，持续性是当代中国生态文明建设即建设美丽中国的重要原则。

综上，按照全面、协调、可持续发展的要求推进生态文明建设，有利于取得生态文明建设的积极成果，也是实现中国特色社会主义事业健康发展的必然选择。

## 五、生态建设的根本方法

统筹兼顾是马克思主义世界观和方法论的具体运用，是实现科学发展和建设生态文明的根本方法。

### （一）坚持统筹兼顾的重大意义

坚持统筹兼顾是唯物辩证法的生动体现，是社会主义建设经验的科学提升，是处理现实矛盾的科学选择。坚持统筹兼顾具有重大的意义。

统筹兼顾是唯物辩证法的生动体现。世界上没有孤立存在的事物和现象，事物和现象是普遍联系的，整个世界是一个普遍联系的系统（世界系统）。同时，由普遍联系形成的相互作用，是推动事物发展的最终动力。由于其内在的矛盾本性，事物都是处于发展变化之中的。世界不是坚实的结晶体，而是一个过程的集合体。因此，普遍联系和永恒发展是唯物辩证法的总原则。这一总原则在实际工作中的具体体现就是统筹兼顾。统筹就是要抓住整体对部分的制约，要有全局性的视野，避免迷失大的方向。兼顾就是要看到部分对整体的影响，要照顾到方方面面，防止孤军作战。在总体上，统筹兼顾即总揽全局、兼顾各方。统筹兼顾的方法具有普遍的意义，在生态文明建设中也同样具有重大的价值。

统筹兼顾是社会主义建设经验的科学提升。统筹兼顾，就是要协调好各方面的利益关系，调动一切积极因素。我们在革命战争年代重视统筹兼顾，把发展生产与革命战争统筹兼顾，保证了革命的成功。在社会主义建设过程中，我们提出正确处理十大关系，有力地推动了社会主义建设的稳步发展。在改革开放的新时期，我们提出了一系列“两手抓”的方针政策。“两手抓”就是统筹兼顾。“三个代表”重要思想对改革、发展、稳定三者统筹兼顾，保证了改革开放的顺利推进。如今，我们党把统筹兼顾与科学发展紧密联系起来，将统筹兼顾的思想提升到指导方针、根本方法和发展战略的高度，实现了对统筹兼顾方法的理论提升和总结。统筹兼顾，坚持马克思主义基本原理，适应中国特色社会主义伟大实践，以辩证的观点来观察和分析问题，为正确认识和妥善处理中国特色社会主义事业中的重大关系提供了科学的世界观和方法论指导。中国特色社会主义事业是包括经济、政治、文化、社会、生态等建设在内的一项复杂的系统工程，为此，必须坚持统筹兼顾的方法。

统筹兼顾是处理现实矛盾的科学选择。建设中国特色社会主义的过程是一个不断认识和处理矛盾及问题的过程，统筹兼顾是解决社会主义社会矛盾的根本方法。只有坚持和运用统筹兼顾的方法，才能不断认识和解决这些矛盾和问题，实现科学发展。目前，城乡发展不平衡和贫富差距问题直接关系到人民群众的切身利益，关系到经济发展和社会稳定。我们必须看到，这些问题不仅是个经济问题，也是个政治问题和社会问题。国际经验证明，贫富差距过大，就会引发民族矛盾、地区矛盾、阶级矛盾以及中央和地方的矛盾，就会出大乱子。这是“颜色革命”和“茉莉花革命”发生的根本原因。坚持统筹兼顾的根本方法，能够逐步缩小发展差距和贫富差距，化解社会矛盾，有效防止两极分化。把统筹兼顾作为实现科学发展的根本方法予以坚持，是历史发展的必然选择，是时代发展的现实需要。

总之，统筹兼顾是马克思主义世界观和方法论的体现，是贯彻落实科学发展观的根本方法，是解决我国在新时期和新阶段中遇到的新矛盾的科学选择。

### （二）坚持统筹兼顾的科学要求

坚持统筹兼顾的根本方法，就是要正确认识和妥善处理中国特色社会主义事业中的重大关系，统筹城乡发展、区域发展、经济社会发展、人与自然和谐发展、国内发展和对外开放，统筹中央和地方关系，统筹个人利益和集体利益、局部利益和整体利益、当前利益和长远利益，充分调动各方面积极性。统筹国内国际两个大局，树立世界眼光，加强战略思维，善于从国际形势发展变化中把握发展机遇、应对风险挑战，营造良好国际环境。既要总揽全局、统筹规划，又要抓住牵动全局的主要工作、事关群众利益的突出问题，着力推进、重点突破。显然，统筹兼顾具有重大的世界观和方法论意义。

统筹兼顾的重点是要做好“五个统筹”。“五个统筹”即统筹兼顾城乡发展、区域发展、经济社会发展、人与自然和谐发展、国内发展和对外开放。①统筹城乡发展，就是重视农村的发展，坚决贯彻工业反哺农业、城市支持农村的方针，着力解决好“三农”问题，逐步缩小城乡发展差距，改变城乡二元经济结构，加快社会主义新农村建设，推动农村经济社会全面发展，形成城乡互动、协调发展的新格局，实现农业和农村经济的可持续发展。②统筹区域发展，就是继续实施区域协调发展的战略布局，坚定不移地推进西部大开发，全面振兴东北地区等老工业基地，加快对这些老工业基地的调整和改造，大力促进中部地区崛起，鼓励东部地区加快发展，继续发挥各个地区的优势和积极性，逐步扭转区域发展差距拉大的趋势，形成东中西相互促进、优势互补、共同发展的新格局。③统筹经济社会发展，就是在大力推进经济发展的同时，更加注重社会发展，加快科技、教育、文化、卫生、体育等社会事业的发展，不断满足人民群众在精神文化、健康安全等方面的需求，把加快经济发展与促进社会进步结合起来，实现经济发展与社会进步的有机统一。④统筹人与自然和谐发展，就是实现增长方式从“粗放型”到“集约型”的转变，高度重视资源能源和生态环境问题，处理好社会经济发展与人口资源环境之间的关系，增强可持续发展的能力和水平，推动整个社会走上生产发展、生活富裕、生态良好的文明发展道路。⑤统筹国内发展和对外开放，就是处理好国内发展与国际环境的关系，利用国际国内两个市场、两种资源，立足于扩大内需，把扩大内需与扩大外需、利用内资与利用外资结合起来，提高对外开放的水平，实现互利共赢。可见，“五个统筹”涉及现代化建设的全局，其实质是要统筹兼顾经济建设、政治建设、文化建设、社会建设、生态文明建设和人的全面发展。

统筹兼顾的要害是协调好各种利益关系。人们所奋斗的一切都是为了利益。目前，在利益分化和固化日益突出的情况下，必须统筹以下重大利益关系作为重点：①统筹中央和地方关系。这就是要尊重基层和群众的首创精神，合理划分经济社会事务管理的权限和职责，做到事权与财权相匹配、权力与责任相一致，既维护中央的统一领导，又更好地发挥地方积极性。②统筹个人利益和集体利益、局部利益和整体利益、当前利益和长远利益。这就是要坚持从全体人民的整体利益、长远利益和根本利益出发，做到个人利益服从集体利益、局部利益服从整体利益、当前利益服从长远利益。但是，也不能无端牺牲甚至是侵害合理、合法的个人利益、局部利益、当前利益。③统筹国内国际两个大局。这就是要深刻认识国内大局和国际大局、内政和外交的紧密联系，善于从国际形势和国际条件的发展变化中把握发展方向、用好发展机遇、创造发展条件、掌握发展全局，做到审时度势、因势利导、内外兼顾、趋利避害，为我国发展营造良好的国际环境。只有在利益协调的前提下，才能真正实现协调发展。

总之，坚持统筹兼顾就是要统筹兼顾经济建设、政治建设、文化建设、社会建设、生态文明建设和人的全面发展，正确处理各种利益关系，推进中国特色社会主义事业的总体进程。

### （三）按照统筹兼顾的方法推进生态文明建设

在生态文明建设中坚持统筹兼顾，就是要坚持“三同时”、“三同步”和“三效益”原则，维持我国经济发展、政治稳定、文化繁荣、社会和谐、生态优美的良好局面。

坚持“三同时”原则。作为我国环境保护的一项重要原则，“三同时”原则是控制产生新污染、实行预防为主原则的重要途径。《中华人民共和国环境保护法》第二十六条明确规定，建设项目中防治污染的设施，必须与主体工程同时设计、同时施工、同时投产使用。防治污染的设施必须经原审批环境影响报告书的环境保护行政主管部门验收合格后，该建设项目方可投入生产或者使用。防治污染的设施不得擅自拆除或者闲置，确有必要拆除或者闲置的，必须征得所在地的环境保护行政主管部门同意。实行“三同时”原则，加大了环境保护行政主管部门的监管力度，同时也强化了企业单位的自我约束机制，能够促使企业自觉遵守环境法律法规，严格按照“三同时”原则进行生产，主动把发展经济与保护环境相结合，严格控制环境污染。“三同时”原则把统筹兼顾的方法落到了生态文明建设的实处，以法律形式约束和监督企业，把设计、施工和投产使用与环境保护统筹兼顾，能够积极推进生态文明建设。“三同时”原则能够有效调动个人、企业和政府的自觉的生态环境意识，积极预防新的环境污染，推动科学发展观的贯彻落实，对于我国的生态文明建设意义重大。

坚持“三同步”原则。坚持“三同步”原则，就是要求经济建设、城乡建设和环境建设（生态文明建设）要同步规划、同步实施和同步发展。经济建设与生态文明建设并不冲突，而是可以相互促进，共同发展。“三同步”原则要求在经济建设和经济发展过程中要统筹规划，把环境保护贯穿始终，加强环境管理和环境治理，大力发展生态经济。生态经济既追求经济发展的量，也关注经济发展的质，在发展的过程中同时兼顾生态环境的保护，并通过经济发展为生态环境保护和管理提供物质保障。生态文明建设也并非只重视环境而忽视经济发展，而是要积极宣传环境保护知识，努力提高人民群众的生态环境意识，增强人民群众的环境保护的自觉性，使环境保护成为日常生产生活的一种自觉行为。“三同步”原则要求在城乡建设中要统筹考虑环境建设，城乡建设必须遵循生态化原则，走中国特色城镇化道路，避免西方片面城市化的生态弊端；同时，环境建设要服务和服从城乡建设，为城乡建设提供可持续支撑；最后，城乡建设和环境建设必须围绕经济建设中心展开，不能冲击经济建设中心。坚持“三同步”原则，是生态文明建设中坚持统筹兼顾方法的生动体现，可以避免在经济建设、城乡建设过程中出现环境污染事件，降低资源能源的浪费率，提高经济建设的质量和发展进度，有利于更好地坚持生态效益、经济效益和社会效益相统一的“三效益”原则。

坚持“三效益”原则。生态文明建设必须坚持“三效益”原则，即坚持生态（环境）效益、经济效益和社会效益的统一。中国特色社会主义现代化建设是一个有机的整体。作为生态文明建设的一项重要原则，“三效益”原则既符合我国实际，也体现时代特点，必须贯穿于中国特色社会主义现代化建设的始终。①生态效益是基础。生态环境问题是新世纪全人类面临的共同挑战，生态环境安全已提升到国家安全的高度，成为国家安全的一个重要组成部分，与国家的命运息息相关。因此，必须将生态效益作为一切效益的前提和保障。推进生态文明建设，重视环境保护，严格环境管理，必须把统筹兼顾的方法落到实处，督促企业重视环境污染防控和污染治理，利用新技术促进废物资源的回收利用，提高资源的利用效率，实现提高经济效益和生态效益的

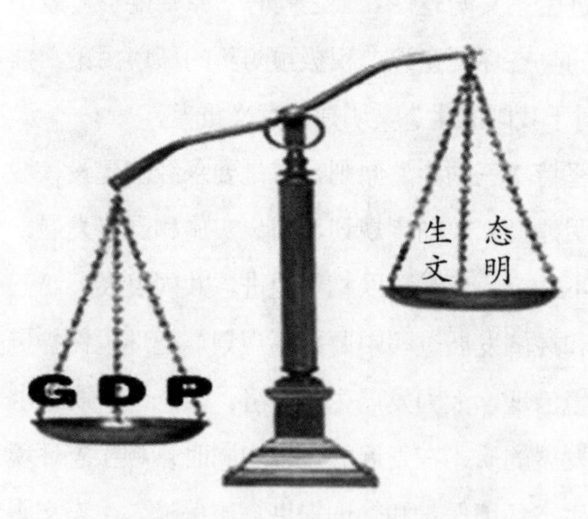

漫画《GDP与生态文明的天平》

双重目的。②经济效益是手段。只有经济效益上去了，才能为实现其他效益提供坚实的经济基础和强大的物质支撑。同时，在经济建设过程中，运用统筹兼顾的方法，必须综合考虑、妥善处理经济发展与资源利用、环境保护的关系，既要促进经济增长，提高经济效益，也要维护生态效益。最后，经济发展必须以造福人民群众为目标，必须重视社会效益。③社会效益是目标。一切发展都必须围绕满足人民群众的物质文化需要展开，都必须以保证人民群众的幸福和尊严为目的，都必须以促进人的自由而全面的发展为最终价值取向。生态文明建设同样必须如此。可见，在生态文明建设中，坚持统筹兼顾的根本方法，有利于实现生态效益、社会效益和经济效益三者的有机统一，推进中国特色社会主义事业的全面、健康发展。

总之，生态文明建设一定要从全局出发，统筹规划，标本兼治，突出重点，务求实效。为此，必须坚持“三同时”、“三同步”和“三效益”原则。

综上，建设生态文明，最重要的是要做到总揽全局、兼顾各方，协调好各方面的利益和关系，充分调动一切积极因素，也就是要做到统筹兼顾。

# 建设美丽中国的辩证张力

落实科学发展观，是一项系统工程，不仅涉及经济社会发展的方方面面，而且涉及经济活动、社会活动和自然界的复杂关系，涉及人与经济社会环境、自然环境的相互作用。这就需要我们采用系统科学的方法来分析、解决问题，从多因素、多层次、多方面入手研究经济社会发展和社会形态、自然形态的大系统。

——胡锦涛：《在中国科学院第十二次院士大会、中国工程院第七次院士大会上的讲话》（2004年6月2日），《十六大以来重要文献选编（中）》，北京：中央文献出版社，2006年，第115页。

生态文明是一个以人与自然的关系为主线、以人与人（社会）的关系为副线的矛盾整体。这样看来，我们必须按照辩证思维的原则推进生态文明建设，必须将建设美丽中国作为一项复杂的社会系统工程来推进。

## 一、整体性和非线性的统一

从其形成和构成来看，人与自然的关系，是通过非线性相互作用而形成的生态系统——“人–自然”系统。一般来讲，系统内部要素之间存在的非线性相互作用，是系统产生自组织的必要条件。“人–自然”系统同样是整体性和非线性的统一。因此，在生态文明建设中，必须坚持整体性和非线性相统一的原则。

### （一）生态文明建设的整体性要求

人与自然的和谐统一，是同一系统内部的两个因子之间的相互作用而形成的共同进化的过程和状态，因此，在生态文明建设中，必须从整体上把握人与自然的关系，坚持整体性的要求。

人与自然的关系是在自然进化中通过递阶秩序形成的整体。世界是一个由于内在的矛盾而不断演化和进化的系统，世界系统的发展进程表现为自然对人的生成过程。自然的演化和进化大体上包括机械运动、物理运动、化学运动、生物运动等几个阶段，与此同时，还存在着天体运动和地球运动等形式；在此基础上，通过劳动的作用，产生了人类，开始了社会运动和思维运动的历史进程。在这个过程中，人的进化以凝聚的方式展示了世界演化和进化的历程，各种物质运动形式（阶段）的具体内容在此得以凝聚、积淀和升华。这样，各种运动形式之间就存在着一种相互依赖的关系，一个从另一个中发展而来，一个比另一个高级；高级阶段是从低级阶段中产生和发展的，囊括了低级阶段的内容，但不能简单地将之还原为低级阶段；于是，各种运动形式之间就形成了一种递阶秩序。递阶秩序是系统的叠加方式，即系统通常构造得使其各个成分同时又是紧接着的较低递级系统。这种递阶结构和合并为更高级的系统是整个客观世界的特征，在生物学、心理学、社会学等一系列方面有根本的重要性。通过递阶秩序，各种运动形式的主体嵌套成一个巨复合系统——世界系统。由于人与自然都是整个世界系统的一部分，因而，人与自然就构成了一个整体——“人–自然”系统。总之，人与自然的关系是在自然本身的演化和进化过程中通过劳动发生的关系，是作为一切变化主体的物质由于其内在矛盾所造成的运动带来的自然本身进化的结果。

人与自然的关系是在社会进化中通过物质劳动形成的整体。人以其需要的普遍性而区别于其他动物，而人和动物相比越有普遍性，人赖以生活的自然界的范围就越广阔。人的肉体生活和精神生活都是同自然界相联系的。自然是人的无机的身体。这就表明，人与自然之间最根本的联系就是物质变换。在世界系统中，各子系统之间通过物料、能量和信息等交换方式发生着复杂的相互作用。通过这种作用，整个系统形成了一种整体效应或者一种新型的结构。生物有机体和环境就是通过物质变换构成生态系统的。但是，对于人类来说，客观世界走着自己的路，并不会直接、自动地满足人的需要，因此，人类必须按照其需要来变革世界。劳动就是在这个过程中发生和成为现实的。劳动过程，“是制造使用价值的有目的的活动，是为了人类的需要而对自然物的占有，是人和自然之间的物质变换的一般条件，是人类生活的永恒的自然条件，因此，它不以人类生活的任何形式为转移，倒不如说，它为人类生活的一切社会形式所共有”[①]。随着劳动的发展和进化，人与自然之间的物质变换在结构和内容等方面得到进一步的扩展和延伸，这样，人与自然的整体性就进一步得到巩固和加强，“人–自然”整体就获得了进化的新质。即劳动过程、物质变换和社会发展在实际的发展过程中成为一个统一的过程，三者之间存在着系统发生、协同进化的关系。可见，以劳动为中介的人与自然之间的物质变换，进一步加强和巩固了人与自然的内在关联，使之成为一种社会性的关系。因此，人与自然的关系就以一定方式受到人与人（社会）关系的制约和影响。

> 我们所接触到的整个自然界构成一个体系，即各种物体相联系的总体，而我们在这里所理解的物体，是指所有的物质存在，从星球到原子，甚至直到以太粒子，如果我们承认以太粒子存在的话。这些物体处于某种联系之中，这就包含了这样的意思：它们是相互作用着的，而它们的相互作用就是运动。
>
> ——《马克思恩格斯文集》第9卷. 北京：人民出版社，2009年，第514页。

① 马克思恩格斯文集：第5卷. 北京：人民出版社，2009：215.

总之，人与自然的关系具有整体性，构成了一个生态系统，因此，我们必须反对机械割裂人与自然关系的做法，而必须对之进行整体把握，既要看到人与自然的系统关联，也要看到人与自然的关系、人与人（社会）的关系这两类关系的整体联系。

**（二）生态文明建设的非线性要求**

在“人–自然”整体中，其组成成分是多元的，相互关系是多维的，具有典型的非线性特征，因此，在生态文明建设中，必须坚持非线性的要求。

“人–自然”系统的组成成分的多元性。“人–自然”系统是由自然系统和社会系统（人的系统）构成的复合整体。自然和社会都是由多元因素构成的矛盾整体。①自然构成的多元性。在演化时间上，自然是由机械运动、物理运动、化学运动、生物运动以及天体运动和地质运动构成的进化系统。在空间结构上，“人–自然”系统中的自然主要是指地球系统。在地球的外部是无限的宇宙。地球圈层分为外圈和内圈两大部分。地球外圈存在大气圈、水圈和生物圈等圈层，地球内圈存在地壳、地幔和地核等圈层。在演化结果上，自然是由自在自然、人化自然和人工自然构成的立体系统。从对人类生存和发展的价值来看，自然是由人口、资源、环境、生态等因子构成的生命支持系统，而灾害威胁着人类的生存和发展。这样，自然的多元性就构成了丰富多彩的自然系统，必然会对“人–自然”系统的结构和性质产生多重的制约。②社会构成的多元性。以人为主体而形成的社会系统是一个活的机体——社会有机体。从其基本矛盾来看，社会是由生产力和生产关系的矛盾、经济基础和上层建筑的矛盾而推动的进步过程。从其构成来看，社会是由经济结构、政治结构、文化结构、社会生活结构（社会交往）构成的整体。或者说，社会系统是由生产力、经济关系、政治制度、社会心理和思想体系等五项因子构成的。从活动主体来看，现代社会是由国家（政府）、市场（企业）和市民社会（社会运动和社会组织）构成的整体。在这个过程中，社会能够把自已所需要的但是缺乏的器官从社会中创造出来。社会就是通过多元因素的非线性作用而成为一个自组织系统的，这样，必然会对“人–自然”系统的结构和性质产生多重影响。最后，以人类活动尤其是人类劳动为基础和中介，自然系统和社会系统（人的系统）就复合成为一个巨复杂系统。当然，人类活动的形式也是多种多样的，社会系统在世界系统中是与自然系统平行的。

“人–自然”整体的结构关系的多维性。“人–自然”整体是由人与自然的非线性相互作用的不可分割性构成的。①人与自然关系形式的多样性。人是一种具有多重需要的感性存在物，也是一种具有多重目的的理性存在物，但是，人自身不能满足其需要、实现其目的，而必须诉诸外部世界；人之外的世界只有自然；这样，在人与自然之间就存在着一种需要和需要的满足、目的和目的的实现的关系，即价值关系（生态价值）。实践是将人与自然联系起来的实际基础和中介。正是在实践尤其是生产实践中，人才以内部自然作用于外部自然的方式实现了人与自然之间的物质变换。这样，在人与自然之间就存在着一种作用和被作用、改造和被改造的关系，即实践关系（生态活动）。在实践的基础上，人不仅能够意识到其需要和目的，而且能够用语言将之表述出来，成为推动实践的动因。实践成果同样能够积淀成为理论。在这个过程中，人与自然之间就形成了一种反映和被反映、认识和被认识的关系，即理论关系（生态意识）。在总体上，生态价值是形成生态活动和生态意识的内在动因，生态活动是形成生态价值和生态意识的基础，生态意识是对生态价值和生态活动的反映，三者的相互作用构成了“人–自然”系统。②人与自然相互作用结果的多向性。人与自然相互作用的结果，存在着正向、负向等多种形式，形成了复杂的反馈和控制机制。从自然对人的制约和影响来看，存在着二重性，充足的资源和能源、干净的环境、安全的生态是人类生存和发展的基本的自然条件，而资源的匮乏、瘟疫的流行、灾害的肆虐是人类生存和发展的心腹之患。显然，按其本来面目，自然是以“慈母”和“暴君”的双重形象展现在人们面前的。面对前者，人只能顺从；面对后者，人必须反抗。从人对自然的作用和改造来看，人的活动是一把“双刃剑”。一方面，人的活动具有建设性效应，不仅可以维护和保持自然，而且可以建设和优化自然。另一方面，人的活动具有破坏性效应，不仅会干涉和扰动自然，而且会破坏和毁灭自然。前者体现了人的“乖顺”形象，后者体现了人的“叛逆”形象。正像人不会听任自然“暴君”的宰割一样，自然对人的反抗和叛逆也不会无动于衷，而总会“报复”和“惩罚”人类。这就表明，在人与自然之间存在着复杂的反馈和控制机制，也从负面印证了人与自然的关联性和系统性。显然，人与自然的相互作用是一种典型的非线性作用。

总之，“人-自然”系统是通过人与自然的非线性相互作用而形成的，具有非线性的特征。在这个过程中，人与人（社会）之间的非线性相互作用也对人与自然的关系具有重大的影响。因此，我们必须反对无限降解人与自然关系的做法，要注意其复杂性，要将“人-自然”系统作为一个复杂系统来看待。

在总体上，人与自然的整体性是通过非线性作用而形成的［以人与自然的非线性相互作用为主，以人与人（社会）的非线性相互作用为辅］，非线性只有在整体中才有意义，因此，“人-自然”整体是一个具有生态学意义的系统。当然，这个系统不同于生态学分类层次意义上的生态系统，具有明显的属人的属性（社会属性），而生态学分类层次上的生态系统具有人属的属性（自然属性）。在实践中，我们必须将整体性和非线性统一起来，全面把握生态文明自身构成的系统性，按照社会系统工程的方式推进生态文明建设。

## 二、永续性和自主性的统一

从其内部的相互作用来看，在“人-自然”系统中，自然对人的约束和限制，人对自然的突破和作用，是同时存在的，构成了人与自然之间的非线性作用。只有将自然尺度（永续性）和人的尺度（自主性）统一起来，才能实现人与自然的和谐。因此，在生态文明建设中，必须坚持永续性和自主性相统一的原则。

### （一）生态文明建设的永续性要求

人的自主性是在自然系统的约束下展开的，脱离自然系统约束的自主性必然具有主观性、盲目性甚至是破坏性，因此，在生态文明建设中，必须始终坚持永续性的要求。

自然系统的客观实在性。自然是先在于人和社会的。自然的先在性集中体现了自然和自然规律的客观实在性。即使是作为人的自主性集中体现的劳动，也只能在遵循自然规律的前提下展开。这在于：①劳动前提是对劳动的自然条件的占有。劳动的第一个客观条件是自然，即生产者的自然生存条件。这种条件不是人类劳动的产物，而是预先存在的；作为人身外的自然存在，是劳动的前提。②劳动系统是自然要素结构整合的整体。从劳动的发生来看，无论人们耕作、占有土地存在着多么大的障碍，土地仍然是最主要的劳动要素，仍然是活的个体的无机自然，仍然是人类的工作场所，仍然是主体的劳动对象、劳动资料和生活资料。要使之转化为现实的劳动要素，需要人类按照劳动的要求进行结构上的整合，但是，这种整合也需要按照自然规律进行。③劳动过程是自然力量发挥作用的过程。为了在对自身生活有用的形式上占有外部自然，人类首先必须使内部自然——臂和腿、头和手运动起来，使内部自然中蕴藏着的潜力发挥出来。当人类通过这种运动作用于外部自然并改变外部自然时，也就同时改变内部自然。正是在这两种自然力量相互作用的过程中，劳动才成为可能。④劳动产品是自然发生形式变换的结果。劳动结果是将自然物质（外部自然）转化为经济物质（劳动产品）的过程。自然物质的有用性（能够满足人的需要、实现人的目的的结构和属性），构成了劳动产品的使用价值。劳动只是将自然物质转化为经济物质的中介和手段。显然，无论人类的自主性如何强大，外部自然界的优先地位始终存在着。自然的客观实在性是最广义的永续性。因此，生态文明建设必须以尊重自然规律的客观实在性为前提和基础。在这个意义上，生态文明建设始终存在着一个是否坚持唯物主义的问题。

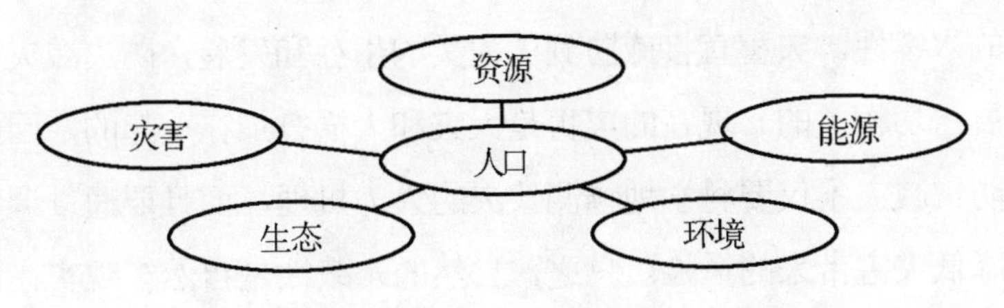


生态文明基础系统（基础目标）的结构

自然系统的条件限制性。人口、资源、能源、环境、生态等要素构成了人类生存和社会发展的自然物质条件。其最根本的生态学特性是存在着可持续（可再生，可更新）和不可持续（不可再生，不可更新）的区分。此外，防灾减灾也是人类生存和发展的自然物质条件。因此，永续性的最基本的要求是保持自然物质条件的永续性。①人口的永续性。一定的人口构成了“人–自然”系统和社会发展的主体。人口与其他自然要素、社会要素具有一种此消彼长的关系，因此，必须将人口数量维持在自然物质条件和经济物质条件许可的范围内，要通过人口素质的提升和人口结构的优化来协调人口增长与自然物质条件、经济物质条件的关系。②资源和能源的永续性。资源是原材料的来源，能源是动力和照明的来源。在社会发展中，必须根据其具体情况，采取不同的开发和利用对策：可再生资源和能源的开发与利用的强度必须限制在其最大持续收获量之内，不可再生资源和能源的消耗必须降低到最低限度。③环境的永续性。环境是活动展开的场所，是容纳活动的废弃物的场所；但是，其涵容能力和自净能力存在着阈限。因此，必须控制污染物和废弃物的排放，形成生活和生产的全过程控制和区域的综合利用体系，使污染物和废弃物的排放接近零排放的水平。同时，要加快废弃物的再生化和资源化的步伐，在循环利用中提高资源和能源的利用效率。④生态的永续性。生态是生命支持系统和条件，其承载能力存在着阈限，因此，必须注重自然生态系统多样性的保护，使基因多样性、物种多样性、种群多样性、群落多样性、生态系统的多样性得到有效的保护，并建立适当的人工生态系统用以支持和弥补自然生态系统的功能，同时要扩展人类活动的空间和范围，以预防突发性的变化。⑤防灾减灾的永续性。灾害直接威胁到了人类的生存和发展，防灾减灾是与可持续发展密切相关的。现在的灾害是天灾和人祸叠加在一起的，因此，可持续的防灾减灾不仅要科学地预测致灾的人为机理，而且要通过调整人类活动来降低灾害带来的风险。总之，自然的永续性是自然客观实在性的具体体现，构成了人类活动和社会发展的限制性条件，因此，人类活动和社会发展也必须具有永续性。这样，从自然物质条件的永续性出发，要求我们必须走可持续发展的道路。可持续发展是在社会发展中必须采用的重大战略，人与自然的和谐发展是这一战略的核心要求，生态文明是实施这一战略的积极进步的成果。因此，实现自然物质条件的永续性构成了生态文明建设的基础目标。

总之，自然是人类生存的前提和基础，也是社会发展的条件和环境。只有遵循自然规律尤其是充分考虑到其客观性和限制性，才能满足人的需要、实现人的目的。因此，生态文明建设必须自觉表达和实现永续性的原则和要求，要通过实施可持续发展战略来实现人与自然的和谐发展。

### （二）生态文明建设的自主性要求

人在自然面前并不是消极被动的。在遵循永续性的前提下，人的自主性作用，在促进人自身的新进化的同时，也促进了自然的新进化，从而推动着人与自然的和谐发展。在这个过程中，生态文明成为可能。因此，在生态文明建设中，必须坚持自主性的要求。

自然系统新进化的社会动力。人既是受动的又是能动的。人的能动作用即人的自主性，不仅促进了人类自身的新进化，而且促进了自然系统的新进化。①人对自然的能动作用的实践基础。人类需要的满足和目的的实现，要求人类必须突破自然的约束和限制，按照自己的意志进行选择，于是，作为人与自然之间物质变换形式的劳动得以发生。劳动是人的自由自觉的活动。诚然，动物也生产。“但是，动物只生产它自己或它的幼仔所直接需要的东西；动物的生产是片面的，而人的生产是全面的；动物只是在直接的肉体需要的支配下生产，而人甚至不受肉体需要的影响也进行生产，并且只有不受这种需要的影响才进行真正的生产；动物只生产自身，而人在生产整个自然界；动物的产品直接属于它的肉体，而人则自由地面对自己的产品。动物只是按照它所属的那个种的尺度和需要来构造，而人却懂得按照任何一个种的尺度来进行生产，并且懂得处处都把固有的尺度运用于对象；因此，人也按照美的规律来构造。”①这样，以劳动为基础和中介，不仅实现了人与自然之间的物质变换，而且实现了人对自然的能动作用。②人对自然的能动作用的自然表现形式。在人的作用下，加速了自然系统的演化进程，现在，自然客体已经成为一个由自在自然、人化自然和人工自然构成的复合系统。自在自然即原初自然，是先于人、独立于人、规定着人的自然。人化自然是作为“为我之物”的自然，是人类在劳动的基础上自觉地促进自然向人和社会生成的客观过程及其产物，是人自觉地调控人与自然之间物质变换的过程及其产物。人工自然是“我为之物”的自然，是人类通过其创造性的活动所模拟、创造和发明出来的自然界原本没有的物质。例如，人造化学元素就是典型的人工自然。在世界演化中，自在自然通过人的实践活动转化为人化自然和人工自然，人化自然和人工自然又不可避免地要参与整个大自然的运动，这样，就促进了自然系统的新进化。③人对自然的能动作用的双重后果。人化自然和人工自然的形成过程，其实就是广义文化形成的过程。文化具有破坏性和建设性的双重效应，这样，就存在着野蛮和文明的区分。生态环境问题是人化自然和人工自然在人与自然关系方面的破坏性后果。尽管人化自然和人工自然都具有明显的主体的印记，但是，它们与自在自然一样都具有物质性和客观性。因此，违背物质性和客观性的自主性，必然会产生破坏性。生态文明是人化自然和人工自然在人与自然关系方面的建设性后果。在人的活动过程中，只有将合规律性和合目的性统一起来，才能保证人的活动的建设性。这样，抑制和消除人的活动的破坏性效应，巩固和扩大其建设性效应，就成为协调人与自然和谐发展的主要任务。狭义的生态文明仅指建设

① 马克思恩格斯文集：第1卷．北京：人民出版社，2009：162—163．

性效应的巩固和扩大，广义的生态文明还包括破坏性效应的抑制和消除。总之，生态文明是在自然新进化的过程中产生的，是人化自然和人工自然的积极进步成果的总和。

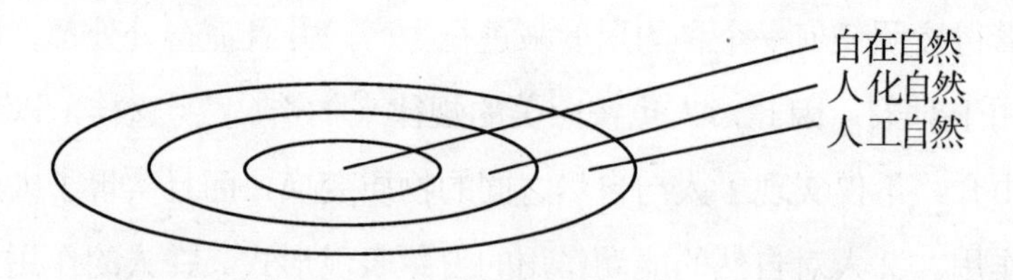


自然系统的结构层次

自然系统新进化的社会形式。人以个体的方式难以保证劳动的有效性和永续性，必须以群体的方式实现人与自然之间的物质变换。“这样，生命的生产，无论是通过劳动而生产自己的生命，还是通过生育而生产他人的生命，就立即表现为双重关系：一方面是自然关系，另一方面是社会关系；社会关系的含义在这里是指许多个人的共同活动，不管这种活动是在什么条件下、用什么方式和为了什么目的而进行的。”[①]在这个过程中，就使得人类行为具有了社会性，社会系统成为人与自然相互作用的中介，甚至是实现形式。一般来讲，人的自主性行为主要存在经济的、政治的、文化的和社会交往的等活动形式。通过这些行为形式，人类建构起了社会系统的经济结构、政治结构、文化结构、社会生活结构等结构层次。这些因素的非线性作用进一步增强了社会系统的自组织性。这样，社会系统对人与自然相互作用的中介主要是通过经济、政治、文化、社会生活等要素体现出来的。在经济方面，生产力的发展水平决定着人与自然物质变换的能力和水平；生产资料的所有制形式决定着自然资源的配置方式，从而影响着人与自然之间物质变换的实现程度。在政治方面，政治要素为自然资源的合理而有序的配置提供着各种规则，从而为有效实现人与自然的物质变换提供着秩序保证。在文化方面，各种文化要素反映和表达着人与自然的

① 马克思恩格斯文集：第1卷．北京：人民出版社，2009：532.

复杂关系以及与之相关的人与社会的复杂关系，这样，能够为有效实现人与自然的物质变换提供思想保证、智力支持、价值导引和精神动力。在社会生活方面，在社会交往中所形成的互助、志愿、自治等社会氛围，有助于形成生态治理的社会结构，从而能够调动起人们协调人与自然关系的责任和义务。这样，“人–自然”系统就获得了经济的、政治的、文化的、社会生活的等方面的社会属性。在此基础上，当人们在遵循永续性的前提下，进一步发挥其自主性，人们的活动形式就积淀形成了人与自然交往的经济形式（生态经济）、政治形式（生态政治）、文化形式（生态文化）和社会生活形式（生态生活，生态社会）等形式。自然系统新进化的社会形式即人与自然交往的社会形式，既是作为人与自然之间物质变换实现形式的劳动成果在社会结构层次上的积淀，也是协调人与自然和谐发展的社会途径和目标。因此，在生态文明建设中，除了要追求和实现其生态目标外，还必须追求和实现其经济、政治、文化和社会生活等方面的目标，大力发展生态经济、生态政治、生态文化和生态生活。生态经济、生态政治、生态文化和生态社会是生态文明的社会构成要素、表现形式和奋斗目标。

显然，正是在发挥人的自主性的过程中，才出现了自然向人生成的过程。在这个过程中，诞生了人化自然和人工自然。生态文明就是在这个过程中成为可能和现实的。

在总体上，永续性只能在“人–自然”系统内部的选择中实现。永续性并不是要限制或是取消人的自主性，而是要促使“人–自然”系统通过人的自主性选择达到持续与和谐。人与自然的和谐发展即可持续发展的自组织性行为，是由人的自主性促成的。这不仅促进了人自身的新进化，而且促进了自然系统的新进化。在此基础上，自然系统已经成为自在自然、人化自然、人工自然构成的复合系统。这其实就是生态文明的发生和发展的过程。

## 三、层次性和公平性的统一

从其社会性质来看，只有在公平性约束下的发展才可能是永续的。在“人–自然”系统中，各种自然要素和社会要素的分布是不均衡的，致使可持续发展具有了层次性，于是，人与自然的和谐发展就成为一个具体的历史过程。但是，长期的不均衡必然导致动荡和无序，从而会扰动甚至破坏正常的物质变换。这样，就要求对各种关系进行全方位的调整。因此，在生态文明建设中，必须坚持层次性和公平性相统一的原则。

### （一）生态文明建设的层次性要求

各具差异的自然要素和社会要素的结合，构成了不同的发展单元，形成了可持续发展的层次性。面对具有层次性的“人–自然”系统，生态文明建设必须坚持层次性的要求。

可持续发展的层次性特征。可持续发展的层次性源于自然系统和社会系统的非均衡性，是各种因子随机作用和结合的一种强化的表达。①自然要素的差异性分布。地域上的支持可持续发展的基础系统是以一种随机的、非均衡的方式分布的，如资源的丰饶度、环境的适宜性、地形的差异、资源和能源开发的成本等等。尽管这些因素对人类行为和社会发展不能产生决定作用，但使人类行为和社会发展具有了强烈的地域性特征，使不同地域的人类行为和社会发展面临着不同的机遇和选择。例如，主要面对土地资源的民族，形成了农业生产方式；主要面对草地资源的民族，形成了牧业生产方式。前者对季节节律特别敏感，后者对空间方位特别在意。这样，就形成了不同的生态学意识。②社会要素的差异性分布。可持续发展是在大量的可能运动中取得支配地位的运动，要受人的各种需要和人口增长的约束和支配。人的需要和人口增长具有明显的地域性和差异性。例如，人口增长主要存在两种发展方向：一是在数量上不断膨胀，二是使人口增长率稳定在发展系统的整体容量之内。究竟哪一种行为能够成为占主导地位的行为，是由生产力发展水平、风俗习惯、社会心理、社会保障等一系列的社会随机行为决定的（当然，自然要素也有一定程度的影响）。这样，每个地域就有了其特殊的人口增长模式，使可持续发展带上了差异性的特征。最后，在一定的生产力发展水平上，自然要素和社会要素的相互作用总是通过一定的空间结构展开和进行的，这样，自然要素和社会要素在地域上的结合就呈现出了差异性。在文明产生的过程中，“不同的共同体在各自的自然环境中，找到不同的生产资料和不同的生活资料。因此，它们的生产方式、生活方式和产品，也就各不相同”[①]。从而，它们具有了不同的发展状况和发展水平，呈现出了文化多样性和文明多样性。总之，人与自然的关系是具体的、历史的，可持续发展具有层次性的特征。

可持续发展的具体性要求。不同层次的问题具有不同的矛盾、性质和规律，因此，面对不同层次的问题，必须坚持具体性的原则。在统筹人与自然和谐发展的过程中，同样必须如此。①坚持因时制宜。人与自然的关系有其时间上的进化过程。除了自然演化因素外，推动这种进化的决定性因素是生产力。从生产力的发展水平来看，人类社会的发展大体上经历了渔猎文化、农业文明、工业文明、信息文明（智能文明，知识文明）等几个技术社会形态（发展阶段），相应地也呈现出了人与自然关系的不同面貌。在技术社会形态的每个阶段，人与自然的关系既有冲突也有和谐。随着生产力的发展和技术社会形态的更替，人与自然的和谐也呈现出了不同的阶段性特征。因此，对于像中国这样仍然处于工业化起飞过程中的广大发展中国家来说，就不能抽象地将生态文明看作是取代工业文明的新的文明，而必须将工业化和生态化统筹起来，走新型工业化道路。②坚持因地制宜。人与自然的关系在空间上具有地域性的特征。从自然物质条件来看，每一地域的自然禀赋不同，有其独特的人口、资源、能源、环境、生态和灾害等自然要素形式；从社会经济环境来看，每一地域的社会结构不同，有其独特的经济、政治、文化和社会生活等社会要素因子；从生产力发展水平来看，每一地域的发展梯度不同，存在着先进和落后、发达和不

① 马克思恩格斯文集：第5卷．北京：人民出版社，2009：407.

发达的区分与差异。因此，每一地域协调人与自然关系的目标和方式都有其特殊性。在这个意义上，发展中国家就不能简单地套用西方现代化的模式。在西方现代化启动的时候，世界上的自然资源还相对充裕，环境污染问题还没有大规模出现，因此，他们采用的是高消耗、高污染的发展模式。但是，当发展中国家开始应对现代化挑战的时候，世界上已经出现了资源枯竭、环境污染等问题，这样，发展中国家就必须摒弃高消耗、高污染的发展模式，寻求新的突破。此外，在西方社会流行的“生态现代化”、“生态中心主义”和“后现代主义”等思潮也不一定符合发展中国家的需要和实际。同样，对于幅员辽阔的中国来说，每个地区情况不同，这样，就需要坚持从实际出发，具体问题具体分析。当然，随着新型工业化任务的完成，包括中国在内的广大发展中国家需要及时调整可持续发展的模式，重新谋划生态文明建设的蓝图。一言以蔽之，生态文明建设没有固定的、统一的模式，也不可能一蹴而就。

> ……树立和落实科学发展观，必须坚持理论和实际相结合，因地制宜、因时制宜地把科学发展观的要求贯穿于各方面的工作。科学发展观揭示的是发展的普遍规律，对全国都有重要的指导意义，各地区各部门都要认真贯彻落实。同时，又要充分考虑地区之间、部门之间的发展差异和不同情况，坚持一切从实际出发，根据实际条件和发展需要有重点、有步骤地采取措施，不能强求一律，搞齐步走、一刀切。关键是要结合自己的实际情况来落实科学发展观，注重解决自身发展中存在的突出矛盾和问题，更快更好地推动各项事业发展。
>
> ——胡锦涛：《在中央人口资源环境工作座谈会上的讲话》（2004年3月10日），《十六大以来重要文献选编（上）》，北京：中央文献出版社，2005年，第852页。

总之，人与自然的和谐发展是一般规律和要求，但是，实现人与自然和谐发展要随着时间、地点和条件的转移而变化。即不可能存在固定划一的可持续发展模式，必须按照具体性的要求推进生态文明建设。

### （二）生态文明建设的公平性要求

公平性有助于抑制由于层次性引发的无序和混乱，因此，生态文明建设必须坚持公平性的要求，倡导和实践生态公平。可以简略地将“生态公平”（生态公正，生态正义）看作是“环境公平”（环境公正，环境正义）的同义词。粗略地讲，生态公平是指生态环境善物（生态环境利益）和生态环境恶物（生态环境危害）在利益相关者之间的平等考量和公平配置。

公平正义的生态表达。生态公平是对涉及人与自然关系的权利、利益、责任和义务等问题的自觉的理性的表达。①公平性是实现自然永续性的客观要求。尽管各种物质运动的主体在进化过程中所起的作用不同、在食物链中所处的位置不同，但是，他们都对世界系统的整体性、稳定性有其贡献。如果不能平等地考虑不同的要素和主体，那么，就会破坏世界系统的永续性。因此，世界系统中的任何一个要素或主体都应该得到平等的考虑。当然，平等的考虑不一定意味着平等的待遇。在这个意义上，种际生态公平有其独立的价值，但是，这只具有抽象的意义。②公平性是实现社会永续性的内在目标。在社会发展中，如果听任差异性长期存在和肆意扩大，先发展区域和群体就有可能独占发展所必需的各种资源和动力，而后发展区域和群体就会逐步丧失占有权甚至是使用权，整个社会系统就有可能走向无序，最终使社会成为不可持续的。同时，不平衡的发展也会带来严重的生态后果。例如，单纯的发达国家（先进地区）向发展中国家（落后地区）的产业转移，不仅会加剧后者在资源和能源等方面的压力，而且会带来严重的环境污染。这样，坚持公平性就成为实现社会永续性的内在追求。③公平性是实现生态环境公共利益的必然选择。无论是生态环境善物还是恶物，都是面向所有社会主体的，具有明显的不可分割性，形成了一种特殊的公共利益——生态环境公共利益。如果社会主体不能平等地享用生态环境善物，那么，就会导致社会主体之间的斗争和战争，同时会威胁到自然永续性。如果社会主体不能平等地承担治理生态环境恶物的责任和义务，那么，不仅会拖延生态环境问题的有效解决，而且会危及社会整体的永续性。这样，实现公平性就成为维护和实现生态环境公共利益的必然选择。当然，这种责任和义务上的平等是有差异的平等。可见，生态公平是维护和实现可持续发展的不可或缺的手段和追求，具有独立价值。

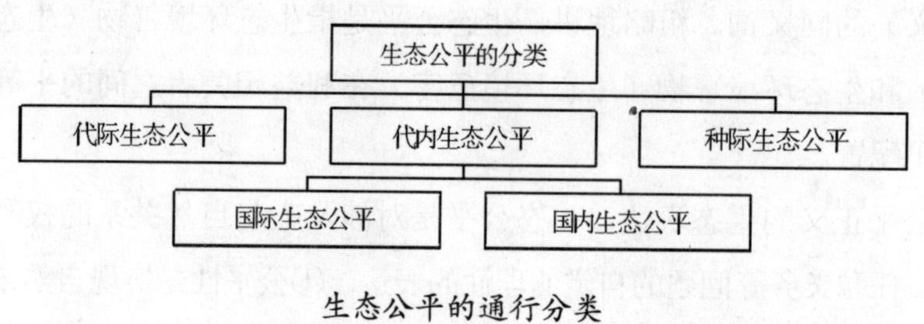


**生态公平的通行分类**

生态公平的系统构成。从生态环境人权的缺失和保障来看，生态公平包括知情公平、参与公平、表达公平、监督公平等形式。在世界资本主义体系的不平衡发展中，生态环境善物为发达国家、资产阶级、白色人种、富裕阶层、男性、成人、青壮年、当代人所享用，而生态环境恶物加诸落后国家、无产阶级和劳动人民、有色人种、贫民阶层、女性、儿童、老龄人口、后代人。前者形成了生态环境既得利益集团，后者构成了生态环境弱势群体。二者之间的矛盾就是生态环境方面的不公和不义。由于不公和不义源于弱势群体的生态环境人权的缺失，因此，必须将生态环境人权（环境权）引入可持续发展。环境权是指人民享有安全、健康、舒适、文明、永续的生存环境的权利，既体现在政府的生态环境治理中，也体现在人民对生态环境事务拥有的知情权、参与权、表达权、监督权上。因此，生态公平就是所有社会主体在享有生态环境人权方面的平等。在当代中国的梯度发展中，在一定程度上也形成了生态环境方面的既得利益者和弱势群体的矛盾。这是环境群体性事件层出不穷的根本原因。为此，党的十七大报告明确提出了“保障人民的知情权、参与权、表达权、监督权”的要求。[①]因此，生态公平意味着：①生态环境知情权的公平。每一个公民都有获得生态环境信息方面的平等权利，除了涉及国家安全方面的情况外，政府和责任方都必须公开生态环境信息。任何主体都不能垄断生态环境信息，更不能自己从中受益而导致他者受损和受害。②生态环境参与权的公平。每一个公民都有平等地参与生态环境事务的权利，政府和责任方不能以专业性等为借口拒绝生态环境方面的民主参与；尤其是在相关决策和评估方面，必须坚持走群众路线。③生态环境表达权的公平。每一个公民都有平等地表达其生态环境权益和生态环境主张的权利，政府必须积极主动地回应公民尤其是弱势群体的表达和诉求。尤其是，政府不能以稳定为借口拒绝公民尤其是弱势群体的合法的理性的表达权，更不能以此来偏袒既得利益集团。④生态环境监督权的公平。每一个公民都有平等地监督各种行为主体履行生态环境责任和义务的权利，政府和责任方必须虚心地接受社会的批评和监督，并改进自己的工作。同时，每一个公民也必须反思自身行为可能带来的对生态环境的负面影响，虚心接受他者的批评和监督。上述要求在国际生态环境事务方面也能够成立。显然，将生态公平建立在环境权的基础上，更体现了对弱势群体的保护，进一步彰显了生态公平的正义要求。

总之，生态公平是将生态理性和社会秩序联结起来的桥梁，是追求道德调节和运用法律手段的统一。在生态公平的约束下，才能保证差异性和层次性成为有序之源。

在总体上，生态文明建设的层次性要求是可持续发展的效率性的体现，公平性要求是可持续发展的人道性的体现。只有将层次性和公平性统一起来，生态文明才能成为自然主义和人道主义相统一的文明。

---

① 胡锦涛．高举中国特色社会主义伟大旗帜　为夺取全面建设小康社会新胜利而奋斗//十七大以来重要文献选编（上）．北京：中央文献出版社，2009：23.

## 四、竞争性和合作性的统一

从其运动状态来看，人与自然的和谐不是矛盾的消除，更不是斗争的终结，而是竞争和合作的统一。正是竞争中的合作与合作中的竞争之对立统一，构成了人与自然和谐运动的辩证实质。与生态环境问题相关的人与社会的关系同样如此。因此，在生态文明建设中，必须坚持竞争性和合作性相统一的原则。

> 自然界中物体——不论是无生命的物体还是有生命的物体——的相互作用既有和谐，也有冲突，既有斗争，也有合作。
>
> ——《马克思恩格斯文集》第10卷. 北京：人民出版社，2009年，第410页。

### （一）生态文明建设的竞争性要求

只有要素和要素、要素和整体、整体和环境处于竞争性关系中，系统才可能实现和谐。如果将和谐归结为单纯的均匀、平衡、同一，那么，系统必然会走向死寂。因此，在生态文明建设中，不能将竞争排除在和谐之外，必须坚持竞争性的要求。

人与自然的竞争性。人与自然的关系是一种典型的生态学关系。一方面，人类要不断地从自然界获取维持自身生存和发展所需的物料、能量和信息，这样，才能在获得负熵的基础上保持其自组织进化。否则，人类将难以维系生存和发展。但是，自然界提供的负熵毕竟是有限的（自然物质条件存在着限制性和有限性）。如果人类获得负熵的机会增加，那么，其他生物种群获得负熵的机会就会减少；而后者机会的增加，就意味着前者机会的减少。另一方面，人类要不断地将自身消耗以后的物料、能量和信息以熵（废弃物）的形式排放到自然中去，这样，才能在克服熵增的情况下保持新陈代谢。否则，人类同样难以维系生存和发展。但是，自然环境的涵容能力毕竟是有限的。如果人类排出的熵增加，那么，就会加重环境容纳和净化废弃物的负担；反之，如果减少排放，则会抑制人类的生存和发展。可见，人与自然之间存在着一种紧张、妨碍和抑制的关系，即竞争关系。如果强行消除竞争，单纯地强调人与自然的和谐，那么，就会限制物质的输入和输出，就会限制人类的生活和生产，最终会导致人类的消亡。当然，人与自然的竞争对人也具有负面的意义。在输入方面，如果人类获得的负熵增多，那么，资源和能源的开发速度就会加快、储备数量就会减少，这样，就会加大资源和能源方面的压力。如果人类的输入超出了可再生资源和能源的再生速率，超出了不可再生资源和能源的技术代替的速率，那么，最终会导致资源短缺和能源匮乏。在输出方面，如果人类排放的熵增多，那么，环境所容纳的废弃物就会越多，对其他生物有机体的威胁就会越大，这样，就会扰乱自然系统的正常运行。如果人类的输出超出了自然界的承载能力、涵容能力和自净能力，那么，最终会导致环境污染和生态恶化。在总体上，这些负面问题的出现，不仅会破坏自然系统的稳定和有序，而且会引发社会系统的混乱和无序。因此，人与自然之间的竞争，必须维持在一定的度（竞争度）之内，必须按照一定的序（竞争序）进行。即在考虑到人类的基本生存需要的前提下，必须将人类的输入和输出建立在资源和能源的永续性的基础上，维持在生态和环境的永续性的范围内。适度的有序的竞争才可能是良性的竞争。良性竞争才能确保人类正常的生存和发展。在这个意义上，生态文明建设就是要消除人与自然之间的恶性竞争，保持人与自然之间的良性竞争。

人与社会的竞争性。社会发展行为集中体现着人与社会的竞争性，显现着人与自然的竞争性。①自然系统提供的发展机遇是不均等的。一般来讲，自然条件良好的区域拥有的发展机会多，从而能保证开发者获益较高；而自然条件恶劣的区域在经济上是不合算的。这样，发展行为自然会趋向前者，使发展过程带上了强烈的竞争性。随着发展的进行，自然条件的限制性日益暴露出来，使发展的增长性和自然的限制性之矛盾急剧激化。为了争夺有限的自然财富，必然会加剧发展的竞争性。②不同的发展主体在发展的梯度中所占据的位置不同。为了获得向上一梯度跃迁，处于同一梯度上的主体必然会展开竞争，想方设法地使自身获得进一步的发展。这种竞争既可使这些主体在获得跃迁的同时，带动整个系统的发展，也有可能两败俱伤。为了维护其既得利益，处在高一级别梯度上的主体必然会与处于下一级别梯度上的主体展开不公正的竞争；下一级别的主体也会凭借其某种后发优势而展开反竞争。在竞争和反竞争的过程中，不同的主体有可能获得均等的机会，实现系统的协调发展；也有可能使后发主体进一步滞后，或使先发主体降低其发展水平。③不同的发展主体对发展政策和发展机会的响应是不同的。面对同样的发展政策和发展机会，每一个发展主体的响应是不同的，因而，他们在区域的开发程度和方式、资源利用的效率和方式、发展动力的选择和把握、发展模式的识别和运用等方面会展开复杂的竞争。可见，发展行为的竞争性，实际上是人与社会的竞争性。这种竞争性具有二重性。有序竞争有助于增加社会的活力和效益，从而有助于人与自然之间物质变换的有效进行。无序竞争会导致社会的裂变和分裂，从而会扰乱人与自然之间的物质变换的正常进行。例如，如果基尼系数超过警戒线的话，人们就会围绕社会财富和自然财富展开恶性竞争，最终会导致社会动荡和生态失衡。因此，这里也必须引入竞争度和竞争序，要充分考虑到人们基本生存需要的范围和忍耐竞争的极限。显然，人与社会的良性竞争，既是社会有机体正常运行的条件，也是人与自然和谐发展的社会条件。因此，生态文明建设就是要通过促进人与社会之间的良性竞争来保证人与自然之间的良性竞争。

总之，恶性竞争是不可持续的，良性竞争有助于可持续发展。目前，特别要注意的是，不能因为突出人与自然的和谐，就简单地排斥人与自然之间的竞争，限制人类的发展行为。

### （二）生态文明建设的合作性要求

面对限制性，必须进行一定程度的妥协，否则，就会导致无序。妥协就是要谋求合作。合作是指要素和要素、要素和整体、整体和环境之间的相互适应、相互促进和相互配套的关系。合作既可强化系统功能，又可强化个体行为，这样，就能实现系统的有序。因此，在生态文明建设中，必须坚持合作性的要求。

人与自然的合作性。为了避免人与自然之间的恶性竞争，人类学会了与自然的合作。这种合作，就是要尽量减少从自然中获得的负熵和向自然中输出的正熵，以实现人类和自然的自组织进化。①人与自然合作的形式。在向自然索取和排放的同时，人类能够通过减量、清洁和循环等形式实现与自然的合作。减量就是要通过节约和替代等方式，减少消耗资源和能源的数量和速率，在维持资源和能源的永续性的基础上，谋求人类自身的永续性。清洁就是要通过无害、安全处理等手段，降低人类废弃物对生态和环境的危害，在不超出自然的承载能力、涵容能力和自净能力的基础上，谋求人类自身的发展。循环就是要通过再生化、资源化等途径，变废为宝，化害为利，在提高自然再生产的能力和水平的同时，提高经济再生产的能力和水平。事实上，这就是实施可持续发展的过程。②人与自然合作的手段。在与自然合作的过程中，人类往往会采用恢复、重建和保护等手段。恢复是指在自然系统已受到严重的干扰和破坏从而影响人类生存和发展的情况下，采用人为措施对自然进行修复，从而恢复自然生态系统的结构和功能。例如，在由于过度放牧导致的草场退化地区进行的退牧还草就是典型的恢复。重建是指在自然系统已受到严重的干扰和破坏，而恢复存在一定困难的情况下，按照生态学原理进行人工生态设计，实行生态改建或重建。保护是对资源珍稀、景观良好、生态敏感的地区采用的看护、养育的方式。例如，划定自然保护区、实施休渔政策就是典型的保护措施。当然，人与自然的合作是一个更为广泛而复杂的生态–社会过程。③人与自然合作的后果。人与自然的合作，既在推动人的自然化的同时，提高了人的体力和智力的水平，促进了人自身的新进化；又在推动自然的人化的同时，加速了自然界的生物地球化学循环过程，促进了自然的新进化。事实上，上述两种进化是交织在一起的。现在，社会圈和智能圈不仅成为地球圈的新结构，而且使自然运动和社会运动更为有机地融合在了一起，从而彰显着人与自然和谐发展的辩证特征和社会实质。事实上，人与自然的合作是将竞争限制在良性范围内的合作。在这个意义上，生态文明建设就是要促进人与自然之间的对话和理解、妥协和合作、共生和共荣。

人与社会的合作性。为了避免恶性社会竞争，除了运用政治和法律等手段外，人们在社会交往的过程中还必须学会运用商谈、契约等方式来协调各种社会关系。这种合作，就是要各种社会主体适度出让一定的权利，然后在此基础上结成一个利益纽带，使维护公共利益成为大家共同自觉的行为。人类同样可以运用这种方式来实现可持续发展。①促进有效、持续、创新的发展行为的积极传播。尽管发展系统内部存在着自发的传播发展行为的趋向，能在一定程度上缓减发展竞争性带来的熵增，但不能从根本上解决问题；因此，必须在发展系统内部通过发展政策的导向作用，促进发展行为的积极、广泛的传播，运用生态的、经济的、政治的（包括法律的）、文化的和社会的调控方式促进共同发展和协调发展。可持续发展本身是一项涉及上述各种因素的系统工程。②为有效、持续、创新的发展行为的积极传播提供全面的支持。在社会发展的过程中，可以通过经济处罚、行政命令、道德感召等方式唤起人们的发展良知，以先富帮后富的方式来实现系统的协调发展。同时，可以通过向后发区域输入必要的人财物要素，加强其发展系统的硬件建设尤其是基础建设，从而增强其发展实力，最终实现系统的协调发展。只有通过这种软起飞、硬着陆的方式，发展才可能是真正有序和持续的。③提高发展行为主体的综合素质。任何发展都是人的发展，任何竞争都是人的竞争，任何克服熵增而趋向增加信息的行为都只能是人的行为，因而，提高人的综合素质是保证发展的有序性的关键。这就是要使人的体力和智力的新进化不仅成为物质进化的新阶段，而且要成为发展的新方向。总之，尽管发展的未来方向不能与现有状态准确相遇，但通过定向控制可以实现社会系统的整体优化。由于人既处于自然系统中又处于社会系统中，这样，人与社会的合作行为，不仅保证了社会系统的有序性，而且为自然系统的有序性提供了社会环境和条件。在此基础上，人与自然的和谐发展才是可能的。在这个意义上，通过社会治理的方式来实现生态治理，是生态文明建设的重要议题。

要之，为了克服系统的熵增趋向，避免无序性的出现，使竞争在公正和合理的情况下进行，必须对人与自然的关系、人与社会的关系进行适度的、有序的调整，这样，才能保证整个系统趋向有序。同时，通过这种定向控制的方式，能够使发展行为得以有效的传播，最终能够实现生态公平。

综上，竞争性并不是要阻碍和破坏人与自然、人与人（社会）的正常关系，有序性也不是要使这两种关系趋向绝对的均衡，而是要在竞争和合作形成的必要张力中保证自然系统、社会系统、“人–自然”系统的有序性，这样，才能使可持续发展成为一个整体的、全面的进步过程，才能真正实现人与自然的和谐发展。因此，在生态文明建设中，不能将人与自然的和谐发展浪漫化（生态中心主义化，后现代主义化），而必须在竞争和合作形成的辩证张力中促进人与自然的和谐发展。

## 五、稳定性和开放性的统一

从其运动方向来看，人与自然的和谐发展是在保持稳定基础上的开放过程。只有保持开放，不断地进行各个层次上的物质变换，系统才能保持稳定，才能持续存在和不断演化。因此，在生态文明建设中，必须坚持稳定性和开放性相统一的原则。

### （一）生态文明建设的稳定性要求

自组织系统总是表现为强大的自我约束、自我控制的能力，使得系统整体的通过涨落而确定下来的模式都具有内在的规定性，即稳定性。稳定是变化和保持的统一。如果人与自然的关系、人与人（社会）的关系失稳，那么，人与自然的和谐发展就无从谈起。稳定性并不限制发展，而是要通过自主性促成可持续发展。因此，在生态文明建设中，必须坚持稳定性要求。

人与自然关系的稳定性。人与自然关系的稳定性，构成了可持续发展的自然稳定性的维度。这种稳定性是由自然的约束性和人类的压力性之间的负反馈机制形成的。在自然的约束和人类的压力之间存在着两种可能性：一是在不考虑自然约束性的前提下贸然发展，那么，就会加重自然压力，致使自然系统失稳，最终会导致发展的延缓、滞后甚至是终止。二是在考虑到自然约束的前提下谋求发展，合理调整约束和压力的关系，实现可持续发展。人类行为尤其是发展行为究竟是朝着哪一个方向发展，就要看人与自然的非线性相互作用产生什么样的序参量。可持续发展就是导致后一个方向的序参量。因此，人与自然关系的稳定性的基本要求是：①维持和提高地球生命支持系统的多样性和永续性。从生物地球物理的角度来看，稳定性是指维持和提高地球生命支持系统的多样性和永续性。一是提供足够的措施以保持生物多样性。在一个生态系统中，存在着物种多样性的阈值。如果一个物种的数量减少到低于阈值的程度，那么，整个生态系统的自组织性就可能遭到破坏。只有极大地保护生物多样性，才能保证人类极大地吸收太阳能，这样，才能维持社会系统的稳定性。二是提供足够的措施以保持资源多样性。由于资源存在着可再生和不可再生的矛盾属性，因此，只有合理、有效地开发和利用各种资源，并保持其多样性，才能保证地球自然系统的永续性，从而才能实现可持续发展。保持这些因素的生产能力比保持资本存量更为重要。②维持和提高地球自然系统的抵抗性、恢复性、持久性和变异性。地球自然界的各种事物构成了一个复杂的生态系统。从维持地球生态系统的角度来看，稳定性的基本要求有：一是增强抵抗性。可持续自然系统可以无限地保持永恒存在的状态，具有抵抗外界干扰的能力。二是增强恢复性。发生某一干扰后，自然系统具有恢复到初始状态的能力。三是增强持久性。从自然系统或某些成分的生存时间来看，稳定系统不会随时间而衰减。四是增强变异性。自然系统某些特征的波动频率和幅度能够保持在一定范围内，保持其潜力，从而能够提供持续、平稳的物品与服务。总之，人与自然关系的稳定性，就是要寻求一种最佳的状态以支持自然的多样性、完整性和永续性，在此基础上，保证人类愿望和目标的实现，最终能够使人类的生存环境持续存在和演化下去。

人与社会关系的稳定性。社会系统的稳定性有其自身的价值。为了不使这种稳定性对作为社会支持系统的自然系统的稳定性造成威胁和破坏，必须提高人类行为的自组织性。①提高行为的适应性。在自然演化中，由于人类最适应地球环境，才成为涌现出的新质。同样，在社会进化中，人类也必须通过对自身行为的调整以适应自然的约束。这种适应不是单纯地盲目地服从必然性，而是一种主动的适应。例如，根据既定的自然禀赋来合理确定人口的出生率、生产的投入率，就是主动的适应。这种适应就是要保持人类行为适应自然的部分，改变不适应部分以达到新的适应。通过这种行为，人类能够保持和完善人与自然之间的物质变换，从而既保持了自然系统的稳定性，也保持了社会系统的稳定性。②提高行为的选择性。通过自然选择，人类成为自然进化的最高阶段。在此基础上，人类学会了人工选择（社会选择）。人工选择具有二重性，因此，必须认真地加以权衡。经过认真权衡的选择是理性的选择。理性的人工选择，不仅包括人类在自然系统受到干扰之后恢复其原稳态的能力和水平，而且包括人类促成自然形成新稳态的能力和水平。例如，通过遗传选种和育种，不仅可以保持种子资源的多样性和永续性，而且可以保证粮食生产的增产和永续。可见，选择在保持系统的稳定性方面具有重要的作用。③提高行为的协调性。为了维持稳定性，系统自身必须具有协调性。从可持续发展的协调性出发，要求人类必须要做到自然资源合理利用与环境保护、经济增长、福利提高、社会发展和科技进步的统一；要注重对各种利益关系进行公正、合理的调整，力求做到眼前利益和长远利益的统一，局部利益和全局利益的统一，优先发展（以诚实劳动和合法经营为前提）和共同富裕的统一；运用各种可能的方式保证生态效益、经济效益和社会效益的统一，从而实现人与自然的和谐发展。在总体上，人类行为的适应、选择和协调，不仅会促使社会系统的结构出现一系列的生态适应性的变化，而且会带动社会系统功能在生态化的基础上实现全面优化。这样，人与社会关系的稳定性，就构成了可持续发展的社会稳定性的维度。

总之，稳定性是自组织系统的基本机制。系统的稳定性不是维持原样或者拒斥运动，而是系统抗扰动、起伏、涨落的能力和水平。但是，一个系统的稳定若使系统达到顶级水平，那么，系统就会衰落。为了避免出现这种现象，系统必须是开放的。

### （二）生态文明建设的开放性要求

开放性是系统自组织的必要条件。开放性就是保持系统与环境之间的物质变换状态的过程。在生态系统中，物质–能量守恒和物质循环再生是开放性的制约条件，生物有机体的主动适应和共生行为是开放性的动力机制。在“人–自然”系统中，自然系统的永续性是开放性的制约条件，人类行为的自组织性是开放性的动力机制。因此，在生态文明建设中，提高人类行为的自组织是保持“人–自然”系统开放性的关键。

人与自然交往的社会动力。开放系统要达到稳定和有序，不仅需要内外之间的交换，而且需要交换的渠道。一般来讲，“任何组织所以能够保持自身的内稳定性，是由于它具有取得、使用、保持和传递信息的方法”[①]。这样，主体的创造性行为就成为推动开放性的动力机制。在社会系统中，科技、教育和制度是人的创造性行为的集中体现。因此，通过科技、教育和制度等方面的创新来实现人与自然之间的物质变换，从而保证人与自然关系的有序性，是协调人与自然和谐发展的推动力。①人与自然和谐发展的科技动力。科技创新不仅可以深化对“人–自然”系统的结构和功能的科学认识，为提高人与自然之间的物质变换水平提供科技手段，而且是人对自然的能动关系的集中体现，能够成为推动人与自然和谐发展的第一动力。②人与自然和谐发展的教育动力。教育创新不仅可以有效传播关于“人–自然”系统的科学认识，提高人与自然交往的科学水平，而且是开发人力资源、提升人力资本的基本途径，是推动人自身新进化的重要动力。人自身的新进化会进一步提升自然进化的水平。③人与自然和谐发展的制度动力。制度创新不仅可以提高人与自然物质变换过程中的人类组织

---

① ［美］维纳．控制论．北京：科学出版社，1962：160．

行为，从而保证人与自然之间物质变换的有序进行，而且能够通过其特定方式，限制人类损害自然物质条件的破坏行为，促进环境与发展的协调，从而推动可持续发展。在总体上，上述各种创造性的动力行为在维持“人–自然”系统的开放性、整体性、永续性和有序性的同时，能够有效扩展自然系统的涵容能力、承载能力和自净能力，从而在增强自然的永续性的同时也增强了人和社会的永续性。

人与自然交往的社会前景。从根本上来看，“人–自然”系统的结构会随着劳动的进化而不断建构成更高的有序状态。从劳动的发展来看，经历了一个由前劳动（潜在劳动）转变到人的劳动（现实劳动）的过程。前劳动是指从猿到人转变过程中的那种劳动。在这种状态下，还谈不上真正的人与自然的有序性。随着劳动由潜在劳动进入现实劳动，人与自然的和谐发展才成为可能。现实劳动又可分为被动劳动、异化劳动和自由劳动三个阶段（形式）。被动劳动是指劳动只是作为具有经济价值而存在的阶段（形式），以使用石器为主要特征；在这个阶段中，人与自然之间的物质变换是简单、缓慢的。在私有制的条件下，随着以青铜器、铁器、蒸汽机和微电子技术等一系列成果为标志的人的劳动力的加强，就进入异化劳动阶段。异化劳动本身又经历了若干阶段。在这个阶段中，人与自然的物质变换在物料、能量两个水平上全面展开，其信息交流显得日益重要。但是，由于劳动产品与劳动者是分离的，劳动者不仅不能够自由地享受其劳动产品，而且是彼此异在甚至对立的，这样，异化劳动不仅使人与社会的关系异化了，而且也使人与自然的关系异化了。当扬弃了异化劳动真正代之以人的劳动的时候，劳动作为人的肉体和精神享受的价值便成为人们劳动追求的目标，人与自然的关系在人类自觉的控制下才开始了真正的和谐发展。这样，就突出了人民群众和社会主义在协调人与自然关系中的重要性。一方面，为了克服异化劳动，必须发挥人民群众的主体作用。人民群众不仅是历史的创造者，而且是推动人自身的新进化和自然系统新进化的强大力量。在这个过程中，人民群众自我管理能力和水平的提高，是人与自然之间物质变换正常进行的有效保证；人民群众参与生态文明建设的积极性、能动性和创造性的发挥，是推动人与自然和谐发展的强大动力。另一方面，为了克服异化劳动，必须进行制度变革。制度变革实质上是生产方式的变革和物质利益的调整，这样，就可以有效解决急功近利的短期行为，使人们能够从长期性和整体性视野出发看待和处理人与自然之间的物质变换。最后，只有劳动真正成为自由劳动的时候，只有劳动的社会经济价值、生态价值、作为人的肉体和精神享受的价值统一起来的时候，人与自然的和谐发展才是真正可能的。共产主义是人同自然完成了的本质统一。这就是人与自然和谐发展的社会前景，即生态文明的社会前景。

显然，生态文明建设的开放性不仅仅是一个单纯的保证人与自然之间物质变换正常进行的问题，而是一个不断提高人类行为的自组织性和社会系统的有序性的问题。因此，选择社会主义制度，坚持走群众路线，依靠科技、教育和制度的创新推动人与自然的和谐发展，是当代中国生态文明建设的现实选择。

可见，从其运动方向来看，人与自然的和谐发展是一个稳定和开放相互促进的过程，是稳定中的开放和开放中的稳定之对立统一的过程。在这个意义上，生态文明的内容和要求是确定的：促进人与自然的和谐发展；同时，生态文明的内容和要求又是不确定的：人与自然的和谐发展是一个动态的历史过程。正是在这种确定性和不确定性构成的辩证张力中，生态文明才成为可能。

> 关于自然和人的系统论观点，显然不是人类中心主义的，尽管如此，但它也不是非人道主义的。它让我们认识到，人是那个复杂的、包罗万象的自然等级结构中的一种系统，同时，它又告诉我们，所有系统都有价值（value）和内在价值（intrinsic worth）。它们都是自然界强烈追求秩序和调节的表现，是自然界目标定向、自我保持和自我创造的表现。……人认识到自己是复杂的自然等级结构中不可分割的一个环节，这就打消了他的人类中心主义；而人认识到，这个等级结构本身，是自我建立秩序和

自我创造的自然界的表现，这又提高了他的自尊心，并增强了他的人道主义。

——［美］E.拉兹洛：《用系统论的观点看世界》，北京：中国社会科学出版社，1985年，第109页。



在总体上，只有在整体性和非线性、永续性和自主性、层次性和公平性、竞争性和合作性、稳定性和开放性形成的辩证张力中，人与自然的和谐发展才成为可能和现实。因此，生态文明既不是一蹴而就的，也不是一劳永逸的，而是一个社会历史的建构过程。

# 建设美丽中国的永续未来

我们必须始终保持清醒头脑，立足社会主义初级阶段这个最大的实际，科学分析我国全面参与经济全球化的新机遇新挑战，全面认识工业化、信息化、城镇化、市场化、国际化深入发展的新形势新任务，深刻把握我国发展面临的新课题新矛盾，更加自觉地走科学发展道路，奋力开拓中国特色社会主义更为广阔的发展前景。

——胡锦涛：《高举中国特色社会主义伟大旗帜　为夺取全面建设小康社会新胜利而奋斗》（2007年10月15日），《十七大以来重要文献选编（上）》，北京：中央文献出版社，2009年，第11页。

我国是在工业化、信息化、城镇化、市场化、国际化深入发展的新形势新任务下实现现代化的，而生态化是涉及社会发展的所有阶段和社会构成的所有方面的基本要求，因此，必须将生态化贯穿和渗透在上述过程中，走生态创新之路。这是建设美丽中国的历史方向。

## 一、工业化与生态化的衔接

从技术社会形态来看，工业化是社会发展不可跨越的阶段，实现工业化仍然是当代中国艰巨的历史任务。但是，传统工业化尤其是资本主义工业化是造成资源浪费和环境污染的主要原因。为此，中国社会主义现代化的未来方向必然是工业化与生态化的衔接。

### （一）工业化与生态化衔接的要求

传统工业化片面追求经济增长的数量，以资源能源的大量消耗和环境生态的破坏为代价，不具有发展的可持续性。我国是一个人均资源能源相对不足、生态环境承载力相对薄弱的国家，以资源能源过度消耗和环境生态极大破坏为代价的传统工业化道路不符合我国国情和实际。因此，我们必须把工业化和生态化融合起来，走新型工业化道路。

工业化是世界各国经济发展的普遍规律，也是发展中国家走向现代化的必然选择。工业化有广义和狭义之分。狭义的工业化是指一个国家由农业国向工业国的转变过程。广义的工业化则包含整个社会的现代化，其中现代工业的产生和成长是其核心内容。随着现代工业的成长，带来了整个社会的现代化与全面进步。作为一种生产方式和经济社会发展变化过程，工业化又有传统工业化和新型工业化之分。一般而言，20世纪90年代以前发达国家实现工业化的过程或其所走的工业化道路被称为传统工业化。自20世纪90年代起，实现了工业化历史任务的发达国家已步入了信息社会，而正处在工业化起飞过程的后发展国家其工业化进程面临着新的任务并呈现出新的特征，核心问题是要把农业的产业化、工业化和信息化统筹起来考虑。由于他们所要实现的工业化已不再是传统意义上的工业化，因而被称为新型工业化。

针对传统工业化的生态弊端，即资源消耗大、环境污染重的问题，必须实现工业化与生态化的衔接。其基本要求是：把推进工业化与生态化有机统一起来，把建设资源节约型社会、环境友好型社会放在现代化发展战略的突出位置，加快形成节约能源资源和保护生态环境的空间结构、产业结构、生产方式和生活方式。工业化与生态化的衔接也就是要走新型工业化道路，将生态化原则与要求贯彻和运用在工业化过程中，开辟绿色工业化（绿色现代化）的新的发展道路。新型工业化道路的逻辑起点是对传统工业化道路弊端的科学反思。走新型工业化道路，提升我国经济社会发展的可持续性，是我国实现工业化的必然选择，也是实现工业化与生态化相衔接的具体途径。新型工业化是信息化与工业化互动的工业化，强调工业化与环境的亲和性，注重国民经济的质的增长；通过信息化实现节能降耗，用较少的资源创造更多的价值，注重节约资源和能源，实现资源和能源的可持续开发利用，促进经济社会的可持续发展。

对于当代中国来说，走新型工业化道路的关键之一就是要将工业化和生态化衔接起来。

### （二）工业化与生态化衔接的必要性和重要性

传统工业化的不可持续性和我国传统工业化带来的资源环境代价，要求我国的社会主义工业化必须与生态化相衔接，走新型工业化道路。

资源的过度消耗和环境的严重污染是传统工业化的最大生态弊端。工业生产本质上是一个人与自然之间的物质变换过程，即将自然物质加工制造成可用于消费或再加工过程的产品，而且需要开采能源资源作为加工制作过程的动力。因此，消耗自然资源是工业生产的必要条件。同时，工业生产过程还会产生废弃物（包括固体、液体和气体废物），会造成环境污染。所以，环境污染是工业生产活动产生的负面后果。过度消费资源和肆意污染环境，不仅使工业生产无法持续进行，而且将破坏人类生存的基本条件。为此，工业生产必须以资源储量和环境承载限度为前提，既要考虑能源资源产出总量的增加，也要考虑能源资源消耗量的减少，还要顾及对生态环境的影响和冲击。因此，必须将生态化的原则和要求援入工业化中，实现生态化的工业化。

粗放的经济增长方式使我国的传统工业化进程付出了巨大的环境代价和经济代价，也使我国未来经济发展受到的资源和环境约束比世界上其他国家更为显著。2005年1月27日，在瑞士达沃斯正式发布了评估世界各国（地区）环境质量的“环境可持续指数”（ESI）。结果显示：在全球144个国家中，我国排名133位。这一评估结果表明，我国环境质量相当恶化。同时，我国也为环境问题付出了巨大的经济代价。联合国《2002年中国人类发展报告》指出，环境污染使中国损失GDP的3.5%～8%。2006年，我国环境污染造成的经济损失约占GDP的10%。可见，粗放的经济增长已使我国的资源环境接近约束边界，如果继续以大量的资源消耗和严重的环境破坏为代价获取经济高速增长，人口众多、人均资源相对不足的中国将面临资源枯竭、环境持续恶化的困境。为此，我国的工业化必须包括生态化的要求。

因此，从可持续发展的角度看，必须将生态化原则和要求运用于改进和调整依赖于资源并成为主要污染源的传统工业化过程，以保证生态环境安全和经济社会的可持续发展。

### （三）工业化与生态化衔接的途径

走新型工业化道路，实现工业化与生态化的衔接，是我国实现工业化的必然选择。为此，必须从产品、企业、空间结构和产业政策四个层次做出努力，实现生态化工业。

实现工业产品的生态化。工业系统通过产品为整个社会提供服务，产品的整个生命周期都会对环境产生不利的影响。为控制产品对环境的不利影响，必须考虑产品的整个生命周期。生命周期评价方法就是以产品为核心，对产业活动生命周期全过程（包括原材料开采与提炼、产品设计、制造、运销、使用、维修、报废到最终处置等），涉及的所有自然介质（大气、水、土壤等）和所有生态影响方面（资源破坏、人体健康、生态健康等），进行全方位的生态影响潜力评价。例如，完善面向社会的产品消费后的资源再生回收体系，实现工业系统生态化，就是生态责任在产品生命周期上的延伸。回收消费后的废弃产品是资源再生利用的前提，是生态化工业系统整体运行不可或缺的环节。通过建立和完善面向社会的产品消费后的资源再生回收体系，实现工业系统生态化的同时，还可以引导企业乃至社会成员形成生态化的生产方式、生活方式、思维方式和价值观念，促进资源节约型社会和环境友好型社会的建设。在评价形成的多种方案中，要最终选择资源、能源和材料使用率最低，材料毒副作用最小，生产过程中能耗和污染最小，使用过程中耗能最低、污染最少，废弃后易于处理并对环境影响较小的方案，这样，就可实现产品的生态化。

实现企业发展的生态化。企业是工业化的主体，企业生产行为是影响工业可持续发展的关键变量。为此，必须推行以企业为核心的清洁生产，实现企业发展的生态化。清洁生产最早由联合国规划署于1989年提出，包括以下内容：一是清洁的能源；二是清洁的生产过程，包括尽量少用或不用有毒有害的原料，使用少废或无废的工艺和高效的设备，生产物料能够再循环利用；三是清洁的产品，产品在使用过程中或使用后不含危害人体健康和生态环境的因素，易于回收和循环使用，易处理、易降解等。2003年1月1日起正式实施的《中华人民共和国清洁生产促进法》，是我国第一部以污染预防为主要内容的专门法律。该法《总则》第二条提出的清洁生产的定义是：指不断采取改进设计、使用清洁能源和原料、采用先进的工艺技术与设备、改善管理、综合利用等措施，从源头消减污染，提高资源利用效率，减少或避免生产、服务和产品使用过程中污染物的产生和排放，以减轻或者消除对人类健康和环境的危害。以企业为核心的清洁生产，实现了以生产过程控制为主的环境管理从末端治理向预防为主的管理方式的转变，体现了企业和环境的亲和性，是企业发展生态化的方向。

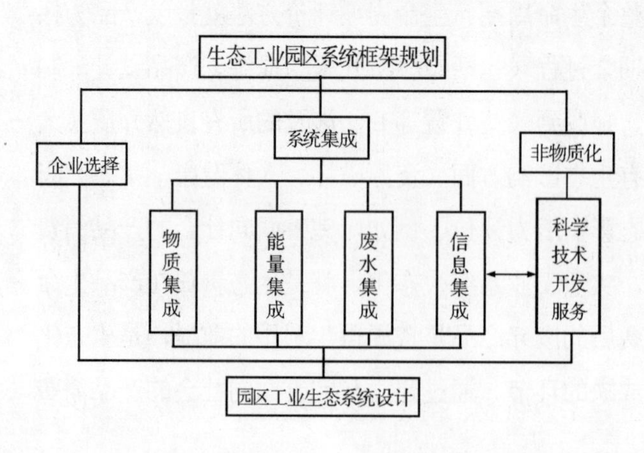


实现工业园区的生态化。工业企业的集聚能够使效益最大化，通过企业之间物

质、能量、信息的循环，废气、废水、废渣的开发利用，可充分实现“三个效益”的统一。因此，必须构建以生态工业园区为主体的产业生态系统，建立集约高效的产业空间结构。生态工业园区是工业系统应用生态学原理和系统理论模仿自然生态系统建立的产业空间结构。生态工业园中的企业模仿自然生态系统中的食物链结构，一种废物可以用作另一种产品或企业生产的原材料，建立共生互利的生态工业链和循环经济链，实现物质闭环循环和能量多级利用。生态工业园区的目标是尽量减少废物，将园区内一个工厂或企业产生的副产品作为另一个工厂的投入或原材料，通过废物交换、循环利用、清洁生产等手段，最终实现园区资源和能源利用的最大化和污染排放的最小化。生态工业园区的建立，优化了产业空间结构，实现了“三个效益”的统一。如丹麦的卡伦堡工业园、我国的广西贵港国家生态（制糖）工业示范园区和广东南海国家生态工业建设示范园区等，就是这方面的典型案例。

实现产业政策的生态化。为了促进生态化的工业化，必须制定有利于生态产业系统运行的政策，实现产业政策的生态化。例如，国家通过制定扩大生产者责任制度，可以促进减少垃圾产生并提高资源利用和再生利用率；通过进一步完善废弃物管理制度，可以防止垃圾尤其是电子垃圾非法丢弃；通过制定预付金制度与再生产品和再生资源利用补贴制度，可以推动废物资源化；通过制定产品生命周期评价制度，可以实现以产品为核心的整个产业系统的环境管理从末端治理向以预防为主的系统管理方式的转变；等等。此外，生态工业园中的生态产业链系统，既要遵循生态学规律，也要受到市场经济规律的制约，这就使这一人为设计规划的产业链系统运行过程中的稳定性受到挑战。如处于产业链上游企业的副产品的成本有可能高于市场价格，如果处于产业链下游的企业出于经营成本考虑，从市场购买与上游副产品相同的产品，那么，整个园区的运行就可能出现问题。这就需要国家通过制定强制性和补贴性的公共政策，保障园区运行的稳定化和生态化。

总之，通过工业产品、工业企业、生态工业园区三个层次的生态化，形成“自然资源→产品→再生资源”的整体经济循环，就能够实现工业生态系统的物质闭环运动。而国家层面生态化产业政策的制定，能为这一物质闭环运动的稳定、持续运行提供制度上的保障。

## 二、信息化与生态化的合一

我国工业化的任务尚未完成，现在又面临着信息化的机遇和挑战。信息化在生态环境问题上具有明显的二重性。因此，必须将生态化的原则与要求贯穿和渗透在信息化的过程中，实现信息化和生态化的融合。

### （一）信息化与生态化合一的要求

信息化是继工业化之后的社会经济发展的必然趋势和发展阶段，但也易引发新的环境问题。为此，必须实现信息化和生态化的合一。

信息化是发端于20世纪70年代新科学技术革命的主要趋势和显著特征，实质是生产力的智能革命。具体地说，信息化就是由于计算机互联网的普遍应用和信息高新技术的应用与发展，信息（知识、智能）成为整个人类社会构成方式、整个社会发展机制的主导潮流。信息化的主要特征是知识化、数字化、网络化和全球化，本质特征是高速度、高效率、高效益，基本表现是计算机技术、信息技术、人工智能技术的普及应用，信息网络的广泛覆盖。从对生产力的影响和作用来看，信息化的基本特征是：以知识和信息为主要劳动对象，以智能化的计算机系统和智能机器为主要的劳动工具，以具有信息化知识结构的高素质产业主体为劳动者，集中体现为信息生产力的高速发展。由此来看，信息化以新型的信息生产力实现了对工业生产力的超越，从而实现了由工业文明向智能文明的跃升。在这个意义上，取代工业文明的是智能文明而非生态文明。

信息化与生态化的合一，就是指用生态化来引领信息化，利用信息化的优势推进生态化。信息化具有明显的环境效益。其一，信息技术的发展促进了产业结构的优化，实现了经济增长方式的转变，为工业化的生态化创造了条件。其二，以信息技术为核心的科学技术群在生态问题的解决中扮演着重要角色，因此，将生态化的原则引入信息化中，有助于增强其环境效益，更好地发挥其应有的作用。但是，信息高新技术应用于生产过程，并不必然具有生态化特质。作为信息化主要物质支撑的信息高新技术，也会导致严重的生态环境问题。可见，信息技术和其他科学技术一样，均为生产的手段，既可以用来“征服”自然，攫取资源，也可以用来保护自然，节约资源。这在于，信息化属于自然科学技术类别，基本上属于事实范畴，内含工具理性的特质；生态化则关乎人类经济社会发展的需要，基本上属于价值范畴，具有价值理性的特质。这样，就提出了信息化和生态化合一的要求。

可见，在我国现代化面临刚性资源环境约束的现实背景下，有必要强调用生态化的取向引领信息化，利用信息化的优势推进我国的生态化，实现信息化与生态化的合一。

### （二）信息化与生态化合一的必要性和重要性

信息化的生态二重性内在地要求将生态化的原则与要求贯穿和渗透在信息化的过程中，实现信息化和生态化的合一。

漫画《信息化与生态化合一》

信息化促进了空间结构、产业结构、生产方式、生活方式等一系列的新变化，为生态化搭建了新的物质技术平台。具体来说，运用信息技术改造传统工业技术与传统生产力，能够实现生产过程的集约化、清洁化和资源利用的循环化，节约资源，保护环境，促使产业结构向生态化方向发展。信息技术应用于传统工业生产，将产生以信息产业为核心的、知识密集型的产业结构，将取代以重工业为核心的资本、资源和能源等实物密集型的产业结构。这一新型产业结构将带动产品结构、产业规模与空间结构调整、优化、升级，促使发展方式发生根本性变革。以制造业为例，信息技术与其他先进制造技术相融合，驾驭生产过程中的物质流、能量流与信息流，可以实现对传统制造产业的优化改造，实现制造过程的系统化、集成化与信息化。信息技术应用于农业生产，将推动农业产业化、商品化和现代化进程，促进农业从粗放式经营向集约式经营转变。特别是网络通信技术、虚拟现实技术等信息技术应用于服务业，不仅第三产业的管理、运营的信息化和网络化都呈现出了新的气象，而且伴随电子商务、电子银行、电子政务、电子商场、电子物流等服务项目的出现，将提升现代服务业在第三产业中的比重，在一定程度上有助于改善三大产业结构比例不合理和服务业发展滞后的状况。这样，信息生产力的发展就为生态化插上了腾飞的翅膀。

信息化自身内蕴的电子污染成为新的环境问题。信息化的基本标志是计算机的普及应用，与计算机及其网络长时间运行相伴随的是电磁辐射与噪声污染。虽然看不见、摸不着，但辐射性污染对人体健康的危害更为严重。另外，处理废弃的电子产品（电子垃圾）将严重污染环境。为此，发达国家假借“回收利用”之名，将其电子废弃物跨境转移。目前，中国已成为电子垃圾“双重产生”的超级大国。2010年2月22日，联合国发布的一份报告指出：当前中国是世界第二大电子垃圾制造国，每年产生230万吨电子垃圾。2010年9月，国家发改委负责人在记者招待会上称，中国已成为家用电器及电子产品的生产、消费和出口大国。2009年，我国主要家电产量近5亿台，出口量达2.4亿台。同时，我国也已开始进入家电报废的高峰期。专家预测，我国从2003年起，每年有500万台旧电脑、上千万部手机进入淘汰期。同时，全球电子垃圾有80%被运到亚洲，其中很大一部分在中国处理、丢弃。这样，如何应对巨量电子垃圾的回收和处理，成为我国环境保护工作面临的严峻考验和挑战。

总之，实现信息化和生态化的合一，有助于走上跨越式发展的道路。

### （三）信息化与生态化合一的途径

实现信息化和生态化合一，就是要走生态化的信息化道路，实现信息化的生态化。

完善电子废弃产品回收体系，实现电子垃圾的资源化。我们要通过建立和推行扩大生产者责任制度，推动回收电子废弃产品。扩大生产者的责任是将地方政府所承担的垃圾的回收、分类、减量化、再利用、再生、焚烧、最终处理等责任转移到一般企业的做法。扩大生产者责任是减少垃圾产生、提高再利用率的有效的经济手段之一。扩大生产者责任制度可以采用预付金制度等具体措施。预付金制度，是指销售对象品种商品时，在通常的销售价格基础上再附加一定金额的预付金（即定金），当消费者使用完该商品后送到指定场所时，把预付金的全部或一部分返还给消费者的制度。在该制度下，往往会形成使用完毕的产品以与流通途径相反的方式最终返回到制造厂那里，从而得到再使用或再生利用的体系。在我国，这种体系已经在主要以玻璃瓶为代表的饮料容器领域中得到应用。这一制度可以有效提高对象品种的回收率，促进再使用和再生利用，防止垃圾散乱丢弃。或者可以采取建立由相关企业共同设立和运营自主性的非营利性再生利用组织，由相关企业负担资源的回收、分类到再使用和再生利用所需要的方法。由于最熟悉垃圾的减量、再使用和再生利用方法的是关联企业，这种方法有助于建立高效率的体系。

建立和完善电子废弃产品管理制度和垃圾处理认证制度，实现电子垃圾处理的制度化、专业化。电子废弃产品管理制度是指，将垃圾处理（主要是产业垃圾）委托给垃圾处理机构的企业，通过向该机构发行管理票（记载废弃物的名称、数量、形状、搬运企业名、处理企业名、处理注意事项等）来主动把握废弃物处理流程（收集、搬运、处理情况）的方法。发行的管理票由派出废弃物的企业交至收集搬运企业，再转交到垃圾处理企业，直至垃圾最终处理完毕。通过垃圾处理认证制度的实行，可以防止电子垃圾流入非正规的污染型拆解作坊。这些作坊多采用露天焚烧、强酸浸泡等落后处理方式，随意排放废气、废水、废渣，严重污染环境。此外，国家还可以采取诱导性或强制性政策，防止电子资源垃圾逆有偿现象发生，即防止回收的资源垃圾没有需求，被当作垃圾再度废弃。如：国家通过法律制度强制规定企业接受一定的再生利用比率；对使用原始原料（非再生原料）的企业增收资源税，为使用再资源化产品的企业提供税收优惠；为购买回收资源垃圾的企业提供补贴，鼓励再资源化技术开发；等等，促进资源垃圾的再资源化产品市场的成熟。

制定电子垃圾再生利用标准，实现电子垃圾再生利用的规范化。由于电子垃圾对环境和人类健康的强危害性，如果电子垃圾再生利用以低成本、低水平的形式开展，其再生资源化产品在使用过程中很有可能再度引起污染。因此，有必要制定再生利用标准，推动电子垃圾再生利用的标准化。在推动再生利用过程中，需要对产品的环境负荷进行评价，并制订计划以明确哪些要最终处理掉、哪些要再生利用。

引入生命周期评价和“绿色机器”设计原则，实现电子产品设计的生态化。通过引入生命周期评价，旨在改善电子产品在整个生命周期内的环境性能，降低其环境影响。“绿色机器”设计原则是为拆卸而设计（称为DFD）的原则，是指产品的生命周期结束之后，其大多数零部件能够翻新或重新利用，其余零部件能够安全处理的设计原则。产品生命周期评价和“绿色机器”设计原则的实行，将实现从源头上预防电子污染。

大力研发生态化的信息材料、信息技术和信息产品。研发环保新材料、新技术，能够为生态化的信息化提供必要的物质基础。生态信息材料应具有可再生、低污染、智能、高效和可回收等特点。生态信息技术应该是生态技术、信息技术和人工智能技术的结合，如以生物脉冲代替电子信息。生态信息产品应该是低消耗、低污染和可回收的产品。

总之，只有实现信息化和生态化的合一，才能保证信息化的可持续性，才能保证生态化的光明未来。

## 三、城镇化与生态化的交融

城镇化是伴随工业化出现的社会经济发展过程。与工业化过程一样，城镇化同样会产生生态环境负效应。因此，必须将生态化的原则和要求贯穿和渗透在城镇化的过程中，实现城镇化与生态化的交融，优化城市空间结构，走生态化的城镇化道路。

> 城市规划和建设要注重以人为本、节地节能、生态环保、安全实用、突出特色、保护文化和自然遗产，强化规划约束力，加强城市公用设施建设，预防和治理“城市病”。
>
> ——《中共中央关于制定国民经济和社会发展第十二个五年规划的建议》（2010年10月18日），《十七大以来重要文献选编（中）》，北京：中央文献出版社，2011年，第984—985页。

### （一）城镇化与生态化交融的要求

联合国一份报告指出，虽然城市面积只占全球土地总面积的2%，但消耗着世界上75%的资源，并产生了更大比率的废弃物。因此，城镇化有必要融进生态化的内容，实现城镇化与生态化的交融。即城市的规划和开发必须考虑生态环境问题，实现城市与自然的和谐。

城市化一般是指人口向城市的集聚。工业化是城市化发展的拉力机制。正如马克思所言：“大工业企业要求许多的工人在一个建筑物里共同劳动；他们必须住得集中，甚至一个中等规模的工厂附近也会形成一个村镇。”[①]工业生产的集中性和规模性导致了人口的集聚和城市规模的扩大。同时，城市化为工业化的发展也准备了相应的社会经济条件，如劳动力的生活设施和福利条件等。城市化和工业化的发展速度应该相适应。如果城市化与工业化不相适应，滞后或冒进，将阻碍工业化进程的推进，也会对

---

① 马克思恩格斯文集：第1卷．北京：人民出版社，2009：406．

城市化自身发展产生不良影响。针对片面城市化造成的“城市病”问题，人们提出了城镇化的选择。城镇化更多强调人口规模的适度性、人口转移的就地性和人口与城市的相融性等。与此相适应，城镇化最主要的指标有三个：人口城镇化、职业城镇化和地域城镇化。人口城镇化是其前提，也是衡量地区城镇化水平的重要指标。以产业结构为核心的经济结构的转换是其核心内容，城镇化的本质是通过追求集聚效应改变社会经济结构及人们的生产和生活方式。在我国，城镇化的目的是统筹城乡协调，实现共同富裕。

随着城市化的发展和失控，城市生态问题日益凸显，提出了城市生态环境安全的问题。从生态学的角度看，城市是高密度建筑区居民与其周围环境组成的开放的人工生态系统。从环境学的角度看，城市是人口的聚集地，是人为干扰最为严重的生态系统。城市生态环境安全状况是指城市环境和生态条件（如食物、居室、大气、水环境、交通及生物环境等）对市民的身心健康、生命支持系统的繁衍、社会经济的发展和城市可持续发展的威胁程度及风险大小。它涉及以下问题：其一，城市的选址与扩展是否具有安全意识，能否有效避免重大生态灾害（如温室效应造成的滨海城市土地被淹，重大沙尘灾害，由于江河上游水土流失严重造成的中下游洪涝灾害等）；其二，城市的人口容量是否适应城市可持续发展尤其是市民生活的可持续性，支持城市生产和生活的战略性自然资源（如水资源、土地资源、森林和草地资源、海洋资源、矿产资源等）存量的最低人居占有量是否有保障；其三，城市的建设环境包括城市化、城市建设等活动能否实现为居民提供健康、安全的人居环境的目的；其四，城市居民生存安全点的环境容量（如城市空气环境容量，城市土地、人口、交通的环境容量，城市水环境的容量，大气臭氧层破坏的最大限度等）最低值是否具备。因此，城市的规划、开发、运营和管理必须坚持生态化的原则和方向。

在当代中国，必须从民生视角出发来考虑城市的生态本性和生态功能。

### （二）城镇化与生态化交融的必要性和重要性

我国城镇化是在一个高度挤压和紧张的时空中进行的，也产生了大量的生态环境安全风险。因此，在我国的城镇化过程中有必要贯穿和渗透生态化的原则与要求。

新中国成立以来，特别是改革开放以来，我国的城镇化进程取得了明显的进步，但我国的城镇化明显滞后于工业化。具体表现为：一是从工业化与城镇化的伴生关系看，城镇化明显滞后于工业化。目前，我国工业化率已达70%，城市化率却只有大约54%。二是从城镇化的发展水平看，无论同世界城镇化平均水平相比，还是同一些发展水平相近的发展中国家相比，我国城镇化平均水平相对偏低，但年均增长率偏高。三是从城镇化发展的空间结构看，与东、中、西部经济发展水平区域差距明显相一致，我国城镇化水平呈现东高西低的格局，区域差异明显。2009年，北京、上海、天津三个直辖市人口城镇化水平超过70%，上海高达88.6%，达到了城镇化的高级阶段；东部沿海地区大部分省份人口城镇化水平超过50%；中部地区大部分省份在40%~50%之间；西部大部分省份城镇化水平在40%以下，其中西藏和贵州两省区不足30%，处于城镇化水平的初级阶段。城镇化发展的滞后不仅会拖延工业化，而且会影响到国家整体的可持续发展水平。

我国现有城镇化同样存在大量生态环境安全风险。目前，我国国民经济总产值的75%左右和外贸出口的80%以及大部分的工业产值都是在仅占土地面积不到5%的城镇地区（包括661个城市和1.9万个建制镇）生产出来的，产业空间结构和生态空间结构严重不匹配。这样，必然会加重城市的各种压力。我国城市目前的经济发展，大部分仍然是以高投入、高消耗、高污染、低效率为特征的粗放型增长方式，许多大中城市均为我国重化工、重型机械、钢铁、建材等重化工业的集中地。重化工业的发展，导致了城市地表水源污染严重。同时，伴随工业污染物的排放，城市空气质量严重下降，扬尘、酸雨等现象较为严重。此外，在加快城镇化的过程中，又带来了一系列过度“城镇化”问题，主要表现为开发过度、占用耕地面积过大、污染严重和交通堵塞等。目前，全国城市垃圾年产量超过1亿吨，垃圾的填埋和处理不仅占据了大量的土地，还造成了严重的环境污染。与东、中、西部区域城镇化发展不均衡相关，城镇化水平较高的东部城市群的水体、大气等环境污染严重，交通拥挤、住宅紧张、地价上涨、犯罪率高等"大城市病"凸显。城镇化水平较低的西部在"奋起急追"中，忽视了脆弱的生态，加剧了生态退化、沙漠化和环境污染。如果不改变传统城镇化和工业化的方式，城市发展将难以为继。

总之，面对城市化发展滞后和城市生态环境风险加大并存的局面，为了实现城市的可持续发展，我们必须按照生态化原则优化城镇空间结构，走生态化的城镇化道路。

### （三）城镇化与生态化交融的途径

针对我国人口众多、资源贫乏的国情和城市发展中出现的生态环境问题，我们必须坚持生态化的原则，因地制宜、因时制宜地推进城镇化的生态化进程。

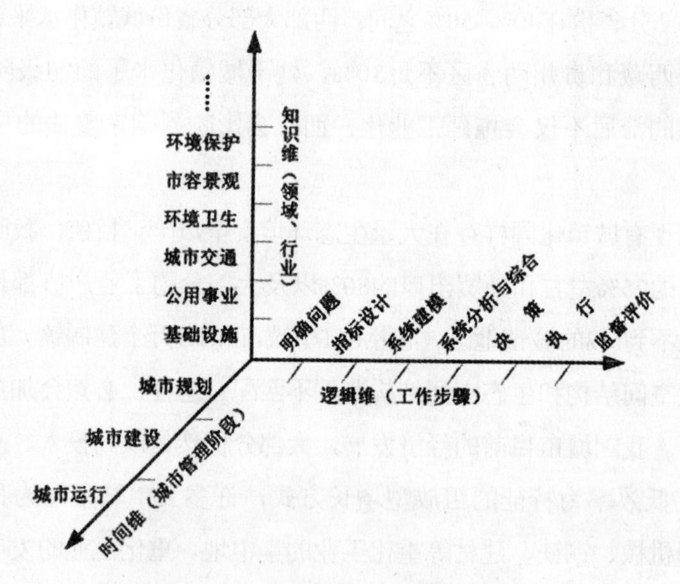


复杂性科学视野下的城市管理三维结构

（资料来源：宋刚：《复杂性科学视野下的城市管理三维结构》，《城市发展研究》，2007年第6期，第74页）

遵循绿化原则，建设生态城市。1971年联合国教科文组织发布的“人与生物圈”计划中首次提出了“生态城市”的概念，明确要求从生态学的角度用生态方法来研究城市。一般认为，生态城市是自然、城市与居民融合为一的有机整体，是社会和谐、经济高效和生态良性循环的人类住区形式。生态城市的发展目标是实现城市与自然的相融，实质是实现人与人的和谐。其中，追求自然系统和谐、人与自然和谐是实现人与人和谐的基础条件。相对于传统城市，生态城市建设应遵循绿化原则。这里的“绿化”并非只是绿色化，而是指生态化。生态城市建设是一项系统工程，从绿化角度看生态城市建设，就是要求在城市规划设计、基础设施建设、产业结构、空间结构和城市运行管理等方面均须做到低能耗、低污染、再循环和可持续。具体表现在：城市规划空间结构布局合理，环境基础设施完善，生态建筑广泛应用，人工环境与自然环境协调；城市经济发展方式为内涵集约型，建立生态化的产业体系；建立快捷、便利、清洁的城市交通体系；采用太阳能、风能等可再生清洁能源为主的能源结构；循环利用水资源等不可再生资源；城市与乡村融合，互为一体，生态村落、生态社区和生态城市只是分工的不同，而非差别，更非对立；城市教育、科技、文化、制度、法律、道德等方面都随之实现生态化。可见，生态城市是一个“社会–经济–自然”的复合系统，自然生态是基础，经济生态化是条件，社会生态化是目的。

遵循具体化原则，因时制宜、因地制宜地推进我国现有城市的生态化进程。由于我国城市化发展水平参差不齐，因此，必须分类推进城市的生态化进程。对城市化水平较高、“城市病”已经凸显的特大城市和东部区域，应着重提升城市化质量，适当放缓城市化速度。由于近年来东部区域城市化速度太快，存在“过度城市化”倾向，导致东部区域的城市化过程存在严重的生态问题，尤其是区域水体污染（长江、太湖水域，珠江水域，巢湖水域，湘江水域均污染严重）和大气污染（如，北京等地近年遭受的雾霾等）日趋严重。对城镇化水平较低、生态环境脆弱的西部区域，要依据自然生态特点，统筹区域全局合理规划，协调城市发展与区域生态的关系。西部地区虽然矿产资源相对丰富，但水资源严重短缺，土壤荒漠化、草原退化现象严重，工业化水平相对偏低。因此，西部区域城镇化速度不宜过快，规模不宜过大，而应该与工业化进程和城市资源环境承载力相适应，尤其要注意水资源的节约、保护和循环利用。目前，必须注意东部地区的高耗、高污企业向中西部转移带来的生态环境问题，防止中西部地区城市化和城镇化重蹈东部地区尤其是西方国家城市化的覆辙。

遵循适度性原则，积极建设中国特色的中小城镇。未来的城镇化进程应大力发展中小城镇。发展中小城镇可以在一定程度上避免以大城市为主体的集中型城市化带来的“大城市病”。更为重要的是，通过发展中小城镇，一方面，可以联结城乡，使乡镇企业向城镇集中，从空间结构上优化农业产业结构，也可以增加更多的就业机会，使农村富余劳动力向城镇二、三产业转移，增加农民收入，缩小城乡差距，实现共同富裕；另一方面，中小城镇的繁荣，会给农民带来一种崭新的生活方式，有利于促进农村文化、教育事业的繁荣，推进城乡一体化。当然，也要注意中小城镇建设过程中的生态化问题。一方面，要对小城镇进行科学环境评价，依托小城镇本身的资源优势，合理规划和布局小城镇的空间结构，积极引进和培育高新技术产业；但要严格禁止大城市污染产业向中小城镇转移。因为在同样规模产出的情况下，欠发达地区由于技术落后、资源廉价、环境标准缺失，只会付出更大的环境资源成本。另一方面，要适当放大中小城镇基础设施建设的承载容量，特别是污水排放和再生利用以及垃圾分类、回收等设施，提前预防伴随中小城镇城市化进程加快出现的“城市病”。

推进城市化的生态进程牵扯到一系列复杂的因素，因此，推动生态环保法制化进程，积极发展对环境有利的技术支撑体系，提高城市绿化覆盖率，提高居民生态素质，倡导绿色消费等，对推进城市生态化建设都是必不可少的。

## 四、市场化与生态化的互补

环境资源没有被市场所涵盖是产生生态环境问题的主要经济原因，因此，必须以生态化原则约束市场化，同时，也需要以市场化手段推进生态化，实现市场化与生态化的互补。

### （一）市场化与生态化互补的内涵

针对市场经济的失灵，必须将生态化的原则援入市场化中，实现外部问题的内部化。

从经济层面来看，现代化是工业化和市场化双向互动的历史过程。市场化是市场经济条件下人们测度市场发育程度的概念。学术界一般对之有两种理解：一种是指市场机制在一个经济体的资源配置中发挥作用持续增加的经济体制的演变过程；另一种是特指改革或者转轨国家资源由计划配置向市场配置的经济体制的转变过程。前者是发展意义上的市场化，后者是改革或转轨意义上的市场化。在对市场化进行国际比较时，论及改革或转轨国家，多指改革意义上的市场化。我国的市场化进程二者兼具。国务院发展研究中心有关专家认为，我国改革意义上的市场化进程在2010年基本完成，而发展意义上的市场化进程的全面完成有待于现代化的基本实现。广义上的市场化是现代化的重要内容。

市场化与生态化的互补就是用生态化的制度机制约束市场化，用市场化的经济手段推进资源环境的管理。市场化的前提是资源产权明晰、资源市场完全及资源环境政策完善等。但是，由于资源环境产品的公共性质，无法确定明晰的产权，加之资源无市场或市场不完全，具有很强的负外部性，因此，容易导致“市场失灵”。负外部性使社会通过市场机制的经济决策无法实现对环境资源的有效配置，是引发生态环境恶化的本质原因。市场失灵为政府干预环境事务提供了合理性和合法性。政府通常通过立法、行政管理及各种经济激励手段干预市场，弥补和矫正市场机制的功能缺陷，以解决环境污染。可见，市场机制内在包含的“市场失灵”问题，需要政府生态化的制度机制加以矫正和补救；而资源环境问题的根本解决需要不断推进和完善资源环境的市场化进程。所以，市场化与生态化的互补是解决市场经济条件下资源环境问题的必然抉择。

> 在一个国家中，正确运行（有效率）的市场是促进资源有效利用、减少环境退化和刺激可持续发展的最有效的机制。
>
> ——［美］吉利斯等：《发展经济学》，北京：中国人民大学出版社，1998年，第149页。

总之，市场化与生态化的互补，就是要用经济手段尤其是市场机制来解决生态环境问题，在纠正市场经济负外部性的基础上，实现经济的可持续发展。

### （二）市场化与生态化互补的必要性和重要性

为避免市场化过程中出现环境外部不经济性，必须用生态化约束市场化；为实现环境资源外部问题的内部化，必须用市场化手段推进资源环境的生态化进程。

市场经济具有明显的环境负外部性。外部性是指市场双方交易产生的福利结果超出了原先的生产范围，给市场外部的其他人带来了影响。从对其他人福利影响的好坏角度来看，外部性可分为正负两种类型。负外部性是指市场外的其他人福利减少的情况。生态环境问题是最典型的外部不经济性。例如，在不加处理的情况下向环境排放废气、废水、废渣，企业自身获利，但是，环境污染的代价和恶果却要整个社会来承担。此外，市场机制正常运行的基本条件是明晰的产权。由于环境资源为公共产品，具有非排他性、无偿性和不可分割等特征，环境资源产权很难明晰界定，如大气层、海洋、江河湖泊等。这样，必然导致环境资源无市场或市场竞争不足。无市场是指环境资源的市场不存在，这些资源（如大气、海洋）的价格为零，或者是有些资源（如地下水资源）的市场虽存在，但价格偏低，因而造成使用者的过度使用或滥用，却无人顾及资源的养护和再生，从而导致资源日益稀缺，不能确保人类与环境的和谐、生态系统的共生及后代的长远利益。

在我国现代化过程中，自然资源定价偏低，自然资源和生态环境几乎免费使用，很多资源环境市场尚未发育起来或根本不存在。有些资源市场即使存在，但价格偏低，仅仅反映劳动和资本的成本，无法反映生产中环境资源耗费的机会成本。当价格为零或很低时，价格机制在市场上就无法发挥作用。另外，一些自然资源市场上买者和卖者数量很少，市场竞争不完全，导致效率损失。此外，自然资源市场往往是以自然垄断形式控制市场，在一个城市或地区，水、电、气等产品的生产往往只需要少数几家或一家厂商来提供。由于这些行业处于自然垄断地位，导致产品价格上扬、服务质量下降，并且不太顾及生态环境代价。

资源环境问题上同样存在“政府失灵”的问题。在市场经济条件下，尽管环境污染和破坏是从事生产经营活动的生产者产生的，但其后果往往由造成这种后果以外的第三方来承担。环境成本对生产经营者而言，往往是一种社会成本和外部成本，企业不会主动将其内部化。单纯凭借个人力量也不可能防止和限制污染问题，因此，必须依靠政府行政干预即政府规制的手段加以控制，也就是以法律、规章、政策和制度来加以控制和约束。但是，如果政府部门在宏观经济政策制定过程中没有充分重视生态环境问题，扭曲环境资源的使用或配置成本，则必然造成资源的滥用与环境的破坏。另外，即使政府制定了完善的资源环境规制，但由于现行管理体制下的行政条块分割和地方保护主义、政出多门的分散管理，甚而寻租行为等原因，也会导致政府资源环境规制的失效。这样，资源环境就完全依赖于不完善的市场机制来调节，导致使用者只顾获取个人的最大利益，无节制地使用稀缺环境资源，而不顾及资源的养护和再生，导致资源枯竭、能源短缺、环境污染和生态恶化。

由于我国一度单纯以GDP为地方政府政绩考核指标，导致地方政府官员为追求政绩而单纯追求经济增长，往往容忍生产企业对生态环境资源的破坏，甚至部分地方政府以降低环境指标作为招商引资的条件，寻租行为也时有发生。这些问题是导致环境规制失效的重要原因。目前，我国环境保护法律制度不完善，环境政策滞后，缺乏必要的激励和刺激手段，加之环境资源信息缺乏，环境排污信息不透明，政府掌握资源环境信息不完全，从而严重制约政府决策的准确性和及时性，在一定程度上也导致决策失误和政策失效。

为了解决市场和政府在资源环境问题上的双重失效，政府必须运用经济手段来控制和管理生态环境行为，通过外部问题的内部化来实现可持续发展。

### （三）市场化与生态化互补的途径

用市场化手段推进生态化，用生态化的原则约束市场化，是实现市场化与生态化互补的有效途径。

改革资源税，开征环境税。采用这一政策目的是改变现有资源廉价或无偿使用的现状，全面实现资源有偿使用，节约资源，保护环境。资源税，是以自然资源为课税对象的税收的总称。根据课税目的不同，可以分为一般资源税和级差资源税。我国于1994年起征收资源税。我国现行资源税属于级差资源税，即运用税收手段对资源在开采条件、资源本身优势和地理位置等方面存在的客观差异所导致的级差收入进行调节。这种征税方式没有充分考虑资源税的节约资源能源的功能和降低环境污染的功能。另外，现行资源税的征收范围不包括水、土地、森林、草原等资源。为了加快生态文明建设，“坚持使用资源付费和谁污染环境、谁破坏生态谁付费原则，逐步将资源税扩展到占用各种自然生态空间”[①]。目前，重点是必须增加水、土地、森林和草原等税目；对于国家需要重点保护或限制开采的能源、资源，应该适当提高资源税的税额。“费”与“税”存在着根本的不同，“费”是为特定的服务收取的费用。“费改税”体现了“谁开发、谁使用、谁付费（税）”的原则，即环境资源有偿使用。按照经济合作与

① 中共中央关于全面深化改革若干重大问题的决定．北京：人民出版社，2013：53．

发展组织的定义，当使用或释放时证明对环境具有特定负效应的事物的一个实物单位（或它的替代单位）成为税基时，该税收属于环境税。[①]这是以税收的功能或增加税收的原因制定的。简言之，就是对有害环境的产品征收的费用。企业为了减少纳税，必然提高效率，减少污染，从而能够达到保护环境的目的。

改革现行排污收费制度，完善和推行排污权交易制度。排污收费，是对向空气、水和土壤排放的污染物，或对产生的噪声征收的费用。排污收费体现了“污染者付费（税）”的原则，即环境资源付费使用。从具体实践看，排污收费是由政府确定的一个污染物排放的负价格。由于政府难以充分客观评估企业本身的生产规模、生产技术以及污染治理技术水平和条件等实际情况，难以精确量化企业污染物的实际排放量，导致收费偏低。此外，排污收费的一部分又作为企业的环保补贴返还给企业，违背了污染者付费的原则，而受到污染的个人或集体却无法得到相应的补偿，有违于制度设计者的初衷。从理论上看，排污收费属于先污染后治理的末端治理模式，起不到根治企业污染的作用。

排污权交易制度，同样体现了“污染者付费（税）”的原则。排污权交易，是指在满足环境要求的条件下，确立合法的污染物排放权利即排污权（这种权利通常表现为排污许可证），并允许这种权利像商品一样买卖，以此来进行污染物的排放控制。排污权交易首先由环保部门制定排污总量控制指标，然后据此给排污单位发放排污许可证；排污许可证可以在排污单位之间进行交易。从理论上看，实行排污权交易以总量控制为条件，通过界定环境容量的产权（使用权），通过市场机制，实现了对环境容量资源的优化配置，使原本难以通过市场解决的环境外部性问题可以通过市场交易机制获得解决，从而有效地控制污染，使环境外部性问题内部化，有效避免市场失灵。相对于传统的限量排放和排污收费的管理方法，

---

① ［美］阿尼尔·马康德雅，等．环境经济学辞典．上海：上海财经大学出版社，2006：127.

排污权交易更鼓励厂商采用先进工艺，主动减少污染，属于源头控制污染的方法。

我国的排污权交易试点始于2001年，虽然取得了一些成就，但也存在不少问题。从立法上看，排污权交易实践操作的立法基本上处于空白阶段。排污权交易的实质就是采用市场机制来执行环境标准质量，但在现行环境保护法律法规中，除了个别针对特种污染物的规定中体现“总量控制”意图外，主要的法律法规均没有明确“总量控制”的规定。从市场机制上看，充分竞争的排污权交易市场还没有形成。从监督机制上看，政府有关部门对排污权交易价格的监督力度不够。制度上的不完善导致具体实践过程中存在不少问题。如：排污权的初始分配不公平。我国政府目前对排污权的分配采取无偿发放的方式。这就很可能导致污染大户分到的排污权大，获益较多，而拥有先进工艺、高效率环保设备的企业须全额付费。这样，就出现了以下问题：排污权市场不成熟，交易不活跃；难以对环境容量进行科学的评价和计算等。这些问题的解决，需要进一步完善相关制度、环节和转变政府职能，以便充分发挥政府弥补市场缺陷的作用。

进一步健全和规范生态补偿制度。生态补偿是根据生态系统服务价值、生态保护成本、发展机会成本，运用行政和市场等手段，调节生态保护利益相关者之间利益关系的公共制度安排。其原则是“谁使用、谁付费”、“谁保护、谁受益”和“谁受益、谁付费”。我国现行补偿缺乏长期性和稳定性。例如，“退耕还林”工程是我国政策性最强、投资最大、涉及面最广、群众参与程度最高的一项生态建设工程。退耕还林（草）的补偿期限为5～8年，期限内老百姓相当程度上全靠补助生存。但是，随着退耕还林的补助陆续到期，部分退耕农户生计将出现困难，而生态林、经济林尚未进入收益期，这样，一些农民可能会重新毁林开荒。同时，补偿标准区域差异悬殊，经济发达地区补偿标准相对偏高，而落后地区相对偏低。此外，生态补偿资金管理缺乏有效的监督机制。在实行生态补偿制度试点过程中，补偿资金只有一少部分用于补偿对象，大部分用作管理部门预留经费。这些问题的有效解决均依赖制度上的健全和规范。目前，我们要按照党的十八届三中全会通过的《中共中央关于全面深化改革若干重大问题的决定》的要求，完善对重点生态功能区的生态补偿机制，推动地区间建立横向生态补偿制度。

总之，将生态化原则和市场化方式结合起来用以解决资源环境生态问题，既可以促进市场经济的健康发展，又可以强化政府的环境管理职能，最终有益于可持续发展。这是生态文明制度建设的基本要求和重要内容。

## 五、全球化与生态化的互动

随着全球化的发展，生态环境问题也成为全球性问题，这样，就突出了全球化和生态化互动的重要性。

### （一）全球化与生态化互动的要求

为了克服全球化造成的生态环境等方面的冲击，按照生态化的原则参与全球化，是国际社会面临的共同抉择。

全球化是一个充满矛盾的历史发展过程。一是全球化的实质是金融资本对世界的支配。正如法国学者米歇尔·罗加尔斯基明确指出的那样，经济全球化实际上就是美国占主导地位的经济全球化，由此决定了这是一个有等级的空间，只有美国才有力量改变这一空间的力量对比。二是全球化是整体的历史发展过程，既包括经济、政治、文化、科技等领域，也涉及人口、资源、能源、环境和生态等问题。现在，人口、资源、能源、环境、生态等问题也成为全球性问题。三是全球化具有明显的二重性。既促进了世界交往，有助于先进生产力在全球的传播，为后发展国家的跨越式发展提供了可能；又带来了国际不公正甚至是负面性问题，如西方国家对后发展国家的再殖民等。这样，如何有效融入全球化进程又高度防范全球化风险，是包括中国在内的后发展国家面临的共同课题。

经济全球化在生态环境方面具有二重性。一方面，全球化是一个污染转移、公害出口的过程。许多发达国家的跨国公司通过“合法贸易”把能耗高、污染重的企业转移到发展中国家，或者向发展中国家出售在本国被法律所禁止销售的有毒产品；由于发展中国家经济落后、技术水平低下，只能靠出口资源和初级产品来发展经济，从而加重了其资源消耗与环境破坏的程度。另一方面，全球化是解决全球生态环境问题的重要途径。具体表现为：一是将生态化作为国际交往的准则，能够以合作的方式解决国际环境事务；二是以全球化作为媒介和平台，能够促进发达国家的人财物流向生态环境治理领域，特别是向发展中国家的可持续发展提供人力、财政和技术援助；三是可以充分发挥环境外交在全球环境治理中的作用；四是可以充分发挥区域合作组织和国际组织在全球环境治理中的作用。显然，克服全球化的生态负效应、增强其生态正效应，是解决全球性问题的重要方式。

总之，实现全球化和生态化的互动是人类面对全球性问题的必然抉择。

### （二）全球化与生态化互动的必要性和重要性

在全球生态环境问题背景下，解决全球环境问题的国际合作有待进一步深化，有利于环境保护的国际政治新格局有待建构，这样，就突出了全球化和生态化互动的必要性和重要性。

目前，无论在规模上还是在波及范围上，生态环境问题已成为全球性问题。全球性环境问题，是指人类社会面临的一系列超越国家和地区界限，由人类活动作用于全球环境而引发的、关系到整个人类生存和发展的生态环境问题。21世纪，人类面临淡水资源匮乏的挑战将超过所有其他方面的挑战；当今世界正在从一个全球森林丰富的时期过渡到全球森林贫乏的时期；大气危机已成为全球环境危机的最重要的突出问题；地球增温，全球气候变暖，对全人类生存构成极大威胁；地球臭氧层破坏与耗竭，导致辐射增强；地球生物多样性衰减，物种灭绝速度加快，是全球生态危机的重要表现；有害废物在全球转移，加剧了国际冲突、危及了全人类的安全；等等。目前，一国的环境污染往往会通过某种机制扩散至其他国家，形成跨国境污染，甚至全球性污染。这样，全球生态环境事务就成为全球治理的重要课题。

当前，随着全球环境问题的加剧，环境外交成为建立世界新秩序和构造未来国际格局的重要途径。环境外交，也称生态外交，包括两层含义，一是指以主权国家为主体，通过正式代表国家的机构和人员的官方行为，运用谈判、交涉、缔约等外交方式，处理和调整国际环境事务的一切活动；二是指利用环境保护问题实现特定的政治目的或其他战略意图。从广义来看，环境外交也包括民间环境外交。环境外交活动，主要涉及的问题有：在环境事务上协调各国关系，寻求国际环境合作的途径和方式；商定和制定国际环境法规，履行国际环境公约和协定；协调和处理国际环境纠纷和围绕资源而发生的领土、领海争端等。环境外交之所以走上了国际事务的舞台，有两方面的原因。一方面，由于环境资源属于公共产品，跨境污染具有很强的国际外部性。尽管一些国家相继通过排污权交易制度、环境管制措施等克服外部性，但资本的逐利本性使这些企业趋利避害，纷纷逃往环境管制较松的国家和地区。从全球的角度来看，这种外部性在加剧，而不是减弱。另一方面，由于环境问题的跨国性和复杂性，环境问题的研究仅凭单个国家的科技实力难以承担，对环境问题的检测、调查也往往超越国家的疆界所及，某些环境问题的解决需要全球的通力合作。

在目前的国际政治格局中，国际环境合作步履维艰。从理论上看，生态学意义上的地球是一个统一的整体，但目前的国际体系仍以国家为基本单位，这必然使环境外交和合作在实践中遇到国家利益和民族利益与人类共同利益的冲突。从现实来看，冷战结束后，经济优先成为世界不可逆转的潮流。在这种背景下，为了保持自己在国际经济中的主导地位，环境问题日益成为发达国家建立贸易壁垒的借口，如制定复杂的进出口环境标准等。这即是“绿色贸易壁垒”。同时，如无强制性的国际法律约束，发达国家不可能轻易将解决生态环境问题的先进技术合理转让给发展中国家，这必然延缓全球性环境问题的最终解决，也预示着国际环境合作之路将充满复杂与艰辛。例如，美国在全球气候问题的立场和表现最能说明问题。可见，环境保护的国际政治新格局尚未建立，现有机制也不尽完善，这样，就迫切要求实现生态化和全球化的互动。

总之，实现全球化和生态化的互动，通过环境外交和国际合作的方式解决全球性问题，才能有效促进全球化按照生态化的方向发展。

### （三）全球化与生态化互动的途径

在全球环境恶化的背景下，全球性生态环境问题的解决需要全球合作，任何国家和地区都不能置之度外。作为负责任的发展中大国，当代中国在这方面责无旁贷。

中国参与环境外交和国际合作的原则。1990年7月国务院环委会第18次会议通过了《我国关于全球环境问题的原则立场》。其主要内容是：正确处理环境保护与经济发展的关系；明确国际环境问题的主要责任；维护各国资源主权，不干涉他国内政；充分考虑发展中国家的特殊情况和需要；不应把保护环境作为提供发展援助的新的附加条件；发达国家有义务提供充分的额外资金，帮助发展中国家参加全球环境保护，补偿由于保护环境而带来的额外经济损失，并以优惠、非商业性条件向发展中国家提供环境无害技术；加强环境领域内的国际立法是必要的。这些原则成为我国解决全球环境问题的基本原则，该文件成为我国环境外交工作的重要指导性文件。1992年，中国政府总理在联合国环境与发展大会上发表重要讲话，阐述了我国关于全球环境问题的五项原则，使我国环境外交和国际合作的原则更加系统、集中和明确。这些原则是：经济发展必须与环境保护相协调；保护环境是全人类的共同任务，但是发达国家负有更大的责任；加强国际合作以尊重国家主权为基础；保护环境和发展离不开世界和平与稳定；处理环境问题应当兼顾各国现实的实际利益和世界的长远利益。2012年，党的十八大提出，坚持共同但有区别的责任原则、公平原则、各自能力原则，同国际社会一道积极应对全球气候变化。我国参与环境外交和国际合作所遵循的原则，体现了我国在全球环境问题上所持的积极态度，得到了国际社会尤其是发展中国家的赞同。

携手推进可持续发展，应当坚持公平公正、开放包容的发展理念。我们既要勇于承担保护地球的共同责任，又要正视各国发展阶段、发展水平不同的客观现实，继续发扬伙伴精神，坚持里约原则，特别是共同但有区别的责任原则，确保实现全球可持续发展，确保在这一过程中各国获得公平的发展权利。发展中国家应当根据本国国情，制定并实施可持续发展战略，继续把消除贫困放在优先位置。发达国家要践行承诺，改变不可持续的生产和消费方式，减少对全球资源的过度消耗，并帮助发展中国家增强可持续发展能力。多样性是当今世界的基本特征。国际社会应当本着开放包容的精神，尊重不同历史文化、宗教信仰、社会制度的国家自主选择可持续发展道路。

——温家宝：《共同谱写人类可持续发展新篇章——在联合国可持续发展大会上的演讲》（2012年6月20日），《人民日报》2012年6月21日第2版。

中国在环境外交和国际合作上的贡献。中国在环境外交和国际合作上的贡献主要体现在坚持了发展中国家的应有的原则和立场；签署了若干个双边和多边协议，构建了环境合作的国际机制；国内环境政策的执行，为全球环境问题的解决做出了贡献。在1972年瑞典斯德哥尔摩人类环境会议上，中国代表团提出了经济发展与环境维护的关系、人口增长与环境维护的关系、战争与环境保护问题、环境污染的社会根源问题、资源保护问题、反对公害、国际污染的赔偿、环境维护方面科学技术的国际交流、国际环境资金的筹集和使用以及关于维护人类环境的国际协作十项原则，反映了大多数发展中国家的要求，对环境领域的南北合作起了重要的推动作用。1981年，中国参加了在美国举办的“世界环境论坛”。在关于保护臭氧层的一系列公约谈判中，中国发挥了重要作用。在关于臭氧层保护的财政机制问题上，中国联合印度等国发起建立保护臭氧层国际基金的倡议，并做了大量的工作使缔约国接纳了该建议；在基金的具体设立方式上，中国提出“超标付费”的原则，维护了发展中国家利益。在臭氧层无害技术的转让方面，中国提出发达国家向发展中国家转让技术必须“优惠和非商业化”，为发展中国家能够获得有效技术，切实保护臭氧层做出了贡献。1992年里约会议上形成的“77国集团+中国”的模式，加强了发展中国家内部团结，使发展中国家在国际环境事务中的力量空前增强，对维护发展中国家的利益，促进南北对话，发挥了积极作用。此后，中国与日本、美国、加拿大、德国、丹麦、俄罗斯、澳大利亚、韩国等几十个国家建立了双边环境保护合作关系，争取了大量国际援助和技术支持，同时加强了与这些国家的合作和交流、理解与信任，为实现双边和多边关系的稳定、以合作的方式解决全球环境问题做出了积极贡献。全球性多边国际条约的签订，以及为执行条约承诺制定的各项国内减排计划和环境法律、法规、政策，都从具体的行动上为缓解全球环境问题做出了积极的贡献。例如，根据《联合国气候变化框架公约》和《京都议定书》的规定和原则，虽然中国没有具体的温室气体减限排义务，但是，我国政府根据自己的国情，还是采取了一系列兼顾发展和环境的政策措施以应对气候变化。主要有：努力调整经济结构和能源结构，提高能源利用效率和节约能源，发展新能源和可再生能源，大力开展植树造林、退耕还林，积极开展清洁发展机制项目等。

中国参与环境外交和国际合作的举措。在全球性问题背景下，我国参与环境外交和国际合作的举措主要有：①引进国外人财物。解决全球环境问题，人才、科技、资金是基础。中国的绿色发展需要积极引进国外资金、先进环保技术与管理经验。为此，要运用已生效的《京都议定书》确定的清洁发展机制，积极开展国际合作，引进国外先进技术。②抵制绿色贸易壁垒。对于抵制绿色贸易壁垒，发展中国家任重道远，我国也一样。一方面，要有力地抵制发达国家利用某些过高或不切实际的环境标准和环保措施限制发展中国家出口商品的企图，切实维护自身利益。另一方面，必须转变思路，在对外贸易中充分考虑环境因素，提升产品的生态质量水平，冲破绿色贸易壁垒，防止国际污染向我国转移。③支援落后国家生态建设。随着国家经济实力的发展和整体国力的提升，作为一个负责任的大国，我们应在人才、资金、技术等方面尽己之力，帮助落后国家进行生态建设。④推动民间合作和交往。民间合作和交往，主要指环境非政府组织（ENGO）之间的合作和交往。在全球环境治理中，ENGO可以作为政府环境合作的补充形式，在学术交流、宣传教育、环境项目援助等方面发挥重要作用。⑤联合研究，联合培养人才。随着跨境环境污染和全球性环境问题的出现，加强国际环境问题联合（区域或全球）研究和联合人才培养成为重要趋势。

2012年联合国可持续发展会议标识

总之，中国积极参与环境外交和国际合作，不仅有助于中国走上生产发展、生活富裕、生态良好的文明发展道路，而且有助于世界的可持续发展，将对人类文明做出重大贡献。

现在，中国正在全面认识工业化、信息化、城镇化、市场化、国际化深入发展的新形势新任务，将生态化的原则渗透在上述进程中，通过创新的方式，沿着生产发展、生活富裕、生态良好的文明发展道路奋力走向美丽中国的未来。

# 绿色的向往

lüse
de xiangwang

# 第1章 建设美丽中国的生态目标

自然界是包括人类在内的一切生物的摇篮，是人类赖以生存和发展的基本条件。保护自然就是保护人类，建设自然就是造福人类。要倍加爱护和保护自然，尊重自然规律。对自然界不能只讲索取不讲投入、只讲利用不讲建设。

——胡锦涛：《在中央人口资源环境工作座谈会上的讲话》（2004年3月10日），《十六大以来重要文献选编（上）》，北京：中央文献出版社，2005年，第853页。

人口、资源和能源、环境、生态和防灾减灾构成了人类生存和社会发展的最基本的自然物质条件，人与自然的和谐发展的最基本要求就是要保持和实现人口、资源和能源、环境、生态、防灾减灾的可持续性，因此，当代中国的生态文明建设，必须以建设人口均衡型社会、资源和能源节约型社会、环境友好型社会、生态安全型社会和灾害防减型社会为其生态目标，这样，才能夯实美丽中国的自然生态环境基础。

## 一、走向人口均衡型社会

建设生态文明，人类首先要从自身做起，控制人口数量，提高人口素质，优化人口机构，促进人口长期均衡发展，建设人口均衡型社会。这是建设美丽中国的基本生态要求。

## （一）建设人口均衡型社会的科学依据

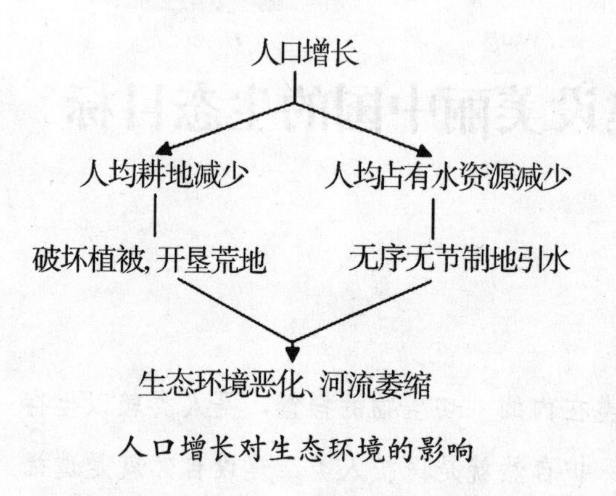


人口增长对生态环境的影响

人口均衡型社会是以人口的可持续发展为特征的人类社会发展要求，是当前我国生态文明建设生态目标的重要组成部分之一。

建设人口均衡型社会是缓解人口压力的需求。在自然物质条件系统中，人口是关键。全球人口的增长给世界发展和环境带来很大的压力。目前，地球总人口数已突破70亿大关。我国人口总量在2000年第五次人口普查时为12.9533亿人。根据第六次全国人口普查主要数据公报，2010年，我国总人口为13.70536875亿人。二者相比增长5.84%。如果不能有序而有效地控制人口规模，发展成果就会被过快增长的人口抵消，还会加重当前的资源、能源、环境和生态等方面的压力。这样，建设人口均衡型社会，缓解人口压力，就成为建设生态文明的基本需要。

建设人口均衡型社会是提升人力资本的需求。21世纪是知识经济的世纪。知识经济时代的竞争，归根结底是人力资本的竞争。20世纪60年代，美国经济学家舒尔茨和贝克尔创立人力资本理论，认为人力资源是一切资源中最主要的资源；在经济增长中，人力资本的投资收益大于物质资本的投资收益；人力资本的核心是提高人口质量，教育投资是人力投资的主要部分。在我国，2010年大专及以上受教育程度人口比重为8.9%，小学文化程度人口占26.8%，高中和初中文化程度人口比重分别达到14.0%和38.8%，人口粗文盲率为4.08%。这些数据说明我国人口综合素质还有待进一步的提高。因此，我们必须树立人力资源是第一资源的思想。可见，提升人力资本实力是建设人口均衡型社会的基本任务。

建设人口均衡型社会是增强综合国力的需求。综合国力是衡量一个国家的综合性指标，也是一个国家实现其战略目标的综合能力。增强我国的综合国力，需要执行科学的人口政策，正确处理人口、资源、环境和经济、社会之间的关系。人口问题涉及自然、社会、经济等一系列的因素。我国是一个有13亿多人口的发展中国家，庞大的人口基数和持续增长的态势在一定时期内难以改变，我国将长期面临人口、资源、环境与经济发展的巨大压力，这是我们考虑经济社会发展问题的一个基本出发点。形象地来说，在当代中国，一个很小的问题，乘以13亿，都会变成一个大问题；一个很大的总量，除以13亿，都会变成一个小数目。因此，只有实现人口的可持续发展，才能增强我国的综合国力，实现中华民族伟大复兴的"中国梦"。

显然，建设人口均衡型社会具有重大的战略意义，直接关系到可持续发展的成败。

### （二）建设人口均衡型社会的基本要求

人口问题包括数量、素质和结构三个方面，因此，建设人口均衡型社会的基本要求是，控制人口增长，提高人口素质，优化人口结构，促进人口可持续发展。

控制人口总量。我国是世界上人口最多的国家，约占世界总人口的22%，人口数量问题严峻。由于我国人口基数太大，加重了发展的压力和成本，新增生产总量的相当大部分被新增人口抵消。因此，我们必须坚定不移地执行计划生育政策，控制人口总量。控制人口总量并不等于抑制人口增长，而是要保持人口的适度增长。人口适度增长就是既要维持社会发展所需要的人口数量，又要提高人口综合素质，实现人口发展与经济社会和环境保护之间的良性循环。在现行计划生育政策不变和既定的人口控制目标不变的条件下，只有进一步完善计划生育家庭优先优惠政策体系，加强相应的社会建设事业的发展，提高家庭发展能力，把计划生育内化为精神文明建设的一项重要内容并广泛宣传，才能有效维持适度人口增长。

提高人口素质。人口素质也称人口质量。提高人口素质，直接关系到中国现代化建设和中华民族振兴的前途。我国实行人才强国战略，目标就是要全面提高人口素质，培育优秀的人力资源，提高全民族的科学文化素质。提高人口素质，关键是必须加大人力资本投资，重视教育事业的发展。在提高人口素质的过程中，既要注重智育，更要注重德育。同时，还必须大力发展体育和卫生事业，努力提高人口的身体素质。此外，养成良好的心理素质对于人口可持续发展也越来越重要。总之，人口素质是多维的。只有在全面提高人口素质的基础上，才能促进人的全面发展，推动可持续发展。

优化人口结构。为了实现人口的可持续发展，必须引导人口合理分布。①优化人口性别结构。必须深化性别平等观念教育，促进妇女全面发展，促进男女平等基本国策，实施妇女发展纲要，全面开发妇女人力资源，切实保障妇女合法权益，改善妇女发展环境；保障儿童优先发展，实施儿童发展纲要，依法保障儿童生存权、发展权、受保护权和参与权。②优化人口年龄结构。必须积极应对人口老龄化挑战，建立符合中国实际的养老保障机制，建立以居家为基础、社区为依托、机构为支撑的养老服务体系。③优化人口地区结构。必须努力促进城乡协调发展、区域协调发展，遏制人口向城市、东南沿海地区的盲目、无序流动，合理引导人口的迁移和流动；同时，必须努力提高农村人口、中西部人口的综合素质，丰富农村和中西部人口的文化生活，加大对农村和中西部的经济、教育、文化和卫生等民生方面的投入，提升其可持续发展能力。

总之，控制人口数量，提高人口素质，优化人口结构，是人口均衡型社会的基本要件。

### （三）建设人口均衡型社会的战略举措

目前，我国人口发展的机遇与挑战并存，我们必须坚定不移走中国特色统筹解决人口问题的道路，大力加强人口均衡型社会的建设。

大胆创新人口和计划生育工作的思路和机制。为了更好地实现我国人口发展目标，必须大胆创新计生工作的思路和机制。①完善稳定低生育水平相关经济社会政策。要将稳定低生育水平的利益导向政策作为保障和改善民生的重要组成部分，纳入政府改善民生行动计划。为此，要全面落实法律法规规定的计划生育家庭奖励优惠政策，在就业、社会保障、扶贫开发、征地补偿、集体收益分配等方面制定对计划生育家庭的倾斜政策。要进一步完善以计划生育家庭奖励扶助制度、“少生快富”工程和特别扶助制度为主的优先优惠政策体系，扩大范围、提高扶助标准并建立动态调整机制。②建立健全对农村部分计划生育家庭奖励扶助制度。由于目前农村生产力水平还比较低，社会保障能力脆弱，部分群众想生男孩、多生孩子的愿望还比较强烈。为此，必须把开展深入细致的思想工作同解决群众的实际困难有机结合起来，对农村计划生育家庭提供奖励扶助。要积极探索建立同经济发展水平相适应、有利于计划生育的农村社会保障体系，重点对农村独生子女和双女家庭进行奖励，对因独生子女伤残、死亡和计划生育手术并发症造成的困难家庭进行扶助。继续组织好西部地区“少生快富”工程试点工作，加大支持力度，不断扩大试点范围。③建立健全家庭发展政策。以稳定家庭功能为目标，在优生优育、家庭教育、子女成才、抵御风险、生殖健康、家庭致富以及养老保障等方面，必须加快建立和完善提高家庭发展能力的政策体系。政府部门要研究出台有利于促进计划生育家庭成员就业、创业、勤劳致富的扶持政策。此外，必须着力提高家庭服务能力，加大对特殊困难家庭的扶助力度。总之，只有切实解决人民群众的后顾之忧，变罚为奖，才能真正做好人口和计划生育工作。

根据唯物主义观点，历史中的决定性因素，归根结底是直接生活的生产和再生产。但是，生产本身又有两种。一方面是生活资料即食物、衣服、住房以及为此所必需的工具的生产；另一方面是人自身的生产，即种的繁衍。一定历史时代和一定地区内的人们生活于其下的社会制度，受着两种生产的制约：一方面受劳动的发展阶段的制约，另一方面受家庭的发展阶段的制约。

——《马克思恩格斯文集》第4卷．北京：人民出版社，2009年，第15—16页。

不断促进人口的长期均衡和可持续发展。我国目前人口各要素关系更趋复杂，为此，必须做好以下工作：①综合治理出生人口性别比偏高问题，促进社会性别平等。2011年，我国出生人口性别比为117.78，总人口性别比为105.18。为此，必须综合治理出生人口性别比问题，切实促进社会性别平等，深入开展“关爱女孩行动”，广泛宣传男女平等、少生优生等文明婚育观念，保障妇女合法权益，加强未成年人保护，制定有利于女孩健康成长和妇女发展的经济社会政策，推动妇女儿童事业全面发展。②健全养老保障和服务体系，积极应对人口老龄化。2011年，全国60岁及以上人口占总人口的13.7%，65岁及以上人口占总人口的9.1%。为此，必须制定实施应对人口老龄化战略和政策体系，培育壮大老龄事业和产业，加强公益性养老服务设施建设，发扬敬老、养老、助老的良好社会风尚。③引导人口有序流动，促进人口合理布局。2011年，城镇人口比乡村人口多3423万人。为此，必须制定引导人口合理流动、有序迁移的政策，积极稳妥推进城镇化，统筹协调好人口分布和经济布局、国土空间结构的关系，把流动人口管理和服务纳入流入地经济社会发展总体规划之中，为人口流动迁移创造良好政策和制度环境。总之，优化人口结构、引导人口合理分布是实现人口可持续发展的重要任务。

大力开发人力资源和提升人力资本综合实力。我国人力资源质量在总体上较低，为此，必须做好以下工作：①提高出生人口素质。我国是人口大国，也是出生缺陷高发国家。因此，必须积极落实出生缺陷“三级预防”措施，加大出生缺陷干预力度。出生缺陷防治措施分三级：一级是婚前医学检查和保健指导，可以减少出生缺陷的发生；二级是产前筛查和产前诊断，可以发现缺陷胎儿；三级是新生儿疾病筛查，可以对缺陷患儿早发现、早治疗。我们要积极推进“出生缺陷干预工程”。在宣传普及优生科学知识的基础上，开展健康促进，选择成熟的干预技术和方法，通过孕前、出生前的干预措施，减少出生缺陷的发生。②提高人口健康素质。现在，身心健康已经成为严重的社会问题，因此，必须努力提高人口健康素质。在身体素质方面，要继续加强性病、艾滋病的防治工作，全面实施慢性病综合防控，最大限度地控制和减少传染病、地方病的发生和传播。在心理素质方面，必须加强青少年健康人格教育、独生子女社会行为教育，加强社会的心理卫生和精神健康工作。在总体上，必须努力普及身心健康教育，积极倡导健康文明向上的生活方式，大力推进全民健身运动，全面加强公共卫生服务体系建设，大力促进全民身心和谐发展。③提升国民教育水平。我国是人力资源大国，但还不是人才资源强国。根据联合国教科文组织2011年3月发布的一份报告，在全世界文盲率最高的10个国家中，中国的成人文盲数位列第8。因此，我们必须按照《国家中长期教育改革和发展规划纲要（2010—2020年）》的要求，深化教育体制改革，全面实施素质教育，大力促进教育公平，加快构建覆盖城乡的基本公共教育服务体系。

总之，我们必须把计划生育国策与科教兴国战略、人才强国战略结合起来，努力建设人口均衡型社会。

## 二、走向资源节约型社会

目前，我国发展面临着巨大的资源压力，必须加强资源节约型社会的建设。建设资源节约型社会是当代中国生态文明建设的生态目标之一，是建设美丽中国的基本生态要求。

### （一）建设资源节约型社会的科学依据

资源和能源的有限性和压力，要求我们必须充分认识到建设资源节约型社会的重要性和紧迫性，大力节约资源和能源。

建设资源节约型社会是实现可持续发展的基本需要。20世纪60年代，美国学者鲍尔丁提出了“宇宙飞船理论”，认为地球就像一艘在太空中飞行的宇宙飞船，要靠不断消耗和再生自身有限的资源而生存。如果不合理开发资源，任意浪费资源，最终会走向毁灭。为此，地球宇宙飞船必须节约资源，科学、合理地利用资源，实现资源的可持续循环利用。其实，无论是可再生资源还是不可再生资源，都存在着生态阈值，前者存在着再生（生长）周期，后者存在着极限，有技术代替的周期；因此，对前者的利用必须维持在其再生周期范围内，对后者的利用必须维持在其技术代替的周期范围内。这样，建设节约型社会就成为必然的选择。

> 外界自然条件在经济上可以分为两大类：生活资料的自然富源，例如土壤的肥力，鱼产丰富的水域等等；劳动资料的自然富源，如奔腾的瀑布、可以航行的河流、森林、金属、煤炭等等。在文化初期，第一类自然富源具有决定性的意义；在较高的发展阶段，第二类自然富源具有决定性的意义。
>
> ——《马克思恩格斯文集》第5卷．北京：人民出版社，2009年，第586页。

建设资源节约型社会是缓解资源压力、实现科学发展的需要。资源问题不仅影响到人民群众的生活质量，而且影响到国家的可持续发展。尽管我国资源总量巨大，但是，人均水平相对不足。随着经济的快速发展，我国资源消费增长速度快，资源浪费大、利用率低，资源对经济发展的制约作用日益凸现。今后一个时期，我国人口还要继续增长，人均资源占有量少的矛盾将更加突出。解决我国现代化建设需要的资源问题，根本出路在于节约资源。只有加快建设节约型社会，控制和降低对国外资源的依赖程度，确保资源安全、经济安全和国家安全，才能保持经济平稳可持续发展。因此，建设节约型社会是实现科学发展的必然选择。

建设资源节约型社会是弘扬节约美德、匡正社会风气的需要。我国自古就有节俭、节约的美德，反对“竭泽而渔”、“杀鸡取卵”，讲究“取之有时”、“取之有度”、“用之有节”，也就是获取资源要遵守节气规律，要有一定限度，而不要浪费和耗竭资源。但是，在现实中，由于受消费主义等一系列复杂因素的影响，攀比消费、挥霍消费、炫耀消费等现象比比皆是，不仅浪费资源，而且败坏了社会风气。建设资源节约型社会就是要在发展经济的过程中继续弘扬节约的传统美德，促使人们树立“节约光荣、浪费可耻”的价值观念，引导全社会树立节约资源的意识，促进自然资源系统和社会经济系统的良性循环。

总之，建设资源节约型社会，是一个集科学问题和价值问题、生存问题和发展问题、眼前问题和长远问题为一体的复杂问题，我们必须从全局和战略的高度来推进节约工作。

### （二）建设资源节约型社会的基本要求

建设资源节约型社会，就是要根据资源能源的可持续性质，合理安排水、土地、能源和矿产等资源能源的开发利用，促进这些要素的节约和集约利用。

节约用水，建设节水型社会。水是生命之源、万物之本，是地球上最普遍、最常见的自然资源。地球上的水资源是经济社会发展不可缺少的重要资源。1997年联合国发布的《世界水资源综合评估报告》指出，水问题将严重制约21世纪全球经济与社会发展，并可能导致国家间的冲突。我国水资源人均占有量较低，空间分布很不均匀，加上近年环境破坏严重，有些城市缺水现象严重。随着工业化和城市化的发展，我国用水量不断扩大。建设生态文明，加强节约型社会建设，必须大力节约水资源，实行最严格的水资源管理制度，加强用水总量控制与定额管理，严格水资源保护，强化水资源有偿使用，提高用水效率。

节约用地，建设节地型社会。土地资源是人类生存的基本资源和劳动对象，是“财富之母”。保护土地资源，节约用地，关键是保护耕地。如果耕地保护不好，国家的生存和发展就会发生严重危机。由于人口众多，我国人均可耕地面积较少，并且由于近年生态破坏严重，土地沙化、石漠化现象没有得到有效遏制，土地流失严重，耕地面积逐年减少。我国建设

中国节能认证标识

资源节约型社会，重点就是要保护土地资源，既要凭借现有耕地解决现有人口的吃饭问题，还要对子孙后代负责。为此，必须坚持最严格的耕地保护制度与土地节约和集约利用制度，建立保护补偿机制，从严控制各类建设占用耕地，落实耕地占补平衡，实行先补后占，确保耕地保有量不减少。最为重要的是，必须确保耕地的18亿亩红线。这是我们贯彻和落实十八届三中全会通过的《中共中央关于全面深化改革若干重大问题的决定》提出的“划定生态保护红线”的基础工程。

节约用能，建设节能型社会。能源是保证国民经济健康发展的重要条件和提高人民群众生活水平的重要保障。我国人均能源资源占有量少，优质能源比重小。随着经济发展，能源压力不断扩大。为此，必须重视加强能源资源开发管理，整顿和规范矿产资源开发秩序，完善资源开发利用补偿机制和生态环境恢复补偿机制，切实增强能源资源的保障能力。同时，要依靠科技进步，积极开发利用可再生能源和替代能源；推进节能降耗，推广先进节能技术和产品，加强节能能力建设；开展节能低碳行动，深入推进节能减排全民行动；构建区域能源安全体系，进一步优化能源结构，鼓励发展可再生能源和能源多元清洁发展。只有节约用能，建设节能型社会，才能更好地促进资源节约型社会建设。

节约用料，建设节料型社会。原材料是工业企业存在和发展的前提和基础。确保其可持续使用和提高其利用率，对国民经济发展至关重要。目前，由于工业污染和工业浪费及技术落后等原因，我国原材料利用率不高，浪费和污染严重。建设资源节约型社会，必须坚持以科学发展观为指导，加强节约用料的科技创新，使用再生材料，提高原材料利用率，推进工业废物综合利用和再生资源回收利用，鼓励工业企业循环式生产，从源头减少废物的产生，依靠科技进步推进原材料利用方式的根本转变，不断提高原材料利用的经济、社会和生态效益，坚决遏制浪费原材料、破坏原材料的现象，实现原材料的永续利用。同时，必须大力改善工业企业的污染问题，积极发展绿色生产，以节约原材料。

总之，建设资源节约型社会，就是要在保证资源、能源的可持续性的基础上，为社会经济的发展提供永续的资源和能源支撑。

### （三）建设资源节约型社会的战略举措

建设资源节约型社会，保护和合理利用资源能源，必须实施节约优先原则，加强资源能源节约和合理利用，建立和完善节约的政策体系与经济体系，形成节约的社会风尚。

建立和完善节约资源的政策体系。建设资源节约型社会，必须制定节约资源的长效管理机制，实施开发和节约并举，把节约放在首位的方针；必须抓紧制定和完善各项规划，落实已出台规划的目标、责任、措施，鼓励开发和应用节能降耗的新技术，对高能耗、高物耗设备和产品实行强制淘汰制度；必须制定和完善各行业各领域节约的标准，加强资源开发和利用的监督与管理，避免无序开采造成的浪费。同时，必须加强和完善资源领域中的立法，制定和完善新的自然资源法律体系，依法开采、利用自然资源，依法节约资源，以加强资源能源的开发、利用和保护工作，保障社会主义现代化建设的当前需要和长远需要。

建设节约型社会必须形成有利于节约资源的生产模式、消费模式和城市建设模式。在生产领域，推行节约型增长方式，着力构建节约型产业结构。注重发展服务业和高新技术产业，加速国民经济信息化，用先进适用技术改造提升传统产业，严格控制高耗能、高耗材、高耗水产业的发展，坚决淘汰严重耗费资源和污染环境的落后生产能力。在消费领域，大力倡导合理消费、适度消费的消费观念和消费行为，特别是在服务行业、公用设施、公务活动、住房、汽车及日常生活消费中，要大力倡导节约风尚，使节能、节水、节材、节粮、垃圾分类回收、减少使用一次性用品成为全社会的自觉行动，逐步形成与国情相适应的节约型消费模式。在城市建设方面，必须充分考虑资源条件和环境承载能力，节约和集约使用土地、淡水、能源等资源。要严格控制城市建设用地，把城市建设用地的集约利用和改善环境结合起来，大力发展城市集中供热，建设节约型的交通运输体系，充分利用各种可用水资源，建设规范的再生资源回收利用体系。

——温家宝：《高度重视　加强领导　加快建设节约型社会》（2005年6月30日），《人民日报》2005年7月4日第2版。

建立和完善节约资源的经济体系。建设资源节约型社会，必须遵循经济发展规律，利用经济手段实现资源的优化配置，建立节约型国民经济体系。①建立和完善节约型产业结构。在国家宏观调控的基础上，大力发展节能、节水、节电、节材（料）的农业、工业、服务业，有效约束和遏制对资源的过度消耗和浪费。②建立和完善节约型发展方式。通过采用先进、适用的高新技术，转变利用资源的方式，积极发展绿色经济，通过资源开采、生产消耗、废弃物利用和社会消费等环节，加快推进资源综合利用和循环利用。③建立和完善节约型市场手段。通过提高资源价格和征收资源税，形成资源价格机制和节约资源的长效机制。目前，必须“加快自然资源及其产品价格改革”[①]。通过市场竞争完善资源的合理配置，达到经济发展和资源保护的双重目标。

建立和完善节约型城市建设模式。建设节约型城市，就是要在城市建设中融入节约理念，优化城市空间结构，促进城市与自然相协调。①发展节约型建筑。要充分利用建筑节能技术，积极发展绿色建筑，节约和集约使用土地、淡水、能源等资源，大力发展城市集中供热，把城市建设用地的集约利用和改善环境结合起来。②发展节约型交通。交通是城市对内对外联系的枢纽，建设节约型城市必须建设节约型的交通运输体系，大力提倡节能型公共交通工具，减少能耗和污染。③发展节约型社区。在社区建

① 中共中央关于全面深化改革若干重大问题的决定．北京：人民出版社，2013：53.

设中，要充分利用各种可用水资源，建设规范的再生资源回收利用体系。总之，建立和完善节约型城市建设模式，有利于在城市建设中实现人与人、人与社会、人与自然的和谐。

建立和完善节约资源的社会风尚。建立节约型社会必须弘扬节约意识和节约风气，形成崇尚节约的节约文化。在消费领域，必须大力倡导合理消费、适度消费的消费观念和消费行为。特别是在服务行业、公用设施、公务活动、住房、汽车及日常生活消费中，要大力倡导节约风尚，使节能、节水、节材、节粮、垃圾分类回收、减少使用一次性用品成为全社会的自觉行动，逐步形成与国情相适应的节约型消费模式。为此，必须把节约资源的观念贯彻到国民教育全过程、精神文明各环节。

总之，建设资源节约型社会是一项长期的系统工程，需要从多方面做出持续不懈的努力。

## 三、走向环境友好型社会

为了保证和促进环境的可持续性，必须建设环境友好型社会。建设环境友好型社会是当代中国生态文明建设的基础目标之一，是建设美丽中国的基本的生态要求。

### （一）建设环境友好型社会的科学依据

建设环境友好型社会，就是要根据环境容量，切实解决日益严重的环境污染，协调经济发展和环境保护的关系。

> 广义地说，除了那些把劳动的作用传达到劳动对象，因而以这种或那种方式充当活动的传导体的物以外，劳动过程的进行所需要的一切物质条件也都算做劳动过程的资料。它们不直接加入劳动过程，但是没有它们，劳动过程就不能进行，或者只能不完全地进行。土地本身又是这类一般的劳动资料，因为它给劳动者

提供立足之地，给他的劳动过程提供活动场所。这类劳动资料中有的已经经过劳动的改造，例如厂房、运河、道路等等。

——《马克思恩格斯文集》第5卷．北京：人民出版社，2009年，第211页。

建设环境友好型社会是遵循生态阈值的科学选择。建设环境友好型社会，就是要遵循人与自然和谐发展的规律，不破坏环境的生态阈值，减少甚至解除环境污染，实现与环境和谐、友好相处。这里的生态阈值也就是环境容量，是指某一环境区域内对人类活动造成的影响的最大容纳量，即接纳废气、废水、废渣以及垃圾的最大容量。同时，大气、土地、动植物等都有承受污染物的最高限制。就环境污染而言，如果污染物存在的数量超过最大容纳量，这一环境的生态平衡和正常功能就会遭到破坏。因此，建设环境友好型社会，就是要把环境污染限制在生态阈值内，加强环境保护和环境建设，以切实保障人民群众的身体健康。

建设环境友好型社会是改善我国环境状况的必然选择。作为发展中国家，我国经济的快速发展也同时带来了严重的环境问题。大气污染、水污染、土壤污染、噪声污染屡禁不止，放射性污染物、电子垃圾四处横逆。这些问题愈益直接或间接地威胁着经济的发展、社会的进步乃至人民的生活。由此引发的环境群体性事件正成为影响社会稳定和社会安全的重大问题。为此，我们要积极应对环境问题，加强环境友好型社会建设。建设环境友好型社会是改善环境状况的必然选择，有利于实现发展经济与保护环境的协调。

建设环境友好型社会是实现科学发展、促进社会和谐的必然选择。可持续发展是科学发展观的基本要求之一，实现人与自然的和谐发展是社会主义和谐社会的基本要求和特征之一。因此，建设环境友好型社会，有利于促进经济结构调整和增长方式转变，实现更快更好的发展；有利于带动环保产业和相关产业发展，培育新的经济增长点和增加就业；有利于提高全社会的环境意识和道德素质，促进社会主义精神文明；有利于保障人民群众身体健康，提高生活质量和延长人均寿命；有利于维护中华民族的长远利益，为子孙后代留下良好的生存和发展空间。

总之，建设环境友好型社会，是解决环境问题的有效途径，有利于实现经济与环境保护的协调发展。

### （二）建设环境友好型社会的基本要求

在当代中国，建设环境友好型社会，就是要贯彻和落实科学发展观，在实现经济社会发展的同时保护环境，努力做到废物的减量化、无害化和资源化，变废为宝，化害为利。

实现废物的减量化。只有在控制住废物的排放数量之后，才能进一步考虑环境的质量问题。这样，就突出了废物减量化的必要性和重要性。废物减量化就是要将有害废物量减小到最低程度，实现污染物总量减排，包括源削减和有效益的利用，重复循环利用以及再生回收，但是不包括用来回收能源的废物处置和焚烧处理。建设环境友好型社会，实现废物的减量化，必须依靠科学技术，采取污染预防措施，加大环境保护力度和污染物总量减排，大力发展清洁生产和循环经济，做到从源头上削减有害废物产生。必须通过环境友好型城乡建设，大力发展绿色交通、绿色建筑、绿色社区、绿色乡镇等，减少城市、乡村固体废物的产生数量。对于生产和生活中的废物的处理，要严格落实环境保护目标责任制，强化总量控制指标。环境友好型社会建设，就是要按照《国家环境保护“十二五”规划》的要求，减少城乡废物的产生数量，严格控制工业污染废物总量，为人民群众的生产生活创造良好宜人的环境。

实现废物的无害化。废物的无害化就是采用高新技术对工业危险废弃物和生活废弃物进行无害化处理。建设环境友好型社会，就是要提高废物无害化处理的研发水平，通过废物的无害化处理与利用，减少社会资源的大量浪费和环境污染，尤其是危险废物对环境的严重破坏，促进社会经济的可持续发展。工业危险废弃物无害化处理，主要是做到工业“三废”（废水、废气、废渣）的无害化处理，做到废物的循环利用和再生利用；

生活废弃物无害化处理，主要是将生活垃圾进行分类收集并做无害化处理，建立和完善城市乡村居民垃圾的无害化处理系统，加大废物无害化管理的执法力度和管理力度，依靠科技进步促进废物无害化处理和再利用。实现废物的无害化，既可以避免环境污染，又能够促进资源的循环利用。

实现废物的资源化。废物资源化也就是要从废物中分选、回收利用有价值的物质和资源，把废物作为次生资源再生利用，以最大限度地利用资源，减少环境污染和资源浪费，变废为宝，化害为利，实现资源的循环利用。为此，国家要稳定废物资源化的政策，提高企事业单位和个人参与废物资源化处理和利用的积极性，制定相关法律法规（《关于工业“三废”综合利用的若干规定》等），加强废物资源化的行政管理和技术支持。此外，实现废物资源化需要科技的绿色创新，要积极研发变废为宝、化害为利的科学技术，以绿色技术为技术支撑，降低资源的消耗，提高资源的利用率，以最少的资源消耗获得最大的经济和社会效益。环境友好型社会的建设，就是要实现废物资源化，提高废物综合利用率。

总之，建设环境友好型社会，就是要以环境的生态阈值为科学依据，实现废物的减量化、无害化和资源化，通过环境的可持续性支撑社会经济的可持续发展。

### （三）建设环境友好型社会的战略举措

建设环境友好型社会，涉及许多复杂因素，必须协同推进，整体突破。

建立和完善环境友好的经济体系。建设环境友好型社会的核心与基础是建立和完善环境友好的经济体系。在社会主义市场经济体制下，建设环境友好型社会，必须做到环境保护与经济发展同样重视，坚持“环境优先”的原则，做到经济发展不超过环境的可承载能力，保证自然环境的再生循环。为此，要大力发展清洁生产和循环经济，积极发展相关的环保产业，实现污染预防和生态保护理念与生产过程相结合，推动企业走新型工业化道路。同时，实行社会多元化环保投融资机制，运用经济手段积极推进环境污染治理的市场化进程。

建立和完善环境的监管体系。建设环境友好型社会，必须“建立和完善严格监管所有污染物排放的环境保护管理制度，独立进行环境监管”[①]。为此，应加强环境污染的监督管理，完善污染减排统计、监测、考核体系，推进环境质量监测与评估考核体系；建立和完善环境预警与应急体系，加强对重大环境风险源的动态监测与风险预警及控制，提高环境与风险评估能力；加强环境监管，提高环境监管基本公共服务保障能力；严格落实环境保护目标责任制，健全重大环境事件和污染事故责任追究制度，建立环境保护社会监督机制。

建立和完善环境友好的法律体系。建设环境友好型社会，必须要形成强大的法律保障机制。①加强环境立法。目前，重点是要加强《环境保护法》、《大气污染防治法》、《清洁生产促进法》、《固体废物污染环境防治法》、《环境噪声污染防治法》、《环境影响评价法》等法律修订的基础研究工作，研究拟订污染物总量控制、饮用水水源保护、土壤环境保护、排污许可证管理、畜禽养殖污染防治、机动车污染防治、有毒有害化学品管理、核安全与放射性污染防治、环境污染损害赔偿等法律法规。②严格环境标准。目前，重点是统筹开展环境质量标准、污染物排放标准、核电标准、民用核安全设备标准、环境监测规范、环境基础标准制（修）订规范、管理规范类环境保护标准等制（修）订工作。完善大气、水、海洋、土壤等环境质量标准，完善污染物排放标准中常规污染物和有毒有害污染物排放控制要求，加强水污染物间接排放控制和企业周围环境质量监控要求。推进环境风险源识别、环境风险评估和突发环境事件应急环境保护标准建设。鼓励地方制定并实施地方污染物排放标准。总之，只有建立健全环境保护的法律体系，才能有效推进环境友好型社会建设。

建立和完善环境友好的技术体系。建立环境友好型社会必须突破机械发展观主导下的技术发展模式，将生态化作为技术进步的方向，建立和完

① 中共中央关于全面深化改革若干重大问题的决定．北京：人民出版社，2013：54.

善环境友好的技术体系。环境友好的技术即环境安全和无害化技术。“环境安全和无害化技术是保护环境的技术，与其所取代的技术比较，污染较少、利用一切资源的方式更能够持久、废物和产品的回收利用较多、处置剩余废物的方式更能被接受。”[①]即环境安全和无害化的技术不光是指个别的技术，而是指包括专门技术、程序、产品和服务的整套系统与设备以及组织和管理程序。就污染方面来说，环境安全和无害化技术是产生废物少和无废物、防止污染的“加工和生产技术”，处理所产生的污染的末端治理技术也包括在内。

### 我国“十二五”环境保护重点工程

主要污染物减排工程。包括城镇生活污水处理设施及配套管网、污泥处理处置、工业水污染防治、畜禽养殖污染防治等水污染物减排工程，电力行业脱硫脱硝、钢铁烧结机脱硫脱硝、其他非电力重点行业脱硫、水泥行业与工业锅炉脱硝等大气污染物减排工程。

改善民生环境保障工程。包括重点流域水污染防治及水生态修复、地下水污染防治、重点区域大气污染联防联控、受污染场地和土壤污染治理与修复等工程。

农村环保惠民工程。包括农村环境综合整治、农业面源污染防治等工程。

生态环境保护工程。包括重点生态功能区和自然保护区建设、生物多样性保护等工程。

重点领域环境风险防范工程。包括重金属污染防治、持久性有机污染物和危险化学品污染防治、危险废物和医疗废物无害化处置等工程。

核与辐射安全保障工程。包括核安全与放射性污染防治法规标准体系建设、核与辐射安全监管技术研发基地建设以及辐射环境监测、执法能力建设、人才培养等工程。

---

① 21世纪议程．北京：中国环境科学出版社，1993：283．

环境基础设施公共服务工程。包括城镇生活污染、危险废物处理处置设施建设，城乡饮用水水源地安全保障等工程。

环境监管能力基础保障及人才队伍建设工程。包括环境监测、监察、预警、应急和评估能力建设，污染源在线自动监控设施建设与运行，人才、宣教、信息、科技和基础调查等工程建设，建立健全省市县三级环境监管体系。

——《国家环境保护“十二五”规划》，北京：中国环境科学出版社，2012年，第16—17页。

总之，建设环境友好型社会是一个综合的长期的过程，必须从我国国情出发，全面推进。

## 四、走向生态安全型社会

生态环境是人类存在与发展的基础和前提，因此，加强生态建设，维护生态安全，建设生态安全型社会是建设生态文明的基础目标之一，是建设美丽中国的基本生态要求。

### （一）建设生态安全型社会的科学依据

我国在2000年12月发布的《全国生态环境保护纲要》中首次提出了“维护国家生态环境安全”的目标。这表明，加强生态安全型社会建设，是我国生态文明建设的重要课题。

……确立以生态建设为主的林业可持续发展道路，建立以森林植被为主体、林草结合的国土生态安全体系，建设山川秀美的生态文明社会，大力保护、培育和合理利用森林资源，实现林业跨越式发展，使林业更好地为国民经济和社会发展服务。

——《中共中央、国务院关于加快林业发展的决定》（2003

年6月25日），《十六大以来重要文献选编（上）》，北京：中央文献出版社，2005年，第326页。

建设生态安全型社会是应对风险社会的必然选择。在经济全球化快速发展和新科技革命负效应的冲击下，作为一种不确定的存在，风险已成为社会发展必须经历的过程。目前，“随着两极世界的消退，我们正在从一个敌对的世界向一个危机和风险的世界迈进”，“每个社会都经历过危险，但风险社会制度是一种新秩序的功能：它不是一国的，而是全球性的”。[①]在此形势下，社会也越来越成为一个风险社会，即社会发展进入到全球化风险越来越对人类的生存和发展构成威胁的阶段。这样，建设生态安全型社会，可以有效化解风险社会中的生态风险，为应对风险社会创造良好的自然环境和社会条件。

建设生态安全型社会是化解生态风险的必然选择。生态风险主要是指由于生态系统失衡而引起的自然环境的变化对人类的生存和发展造成的危险，包括生态危机、环境污染、外来物种入侵等危险。风险社会的全球化，加剧了生态风险在全球范围内的影响。同时，生态风险在新科技手段的作用下不断挑战人类的极限。例如，转基因农产品、疯牛病就是科技负效应的集中体现。我国的生态安全现状也不容乐观，面临着生物多样性受到破坏、外来物种入侵增多、生态系统安全受到挑战等问题，所有这些问题除了造成巨大的经济损失外，还严重制约着社会的可持续发展。因此，建设生态安全型社会成为化解生态风险的必然选择。

建设生态安全型社会是提高国家总体安全的必然选择。国家安全体系是一个复杂的总体。生态安全是国家安全的重要组成部分，对一个国家的生存和发展越来越重要。只有国家的生态安全得到保障，才能为其他方面的安全提供良好的自然环境。如果国家的生态安全缺失，其他的安全问题就会受到严重影响。生态危机和生态恶化，既会阻碍经济发展和文明进

---

① ［德］乌尔里希·贝克．世界风险社会．南京：南京大学出版社，2004：4.

程，又容易因污染输出和危机转嫁而产生战争，影响国家安全和国家利益，给人类带来灾难。所以，建设生态安全型社会成为提高国家总体安全、维护国家利益的必然选择。

总之，建设生态安全型社会，维护国家生态安全，是我国生态文明建设的重要目标和重大任务。舍此，就难以建成美丽中国。

### （二）建设生态安全型社会的基本要求

建设生态安全型社会，就是要维护和保持生态系统的完整性、多样性和稳定性，构建科学合理的生态安全格局，为社会发展和国家安全提供生态保障。

切实维护国土安全。国土资源的数量与质量安全以及生态安全，事关一个国家或地区的稳定与发展。建设生态安全型社会，就是要解决水土流失，土地沙漠化、荒漠化、盐碱化等问题，维护国土安全，实现“国土安全和谐、资源持续利用”的目的。为解决水土流失问题，必须做好水土保持工作，做到生态工程建设同国土整治、综合开发和区域经济发展相结合，保护天然湿地，维护“地球肾脏”的正常运转。此外，必须保护耕地，加强绿化和植树造林，积极治理土地沙漠化、荒漠化和盐碱化等问题，维护土地的可持续利用。最后，要树立蓝色国土的观念，让海洋资源造福国家和人民；同时，坚决维护国家海洋权益，建设海洋强国。

切实维护生物安全。生物安全主要是对由于人类活动或自然原因导致的生物多样性减少、外来物种入侵以及因为现代生物技术的研发和应用带来的潜在风险要采取预防和控制措施，以维护生物多样性、防范外来物种入侵以及减少现代生物科技造成的生态污染。建设生态安全型社会，必须加强生物安全的监督和管理，维护生物安全，保持生态系统的平衡。现代生物技术的发展，必须要坚持研发与安全生产为主的原则，最大限度地减少生态风险，以保障人类健康和生态环境安全。总之，建设生态安全型社会，必须保障生物安全。

国土是生态文明建设的空间载体，必须珍惜每一寸国土。要按照人口资源环境相均衡、经济社会生态效益相统一的原则，控制开发强度，调整空间结构，促进生产空间集约高效、生活空间宜居适度、生态空间山清水秀，给自然留下更多修复空间，给农业留下更多良田，给子孙后代留下天蓝、地绿、水净的美好家园。加快实施主体功能区战略，推动各地区严格按照主体功能定位发展，构建科学合理的城市化格局、农业发展格局、生态安全格局。提高海洋资源开发能力，发展海洋经济，保护海洋生态环境，坚决维护国家海洋权益，建设海洋强国。

——胡锦涛：《坚定不移沿着中国特色社会主义道路前进　为全面建成小康社会而奋斗——在中国共产党第十八次全国代表大会上的报告》（2012年11月8日），北京：人民出版社，2012年，第39—40页。

切实维护核能安全。核能安全就是在核设施和核研究、应用中，采取切实有效的防护和保护措施，保障安全，防止核泄漏和核扩散，减少核辐射的危害。目前，我们必须“以核设施和放射源监管为重点，确保核与辐射环境安全。全面加强核安全与辐射环境管理，国家对核设施的环境保护实行统一监管。核电发展的规划和建设要充分考虑核安全、环境安全和废物处理处置等问题；加强在建和在役核设施的安全监管，加快核设施退役和放射性废物处理处置步伐；加强电磁辐射和伴生放射性矿产资源开发的环境监督管理；健全放射源安全监管体系”①。可见，建设生态安全型社会，必须保证核能安全。

切实维护健康安全。建设生态安全型社会，就是要维护人民群众的健康安全，确保生态健康和环境健康，为人类健康创造良好的自然生态环

① 国务院关于落实科学发展观加强环境保护的决定//十六大以来重要文献选编（下）. 北京：中央文献出版社，2008：91.

境。生态健康本质上是一种生态关系的健康，是生态系统服务功能在保持良好的健康状态、预防和治疗疾病中所发挥的作用问题。环境健康主要关注的是环境与健康的关系，特别是环境污染对健康的有害影响以及有效预防的问题。为此，一是要保护环境，减少污染，创造健康和谐的人与自然之间的关系。二是要形成健康环保的生产方式和生活方式，加强对健康安全教育的宣传与生态健康的监督管理，培养人民群众的健康安全意识。可见，保证健康安全，是建设生态安全型社会的基本要求之一。

总之，确保国土安全、生物安全、核能安全和健康安全可以有效维持和保护生态系统的安全，是建设生态安全型社会的基本要求。

### （三）建设生态安全型社会的战略举措

维护生态安全，建设生态安全型社会，必须重视生态环境的恢复与重建，按照谁开发谁保护、谁受益谁补偿的原则，建设国家生态安全预警机制，加快建立生态补偿机制，提高全民生态安全意识。

建设国家生态安全预警机制。确保生态安全必须坚持预防为主的原则。首先，必须加强生态安全知识的学习，培养一批高素质的生态安全预警方面的人才，以增强生态安全预警工作的科学性。其次，加强生态安全预警机构建设和机制建设，做到生态安全工作规范化、体系化和制度化，以增强生态安全预警工作的责任性。最后，加强生态安全风险评估，建立生态安全预警，对即将到来的生态危险和生态灾难提前发出警报，重点防范重大、危险的生态安全问题，以增强生态安全预警工作的主动性。总之，必须建立和完善国家生态安全预警机制。

加快建立生态补偿机制。生态补偿机制，就是以促进人与自然和谐为目的，根据生态系统服务价值、生态保护成本、发展机会成本，综合运用行政手段和市场手段，调整生态环境保护和建设相关各方之间利益关系的环境经济政策。为此，要按照党的十八届三中全会通过的《中共中央关于全面深化改革若干重大问题的决定》提出的建立生态补偿制度的要求，重点做好以下工作：首先，必须坚持“谁开发、谁保护，谁破坏、谁恢复，谁受益、谁补偿，谁污染、谁付费”的原则，明确生态补偿责任主体和确定生态补偿的对象、范围。其次，必须发挥政府在生态补偿机制建立过程中的作用，加强对责任者的监管，建立补偿基金并监督其有序运行。再次，探索建立多样化生态补偿方式，将货币补偿和实物补偿、即时补偿和长远补偿结合起来，保证生态补偿的真正贯彻和落实。最后，要推动生态补偿的立法和执法，为全面建立生态补偿机制提供法律支撑，以避免因补偿不合理和不到位引发的群体性事件。

提高全民生态安全意识。生态安全意识是人们对生态安全状况的主观反映，是对生态安全及生态问题的认识、判断、态度、价值导向和行为取向。提高人民群众的生态安全意识，就是要通过生态安全的宣传教育，让人民群众充分认识到生态安全的重要性，增强人民群众建设生态安全型社会的积极性和主动性。提高人民群众的生态安全意识，能够促使人民群众提高对生态风险的警觉，自觉防范生态威胁，同时自觉维护生态安全，认识到生态环境的维护是全球人类的共同事业，树立维护生态安全的全球意识。

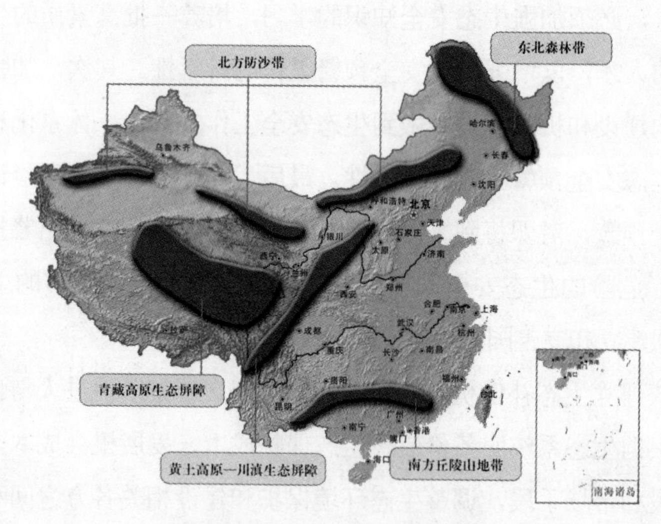


“两屏三带”生态安全战略格局

（资料来源：《中华人民共和国国民经济和社会发展第十二个五年规划纲要》，北京：人民出版社，2011：75页）

加强生态恢复和重建。生态环境的恢复重建，必须以“坚持保护优先和自然修复为主”为原则。①构筑国家生态安全战略。要构建以青藏高原生态屏障、黄土高原—川滇生态屏障、东北森林带、北方防沙带和南方丘陵山地带以及大江大河重要水系为骨架，以其他国家重点生态功能区为重要支撑，以点状分布的国家禁止开发区域为重要组成部分的生态安全战略格局。②加强生态安全学科建设。必须加强恢复生态学和生态工程学等学科建设，为生态恢复实践活动提供学科支撑。③加强生态修复。要坚持自然修复与人工治理相结合，以自然修复为主，做好天然林保护、退耕还林、退牧还草、封山育林、人工造林和小流域综合治理，恢复受损植被。总之，建设生态安全型社会，必须尊重自然、尊重规律、尊重科学。

可见，建设生态安全型社会，构建科学合理的生态安全格局，有利于构筑生态安全屏障，强化生态保护和治理，提高全民的生态安全意识，促进美丽中国的建设。

## 五、走向灾害防减型社会

建设灾害防减型社会，实现防灾减灾与社会经济发展及生态环境相协调，是当代中国生态文明建设的基本目标之一，是建设美丽中国的基本生态要求。

### （一）建设灾害防减型社会的科学依据

虽然人类目前还不能有效阻止自然灾害的发生，但是，通过防灾减灾工作能够极大地减轻灾害损失。因此，建设灾害防减型社会具有重大的战略意义。

建设灾害防减型社会是应对自然灾害的必然选择。我国70%以上的城市、50%以上的人口分布在气象、地震、地质、海洋等自然灾害严重的地区，地震、洪涝、台风、高温干旱、沙尘暴、地质灾害、赤潮、森林草原火灾、植物林木病虫害等灾害在我国都有发生，每年因灾损失严重。例

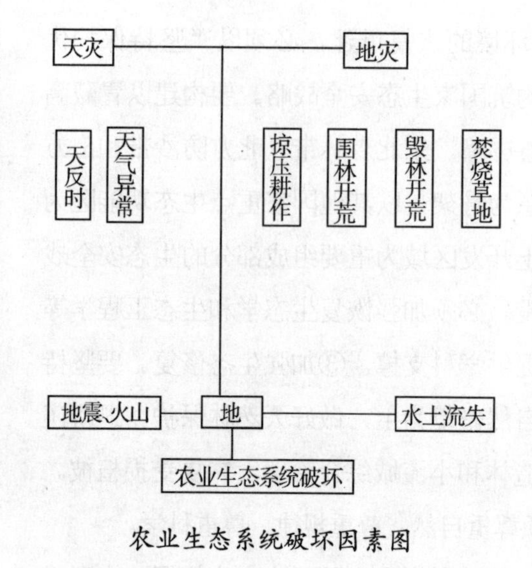


农业生态系统破坏因素图

如，2008年发生的“5·12”汶川大地震，造成69227人遇难，374643人受伤，17923人失踪，直接经济损失8451亿元，并引发了崩塌、滑坡、泥石流、堰塞湖等一系列次生灾害。2010年4月14日发生的青海省玉树县地震，最高震级7.1级，造成2698人遇难，270人失踪，当地90%的居民房屋倒塌。因此，如何更好地防灾减灾已成为我国生态文明建设面临的一个重要难题。

建设灾害防减型社会是保障人民群众生命财产安全的必然选择。人类文明史表明，人类历史在某种程度上可以视为与自然灾害作斗争、以争取生存和发展的历史。在现代和未来社会发展中，灾害的潜在威胁非常严重。一旦遭遇大的灾害比如地震的突然袭击，就很可能酿成大量的人员伤亡，使社会遭到严重破坏，而且留下的灾害后遗症将长期影响着人们。在目前的科技水平和生产力条件下，为了更好地保障人民群众的生命财产安全，防灾减灾工作显得尤为重要。因此，建设灾害防减型社会就是要努力提高全社会的防灾减灾能力，把人民的生命财产安全放在第一位，坚持以保护人民群众的生命财产安全为出发点和落脚点，更好地坚持以人为本的价值理念。

建设灾害防减型社会是体现社会主义制度优越性的必然选择。自然灾害的突发性、巨大的破坏力以及灾害预报规律还未被人们完全掌握的特点，决定了自然灾害的预防是一项复杂的系统工程。因此，防灾减灾工作必须从社会实际条件出发，有计划分步骤地进行，必须集中力量办大事。而这正是社会主义制度的优越性所在。建设灾害防减型社会，有利于充分发挥社会主义制度的优越性，更好地维护人民群众的生命财产安全。建设灾害防减型社会，是中国特色社会主义在应对自然灾害过程中的体制内的完善和创新。这种完善和创新可以充分发挥“一方有难，八方支援”的精神，集中人力、财力和物力抗灾救灾，避免社会出现混乱现象，将灾害损失控制在最低程度，有效维护社会的和谐与稳定。另外，促进人的全面发展是建设社会主义新社会的本质要求。灾害防减型社会为人民群众的安全提供了保障，充分体现了社会主义的本质要求。因此，建设灾害防减型社会是社会主义建设的重要任务。

总之，走中国特色灾害防减型社会建设之路，是当代中国生态文明建设的基础工程之一。

### （二）建设灾害防减型社会的基本要求

建设灾害防减型社会，就是按照人与自然和谐发展的要求，充分考虑灾害风险因素，把防灾减灾工作纳入社会主义生态文明建设系统，以保障人民群众的生命财产安全。

建立灾前预警机制。灾害预警是指灾害发生的时间、地点基本确定，在灾害尚未发生时向该地区发出预警，从而为应对灾害提前做好准备。灾害预警系统的建立，可以较好地监控可能发生的灾害，及时发现并提前预报，从而使灾害防治由被动变为主动，减少灾害的破坏程度。在气象灾害方面，我国已建立了完善的气候观测系统，针对14种主要气象灾害设计制定了相应的预警信号，对气象灾害预警信号的种类、级别、发布主体、传播设施的建设等做出了明确规定。预警信号的级别依据气象灾害可能造成的危害程度、紧急程度和发展态势一般划分为Ⅳ级（一般）、Ⅲ级（较重）、Ⅱ级（严重）、Ⅰ级（特别严重），依次用蓝色、黄色、橙色和红色表示，同时以中英文标识。气象部门根据不同种类气象灾害的特征和强度，确定不同种类气象灾害的预警信号级别。因此，我们必须推广这种经验，必须加强灾害的科学研究和科研投入，对各种灾害建立相应的预警体系，利用信息技术等高新技术及时预警。

建立灾中应急机制。应急机制是指为应付突发事件采取的一些应急措施、安排和制度。建设灾害防减型社会，同样需要加强应急管理能力建设，建立健全应对自然灾害以及由之引发的事故灾难、公共卫生、社会安全等方面的社会预警体系，大力提高处置自然灾害的能力。为此，建设灾害防减型社会，必须建立健全综合配套的应急管理政策措施，做好防灾减灾的技术、信息、资金、物资等保障措施，加强应急组织指挥体系和应急救援队伍建设，建立切实可行的应急救援体系和医疗救治措施，在灾前预警机制的作用下，更好地发挥灾中应急机制的作用。此外，为了最低限度地减少人财物的损失，必须建立健全符合国情的巨灾保险和再保险体系。总之，全方位推进应急管理体制和方式建设，提高应急管理能力，能够最大限度地减少突发自然灾害造成的危害，能够最大限度地保障人民群众的生命财产安全。

建立灾后重建机制。为了减轻灾害损失，维护社会稳定，必须建立和完善灾后重建机制，加强防灾减灾工程建设。灾后恢复重建，必须从当地实际出发，与社会经济发展水平相适应，全面统筹，分类指导，立足当前，着眼长远，保证重点，兼顾一般，加强资源综合利用，努力争取最大效益和最大效果实现防灾减灾与自然保护相协调。为此，必须做好灾后重点规划。灾后规划要尊重自然规律，要树立系统思维和生态思维，统筹考虑经济建设、城乡建设、生态建设和安全建设。加强重要基础设施灾害风险评估，既要避免在灾害易发地点、地区进行建设，也要避免建设工程可能引发的灾害。要将应急避难场所等防灾减灾设施建设纳入城乡规划和城乡建设，提高城乡防御灾害的能力。大力发展避灾经济，尤其是要大力发展抗旱、抗涝、抗冻等农业，增强抵御灾害的经济能力。总之，要把灾后恢复重建与生态文明建设紧密结合起来，促进灾区生态环境尽快恢复并不断改善，努力实现可持续发展。

可见，建立灾害防减型社会，就是要按照系统工程的方式，将生态化原则贯彻和渗透在灾前预警、灾中救援和灾后重建的全过程，以增强防灾减灾工作的预见性、系统性和有效性。

### （三）建设灾害防减型社会的战略举措

我们必须按照社会系统工程方式整体推进防灾减灾工作，把灾害问题同可持续发展相联系，走可持续发展之路。建设灾害防减型社会，核心和要害是提升国家防灾减灾的综合实力。

> 提高防灾减灾能力，是保护人民生命财产安全、保卫改革开放和社会主义现代化建设成果的必然要求。要坚持兴利除害结合、防灾减灾并重、治标治本兼顾、政府社会协同，全面提高全社会对自然灾害的综合防范和抵御能力。要加快完善防灾减灾各项法规和综合性配套政策，强化各级政府防灾减灾意识和职责，加快构建覆盖各地区各行业各单位的防灾减灾预案体系，增强防灾减灾力量资源整合和协调配合。要强化城乡防灾能力建设，提升防灾减灾科技水平，增强灾害监测预警能力，加强防灾减灾基础设施建设，健全对各类灾害的风险监控、应急处置、灾害救助、恢复重建等防灾减灾措施。要强化对自然灾害预防、避险、自救、互救等知识普及，全面提高全社会风险防范意识、技能和灾害救助能力。要加强防灾减灾领域信息管理、宣传教育、专业培训、科技研发及国际人道主义援助等方面的国际交流合作，积极借鉴国外防灾减灾的成功做法和经验，建立健全同有关国际机构和各国政府在防灾减灾领域的合作机制，充分发挥我国在国际防灾减灾领域的重要作用。
>
> ——胡锦涛：《在全国抗震救灾总结表彰大会上的讲话》（2008年10月8日），《十七大以来重要文献选编（上）》，北京：中央文献出版社，2009年，第641页。

提升防灾减灾科技能力和水平。建设灾害防减型社会，必须坚持自主创新，完善国家创新体系，深化科技体制改革，提高科研成果转化为生产力的力度。2012年5月，国家出台了《国家防灾减灾科技发展“十二五”专项规划》，其重点任务是：重大自然灾害的基础研究，重大自然灾害预测预报与监测预警技术研究，重大自然灾害灾情与综合风险评估技术系统研发，重大自然灾害应急救助与决策指挥关键技术研发，灾后恢复重建技术体系研发，重大自然灾害防治和生态修复技术研发，防灾减灾新材料、新工艺、新装备的研制，国家综合防灾减灾科技基础条件平台建设，重点区域综合防灾减灾技术集成与示范。为贯彻落实该规划，必须建立和完善“防灾减灾国家科技支撑体系”，加大对防灾减灾科研技术的支持力度，提高科研经费投入，积极促进先进成果的应用，研究并掌握先进的救灾技术，利用先进科技及时对灾害进行预警并组织灾后重建和恢复，减少灾害的损失。

提升防灾减灾教育能力和水平。人们的防灾减灾意识，是影响防灾减灾工作成效的一个关键因素，提升防灾减灾教育能力和水平是提升国家整体防灾减灾能力的重要构成方面。因此，必须注重多渠道多层次地开展防灾减灾知识宣传教育。具体来看，宣传教育内容要与当前形势及群众需求相结合，要借助信息时代的便捷条件，组织开展形式多样的防灾减灾知识培训和应急演练，促进应急培训基地建设和科普教育基地的宣传，使我国防灾减灾法规、科普宣传工作在宣传力度、广度和深度上不断有所突破，真正实现防灾减灾知识深入人心。防灾减灾宣传教育能够让儿童从小就接受灾害常识教育、防灾自救教育和训练，通过防灾应急演练，可以提高其防灾自救能力；能够广泛动员社会各方面力量积极参与防灾减灾事业，使防灾减灾逐步成为全社会的自觉行动。科学发展观是我国在新的历史条件下加快国家防灾减灾事业发展的行动指南，因此，坚持科学发展观是防灾减灾事业健康发展的必然要求。

提升防灾减灾管理能力和水平。防灾减灾工作必须坚持“预防为主，防御与救助相结合”的方针，健全防灾减灾的法制建设，为建设灾害防减型社会提供有力的法制保障。在遵守《中华人民共和国防震减灾法》的同时，要根据灾害的情况因地制宜，加强防灾减灾的管理能力和水平，提高防灾减灾的行政执行和监督能力。为此，“要认真总结抗震救灾的成功经验，形成综合配套的应急管理法律法规和政策措施，建立健全集中领导、统一指挥、反应灵敏、运转高效的工作机制，提高各级党委和政府应对突发事件的能力。要大力建设专业化与社会化相结合的应急救援队伍，健全保障有力的应急物资储备和救援体系，长效规范的应急保障资金投入和拨付制度，快捷有序的防疫防护和医疗救治措施，及时准确的信息发布、舆论引导、舆情分析系统，管理完善的对口支援、社会捐赠、志愿服务等社会动员机制，符合国情的巨灾保险和再保险体系。通过全方位推进应急管理体制和方式建设，显著提高应急管理能力，最大限度地减少突发公共事件造成的危害，最大限度地保障人民生命财产安全”[①]。同时，及时了解国际防灾减灾发展趋势，对防灾减灾战略做出重大调整，由减轻灾害转向灾害风险管理，由单一减灾转向综合防灾减灾，由区域减灾转向全球联合减灾，建立防灾减灾的信息平台，提高防灾减灾管理的信息化水平。

总之，通过提升防灾减灾的科技、教育、管理等方面的能力和水平，就可以极大地提升国家整体的防灾减灾的能力和水平，就可以有效地保护人民群众的生命财产安全，就可以为全人类创造一个更为安全的世界。另外，也要加强防灾减灾方面的国际交流与合作。

综上，维持和实现人口、资源和能源、环境、生态和防灾减灾方面的可持续性，建立人口均衡型社会、资源节约型社会、环境友好型社会、生态安全型社会、灾害防减型社会是当代中国生态文明建设的基础工程，构成了美丽中国的自然生态环境基础。

---

① 胡锦涛. 在全国抗震救灾总结表彰大会上的讲话//十七大以来重要文献选编（上）. 北京：中央文献出版社，2009：641—642.

# 建设美丽中国的经济目标

……树立和落实科学发展观，必须着力提高经济增长的质量和效益，努力实现速度和结构、质量、效益相统一，经济发展和人口、资源、环境相协调，不断保护和增强发展的可持续性。经济发展需要数量的增长，但不能把经济发展简单地等同于数量的增长。要充分运用我国的体制资源、人力资源、自然资源、资本资源、技术资源以及国外资源等方面的有利条件和有利因素，推动经济发展不断迈上新台阶。同时，发展又必须是可持续的，这样我们才能保证实现我国发展的长期奋斗目标。这就要求我们在推进发展中充分考虑资源和环境的承受力，统筹考虑当前发展和未来发展的需要，既积极实现当前发展的目标，又为未来的发展创造有利条件，积极发展循环经济，实现自然生态系统和社会经济系统的良性循环，为子孙后代留下充足的发展条件和发展空间。

——胡锦涛：《在中央人口资源环境工作座谈会上的讲话》（2004年3月10日），《十六大以来重要文献选编（上）》，北京：中央文献出版社，2005年，第851—852页。

绿色经济既是建设美丽中国的经济目标，也是建设美丽中国的经济手段。只有着力推进绿色发展、循环发展、低碳发展，才能实现可持续发展，建设高度的生态文明。

## 一、发展理念的绿色变革

发展绿色经济首先必须实现发展理念的绿色变革。目前，节约发展、清洁发展、安全发展，是我们亟须树立的绿色发展理念，也是我们实现可持续发展的必然选择。

> 推进国民经济和社会信息化，切实走新型工业化道路，坚持节约发展、清洁发展、安全发展，实现可持续发展。
>
> ——《中共中央关于制定国民经济和社会发展第十一个五年规划的建议》（2005年10月11日），《十六大以来重要文献选编（中）》，北京：中央文献出版社，2006年，第1064页。

### （一）坚持节约发展

节约发展是可持续发展在资源和能源领域的创新选择，是建设节约型社会的重大举措。

节约发展的战略依据。节约发展是实现资源和能源可持续性的必要保证。①节约发展的事实依据。我国能源资源总量及人均占有量严重不足，例如，我国人均水资源占有量仅为世界平均水平的1/4。而我国经济增长在很大程度上是依靠物质资源的高消耗来实现的。同时，我国的资源利用效率低。例如，我国万元GDP用水量是美国的近10倍、日本的24倍。因此，除了节约发展，我们别无选择。②坚持节约发展的理论依据。马克思认为，节约主要指生产资料使用上的节约，分为“生产排泄物的再利用而造成的节约”和“由于废料的减少而造成的节约”两种类型。前者主要是通过对生产废弃物的资源化，达到减少资源的消耗量；后者是通过对原材料

中国节水标识

的提纯和机器设备的改进提高资源利用效率，从而减少自然资源的消耗总量和减缓自然资源的消耗速度。可见，坚持节约发展具有充分的战略依据。

节约发展的战略要求。节约发展就是要以最少的资源和能源消耗创造最多的社会财富。①节约发展是实现资源能源可持续性的前提。由于资源能源存在着是否可再生的问题，要求人类以最少的资源能源消耗创造最多的社会财富，因此，必须坚持节约发展。节约既包括对资源和能源的节省，也包括对资源和能源的合理使用与充分利用；既包括资源和能源数量的节约，也包括由于生产效率提升导致的资源和能源利用效率提升而产生的节约，或由于产品质量提升使用寿命延长而产生的节约。②节约发展是建设节约型社会的途径。节约型社会的基本要求是：坚持资源开发与节约并重，把节约放在首位的方针，以提高资源利用效率为核心，以节能、节水、节材、节地、资源综合利用和发展循环经济为重点，强化节约意识，尽快建立健全促进节约型社会建设的体制和机制，逐步形成节约型的增长方式和消费模式。这里，节约发展是手段，节约型社会是目标。总之，节约发展就是要努力做到节省使用、适度使用和循环使用。

节约发展的战略举措。实现节约发展涉及社会生活的各个方面。第一，从生产技术来看，主要涉及以下环节：①投入减量。这就是要求用较少的原料和能源投入来实现既定的生产或消费目的。为此，要节约用材，努力做到物尽其用，提高资源利用效率，寻找不可再生资源能源的代替品。②过程监控。这就是监督与控制产品生产、流通、消费和最终处置的每一个环节，使产品生产的物质流、能量流和信息流最小化，以减少发展的资源环境代价。为此，必须依靠高新技术，把过程的监控与产品的生命周期统一起来。③废物循环。这就是要求生产出来的物品在完成其使用功能后能重新变成可以利用的资源。为此，必须建立耦合性、代谢性的产业间的产业链以及完备的废物回收体系，使资源利用在企业、区域以及社会之间实现闭合循环。第二，从社会环境来看，主要涉及以下问题：①法制建设。要尽快出台作为主体法的“资源和能源综合利用法”，完善现有的“节能法”的配套法律设施细则，建立和完善节水法、节地法、节材法等具体法律。②体制改革。要进一步完善并充分发挥市场在资源能源配置中的主导作用，提高资源能源的配置和使用效率，促进资源能源的节约和有效利用，进而建立节约型国民经济体系。为此，要从资源和能源产品价格改革等方面入手。此外，还必须在全社会加强节约意识的普及和节约习惯的养成。

总之，节约发展就是要在节约中发展，在发展中节约，以发展促节约，以节约促发展。

### （二）坚持清洁发展

清洁发展是可持续发展在环境领域中的创新选择，是建设环境友好型社会的重大举措。

清洁发展的战略依据。清洁发展是有效应对污染、实现废物循环利用的科学选择。①清洁发展的事实依据。目前，我国环境恶化的趋势尚未根本扭转。传统工业经济是一种由“资源→产品→污染排放”或“原料→产品→废料”构成的物质单向流动的线性经济，以资源大量浪费和污染物大量排放为特征。为了有效解决这一问题，必须坚持清洁发展。②清洁发展的理论依据。马克思认为，自然系统中的物质代谢的正常进行，是社会系统中的物质变换顺利实现的前提条件。通过废弃物的再生利用，可以有效避免人与自然之间的“物质变换裂缝”，使社会经济系统和自然生态系统的物质变换和物质循环实现良性循环。清洁发展就是保证物质变换正常进行的科学选择。总之，只有坚持清洁发展，才能有效防治环境污染，保证人与自然之间的物质变换的正常进行。

清洁发展的战略要求。实现清洁发展依赖清洁生产。清洁生产是指将综合性的预防性战略持续地应用于生产过程、产品和服务中，以提高效率和降低风险。清洁发展则要求将预防性的原则推广到整个社会生活中。①

清洁发展是实现可持续发展的手段。清洁发展追求经济发展和社会发展过程中的废物的减量化、资源化和无害化，而且考虑资源能源的永续利用和环境的保护，因此，它是可持续发展在环境治理中的创新发展。②清洁生产是清洁发展的具体路径。清洁生产的实质是从生产源头控制污染，并对产品生产、使用的整个周期进行全程控制，强调在产品的生产、使用、回收处理等各个环节、各个方面，都要坚持清洁的要求。因此，在企业中推行清洁生产是实现清洁发展的具体路径。在实际操作中，清洁生产和清洁发展是统一的。总之，清洁发展是实现废弃物的最小化和产出物的最大化的过程，是生产和发展的最优化过程。

清洁发展的战略举措。实现清洁发展涉及生产技术和社会环境等多个层面。①清洁发展的技术选择。在生产技术上，必须选择清洁的生产工艺。在设计上，应充分考虑节约原材料和能源，尽量减少使用昂贵或稀缺的原料，要考虑产品的生命周期。在生产过程中，要选用少废、无废工艺和高效设备，这样，可以确保工艺全过程排污控制。要选用简短的工艺流程，这样，可以减少因工艺流程过长引起的原料损耗和设备基建投资。要尽量减少生产过程中的各种危险因素，采用可靠和简单的生产操作和控制方法，对物料尽量内部循环利用，这样，可以有效预防和减少污染。最后，对循环利用后的废弃物要“安全回收”，进行无害化处理。②清洁发展的社会选择。从社会环境来看，必须加强清洁生产审核。清洁生产审核是指，按照一定程序，对生产和服务过程进行调查和诊断，找出能耗高、物耗高、污染重的原因，提出减少有毒有害物料的使用、产生和降低能耗、物耗以及废物产生的方案，进而选定技术经济及环境可行的清洁生产方案的过程。国家应该把清洁生产审核纳入国家经济结构调整、结构性污染治理及区域性环境整治中，并为企业开展清洁生产审核提供一定的优惠政策，以提升企业实施清洁生产审核的积极性。最后，公众对清洁生产和清洁发展的积极参与和大力支持，是实现清洁发展的重要保障。

总之，只有坚持清洁发展，才能实现发展和环境的兼容，建立环境友好型社会。

### （三）坚持安全发展

安全发展是可持续发展在生产领域和生活条件上的具体体现和创新选择，是实现人身安全、生态安全、生产安全、社会安全和国家安全之统一的生态选择。

安全发展的战略依据。坚持安全发展是维护人民群众生命财产安全以及国家总体安全的重大抉择。①安全发展的事实依据。“安定有序”是社会主义和谐社会的基本要求和重大特征。安定即安全。从自然方面看，安全涉及保护生物多样性、维持生态系统稳定性等内容。目前，我国存在着较为严重的安全风险。例如，70%的已死亡癌症患者与污染相关。我国每年因外来生物入侵造成的间接经济损失高达1000多亿元。②安全发展的理论依据。马克思认为，对劳动者生存条件的剥夺、身心健康的摧残以及生命本身的漠视，是资本主义生产方式存在的基本保障，是资本追逐利润本性的体现。但是，在资本主义的发展中，西方国家也开始注意到了这方面的问题。在对劳动所得的扣除中，包括用来应付不幸事故、自然灾害等方面的后备金或保险金。总之，坚持安全发展，既是安定有序的要求，也是安定有序的保证。

安全发展的战略要求。安全发展的核心内容是保持安定有序。①安全发展是可持续发展的基础和保证。以人为本，首先是以人的生命为本。安全发展既要关注广大人民群众的切身利益，保障生命安全和职业健康等人的最基本的需求，更要注重其生活环境、工作环境的改善，使其身心健康、全面发展，为物质生产和人口生产提供最基本的保证。可见，安全发展是可持续发展的创新发展。②安全生产是安全发展的基本任务。目前，我国安全生产形势依然严峻，每年因之造成的损失大概是1500亿～2000亿元，占全国GDP总量的8.5%。其中，粗放型增长方式是制约安全生产的深层原因。事实上，安全生产不只是一个企业的生产问题，更是一个国家的经济发展方式问题；不只是职工生命安全、家庭幸福、社会和谐的问题，还是人与自然和谐的问题，更是民族、国家、子孙后代存续的问题。总之，安全发展是自然和社会的安全性与永续性的基本保证。

安全发展的战略举措。实现安全发展，需要从技术和体制两个方面进行努力。①安全发展的技术选择。先进的安全技术设施是提高安全生产保障水平最直接、最有效的工具。目前，应特别加强对煤矿瓦斯和水害防治技术的研发，从根本上杜绝煤矿灾害和安全事故的发生。必须鼓励企业和科研机构围绕安全生产进行研究开发，形成产学研的市场对接机制。应定期召开安全科技成果推广会，使安全科技产品的开发者和应用者对接。应定期请专家到现场示范科技成果，也可以请现场的工程技术人员参加安全科技推广会或对其进行专题培训。这样，才能有效提高安全生产的科技水平。②安全发展的体制选择。“安全第一”是国家通过立法确立的生产经营建设原则，每个企业必须切实把安全作为经营管理的基础和前提。为此，要积极组织员工开展岗位安全培训，树立安全生产意识；建立健全安全生产责任制，消除安全隐患；推行安全生产标准化管理，提升企业管理水平；落实安全生产费用提取使用制度，保障企业安全投入；加强应急救援体系建设，健全企业应急预案，实现企业安全生产的全员、全过程、全方位管理。此外，必须大力完善安全法制建设。总之，必须将安全发展的理念渗透在社会生产的各个环节和社会生活的各个方面。

要之，只有坚持安全发展，才能保证人民群众的生命财产安全，才能实现可持续发展。

可见，节约发展、安全发展、清洁发展是科学发展观在可持续发展问题上的重大创新，只有坚持这些科学的理念，才能真正推动我国的绿色发展。

## 二、生产力的生态化趋势

目前，生态化已成为先进生产力的重要特征和显著标志。因此，抓住生产力发展的生态化趋势，大力发展生态化的生产力，就成为从经济上推动生态文明的基本目标和根本选择。

## （一）生产力生态化趋势的形成条件

将生产力看作是改造和征服自然的能力，是造成生态环境破坏的重要原因。事实上，生产力是实现人和自然之间物质变换的实际能力。这样，就提出了实现生产力生态化转向的问题。

生产力生态化趋势形成的现实原因。传统生产力是在形而上学支配下形成的，把人与自然绝对对立起来，割裂了社会生产力和自然生产力的辩证统一。在资本逻辑的支配下，进一步把生产力简单地看作是单纯的改造和征服自然的能力。这样，就形成了"征服论"的生产力。这种生产力将自然看作是生产活动的原料工厂，认为它取之不尽、用之不竭，而忽视了自然的生态阈值，结果导致了资源短缺、环境污染和生态失衡。针对传统生产力的生态弊端，生态化生产力试图在人与自然和谐相处的过程中顺利而有效地实现人与自然之间的物质变换。尽管在生产力的每一阶段都存在着是否遵循、如何遵循生态化原则的问题，但是，只有在科学反思和超越传统生产力的过程中，人们才自觉地意识到了实现生产力生态化的必要性和重要性。总之，生产力生态化趋势是针对"征服论"生产力做出的一种理性的生态抉择。

> 良好的生态环境是社会生产力持续发展和人们生存质量不断提高的重要基础。
>
> ——胡锦涛：《在中央人口资源环境工作座谈会上的讲话》（2004年3月10日），《十六大以来重要文献选编（上）》，北京：中央文献出版社，2005年，第853页。

生产力生态化趋势形成的理论基础。在马克思看来，与社会生产力一样，自然生产力也是一种重要的生产力。"如果劳动的自然生产力很高，也就是说，如果土地，水等等的自然生产力只需使用不多的劳动就能获得生存所必需的生活资料，那么——如果考察的只是必要劳动时间的长度——劳动的这种自然生产力，或者也可以说，这种自然产生的劳动生产力所起的作用自然和劳动的社会生产力的发展完全一样。”[①]这包含两种情况：一是自然界的自然力，包括地力、水力、风力等，这是自然界本身存在的一种自然力量。二是自然资源和自然条件，如植物、动物、土地、江河、矿藏、瀑布、森林等，是人类直接的生活资料，是自然界给予人类的生产力，将之纳入生产过程就会大大提高社会生产力的发展。要之，自然生产力是自然生态系统的生产能力，本质上是指自然力量或生态力量。因此，人类在满足自身生存需要的物质生产活动中必须要科学地认识到：资源环境就是生产力，保护资源环境就是保护生产力，破坏资源环境就是破坏生产力。当然，新科技革命的生态化为生产力的生态化提供了科技基础。

总之，生态化已成为先进生产力的重要标志和显著特征，促进生产力的生态化具有重大的战略意义。

### （二）生产力生态化趋势的内容构成

生产力生态化趋势是生产力发展范式的整体变革，其实质是要求将生态化原则贯彻到生产力各环节、各方面、各过程中，实现人与自然的和谐发展。

生产力条件的生态限定。生产力是社会生产力和自然生产力的有机统一。其中，后者构成了前者的条件，前者必须维持在后者生态阈值的范围内。一般来说，自然生产力的更新周期较社会生产力的更新周期长得多。自然生产力更新的长周期由自然规律决定，社会生产力更新的短周期由社会规律决定。随着科技进步和生产发展，社会生产力的更新周期有缩短的趋势，而自然生产力的更新周期则不以人的意志为转移，相对稳定。例如，像石油、天然气、煤这样的不可再生资源的再生需要亿万年新的地壳构造运动，人类根本等不到这个地质年代的到来。相比之下，矿石转化为

① 马克思恩格斯文集：第8卷. 北京：人民出版社，2009：370.

洗衣机、冰箱等家电产品只需要几天或几十天。生态环境问题就是由社会生产力超过自然生产力的生态阈值造成的。可见，自然生产力是社会生产力发展的前提和基础，是社会生产力的自然支持系统。

生产力要素的生态设置。生产力实体性要素的生态设置是生产力生态化趋势的构成硬件。①劳动对象的生态化。实现劳动对象的再生化、清洁化和软体化，是生产力生态化趋势的基本要求。为此，应大力开发持续性资源，适度使用可再生资源，循环利用不可再生资源。此外，还要积极开发包括科技、信息和知识等以人的智能为基础的软资源。与硬资源相比，软资源具有可再生、可复制、可转让等一系列的优势和特征。②劳动工具的生态化。目前，劳动工具智能化成为生产力生态化趋势的关键性要素。智能工具即各种各样的人工智能系统、专家系统、高性能计算机系统，是目前最先进的生产工具。智能工具也是实现劳动对象软化和废物资源化的充分必要条件，可以实现少投入、低消耗的生态目标，可拆解的结构利于分类回收和循环利用。③劳动主体的生态化。生态化生产力突出了劳动者生态素质的重要性。劳动者的生态素质由生态化思维方式、生活方式和价值观念等方面构成。生态化思维方式和价值观念构成劳动主体生态素质的内在精神部分，生态化生活方式构成劳动主体生态素质的外显行为部分。劳动者将上述素质运用于生产过程，即可实现生产力的生态化。可见，生产力的生态化趋势，主要表现为生产力实体性要素的生态化及其结合。

生产力功能的生态目标。不同的生产力结构决定不同的生产力功能。传统生产力的功能是单一的。在生态化生产力中，社会生产力和自然生产力的有机统一构成生产力系统的结构，将自然生产力看作是生产力系统结构中的基础性、支撑性要素，看作是社会生产力发展的前提和基础。所以，在投入产出分析中，资源和能源的消耗、生产排出的废弃物对环境的影响也将作为经济活动的投入和产出被计算进去，经济效益本身包含着生态效益。经济效益的提高，包含着资源成本和环境代价。由于经济效益的提高与生态效益的实现是同步的，生活质量的提高和生活环境的改善也是同步的，社会效益同时得以实现。可见，生态化生产力的功能是综合的，是生态效益、经济效益和社会效益的统一。

总之，生产力生态化趋势就是要将生态化原则贯彻到整个生产力系统的结构和功能中，打造生态化的生产力，以促进经济的可持续发展。

### （三）生产力生态化趋势的推进途径

科技、教育和制度（管理）不仅是生产力的渗透要素，而且是推动生产力的动因力量，因此，可以从这三个方面推进生产力发展的生态化趋势，进而发展生态化生产力。

推进生产力生态化的科技途径。科技创新是推进生产力生态化的首要选择。①一般科技途径。随着新科技革命的发展，知识已成为生产力的主导因素，知识生产力已成为当代的先进生产力。物质生产力以有限的自然资源为基础，知识生产力则以取之不尽、用之不竭的知识资源为基础，知识生产力为经济的可持续发展提供了现实的可能性。即使是使用自然资源，知识经济也可大幅度地节约资源。例如，传送同样多的信息，需要1吨铜制作的电缆，而光纤电缆只需70磅（1磅合0.4536千克）。生产70磅光纤电缆所需的能源还不到1吨铜所需能源的5%。因此，我们必须将科技作为战略重点，将知识经济作为未来经济的发展方向。现在，关键是必须将知识化和生态化统一起来，以促进我国生产力的跨越式发展。②具体科技途径。今天，有益于环境的高新技术为生产力生态化提供了强大的技术支撑。因此，我们必须将以下课题作为促进生产力生态化的重点任务：大力开发风能、太阳能等清洁、可再生能源，开发和推广节约、替代、循环利用资源和治理污染的先进适用技术，实施节能减排重大技术和示范工程。另外，生态农业、生态工业和环保产业是科技生态化展现出来的新的产业成果，因此，我们必须通过大力发展生态农业、生态工业和环保产业来促进生产力的生态化。总之，促进科技生态化、发展生态化科技，是促进生产力发展的生态化趋势的首要途径。

推进生产力生态化趋势的教育途径。教育是提高劳动者素质的基本途径，是促进生产力发展的重要途径。①一般教育途径。教育创新，可以有效传播科学知识，提高人们的科学水平，开发人力资源，提升人力资本。这样，就可以为发展生态化生产力准备一般的主体条件。因此，我们必须将教育作为战略重点，将科教兴国战略、可持续发展战略和人才强国战略统一起来。在促进教育的创新发展的同时，我们要看到，教育公平是社会公平的重要基础。为此，国家必须切实保障广大人民群众的教育权益，公共教育资源必须向农村、中西部地区、贫困地区、民族地区以及薄弱学校、贫困家庭学生倾斜。只有这样，才能真正为促进国家的可持续发展储备高素质的人才。②具体教育途径。通过生态知识的传播，可以直接提高劳动者的生态意识，提升劳动者的生态素质，提升他们参与生态文明建设的能力和水平。对于广大的农村地区来说，坚持这一点尤为重要。在农村推动绿色教育，必须注意以下问题：一是要编写系列化的乡土教材，向学生进行有关当地自然物质条件方面的教育，使他们从小就具有解决当地可持续发展的能力。二是要向学生进行农业生产基本知识和技能的教育，使学生具备一定的生态农业建设的能力。三是要向学生进行各种农村实用致富技术的教育，除了要培养他们的资源转化加工能力，还要培养他们从事工副业劳动的能力。总之，教育尤其是生态教育是发展生态化生产力的重要助推器。

推进生产力生态化趋势的制度（管理）途径。制度（管理）可以有效配置生产力要素，是促进生产力发展的重要力量。①一般管理途径。通过管理，可以减少人类行为的随意性，使人与自然之间的物质变换变得有序和有效，使生产力要素配置优化，进而推动生产力的生态化。其中，国家重大决策对生态文明建设具有举足轻重的影响。生态环境问题产生的重要原因就是在重大决策上没有充分考虑自然生态环境的影响。这样，就必须保证环境部门具有较高的地位和权威，在国家宏观决策中具有一定的发

环境管理体系认证标识

言权，能够全面、充分地参与国家综合决策。同时，决策部门要积极虚心地听取社会各界的意见，要充分发挥环境非政府组织在国家决策中的作用。②具体管理途径。环境管理可以推动集约开发与利用资源和能源，从而能够推动生产力的生态化。在环境管理中，必须注意以下问题：一是要明确环境管理的价值取向。我们必须坚持以人为本的原则，将喝上干净水、呼吸清洁空气、吃上放心食物等摆上更加突出的战略位置，切实解决关系民生的突出环境问题。为此，要逐步实现环境保护基本公共服务均等化，维护人民群众的环境权益，促进社会和谐稳定。二是要加强环境管理的执法水平。环境管理必须向法治化的方向发展，为此，要建立跨行政区环境执法合作机制和部门联动执法机制。要深入开展整治违法排污企业，保障群众健康环保专项行动，改进对环境违法行为的处罚方式，加大执法力度。要开展环境法律法规执行和环境问题整改情况后督察，健全重大环境事件和污染事故责任追究制度。可见，生态化的制度是发展生态化生产力的重要动力。

总之，科技创新、教育创新、制度创新是发展生态化生产力的三大动力源。

要之，生态化是先进生产力的重要标志和显著特征，必须将发展生态化生产力作为发展绿色经济的基础和重点。

## 三、产业结构的绿色重构

产业结构与资源环境具有复杂的互动关系。通过绿化产业结构来建立和完善绿色产业结构，是当代中国生态文明建设的经济目标之一，也是推动生态文明建设的经济手段之一。

### （一）绿化产业结构的依据

按照生态化的原则与要求调整和完善产业结构，是我国生态建设和经济建设的双重任务，是建设美丽中国的必要举措。

要按照市场导向、优势互补、生态环保、集中布局的原则，把承接国内外产业转移和调整自身产业结构结合起来，着力引进具有市场前景的产业和技术装备先进的企业，形成合理产业分工格局。

——胡锦涛：《推动西部大开发再上一个新台阶》（2010年7月5日），《十七大以来重要文献选编（中）》，北京：中央文献出版社，2011年，第855页。

绿化产业结构有利于节约资源。资源禀赋是科学规划产业结构的客观依据。相对于庞大的人口总数和快速的经济增长，我国存在着自然资源相对短缺、劳动对象要素缺乏等问题。我国人均可耕地面积仅为世界人均占有量的32.3%。待开垦的土地仅占全部土地的1.5%，已无开发余量。这就决定了我国必须将资源能源节约型产业结构作为产业发展的方向。而实际上，我国产业结构与资源禀赋严重不匹配，大部分企业是物耗和能耗大户。例如，2009年各行业能源消费总量中，工业占71.48%。工业也是水资源消费大户，占25%左右。这样，就必须着力构建节约型产业结构。

绿化产业结构有利于保护环境。目前，我国污染加剧与产业结构不合理密切相关。①第二产业比例过大。我国第二产业多年来的高增长，主要是由资本的高投入实现的。在资本投入有限的情况下，这种状况导致了产业结构单一化。相对于其他产业，工业尤其是重化工业，不仅能耗和物耗高，而且废弃物排放也高。工业是废水、废气以及有害重金属排放的主要产业。②产业结构低度化。在我国，资源、劳动和资本等要素的密集型产业占主体，技术资本、人力资本等要素投入严重不足，忽略自然资本。这是造成我国环境问题的另一个产业结构原因。2009年底，钢铁、水泥、平板玻璃、煤化工、多晶硅、风电设备六个行业成为调控和引导的重点，电解铝、造船、大豆压榨等成为产能过剩矛盾突出的行业。产能过剩造成资源的巨大浪费，加剧了环境污染。这样，就要求我们必须建立环境友好型的产业结构。

绿化产业结构有利于保障安全。我国制造业的科技创新能力不高，在全球产业体系分工中，只能从事低附加值产品的生产。与之相伴随的是高发的伤亡事故率。据统计，1990—2002年的13年中，国民安全事故10万人死亡率每年平均增长近5%。事故预防能力低，是由于技术水准、机械化和自动化程度低造成的。因此，我们“要高度重视安全生产问题，牢固树立‘责任重于泰山’的观念，坚持把人民群众的生命安全放在第一位，进一步完善和落实安全生产的各项政策措施，努力提高安全生产的水平，确保人民生命财产的安全”[①]。这样，就要求我们建立安全型的产业结构。

总之，我国产业结构的现状及其存在的问题决定了生态化是我国产业结构调整的基本方向之一，要求我们大力发展具有节约、清洁和安全特征的产业。

### （二）绿化产业结构的要求

按照生态化的原则来调整产业结构，关键是要形成生态化的产业结构，实现产业结构和自然系统的相容。

绿化产业结构的一般要求。绿化产业结构就是要实现产业与自然的适应。产业与自然的适应是指，一国的产业结构应与其自然物质条件相适应。①产业与人口的适应。良好的产业结构应当依托区域的劳动力结构，在充分发挥人力资源优势的基础上，提高产业的竞争力。由于我国劳动力资源丰富，发展劳动力密集型产业比人力资源不足的国家具有基础性的优势，因此，在实现新型工业化的过程中，我们必须要发挥好人力资源的优势。劳动力密集型产业同样可以成为集约型产业。更为重要的是，如果不重视发展我国的人力资源优势，有可能会威胁到社会稳定。②产业与资源的适应。良好的产业结构应当依托区域的资源优势，充分发挥优势生产要素的作用，尽量降低劣势生产要素的影响，为提高产业竞争力谋求基础优

---

① 胡锦涛. 把科学发展观贯穿于发展的整个过程//十六大以来重要文献选编（中）. 北京：中央文献出版社，2006：69.

势。由于我国人均资源占有量少，就应该大力发展资源节约型产业。对资源和能源依赖性强的工业尤其是重化工业则应适度发展，并通过技术改造和设备更新提高资源和能源的利用率。这样，就要实现生产空间的集约高效。③产业和环境的适应。良好的产业结构应当充分考虑环境容量。例如，我国西部地区生态环境脆弱，水资源严重短缺。发展高耗水产业，就可能导致超采地下水、地面沉降等一系列环境问题，并且会引发工业用水与生活用水的冲突。而发展节水型生态农业，种植耐旱作物，则比较适合这一区域。总之，实现产业与自然的适应就是要发挥劳动力优势，节约资源，减少污染，增强产业结构的环境亲和力。

绿化产业结构的具体要求。在具体意义上，绿化产业结构就是要大力发展绿色产业。①发展生态农业。生态农业是以生态学原理和生态经济规律为依据，融现代科学技术与传统农业技术精华于一体，并进行集约经营和科学管理的农业生态系统。生态农业就是通过动物、植物和微生物等生命体与周围环境（光、热、水、土等）进行物质变换，尽可能减少燃料、肥料、饲料和其他原材料的输入，依靠其自身生长和发育机能获得粮食与其他农副产品，满足人们日益增长的物质需要，以实现可持续发展。②发展生态工业。生态工业的核心是清洁生产，主要实践形式是生态工业园区。清洁生产是为了克服“末端治理”所造成的经济上的不可行性和生态上的再污染性而提出的一种治理工业污染的办法。它从生产的始端开始，对整个生产过程进行控制（全程控制）。生态工业园区是依据产业生态学原理建立起来的一种新型产业组织形态，是生产空间集约高效的体现。在园区内，一个工厂产生的废弃物或副产品被用作另一个工厂的投入或原材料，通过这种方法，最终实现资源的节约和污染物排放的最小化。③发展环保产业。环保产业即环境产业，是指提供具有保护环境、控制污染、生态保护与恢复等功能的产品和服务的产业集合。狭义的环境产业主要是指对污染进行终端治理或控制的产业部门。广义的环境产业还包括污染的预防和环境的保护与修复。现在，生态农业、生态工业、环保产业已成为国际性的产业发展潮流。

可见，绿化产业结构包括两方面的任务，既需要在宏观上进行努力，也需要在微观上进行创新。只有二者齐头并进，才能真正形成生态化的产业结构。

### （三）绿化产业结构的对策

由于绿色产业构成了绿色产业结构的基础和核心，因此，在调整和优化产业结构尤其是在发展绿色经济过程中，必须大力发展绿色产业。

发展生态农业的对策。我国从1982年开始生态农业的试点。目前，生态农业试点已遍布全国34个省（市、区），有2000多个生态农业试点。与发达国家相比，我国生态农业一直在低技术、低效益、低规模、低循环的层面上徘徊。可以从以下两方面推进生态农业的发展：①发展生态农业的科技选择。生态农业领域的科技工作重点是：a．支撑节约型农业。我国农业自然资源相对短缺，必须以节地、节水、节肥、节药、节种、节能为重点，研发和推广应用农业节约型科技。b．支撑清洁型农业。现在，化肥和农药在我国农业中的大量使用已造成了严重的环境污染，因此，加大以农田营养和病虫及杂草控制为核心的技术研发力度，是发展清洁农业的关键。c．支撑循环型农业。现在，我国城乡废弃物没有有效进入自然循环，不仅污染了环境，而且浪费了资源，导致肥料来源严重不足。因此，在加快推动城乡垃圾集中处理的同时，必须开发农业废弃物资源性利用等环保技术，实现秸秆还田，种植绿肥，增施有机肥。②发展生态农业的制度选择。现代生态农业属于集约型农业，但我国目前土地流转不畅，对发展生态农业产生了一定的制约。实践表明，采取“公司+农户”的模式，可以使农业发展走上规模化、集约化和产业化的现代化道路。这样，就要求进一步完善农村土地制度。此外，我国用于生态农业的资金支持力度非常有限，还存在不能适时兑现的情况，致使一些生态农业建设项目难以持续地实施下去。因此，国家必须加大对生态农业尤其是退耕还林的生态补偿力度。

发展生态工业的对策。我国自2003年开始实施《清洁生产促进法》。

但是，工业仍然是我国污染排放大户。2010年，工业领域二氧化硫、化学需氧量、氨氮排放分别占85.3%、35.1%和22.7%。可以从以下两方面推进生态工业的发展。①发展生态工业的技术选择。目前，重点是：a．要研究适合于我国国情和不同区域特点的产品生命周期评价方法，企业和产品生态效率评估、生态设计、污染过程控制途径和方法。要研究重点行业基于全程控制的产污强度准入指标，并开展产排污系数后评估及其应用研究。b．要研究典型工业园区和工业聚集区物质代谢机理、产污途径、削减措施和生态化管理技术。研究重污染行业或地区发展生态工业的关键支撑技术和产业链接技术。研究我国静脉产业园区污染减排源头控制、过程调控和二次污染控制技术。研究工业园区预防和处置突发环境事件的技术与方法，并选择典型地区开展示范。c．加强重点行业的清洁生产。针对重金属污染行业，要开展清洁生产技术研发。要在农业、工业、建筑、商贸服务等重点领域推进清洁生产示范。②发展生态工业的制度选择。目前，我国普遍实行低税制的资源税，由此造成资源价格偏低，不利于激励企业节约和循环利用资源。同时，由于循环利用资源的企业原材料成本较低，其成本中增值部分所占比例较高，这样，采用增值税会使循环利用资源的企业要缴更高比例的税。这样，就必须完善生态税政策。a．要征收资源能源税和新鲜材料税，促使企业少用原生材料、多进行资源再循环。b．对分期付款购买、回用再生资源及污染控制型设备的企业，实行所得税、设备销售税及财产税的减免政策。

发展环保产业的对策。1988年6月，我国明确提出了发展环保产业的政策。2010年，我国环保产业产值达11000亿元，占当年GDP的2.7%。全国环保企业有3.5万家，吸纳就业人数300万人。但是，全国环保企业近90%都为小型企业，难以形成规模效益。为此，我们必须加大发展绿色产业的力度。①发展

中国环境保护产业协会标识

环保产业的技术选择。环保产业属于战略性新兴产业。目前，“节能环保产业重点发展高效节能，先进环保，资源循环利用关键技术装备、产品和服务”[①]。a．要将新技术、新工艺、新设备、新材料有效地运用到环保产业当中来，尤其是要将微电子技术、计算机技术、生物工程、材料技术和新能源技术转化为环保产业的生产力。b．大力提高环保装备制造企业的自主创新能力，推进重大环保技术装备的自主制造。培育一批拥有著名品牌、核心技术能力强、市场占有率高、能够提供较多就业机会的优势环保企业。c．加强环保产业的关键技术、装备和产品的研发，加快高效节能产品、环境标志产品的生产，研发和示范一批新型环保材料、药剂和环境友好型产品。②发展环保产业的制度选择。在发展环保产业的过程中，由于其开发投资大、风险大，单纯依靠企业自身的力量进行研发，容易形成外部经济性，导致出现风险与利益不对称的局面。为此，国家必须建立专项研发基金。同时，必须加大知识产权保护力度，维护市场公平竞争，保护企业自主开发环境技术和产品的积极性。要引导企业加大环境科技投入，鼓励企业自筹资金参与国家和地方环境保护科研项目。

总之，只有通过科技创新和制度创新才能建立和完善绿色产业结构。

综上，由于以生态农业、生态工业和环保产业为代表的绿色产业构成了绿化产业结构的核心和方向，因此，我们必须将上述三者作为绿化产业结构的基础和重点。

## 四、发展方式的绿色转向

基本形成节约能源资源和保护生态环境的发展方式，既是当代中国生态文明建设的经济目标之一，也是当代中国生态文明建设的经济手段之一。为此，必须大力发展循环经济。

---

① 中华人民共和国国民经济和社会发展第十二个五年规划纲要．北京：人民出版社，2011：31.

### （一）转向绿色发展方式的依据

实现经济发展方式的绿色转向，提高资源能源的利用效率，缓解经济发展与生态环境的矛盾，是提高我国经济社会可持续发展能力的必然要求。

> 发展循环经济，促进生产、流通、消费过程的减量化、再利用、资源化。
>
> ——胡锦涛：《坚定不移沿着中国特色社会主义道路前进　为全面建成小康社会而奋斗——在中国共产党第十八次全国代表大会上的报告》（2012年11月8日），北京：人民出版社，2012年，第40页。

转向绿色发展方式的科学依据。实现发展方式的绿色转向是基于科学理论而做出的理性选择。①物质循环理论。整个生态经济系统包括自然循环和经济循环两类物质循环。自然循环和经济循环相互转换的不断运动过程，构成了社会生产和再生产的运动。如果二者之间出现断裂，那么，社会生产力就难以为继。②熵理论。熵是对系统无秩序状态的度量。热力学第二定律揭示出，在一个孤立系统中越来越多的能量会成为无效能（熵）。循环有助于延缓熵增。③最优化理论。最优化就是在满足各种约束条件的前提下，为取得最大的预期效果，或将损失、消耗降低到最低程度而采取的行为或方案。在生态学上，最优化理论是指自然选择总是倾向于使动物最有效地传递其基因。按照最优化原理进行物质变换，才能保证生产力的可持续发展。这样，发展循环经济就成为维持生态系统持续运转的唯一出路。

转向绿色发展方式的现实依据。克服传统经济增长方式的不可持续性，是发展方式绿色转向的现实依据。①短缺的资源现状已无法继续支撑资源高消耗的传统经济增长方式。我国近20年来的经济持续高速增长高度依赖投资和出口。这样，进一步加剧了自然资源和生态环境的压力，严重削弱了经济可持续发展的能力。我国已成为世界最大的能源消费国。2004年以来，我国资源、能源对外依存度高，在增加国际贸易摩擦的同时，也严重影响到国家经济安全。②严重污染的环境无法继续承载污染高排放的粗放型增长方式。我国多年来的经济增长高度依赖第二产业，特别是重化工业的扩张，导致资源枯竭、环境污染、生态恶化。目前，空气和水体污染造成我国的GDP年均损失高达8%～15%。因此，我们必须转向低消耗、轻污染的集约型经济发展方式，大力发展循环经济。

总之，转向绿色发展方式，大力发展循环经济，是提高我国经济社会可持续发展能力的必然要求，具有重大的战略意义。

### （二）转向绿色发展方式的要求

实现发展方式的绿色转向，宏观上要求转向集约型发展方式，微观上要求转向生态化发展方式，前者是前提，后者是核心，二者的互动构成了完整的发展方式的绿色转变。

转向绿色发展方式的一般要求。从粗放型向集约型转变，从外延型向内涵型转变，是发展方式绿色转向的一般要求。①粗放型增长方式及其不可持续性。粗放型经济增长方式以物质财富的增长为核心要求，以经济增长为唯一的价值目标，并认为物质财富的无限增加可以解决一切问题。在其价值本质上，它具有"以物为本"的特征。在生态上，其问题主要表现为资源的高消耗、能源的高投入和环境的高污染。在资本逻辑和市场逻辑的促逼下，这种增长方式已经彻底走上了不归之路。②集约型发展方式及其可持续性。集约型发展方式体现了"以人为本"的价值取向，是一种全面、协调、可持续的发展方式。这种发展方式由主要依靠增加物质资源消耗向主要依靠科技进步、劳动者素质提高、制度（管理）创新转变，由主要依靠过度消耗自然资源和损害生存环境的增长方式转变为依靠低能耗、高效率、高科技支撑的发展方式。因此，在生态上，这是一种低消耗、低成本、低污染的可持续发展方式。为此，只有转向内涵集约型发展方式，才能实现可持续发展。

转向绿色发展方式的生态要求。经济活动是人与自然之间的物质变换过程。这就决定了经济活动要获得好的效益，就必须使投入生产过程的资源能源少，产出的产品多，返回环境的排泄物少。这体现的就是经济发展的生态化原则。①在劳动力要素上，生态化发展方式要求在劳动力密集的基础上，大力开发人力资源，提升人力资本实力。②在资源和能源要素上，生态化发展方式在尊重生态阈值的基础上，试图通过改变资源和能源的开发与利用方式，实现节约和高效的目标。③在环境要素上，生态化发展方式把经济活动组成一个“资源→产品→再生资源”的反馈式的循环流程，这样，在节约的同时，有助于实现环境清洁的目标。④在生态要素上，生态化发展方式要求充分考虑生态状况，尤其是要避免在生态脆弱地区的过度开发，力求保护生态。⑤在灾害要素上，生态化发展方式要求将防灾减灾作为经济发展的重要原则，加强灾害影响评估，重视避灾经济的发展。事实上，转向生态化发展方式就是要将生态化科学技术运用于经济发展过程。

总之，发展方式的绿色转向就是要在转向集约型发展方式的过程中，转向生态化的发展方式，实现可持续发展。

### （三）转向绿色发展方式的路径

发展循环经济是转向绿色发展方式的具体路径。我国于1998年引入循环经济的概念。目前，我们必须围绕“十二五”规划纲要提出的“大力发展循环经济”的要求，从技术选择和制度选择两个方面来大力推进循环经济的发展。

发展循环经济的基本原则。国际上一般将循环经济表述为减量化（Reduce）、再使用（Reuse）和再循环（Recycle）的原则。根据我国实际，我国发展循环经济的基本原则是：①减量化。在整个生产过程中，要尽量减少资源和能源的消耗，从经济活动源头上就要注意减少废物和污染。为此，产品要实现小型化和轻型化，产品包装要实现简单化和便捷化，以便实现减少废物排放的目的。②再利用。制造的产品和产品包装要以初始的形式反复使用，同时要将废物直接作为产品或者经修复、翻新、再制造后继续使用，或者要将废物的全部或者部分作为其他产品的部件予以使用。为此，应尽量延长产品的使用周期。③资源化。生产物品以及包装在完成其使用功能后要重新变成可资利用的资源，同时要将废物直接作为原料进行利用或者对废物进行再生利用。在其本质上，循环经济是一种生态经济。

发展循环经济的技术选择。发展循环经济必须要有强大的技术支撑。以废物的资源化为例，必须注意以下问题：①分类处理的多元化。应根据废物的理化性能、处理工艺的复杂程度和能力、综合利用价值等方面的差异，因类制宜。例如，可采用手选、机械和自动化分选的方式对废物进行分类处理，用磁铁吸引废铁，用光滤系统和光电管分选各种玻璃，用弹跳振动分选软硬物质，用锥形旋风分离器分选比重不同的物质。在此基础上，要将经过严格分选的物质通过化学方式进行回收再生。例如，可采用热解法从固体废物中提取可燃性气体、燃料油和油脂，采用水解法提取酒精，采用低温氧化或湿式燃烧法将有机垃圾转化为碳氧化物。②综合利用的系列化。应根据废物的多重性质和功能进行系列化利用。例如，可以将垃圾先集中在一个集中点，然后由机械传送到备有特殊装置的管道中，再用水冲压垃圾；在冲压的过程中，沉淀物从凹槽中排出，迅速发酵后制成堆肥，而其他的坚硬物质在重力的作用下变成干块，用来制作建筑材料或燃料。或者是采用高温堆肥–焚烧联合技术，用装有筛选和风选设备的滚筒堆肥机械先将软颗粒破碎，通过筛选后，小颗粒制成堆肥，软质可燃物质经过风选后焚烧发电，最后剩余的大颗粒做填埋处理。总之，建立和完善发展循环经济的技术支撑体系，是实现发展方式绿色转变的技术选择。

## 我国“十二五”时期循环经济重点工程

01 资源综合利用

支持共伴生矿产资源，粉煤灰、煤矸石、工业副产石膏、冶炼和化工废渣、尾矿、建筑废物等大宗固体废物以及秸秆、畜禽养殖粪污、废弃木料综合利用。培育一批资源综合利用示范基地。

02 废旧商品回收体系示范

建设80个网点布局合理、管理规范、回收方式多元、重点品种回收率高的废旧商品回收体系示范城市。

03 “城市矿产”示范基地

建设50个技术先进、环保达标、管理规范、利用规模化、辐射作用强的“城市矿产”示范基地，实现废旧金属、废弃电器电子产品、废纸、废塑料等资源再生利用、规模利用和高值利用。

04 再制造产业化

建设若干国家级再制造产业集聚区，培育一批汽车零部件、工程机械、矿山机械、机床、办公用品等再制造示范企业，实现再制造的规模化、产业化发展。完善再制造产品标准体系。

05 餐厨废弃物资源化

在100个城市（区）建设一批科技含量高、经济效益好的餐厨废弃物资源化利用设施，实现餐厨废弃物的资源化利用和无害化处理。

06 产业园区循环化改造

在重点园区或产业集聚区进行循环化改造。

07 资源循环利用技术示范推广

建设若干重大循环经济共性、关键技术专用和成套设备生产、应用示范项目与服务平台。

——《中华人民共和国国民经济和社会发展第十二个五年规划纲要》，北京：人民出版社，2011年，第69页。

发展循环经济的制度选择。发展循环经济，还必须加强制度支撑。①编制发展循环经济规划。我们必须把发展循环经济作为编制各项发展规划的重要指导原则，制订和实施循环经济推进计划，加快制定促进发展循环经济的政策、相关标准和评价体系，加强创新体系建设。②采用清洁生产审核制度。必须认真实施《清洁生产促进法》，加快企业清洁生产审核，积极实施清洁生产审核方案。对污染物排放超过国家和地方规定的标准或者总量控制指标的企业，以及使用有毒、有害原料进行生产或者在生产中排放有毒、有害物质的企业，要依法强制实施清洁生产审核。③采用延伸生产者责任制度。我们要强化污染预防和全过程控制，推动不同行业合理延长产业链，实行生产者责任延伸制度，明确生产商、销售商、回收和使用单位以及消费者对废物回收、处理和再利用的法律义务。④营造发展循环经济的社会氛围。我们要坚持以企业为主体，政府调控、市场引导、公众参与相结合，形成有利于促进循环经济发展的社会氛围。最后，必须加强对发展循环经济的组织和领导。

要之，我们必须通过技术选择和制度选择的方式促进循环经济的发展，从而为实现发展方式的绿色转向提供技术支撑和制度支撑。

综上，通过发展方式的绿色转向，从根本上解决经济发展和资源环境之间的冲突，才能实现可持续发展，从而实现建设美丽中国的理想。

## 五、发展效益的综合衡量

从发展的评价机制看，发展效益的综合衡量是发展绿色经济尤其是实现发展方式绿色转向的重要杠杆。这就是要按照生态效益、经济效益和社会效益相统一的原则来评价经济发展。

### （一）综合衡量发展效益的依据

综合衡量发展效益，是克服和超越机械发展观、贯彻和落实科学发展观的必然选择，具有重大的战略意义。

……完善能源资源节约和环境保护奖惩机制。执行节能减排统计监测制度，健全审计、监察体系，加大执法力度，强化节能减排工作责任制。

——温家宝：《政府工作报告》（2008年3月5日），《十七大以来重要文献选编（上）》，北京：中央文献出版社，2009年，第315页。

综合衡量发展效益的现实依据。长期以来，由于受机械发展观的影响和支配，我们对以经济建设为中心产生了机械化和片面化的理解，结果导致了以下问题：①环境污染治理成本高，付出了巨大的经济代价。根据环境保护部环境规划院于2012年公布的《2009年中国环境经济核算报告》，我国2004年基于退化成本的环境污染代价为5118.2亿元，2008年为8947.6亿元，2009年为9701.1亿元。加上生态破坏损失成本，2009年这两项合计13916.2亿元，较上年增加9.2%，约占当年GDP的3.8%。②环境群体性事件层出不穷，付出了沉重的社会代价。近些年来，一些地方的环境受到严重污染，威胁到了人民群众的生命和健康，导致了一系列的环境群体性事件。1995—2006年，全国环境信访的总数增长了10倍之多。近年来，因环境问题引发的群体性事件更以年均29％的速度在递增。上述问题不仅暴露了传统发展观的不可持续性，而且暴露了传统经济核算体系的片面性和不科学性。为此，我们必须对经济发展进行综合衡量和综合评价。

综合衡量发展效益的理论依据。科学发展观为综合衡量发展效益指明了方向。①衡量科学发展的一般要求。考核地方和部门工作业绩，既要看发展速度和规模，更要看经济结构是否优化、自主创新水平是否提高、就业规模是否扩大、收入分配是否合理、人民生活是否改善、社会是否和谐稳定、生态环境是否得到保护、可持续发展能力是否增强，总之，要看是否真正做到好字当头、又好又快，从而使加快发展方式转变成为各级党委和政府的自觉行动。②衡量科学发展的生态要求。为了科学、全面、准确地衡量和评价发展的生态效益，在发展总体目标上，必须努力实现生态效益、经济效益和社会效益的统一；在经济核算方式上，要研究绿色国民经济核算方法，探索将发展过程中的资源消耗、环境损失和环境效益纳入经济发展水平的评价体系；在经济发展的指标上，"各地区在推进发展的过程中，必须充分考虑资源和环境的承受力，统筹考虑当前发展和未来发展的需要，既重视经济增长指标、又重视资源环境指标，既积极实现当前发展的目标、又为未来发展创造有利条件"[①]。总之，为了实现科学发展，我们必须要突出对发展的绿色衡量和绿色评价。

要之，按照科学发展观的实质和要求，为了彻底扭转我国发展进程中存在的不可持续问题，实现可持续发展，我们必须加强对发展效益的综合衡量和综合评价。

### （二）综合衡量发展效益的要求

科学发展观的实质在于强调发展的全面性、综合性和整体性，因此，在当代中国，综合衡量发展效益，就是要在科学发展观的指导下，用系统观点和方法来衡量和评价发展的效益。

坚持发展的数量与质量的统一。经济发展既有量的规定，也有质的规定，因此，在衡量和评价发展的过程中，必须坚持数量和质量的统一，尤其是要将质量放在第一位。其中，自然生态系统的生态阈值既制约着发展的数量，也制约着发展的质量。一方面，自然物质的再生能力直接影响着发展的数量。只有在资源和能源供应充分的条件下，经济才能实现量的增长；反之，经济发展根本难以为继。这样，既突出了节约资源能源的必要性和重要性，也凸显了技术创新的必要性和重要性（用技术创新代替短缺的资源和能源）。另一方面，自然环境的自净能力直接影响着发展的质量。只有将污染维持在环境的自净能力范围内，才能保证发展的质量；否则，就会出现经济效益的下滑。外部不经济性，对于国家的整体发展来说

① 胡锦涛．把科学发展观贯穿于发展的整个过程//十六大以来重要文献选编（中）．北京：中央文献出版社，2006：70.

是最大的损失。这样，不仅突出了环境保护的必要性和重要性，而且凸显了实现发展和环境相容的必要性和重要性。因此，坚持发展的数量和质量的统一，就包括可持续性的要求。

坚持发展的速度与效益的统一。发展的速度和效益是发展的数量和质量关系的重要表现。正确处理速度和效益的关系，在宏观上，必须更新发展思路，实现发展方式从粗放型向集约型转变，主要依靠科技进步、提高劳动者素质和加强管理来提高发展的速度和效益。在这个过程中，必须坚持眼前效益与长远效益、局部效益与整体效益、具体效益与根本效益的统一。而生态效益往往直接关系到长远效益、整体效益和根本效益。在生态上，必须转向可持续发展，实现经济发展与人口资源环境相协调。“只有坚持走生产发展、生活富裕、生态良好的文明发展道路，加快建设资源节约型、环境友好型社会，实现速度和结构质量效益相统一、经济发展与人口资源环境相协调，才能实现经济社会永续发展。”[①]这样，就凸显了生态创新的必要性和重要性。生态创新也就是要在经济发展的过程中充分考虑到自然物质条件对发展的制约作用，通过维持和实现自然物质条件的可持续性来实现经济的可持续发展。总之，发展的速度和效益的统一，是提高发展质量的关键，有助于实现可持续发展。

坚持生态效益、经济效益与社会效益的统一。效益是指经济活动中投入和产出的比例关系。效益一般分为生态效益、经济效益和社会效益三个方面。一方面，生态效益、经济效益与社会效益不是三个不同的东西，而是统一效益体系的三个不同方面。由于经济活动是在“人-自然”系统中进行的，涉及生态、经济、社会三个维度，因此，可将效益划分为生态效益、经济效益和社会效益三个方面。生态效益是指，经济活动要以尽量少的资源能源消耗和尽量少的废物和污染的排放，取得尽可能多的符合社会需要的劳动产品和经济服务。经济效益是指，经济活动要以尽量少的人

① 温家宝．关于制定国民经济和社会发展第十二个五年规划建议的说明//十七大以来重要文献选编（中）．北京：中央文献出版社，2011：956．

财物等经济要素的投入和消耗，取得尽可能多的符合社会需要的劳动产品和经济服务。社会效益是指，经济活动要以尽量少的人员伤亡和劳动强度以及社会代价等，取得尽可能多的符合社会需要的劳动产品和经济服务。因此，在衡量和评价发展效益时，必须三管齐下。另一方面，只有在生态效益得到保障的前提下，才能有效实现其他效益。这在于，自然界是人类社会存在和发展的自然物质条件，为人类的生存和发展提供生产资料和消费资料。经济活动过程，就是把自然物质转化为经济物质以满足人的需要的过程。因此，维持自然物质条件的可持续性，就不单纯只是一种生态过程，而是一种复杂的经济过程和社会过程，是生态过程、经济过程和社会过程的统一。在这个过程中，生态效益构成了经济效益和社会效益的自然物质基础。总之，实现生态效益、经济效益与社会效益三者的统一，是实现可持续发展的必要途径。

总之，综合衡量和综合评价经济发展的效益，就是要把经济发展的数量和质量、经济发展的速度和效益以及经济活动的经济效益、社会效益和生态效益统一起来。

### （三）综合衡量发展效益的选择

按照与应对国际金融危机冲击重大部署紧密衔接、与全面建成小康社会奋斗目标紧密衔接的要求，我国政府以及有关部门在科学研究的基础上，在提出“十二五”时期的总体目标的同时，先后制定和发布了人口、资源和能源、环境、生态和防灾减灾等可持续发展基础领域的具体目标。为此，迫切要求我们建立和完善绿色核算制度。

建立和完善绿色核算制度的目标内容。绿色核算是由绿色统计、绿色会计和绿色审计等内容构成的体系。①绿色统计。这是指用数字反映并计量经济活动引起的自然物条件的变化，以及自然物条件变化对经济发展的影响。绿色统计可以为政府部门制定可持续发展政策、规划、预测和管理提供科学依据。在严格意义上，环境统计只是绿色统计的一个子系统。绿色统计是绿色核算体系的基础。②绿色会计。这是指根据会计学的理论和方法，以货币为主要计量尺度，辅之以其他计量方法，以有关法律、法规为依据，计量、记录有关维持自然物条件的可持续性的资金支出和成本费用，研究经济发展与自然物条件之间的关系，评估分析所投入资金产生的生态效益、经济效益和社会效益。在严格意义上，环境会计只是绿色会计的一个子系统。③绿色审计。这是指审计机关从可持续发展的角度出发，依法独立检查被审计单位的会计凭证、会计账簿、会计报表以及其他与财政收支、财务收支有关的资料和资产，监督财政收支、财务收支真实、合法和效益的行为，确保绿色会计制度的科学性和实施顺利。由于我国绿色核算制度基本上处于探索阶段，因此，必须围绕生态文明建设的理念、原则、目标，大力推进我国绿色核算制度的发展。

建立和完善绿色核算制度的具体对策。建立和完善绿色核算制度涉及一系列的复杂因素，既需要技术上的创新，也需要制度上的创新。就制度因素来看，必须从以下几方面努力：①贯彻和落实科学发展的思想观念。建立和完善绿色核算体系是为了促进科学发展，因此，不能将绿色核算和常规核算对立起来，更不能用绿色核算取代常规核算，而应该按照科学发展的理念，将二者统一起来。例如，尽管GDP核算方式存在着诸多的问题，但是，绿色GDP不能取代GDP。事实上，GDP是绿色GDP的基础，绿色GDP是GDP的绿化和深化。②制定和完善绿色核算的准则体系。我们要按照生态文明的理念、原则、目标，对现有的企业统计准则、企业会计准则和企业审计准则进行修订，增加与绿色统计、绿色会计和绿色审计相应的准则内容；在此基础上，要研究制定具有可操作性的绿色统计、绿色会计和绿色审计准则，制定和颁布绿色统计准则、绿色会计准则和绿色审计准则；最终，要形成体系完善、功能健全的绿色核算准则体系。③制定和完善绿色核算的法律体系。我们要按照生态文明的理念、原则、目标，制定和完善与绿色核算相关的法律、法规，应将绿色信息统计、核算和监督等方面的内容纳入现有的统计法、会计法和审计法中；等时机成熟以后，应制定和颁布专门的绿色统计法、绿色会计法和绿色审计法；最终，要在社会主义法律体系的框架中，形成体系完善、功能健全的绿色核算法律体系。④培养和造就绿色核算的专门人才。在目前的统计、会计和审计等专业中，必须加强生态文明方面的教学、研究和人才培养，为绿色统计、绿色会计、绿色审计提供专门的人才支撑；同时，要提高统计、会计和审计在职人员的整体素质和业务能力，开展绿色统计、绿色会计和绿色审计等方面的专业培训，实行持证上岗制度。此外，要加强绿色统计、绿色会计和绿色审计方面的宣传工作，提高公众的参与、监督的意识和水平，发挥环境非政府组织在发展绿色核算制度方面的作用。

总之，综合衡量发展效益涉及统计、会计和审计等一系列环节。在当代中国，必须将科学发展的观念尤其是生态文明的理念、原则、目标贯彻和渗透在这些部门中，这样，才能切实转变发展方式和发展观念，真正实现又好又快的发展，以造福于广大的人民群众。

综上所述，通过绿化经济来建立和完善绿色经济，既是生态文明在经济上的体现，又是推动生态文明的经济手段。在当代中国的生态文明建设中，不能用生态理由来怀疑和动摇以经济建设为中心，而必须走绿色创新发展之路。美丽中国必须建立在坚实的经济基础之上。

第3章

# 建设美丽中国的政治目标

加快建立生态文明制度，健全国土空间开发、资源节约、生态环境保护的体制机制，推动形成人与自然和谐发展现代化建设新格局。

——胡锦涛：《坚定不移沿着中国特色社会主义道路前进 为全面建成小康社会而奋斗——在中国共产党第十八次全国代表大会上的报告》（2012年11月8日），北京：人民出版社，2012年，第19页。

当代中国生态文明建设的政治目标是建立中国特色社会主义的生态治理形式。生态治理是指，以生态领域为治理对象，在党委领导、政府主导、社会协同、公众参与、法治保障的格局中，在遵循公平、公正、公开的原则下，实现人与自然和谐发展的一种治理形式。开展生态治理是中国特色社会主义政治的题中之义，是建设美丽中国的政治要求。

## 一、生态治理的政治选择

生态治理是一个涉及利益调整的过程，因此，开展生态治理，必须首先明确其政治方向与政治选择。科学的政治选择，是社会主义生态文明得以持续发展的有力政治保障。

### （一）必须坚持中国特色社会主义发展道路

当代中国的生态建设，就是要建设高度发达的社会主义生态文明，因此，生态治理必须坚持走中国特色社会主义道路。

生态治理必须以超越资本主义为政治前提。在经历了严重的生态危机之后，资本主义的生态治理取得了重大进展。但是，由于资本主义制度具有反生态的本质，因此，其生态治理也只能属于修补型的形式。我们要看到，“资本主义作为一种制度需要专心致志、永无休止地积累，不可能与资本和能源密集型经济相分离，因而必须不断加大原材料与能源的生产量，随之也会出现产能过剩、劳动力富余和经济生态浪费。这应与广大人民群众的基本需要区别开来”[①]。因此，只有在超越资本主义的前提下，才可能开展科学而有效的生态治理。

生态治理必须以坚持社会主义为政治保障。由于建立了生产资料的公有制，在无产阶级专政的社会主义国家，人民群众第一次成为国家、社会和自己命运的主人，因此，社会主义不仅开辟了人与社会和谐发展的新境界，而且开辟了人与自然和谐发展的新天地。这样，就为生态治理提供了适宜的政治环境。由于社会主义是从人民群众的基本需要出发而不是从利润出发去组织生产的，是从人民群众的根本利益出发进行国家治理的，因此，只有在社会主义条件下进行生态治理，才能使人与自然的和谐发展真正成为可能。

生态治理必须以中国特色社会主义为政治道路。我们只能选择中国特色社会主义道路进行生态治理。在当代中国，坚持中国特色社会主义，就是真正坚持社会主义。中国特色社会主义致力于建设经济富强、政治民主、文化繁荣、社会和谐、生态优美的社会主义现代化国家。中国特色社会主义经济、政治、文化和社会建设为生态治理提供了各种支撑。此外，中国特色社会主义要求建立公平、正义、民主的社会运行体制。这对于实

① ［美］约翰·贝拉米·福斯特．生态危机与资本主义．上海：上海译文出版社，2006：127.

现公众参与生态治理、共享治理成果具有重要的意义。因此，开展生态治理必须坚持中国特色社会主义道路。

总之，中国特色社会主义道路能够保证生态治理的有序进行，中国特色社会主义道路是开展生态治理的现实而可行的制度选择和支撑。

### （二）必须坚持中国共产党的领导

中国的生态文明建设，是中国共产党领导下的创新事业，因此，必须始终坚持党的领导。

必须在党的领导下进行生态治理。中国共产党是中国工人阶级的先锋队，是中国人民和中华民族的先锋队，代表中国先进生产力的发展要求，代表中国先进文化的前进方向，代表中国最广大人民的根本利益。党的宗旨是全心全意为人民服务。党的性质和宗旨决定了中国共产党是中国特色社会主义事业的领导核心。生态治理也不例外。其中，将生态文明写入世界上最大执政党的政治报告和党章中，是中国共产党的一项重大创新。生态治理水平直接关系到广大人民群众的切身利益，搞好生态治理符合党的性质与宗旨。显然，作为中国特色社会主义事业的领导核心，中国共产党同样是进行生态治理的领导力量。

> 中国共产党领导人民建设社会主义生态文明。树立尊重自然、顺应自然、保护自然的生态文明理念，坚持节约资源和保护环境的基本国策，坚持节约优先、保护优先、自然恢复为主的方针，坚持生产发展、生活富裕、生态良好的文明发展道路。着力建设资源节约型、环境友好型社会，形成节约资源和保护环境的空间格局、产业结构、生产方式、生活方式，为人民创造良好生产生活环境，实现中华民族永续发展。
>
> ——《中国共产党章程》（中国共产党第十八次全国代表大会部分修改，2012年11月14日通过），北京：人民出版社，2012年，第6—7页。

必须提高党的生态治理的能力和水平。生态治理是一项高难度的历史课题和时代任务。因此，党要不断提高自身生态治理的能力和水平。一方面，必须按照科学发展观的要求，树立正确的政绩观，摆脱“唯GDP是从”的心态，在重视经济增长指标的同时，必须高度重视绿色指标，谋求经济社会与生态环境的协调发展。在发展的过程中，创造性地进行生态治理。另一方面，必须切实维护人民群众的环境权益。对于一些侵害群众合法权益的环境事件要依法严格处理，对于已经发生的环境群体性事件要在法律框架内客观、公正地予以积极引导。这样，才能使生态治理同政治建设有机结合，保持安定团结。

总之，生态治理必须坚持党的领导，而党要不断提高自身的生态治理的能力和水平。

### （三）必须坚持人民当家作主的原则

人民群众是国家和社会的主人，生态文明建设是涉及人民群众切身利益的事业，因此，生态治理必须充分尊重人民群众的利益和意愿，必须坚持人民当家作主的基本原则。

为了人民群众进行生态治理。生态文明的发展水平与人民群众的切身利益紧密相关，开展生态治理就是为人民服务。以往牺牲环境换取经济增长的做法不利于社会的永续发展与人民的根本利益，必须改变这种不可持续的发展方式。生态良好既是生产力不断发展的基础，更是人类得以永续生存和发展的不竭动力。努力实现好、维护好、发展好最广大人民的根本利益，既是中国特色社会主义事业的目标，也是生态文明建设的主旨。因此，开展生态治理，必须以人民群众的根本利益为出发点和落脚点。

依靠人民群众进行生态治理。没有广大人民群众的积极参与和大力支持，任何事业都无法真正有效地开展，更难以成功。为此，在生态治理中，必须充分发扬基层民主，做好各方面的工作，充分调动人民群众的积极性、主动性和创造性，充分发挥人民群众的聪明才智。为了有效动员人民群众参与生态治理，必须使生态文明观念深入人心。广泛吸引广大人民群众参与到生态治理中来，才能共同推动生态文明建设。因此，只有使生态文明建设事业与人民群众的生产、生活紧密结合起来，生态治理才能成为全社会的共同事业。

生态治理的成果由人民群众共享。生态环境问题是关系人民群众日常生活的基本问题，是一个公共领域的问题。这样，就突出了生态治理的重要性。生态治理要求将人民的根本利益作为根本落脚点，最终目标在于为人民群众创造良好的生产和生活环境，不断提高人民群众的生活质量和健康素质。因此，生态治理是一项公共事务，其成果是一种公共产品，属于社会的共同财富。公共产品具有受益的非排他特性。但是，非特定多数人不能掩盖人民群众的主体地位。因此，生态治理的成果必须为人民群众所共享。

生态治理的成效由人民群众评价。生态治理是由人民群众广泛参与的公共事业，与人民群众的福祉息息相关，因此，生态治理最终成果的评价者应该是人民群众。生态治理必须经得起人民群众的检验，而不能一味地唯上是从、唯官是从，更不能唯财是从、唯金是从。生态治理成效的衡量标准关键是要看人民群众拥护不拥护、赞成不赞成、高兴不高兴、满意不满意、答应不答应，必须以人民群众的需要和利益为根本出发点与落脚点。唯有如此，才能使生态治理真正惠及人民，并获得人民群众的衷心拥护和大力支持。

总之，当代中国的生态治理必须坚持人民当家作主的原则。

### （四）必须坚持依法治国的方略

生态治理涉及矛盾的调节与利益的协调，因此，必须秉承民主与法制相协调的原则予以推进，尤其是必须坚持依法治国的原则。

民主法制是开展生态治理的基本前提。在一般意义上，民主是治理的前提。社会主义国家是人民当家作主的国家，人民当家作主是社会主义民主政治的本质与核心。因此，没有民主，人民的意愿就不会得到体现，社会参与就无从谈起。但是，仅有民主是远远不够的，必须使社会主义民主法制化。依法治国是社会主义民主政治的基本要求，核心是依法保障人民当家作主的各项民主权利。可见，没有法制的保障，民主所涉及的一切权利都无从谈起。显然，民主下的公众参与和法制下的权利保障，是开展生态治理的基本政治前提。

依法治国是开展生态治理的法律保障。依法治国就是广大人民群众在党的领导下，依照宪法和法律规定，通过各种途径和形式管理国家事务，管理经济文化事业，管理社会事务，保证国家各项工作都依法进行，逐步实现社会主义民主的制度化、法律化。这样，依法治国就为生态治理提供了法律保障。其一，生态治理的主体是公众，依法治国的主体是党领导下的人民群众，这样，依法治国就确认了公众参与的法律地位。其二，生态治理的对象是生态环境事务，依法治国的客体是国家事务、经济文化事业和社会事务，生态环境事务与这些事务和事业密切相关，这样，依法治国就确认了生态环境事务的法律地位。其三，生态治理的内容就是公众要依法参与生态环境事务，而作为依法治国依据的我国宪法和法律对保护自然和环境已有明确的规定，这样，依法治国就确认了生态治理的法律依据和原则。显然，只有坚持依法治国，才能保证生态治理的正常进行。

完善法制是开展生态治理的重要方向。当制度和体制的容量难以容纳生态治理时，生态治理必须通过完善法制的方式加以推进。目前，面对环境群体性事件之所以束手无策，就在于缺乏相应的法律规定。为此，法律必须“赋权”（empowerment）于民，实现环境权入宪。这样，既可以提高整个社会重视和尊重人民群众的环境权益的程度，有效保障人民的环境权益；又可以为有效化解环境群体性事件提供法律依据，有效维护社会稳定。为此，国家必须把保障环境权的理念转化为制度设计，确立起一整套对环境权平等保护的法律机制，尤其是要对环境弱势群体和个体展开法律救济与法律援助。

显然，只有将生态治理纳入依法治国的框架中，才能强化生态治理的权威，推进生态治理的进程，巩固生态治理的成果，扩大生态治理的影响。

总之，在当代中国，生态治理必须在坚持中国特色社会主义道路的基础上，把党的领导、人民当家作主和依法治国统一起来。

## 二、生态治理的国策导向

基本国策是指那些关系到国计民生的具有全局性、长期性、战略性的基本的重大的政策。在当代中国，生态治理必须坚持计划生育、节约资源、保护环境的基本国策，从总体上保证和实现国家的可持续发展。

### （一）生态治理的国策依据

基本国策对包括生态治理在内的整个治理都具有重大的指导和规范意义。

基本国策为生态治理提供了科学的政策基础。除了法律法规之外，生态治理必须以基本国策作为科学依据。这在于，基本国策的基本依据是基本国情，涉及的领域多是对于国计民生来说十分重要的领域，但又常常是容易被忽略或忽视的领域。国情就是实际，国情就是事实。因此，从基本国情出发而形成的基本国策，不仅反映了国家在解决此类问题上的意志，而且是从实际和事实出发而形成的科学判断。这样，根据基本国策进行生态治理，有利于提升生态治理的针对性、科学性、系统性、预见性和有效性。

基本国策为生态治理提供了有力的政策支撑。国策是按照立体方式构成的体系。我国基本国策有的是以法律形式固定下来的，有的是以作为执政党的中国共产党的政治报告的形式发布的，有的是以经济社会发展规划的形式部署的，有的是以党和国家领导人讲话的形式宣传的。可以说，基本国策在整个政策体系当中处于最高层次，对于一般性政策具有引导和制约的作用，为开展生态治理提供了有力的政策支撑。

基本国策为生态治理提供了稳定的政策环境。基本国策涉及的往往是国家赖以生存和发展领域的基本准则与基本保障，直接关系到人民群众的生产和生活，其规划、制定、出台、实施往往经历了较长的时间，经过了社会各界的反复协商和多次酝酿，再以基本国策的形式最终确定下来，因此，具有约定俗成的意味，成为全社会需要遵循的普遍规则，在社会上具有较深和较广的影响力。这样，基本国策就为包括生态治理在内的一切治理提供了稳定的政策环境甚至是社会环境。

总之，我国的生态治理，不仅要在基本国策的引导和支撑下进行，而且要坚定不移地坚持基本国策，并与时俱进地完善基本国策。

### （二）基本国策的总体框架

在将可持续发展确立为我国现代化重大战略的前后，我们开始从整体上确立和表述基本国策，构筑起一个可持续发展领域的基本国策的总体框架（生态国策）。

两大生态国策的表述。由于人口数量增长失控和生态环境恶化是我国最早遇到的较为严重的两个影响可持续发展的问题，因此，我们最早将计划生育和环境保护作为我国的基本国策。1996年，第四次全国环境保护会议提出，控制人口增长，保护生态环境，是全党全国人民必须长期坚持的基本国策。1997年，由于意识到计划生育工作和环境保护工作有着紧密的联系，因此，我们开始将计划生育和环境保护两项工作的会议合并到了一起，提出计划生育和环境保护都是我们必须长期坚持的基本国策。在此基础上，党的十五大明确提出，必须坚持计划生育和保护环境的基本国策。

三大生态国策的表述。除了人口和环境之外，资源也是影响国家发展和人民生活的基本生态要素；我国现代化遇到的资源瓶颈也日益突出。因此，1991年，《国民经济和社会发展十年规划和第八个五年计划纲要》中提出，将保护耕地、计划生育和环境保护共同列为中国的三项基本国策。2002年11月，党的十六大提出，必须坚持计划生育、保护环境和保护资源的基本国策。2004年，我们在贯彻和落实科学发展观的过程中提出：统筹人与自然的和谐发展，必须坚持计划生育、节约资源、保护环境的基本国策。这样，我们就将计划生育、节约资源、保护环境确立为我国可持续领域的基本国策。

将计划生育、节约资源、环境保护确立为我国可持续领域的基本国策具有坚实的科学基础和事实依据。一是从制约社会存在和社会发展的整个自然物质条件来看，人口、资源和环境是三个最为基础和基本的变量，其可持续性构成了整个可持续发展的自然物质基础。尽管能源、生态和防灾减灾也很重要，但是，都可归入资源和环境领域。二是从我国的自然生态环境国情来看，人口众多、人均资源占有量少、环境污染严重是我国目前的基本国情，是影响和制约我国可持续发展的三大基本问题。这些情况决定了我们必须将计划生育、节约资源、保护环境确立为我国可持续领域的基本国策。

总之，在当代中国，开展生态治理的过程就是贯彻和落实计划生育、节约资源、保护环境三大基本国策的过程。

### （三）生态国策的基本内容

为了有效推进生态治理、实现可持续发展，我们必须明确计划生育、节约资源、保护环境的基本内容和要求。

计划生育的基本国策。计划生育是我国人口领域的基本国策。①计划生育国策的形成过程。1982年，党的十二大报告提出，实行计划生育，是我国的一项基本国策。2001年，《人口和计划生育法》明确提出，我国是人口众多的国家，实行计划生育是国家的基本国策。②计划生育国策的基本内容。鼓励公民晚婚晚育，提倡一对夫妻生育一个子女；符合法律、法规规定条件的，可以要求安排生育第二个子女。少数民族也要实行计划生育。在稳定低生育水平的基础上，还必须着力提高人口质量，优先开发人力资源，改善人口结构，引导人口合理分布。③计划生育国策的奋斗目标。在“十二五”时期，我国人口和计划生育工作的主要目标是：低生育水平保持稳定，人口年均自然增长率控制在7.2‰以内，全国总人口控制在13.9亿以内。出生人口性别结构得到有效改善，出生人口性别比下降到115以下。群众基本享有优质的计划生育、优生优育、生殖健康服务。免费孕前优生健康检查项目覆盖所有县（市、区），目标人群覆盖率达到80%，出生缺陷发生风险降低。流动人口计划生育服务覆盖率达到85%。基层诚信计生服务管理机制基本形成。计划生育家庭老人养老保障水平有所提高，家庭发展能力得到提升。为此，生态治理必须努力促进人口可持续发展。

节约资源的基本国策。节约资源是我国资源领域的基本国策。①节约资源国策的形成过程。1997年全国人大通过、2007年修订的《节约能源法》明确规定，节约资源是我国的基本国策。2012年11月，党的十八大重申，坚持节约资源的基本国策。②节约资源国策的基本内容。为了节约资源，必须在全社会树立节约资源的观念，培育人人节约资源的社会风尚。要在资源开采、加工、运输、消费等环节建立全过程和全面节约的管理制度，建立资源节约型国民经济体系和资源节约型社会，逐步形成有利于节约资源和保护环境的产业结构与消费方式，依靠科技进步推进资源利用方式的根本转变，不断提高资源利用的综合效益，坚决遏制浪费资源、破坏资源的现象，实现资源的永续利用。③节约资源国策的奋斗目标。在“十二五”时期，我国资源工作的主要目标是：国土资源保护成效显著，国土资源保障能力明显增强，资源节约集约利用水平不断提升，国土资源服务民生取得重大进展，国土资源管理秩序进一步好转，国土资源市场配置和宏观调控机制进一步完善。在生态治理中，必须大力落实资源节约优先战略。

环境保护的基本国策。环境保护是我国环境领域的基本国策。①环境保护国策的形成过程。1983年12月，第二次全国环境保护会议提出，环境保护是我国的基本国策。2012年11月，党的十八大重申，坚持保护环境的基本国策。②环境保护国策的基本内容。为了加强环境保护，必须在全社会营造爱护环境、保护环境、建设环境的良好风气。要加大从源头上控制污染的力度，严格控制高污染项目，淘汰高污染行业，彻底改变以牺牲环境、破坏资源为代价的粗放型经济增长方式，决不能以牺牲环境为代价去换取一时的经济增长。③环境保护国策的奋斗目标。在“十二五”时期，我国环境保护的主要目标是：主要污染物排放总量显著减少；城乡饮用水水源地环境安全得到有效保障，水质大幅提高；重金属污染得到有效控制，持久性有机污染物、危险化学品、危险废物等污染防治成效明显；城镇环境基础设施建设和运行水平得到提升；生态环境恶化趋势得到扭转；核与辐射安全监管能力明显增强，核与辐射安全水平进一步提高；环境监管体系得到健全。为此，我们必须积极探索代价小、效益好、排放低、可持续的环境保护新道路。

上述国策是我国可持续领域中的基本国策，是开展生态治理的基本政策和实践准则。

### （四）生态国策的有效执行

目前，我国在贯彻和落实计划生育、节约资源、保护环境基本国策方面存在着许多不尽如人意的地方，为此，必须围绕着解决制约有效执行国策的问题，大力推进生态治理。

加强生态国策的落实。必须完善相关的配套政策和保障机制，提高基本国策的实际执行效果。①创新思路。生态国策之所以执行不力，就在于现行政策不符合实际尤其是人民群众的实际。例如，由于农民普遍担心养老等基本的生计，致使超生现象非常普遍。即使被罚得倾家荡产，也在所不惜。为此，必须建立和完善计划生育家庭奖励扶助制度，促进农民自觉自愿地执行计划生育政策。目前，重点是要提高农村计划生育家庭奖励扶助标准并建立动态调整机制。另外，要加强计划生育家庭特别扶助制度建设，提高独生子女死亡伤残家庭特别扶助金标准并建立动态调整机制。②做好服务。现在，由于公共服务没有跟上，致使生态国策的执行遇到了一定的阻力。例如，在一些退耕还林地区，由于补偿标准太低而且时间有限，复垦有所抬头。为此，必须推进区域环境保护基本公共服务均等化。合理确定环境保护基本公共服务的范围和标准，加强城乡和区域统筹，健全环境保护基本公共服务体系。中央财政通过一般性转移支付和生态补偿等措施，加大对西部地区、禁止开发区域和限制开发区域、特殊困难地区的支持力度，提高环境保护基本公共服务供给水平。地方各级人民政府要保障环境保护基本公共服务支出。③加强法制。在可持续领域，存在着执法不严甚至法律缺位的问题，致使暴力征地之类的违法乱纪现象日甚一日。为此，必须建立和健全可持续领域法律体系，并且要严格执法。在环境保护领域，目前要深入开展整治违法排污企业，保障群众健康环保专项行动，改进对环境违法行为的处罚方式，加大执法力度。同时，要开展环境法律法规执行和环境问题整改情况后督察，健全重大环境事件和污染事故责任追究制度。总之，在基本国策已经确定下来的情况下，落实是关键。

加强生态国策的协调。开展生态治理就是要推进国策之间的协调，以便发挥其整体效应。①协调国策制定和国策执行的关系。执行国策必须遵循科学的程序。要从“基本国情—国策制定—国策施行—国策评估—国策反馈”等环节入手，对于相关国策的执行效果进行综合评价，严格监督落实，从而为基本国策的科学执行提供客观而准确的基础数据。②协调基本国策和其他国策的关系。在可持续领域，计划生育、节约资源、保护环境三者构成了基本的生态国策体系；其他政策都隶属于这个体系，处于这个体系的不同层次。否则，每一个部门都强调自己工作的基本国策地位，那么，也就无基本国策可论。在现实中，必须围绕着基本国策来执行其他国策。③协调同一国策的不同执行部门之间的关系。在基本国策执行的过程中，往往会涉及不同的政府部门和机构。例如，保护环境的基本国策同水利、土地、能源、环保等部门都有所关联，而这些部门又各司其职、自成体系。这样，在处理问题上就容易出现推诿和协调不力的问题。为此，必须进行系统规划与有效协调。唯有如此，才能促进基本国策真正指导生态治理，生态治理成果真正惠及人民。

另外，为了进一步贯彻和落实生态基本国策，还必须做好相关的教育工作，以便增进公众对这些国策的认同，这样，有利于国策的执行并提高其效果。

要加强基本国情、基本国策和有关法律法规的宣传教育，增强全社会的人口意识、资源意识、节约意识、环保意识，组织和引导广大人民群众积极参与人口资源环境工作。

——胡锦涛：《调整经济结构和转变经济增长方式是缓解人口资源环境压力的根本途径》（2005年3月12日），《十六大以来重要文献选编（中）》，北京：中央文献出版社，2006年，第826页。

总之，在明确和完善生态基本国策的基础上，必须充分发挥政策的杠杆作用，加强对可持续领域的宏观调控，这样，才能确保生态文明建设持续、稳定、健康的进行。

## 三、生态治理的体制选择

只有在中国特色社会主义民主制度内实现政治的生态化，发展生态政治尤其是生态民主，才能有效推进生态治理。

### （一）全力打造生态服务型政府

在生态治理中，必须坚持政府的主导地位，政府则要适应生态化的要求，将自身打造成为生态服务型政府。

打造生态服务型政府的战略意义。打造生态服务型政府对于转变政府职能和加强生态治理都具有重大的意义。①有助于强化政府的经济调节职能。将政府打造成为生态服务型政府，就是要自觉将生态经济规律作为宏观管理的依据和手段。这样，在促进可持续发展的同时，就可进一步强化政府的经济调节职能。②有助于强化政府的市场监管职能。政府不仅要监管企业的资源消耗、污染排放、产品的生态安全标准等情况，而且要监管土地市场、资源企业、环保产业的综合效益，这样，就可进一步扩展政府市场监管的职能。③有助于强化政府的社会管理职能。政府必须切实维护人民群众的环境权益，动员人民群众参与生态文明建设，科学引导环境群体性事件，这样，在实现生态参与和维护生态公平的基础上，就可进一步强化政府的社会管理职能。④有助于强化政府的公共服务职能。生态环境是社会存在和发展的自然物质条件，是整个可持续发展的基本保证，因此，保护生态环境是政府向全社会提供的公共服务之一。加强政府在生态治理中的地位和作用，就是要强化政府的公共服务职能。可见，为全社会提供生态服务是政府责无旁贷的责任和义务。

打造生态服务型政府的基本要求。生态服务型政府是一个自觉将促进生态建设作为自身职能和使命的政府。①保护生态环境权益。生态需求是人民群众的基本需求，环境权益是人民群众的基本权益，因此，满足人民群众的生态需求、维护人民群众的环境权益，是生态服务型政府的基本职能。②维护生态环境安全。生态环境安全是比传统安全更为基本和要害的安全。只有生态环境安全得到保障，人们才能正常地生产和生活。因此，保障生态环境安全是生态服务型政府的基本职能。③推动生态环境参与。建设社会主义生态文明，是全体人民群众共同的事业。政府环境管理的基本职能之一就是要有效地动员和组织人民群众参与生态文明建设。④实现生态环境公正。生态治理涉及多方利益，因此，生态服务型政府的最基本职能就是要实现生态公正。唯有如此，政府才能真正有效地实现生态治理。

打造生态服务型政府的主要举措。目前，重点工作是：①制定和执行生态导向性的国家政策。生态治理必须坚持以下政策：a. “三同时”政策。在新、改、扩建的项目、工程以及自然开发的过程中，防治污染和保护环境的设施必须与主体工程同时设计、同时施工、同时投产。b. “三同步”政策。经济建设、城市建设和环境建设必须同步规划、同步实施、同步发展。c. “三统一”原则。社会经济发展必须坚持生态效益、经济效益和社会效益的统一。②确保生态文明建设的人财物的投入。由于人口资源环境工作具有很强的公益性，因此，确保生态文明建设投入是生态服务型政府的基本职能。在人口领域，各级财政必须确保投入的稳定增长，明显提高财政保障能力和水平，基本确立财政为主的人口计生经费投入保障机制，大力落实“人口和计划生育财政投入增长幅度高于经常性财政收入增长幅度”的要求。在环境领域，必须加大对污染防治、生态保护、环保试点示范和环保监管能力建设的资金投入。当前，地方政府投入重点解决污水管网和生活垃圾收运设施的配套和完善，国家继续安排投资予以支持。只有确保生态治理的投入，才能保证生态文明建设的有效进行。③切实转变政府职能。政府部门必须大兴密切联系群众之风，加强对服务群众、联系群众制度和维护群众权益机制建设及执行情况的监督检查，认真解决群众反映强烈的突出的人口资源环境问题，切实维护群众生态环境权益。总之，只有建立科学而有效的对策体系，才能增强生态治理的实效。

可见，建立生态服务型政府是建立公共服务型政府的题中应有之义。

### （二）大力完善生态治理的体制

生态治理需要体制创新。生态治理体制的创新是生态治理产生实效的重要推手。

改革政府生态治理体制的必要性和重要性。我国目前的生态治理具有浓厚的行政色彩，存在着效率普遍较低的问题。①重发展导向轻环保价值。由于对GDP的盲目追求而忽视了生态环境效益，导致生态文明建设中的预防性战略在现实中难以实施，大部分可持续政策都是应对问题与事故的应急性对策，具有滞后性的特点。②重机构设置轻行政效率。尽管我们已经建立了较为完善的可持续管理部门，但是，由于相应的法制建设没有跟上，这些部门的权威性往往不足，致使生态治理中存在着较为严重的监管不力、处罚软弱的现象。③重各自利益轻相互协调。由于目前可持续管理存在着多部门、多层次的特点，这样，在部门庞杂的情况下，自然理念多样，政出多方，缺乏效率。同时，由于地方保护主义的干扰，中央政策在地方往往大打折扣。④重集中决断轻协商决策。目前的政策出台往往是以决断的方式进行的，科学决策、民主决策和依法决策的要求并没有得到有效的落实，更没有考虑决策的生态化要求，公众参与的平台与人民群众的期望相差甚远。因此，我们必须谋求体制创新。

改革政府生态治理体制的基本原则。改革生态治理体制，必须科学设计、有序推进。①人民性原则。在生态治理中，必须以保障满足人民群众的生态需求、维护人民群众的环境权益作为目的和方向。在此前提下，必须广泛发动人民群众参与生态治理。②永续性原则。政府必须科学规划发展战略，合理调整发展政策，促进绿色经济、循环经济、低碳经济的发展。③规范性原则。政府不仅要按照可持续领域的法律和法规进行管理，而且要按照这些法律和法规规范自身的执法行为。例如，我们必须加强人口计生文明执法工程建设。④高效性原则。政府必须从优化组织机制、管理机制和工作机制入手，合理配置行政资源，减少行政成本，提高办事效率。⑤公平性原则。政府必须全力解决生态环境善物为少数人享有、生态环境恶物为多数人遭受的问题，切实维护生态公平正义。只有在适宜的体制下，生态治理才能发挥其应有的作用。

改革政府生态治理体制的主要选择。目前，我们要紧密围绕党的十八届三中全会通过的《中共中央关于全面深化改革若干重大问题的决定》提出的“加快生态文明制度建设”的精神，重点抓好以下工作：①强化绿色管理职能。加强生态治理是各级政府、政府各个部门的共同责任，因此，必须将绿色管理渗透和内化到整个政府工作中，渗透和内化到经济调节、市场监管、社会管理和公共服务中。②实现部门职能整合。为了提高生态治理的效率，既可以学习德国“共同部级程序规则”的经验，完善部级综合协调机制，也可以尝试进行大部制改革，整合相关政府部门的职能。此外，要进一步提高地区、部门、上下之间的协作能力。③促进生态综合决策。为了实现决策的生态化，必须进行“环境–发展”综合决策。为此，必须加强环境影响评估。要依法对重点流域、区域开发和行业发展规划以及建设项目开展环境影响评价。健全规划环境影响评价和建设项目环境影响评价的联动机制。完善建设项目环境保护验收制度。加强对环境影响评价审查的监督管理。对环境保护重点城市的城市总体规划进行环境影响评估，探索编制城市环境保护总体规划。④综合运用治理手段。政府必须运用行政的、经济的、科技的、法律的等复合手段来推进生态治理。⑤建立垂直领导体制。由于地方环保部门受地方政府领导，依赖地方资源，结果导致在环境执法中听任行政命令的问题时有发生。为此，必须探索建立垂直领导的体制，由国家环境部统一领导和管理地方各级环境行政部门。当然，没有整个行政体制改革的成功，单纯的政府生态治理体制改革不可能完成。

总之，改革政府生态治理体制是推进政府体制改革和加强生态治理的契合点和着力点。

### （三）努力构筑生态治理的合力

生态治理同样需要全社会的广泛参与和积极支持，必须努力构筑生态治理的社会合力。

完善生态治理的社会参与机制的基本要求。生态治理的社会参与是指，在党委领导下，在政府发挥主导作用的前提下，搭建公众对话、参与和合作的平台，促进其他社会主体共同参与、广泛互动，从而促进人与自然的和谐发展。一方面，必须广泛吸收，群策群力。除了党委和政府之外，生态治理的主体既包括人大、政协这一类机构，也包括工会、共青团、妇联等人民团体，还包括科技界、教育界、法律界、新闻界、环境民间组织以及个人和家庭。当然，企业在履行其生态环境责任的同时，也必须参与生态治理。只有在全社会都行动起来的情况下，才能实现生态治理的目标。另一方面，必须各司其职，协同配合。在生态治理中，各个主体必须发挥自己的优势和特长来开展活动。例如，人大主要负责监督政府的环境管理情况，开展可持续领域的立法、执法检查。政协要利用广泛联系社会各界的优势，开展生态文明参与方面的社会动员，为生态文明建设和生态文明治理出谋划策。其他主体在生态文明建设的民间资本筹措、生态文明建设的监督反馈、生态文明建设的决策咨询等方面，都可以发挥自己独特的积极的作用。最后，各个主体的作用必须要整合成为一种整体性的力量。为此，要本着和衷共济的精神，精诚合作，共同为生态治理而努力。在社会主义市场经济的条件下，可以将生态治理的社会参与主体简化为国家（政府）、市场（企业）和社会（个人、家庭、非政府组织）之间在生态治理上的分工和合作的关系。

完善生态治理的社会参与机制的注意事项。在生态治理中，必须把握好社会参与的边界。①不能在中国发展绿党。20世纪七八十年代兴起于西方国家的绿党，改变了西方传统政治的版图。其主导思想为倡导生态的永续性发展与社会正义、关注民主与世界和平等等。在诞生之初，其清新而激进的绿色形象吸引了世人的注意。但是，大部分绿党在谋求自身发展的过程中，逐渐开始背离初衷。例如，德国绿党在支持北约出兵伊拉克的问题上，显示出了与其“非暴力”宗旨相背离的态势。可以说，绿党的局限性在于没有明确认识到当代资本主义的本质属性。绿党的性质与宗旨同我国的国情和人民的利益不相符合。因此，在中国不能发展绿党，由中国共产党来领导人民开展生态治理是符合国情和人民利益的选择。②必须科学对待社会参与。在生态治理中，不能将公众的环境诉求视为经济社会发展的阻碍甚至是社会动乱的根源，不能将环境运动看作是像“文化大革命”那样的群众运动甚至是像“天鹅绒革命”和“茉莉花革命”那样的动乱，不能将环境非政府组织看作是无政府甚至是反政府的力量，而必须将之视为推动生态治理和生态文明建设的动力。没有群众的支持和配合，生态治理不可能成功，社会稳定也无从谈起。为此，党和政府必须致力于搭建公众参与生态治理的平台。

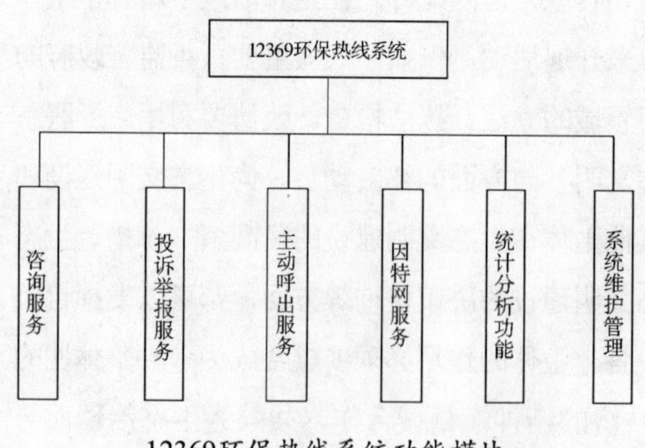

12369环保热线系统功能模块

完善生态治理的社会参与机制的主要选择。完善生态治理的社会参与机制，涉及社会系统的诸多领域。①畅通可持续信访渠道。目前，许多环境群体性事件是由于信息不对称和矛盾长期得不到有效解决而导致的。为此，在保障人民群众的环境知情权的同时，必须畅通可持续领域的信访渠道。例如，必须建立健全环境保护举报制度，畅通环境信访、12369环保热线、网络邮箱等信访投诉渠道，鼓励实行有奖举报。关键是必须以群众工作统领可持续领域的信访工作。②推动可持续群众自治。基层民主是社会主义民主最广泛的实践，也是发展社会主义民主的基础性工作。在生态治理领域推进基层民主就是要推动可持续领域的群众自治，发挥村委会、居委会和职代会在生态治理中的作用。同时，要大力开展可持续领域的其他自治活动。例如，必须充分发挥计生协会的作用，依法制定计划生育村民自治章程或村规民约。③完善可持续纠错机制。批评和自我批评是我们党的优良作风。对于群众的批评，党和政府必须秉持有则改之无则加勉的原则。为此，必须树立有效的反馈和纠错机制，形成"决策—实践—反馈—再决策"的良性循环治理机制。这样，才能确保生态治理取得预期的成效。

总之，只有在共同参与的基础上进行生态治理，才能切实维护人民群众的环境权益。

生态民主是社会主义民主在生态治理上的体现和运用，是政府主导和公众参与的双向互动，要求公共利益与个体利益的双重实现，是对话也是协商，是公民意识更是社会责任。

## 四、生态治理的法治保障

为了有效推进生态治理，必须将生态文明建设和生态治理纳入依法治理的轨道。这既是依法治国的重要内容，也是开展生态文明建设和生态治理的基本保障。

> ……坚持依法办事，把人口资源环境工作纳入法制轨道。继续加强人口资源环境方面的立法以及有关法律法规的修改工作，真正做到有法可依。严格执行已经颁布的有关法律法规。研究解

决法违法成本低、守法成本高的问题，依法严肃查处破坏资源和环境的行为。各级人大要加强对人口资源环境工作的执法监督检查，司法部门要加大对人口资源环境犯罪案件的查处力度。要深入贯彻实施《行政许可法》，规范行政权力，严格行政责任，全面推进行政管理部门依法行政。

——胡锦涛：《在中央人口资源环境工作座谈会上的讲话》（2004年3月10日），《十六大以来重要文献选编（上）》，北京：中央文献出版社，2005年，第860—861页。

### （一）开展生态治理必须做到有法可依

加强生态治理必须建立健全可持续法律体系，为生态治理提供有力的法律支撑。

我国已初步建立起社会主义可持续法律体系。从层次来看，既包括宪法，也包括可持续具体领域的法律；既包括专门的法律，也包括其他法律中有关可持续的规定（如，《民事诉讼法》对环境公益诉讼的规定）；既包括国家法律，也包括行政和地方法规。在人口领域，颁布了《人口和计划生育法》。在资源领域，制定了《水法》、《土地法》、《矿产资源法》等法律。在能源领域，出台了《煤炭法》、《可再生能源法》、《节约能源法》、《电力法》等法律。在环境领域，既包括《环境保护法》，也包括防治大气污染、水污染、海洋污染、噪声污染、固体废物污染、放射性污染等的专门法律；既包括防御性的法律，也包括像《环境影响评价法》这样预防性的法律；既包括单纯的环境保护领域的法律，也包括像《清洁生产促进法》、《循环经济促进法》这样的环境经济等法律；既包括国内法，也参与了一些重大国际环境公约。在生态领域，制定有《草原法》、《森林法》、《野生动物保护法》、《水土保持法》、《防沙治沙法》等法律。在防灾减灾领域，颁布了《防震减灾法》、《气象法》、《突发事件应对法》等法律。显然，在依法治国的框架下，生态治理基本上已解决了有法可依的问题。

尽管如此，我国的可持续立法仍然存在一些有待完善的地方。①立法理念滞后。目前的可持续立法仍然属于事后弥补型，对于生态文明的优先地位认识不够，尤其是在应对环境群体性事件方面缺乏相应的法律依据。②基本法缺失。尽管我国已形成了一套环境法体系，但是，较为零散。虽然出台了《环境保护法》，但是，该法对于整个环境法不具有统率地位。③配套法律不健全。在可持续领域，仍然存在着许多立法空白，尤其是相关的配套法律不完善。显然，我国可持续立法任重道远。

为了适应生态文明建设的迫切要求，必须大力加强可持续立法。按照完善中国特色社会主义法律体系的总要求，重点要做好以下工作：①加大法律赋权。必须将建设生态文明上升到国家意志的高度，用宪法的形式确定下来，为推动生态文明建设和生态治理提供宪法依据和保障。建议将保障人民群众环境权益的条款写入宪法，宣示国家保护“环境权”的立场，为预防环境事故和环境事件提供宪法上的规范，为引导和解决环境群体性事件提供宪法依据。②协调法律关系。建议以宪法为可持续领域的根本法，以“生态文明建设法”或“可持续发展法”为整个可持续领域的基本法，以“环境保护基本法”为整个环境保护领域的基本法，以大气、土壤、水环境等方面的法律为环境领域的具体法，构筑一个多层次的相互协调的法律体系。其中，“生态文明建设法”或“可持续发展法”是整个可持续领域的基本法律规定，“环境保护基本法”是整个环境保护领域的基本法律规定，要协调发挥相关法律的作用。③完善法律体系。重点问题有：为了有效应对环境群体性事件易发、多发的实际，可考虑将《环境信访办法》提升为法律，制定环境权益保护法、环境保护运动法、环境民间组织法等法律；为了推动环境公益诉讼，在《刑事诉讼法》和《行政诉讼法》中加入环境公益诉讼的内容，或者将分散在其他诉讼法中的法律整合起来制定统一的“环境公益诉讼法”；等等。只有以生态文明为指导思想开展可持续立法，才能建立起完善的社会主义可持续法律体系。

为了进一步完善可持续立法工作，在立足国情的基础上，还必须科学借鉴国际上的有益经验。

## （二）开展生态治理必须做到有法必依

为了促进全社会按照可持续法制行事，必须在全社会牢固树立守法、知法的理念。

在履行生态责任方面，政府也必须率先垂范。①依法履行环境管理的职能。政府过去的环境管理偏重于运用行政手段，根据新形势和新任务，现在必须转变为综合运用法律、经济、技术和必要的行政办法进行环境管理。尤其要注重法律手段的作用。同时，政府必须积极贯彻《行政许可法》以及其他相关法律，在法制轨道内行使行政权力，必须杜绝乱作为、不作为的情况。②依法规范政府的生态环境行为。政府行为同样对生态环境有一定影响，因此，政府必须依法规范自身的行为。例如，在政府采购方面，要积极推行绿色采购，避免重复性采购、浪费资源等现象的发生；在节能减排方面，要本着节能清洁的原则使用办公设备、办公空调、公务用车等。总之，只有政府依法行政，才能为全社会营造良好的守法环境。

在追求经济利益的过程中，企业还必须履行相应的生态责任。①否定性的生态责任。企业生态责任是指企业不违反关于自然保护、环境保护和劳动保护等的法律规定。即企业不能采用资源和能源消耗高的生产方式和技术手段，要承担反对高消耗的责任。企业的生产和经营不能造成环境污染，要承担反污染的责任。企业不能采用容易造成损害劳动者生态健康和环境健康的生产方式与管理方式，要承担反对危害劳动安全的责任。②肯定性的生态责任。企业必须将生态理性精神尤其是生态法制精神贯穿于生产和经营中，大力开发和研发无害于生态环境和人体健康的新技术与新产品，采用清洁生产工艺，将绿色会计和绿色审计等管理手段引入企业管理当中，努力实现生态效益、经济效益和社会效益的统一。只有企业严格遵循可持续法律，那么，才能从根本上避免外部不经济性。

公民生态责任更多地是一种事前责任和义务责任。①计划生育的责任。《人口法》规定，公民有生育的权利，也有依法实行计划生育的义务，夫妻双方在实行计划生育中负有共同的责任。因此，公民有责任自觉履行计划生育的法律义务。②保护资源的责任。《水法》规定，国家鼓励个人依法开发、利用水资源，并保护其合法权益。开发、利用水资源的个人有依法保护水资源的义务。推广开来，公民有责任自觉履行保护资源的法律义务。③保护环境的责任。《环境保护法》规定，一切个人都有保护环境的义务，并有权对污染和破坏环境的单位与个人进行检举和控告。因此，公民有责任自觉履行保护环境的法律义务。④保护生态的责任。《森林法》规定，植树造林、保护森林，是公民应尽的义务。所以，公民有责任自觉履行保护生态的法律义务。⑤防灾减灾的责任。《防震减灾法》规定，任何个人都有依法参加防震减灾活动的义务。推广开来，公民有责任自觉履行防灾减灾的义务。总之，在法律层面上做到人人自律、人人守法，是生态治理的坚实的社会基础。

只有政府、企业和公民都能够做到知法守法，才能在全社会形成知法守法的环境，最终才能保证生态治理得以顺利开展。

### （三）开展生态治理必须做到执法必严

执法部门必须依法行政，秉公执法，决不能徇私枉法，侵害人民群众的环境利益。

可持续执法存在的问题。拿环境执法来看，主要问题是：①执法权威有限。由于对环保部门的法律授权有限，导致执法权威不足。面对污染严重的企业，环保部门无查封、冻结、扣掉、强制划拨、停业、关闭等权力。②执法规范不够。现在，环境执法的乱作为和不作为都时有发生。例如，有的地方政府违规批准存在严重污染的建设项目，而环保部门对之长期监管不力。另外，也存在着适用法律法规不准确甚至错误、执法程序不规范甚至违法等问题。③配套措施欠缺。例如，由于干部考核中没有约束力的环境指标，一些干部为了个人政绩而不重视环境保护，甚至充当污染大户的保护伞。④社会监督不够。我国还没有建立起多元参与配合的环境执法监督体系。一些监督主体有监督之名而无监督之实。如果不正视、不纠正这些问题，那么，环境法治和生态治理就无从谈起。

加强可持续执法的措施。必须按照执法必严的要求加强可持续执法。①强化执法权威。为了强化环保部门的权威，必须加大其法律授权。一是要加大环保部门的罚款权限。只要符合相关法律法规，环保部门就可以加大处罚力度，罚款数额实行上不封顶。二是要授权环保部门强制的权限。对于严重污染环境而屡教不改的企业，环保部门必须有权运用查封、冻结、扣掉、强制划拨、停业、关闭等强制手段。②提高执法规范。针对执法乱作为和不作为，既要加强对外执法，也要加强内部制约。在外部，要突出重大环境违法案件和重大信访案件的依法处理程序和制度，对有关责任人要依法严肃处理。在内部，必须完善工作责任制，强化环境执法稽查，建立和完善以行政执法责任制为主的环保系统考核指标系统。③完善配套措施。要根据不同的对象，分类完善环境执法的配套措施。对于企业尤其是污染企业，必须确保环境法律所制定的各项制度得以有效实施。对于违反资源环境保护、不执行环境影响评价的责任者务必进行严厉惩治。对于污染受害者，要完善法律援助机制，保护其合法环境权益。对于党政干部，要将环境指标作为考核的重要指标，对不执行环境法律法规的行为提出相应的党纪和政纪处分，建立重大资源事件和破坏生态环境案件的责任追究制度。④加强社会监督。党的十八届三中全会提出，必须“及时公布环境信息，健全举报制度，加强社会监督”[①]。为此，必须建立多元参与的环境执法监督体系。上级政府要加强对下级政府执行环境法律法规的监督管理。各级人大和司法部门必须积极主动地加强对环境执法工作的监管力度，切实维护生态治理严格执法的法治环境。在企业内部，应该建立环境监督制度，向执法机关如实报告企业执行环境法律的情况，尤其是要加强对企业违反环境法律的监督。要完善社会参与环境执法监督的机制，充分发挥环境民间组织和环境志愿者的作用，建立和完善环境执法义务监督员制度。可见，只有积极创新环境执法体制，才能达到执法必严的效果。

总之，只有严格执法，才能保证可持续法律的实际效用，切实维护人

① 中共中央关于全面深化改革若干重大问题的决定. 北京：人民出版社，2013：54.

民群众的环境权益。

### （四）开展生态治理必须做到违法必究

为了营造公平、公正、有序的法制环境，在生态治理中必须做到违法必究。

当前，我国资源破坏和环境污染造成的危害已经达到了十分严重的程度，由此引发的环境群体性事件也层出不穷。例如，2011年，发生有云南曲靖陆良公司铬渣污染事故、蓬莱康菲中国石油的海底漏油事件等。之所以如此，一个重要原因就是违法成本低、守法成本高。这使得很多单位、企业、个人藐视可持续法律，忽视人民群众环境权益和生态效益，铤而走险。因此，必须在社会主义可持续法律框架内，依法严肃查处违反可持续法律的各种行为。

可持续法律规定了对违反法律规定者所应承担的法律责任。①依法合理解决环境民事纠纷。环境民事纠纷主要涉及那些因破坏与污染环境造成的利益主体之间的民事纠纷。由于环境民事纠纷属于民事纠纷的范畴，因此，解决民事纠纷的方式同样适用解决环境民事纠纷。由于其涉及群众环境权益，因此，必须予以合法合理解决，避免行政权力过多干预。②依法严厉打击环境刑事犯罪。重大环境污染事故罪、非法处置或擅自进口固体废物罪、非法捕捞水产品罪、非法捕猎和狩猎罪、非法占用耕地罪、破坏矿产资源罪、滥伐和盗伐森林罪，都属于我国刑法规定的破坏环境资源罪，必须依法加大打击这类犯罪。党的十八届三中全会提出："对造成生态环境损害的责任者严格实行赔偿制度，依法追究刑事责任。"[①]因此，在判处徒刑和课以罚款时，应该在现有法律框架内采取就高的原则，以起到威慑的作用。③依法严肃处理环境行政违法。这里的环境行政违法特指以下情况：作为环境管理主体的政府机构及其工作人员在处置污染事件中的乱作为和不作为而侵害污染受害者权益的行为。主要包括：政府尤其是环

---

① 中共中央关于全面深化改革若干重大问题的决定. 北京：人民出版社，2013：54.

保部门拒绝履行保护人身权、财产权的法定环境职责的行为，侵犯其他人身权、财产权甚至是政治权、劳动权、文化权、受教育权的行为。通过严肃处理这些违法行为，可以督促政府更好地履行其生态治理的职责。④依法合理引导环境群体性事件。对于违法违规造成污染而引发群体性事件的责任者，必须依照其法律责任严肃处理；对于袒护污染肇事者而引发群体性事件的党政部门和干部，必须依照其法律责任严肃处理；对于污染受害者必须施以必要的法律援助，维护其合法的权益；对于以暴力方式进行环境维权的行为主体，同样必须依法严肃处理。为此，可以推广设立环境保护专门法庭的经验。

**属于行政处罚的环境违法类型、实施依据和处罚种类**

| 环境违法类型 | 《环境保护法》依据 | 处罚种类 |
|---|---|---|
| 违反环境影响评价 | 第13条等 | （1）停建，补办手续，逾期不补办手续处以罚款；（2）擅自新建禁止建设项目的处以罚款 |
| 违反“三同时”制度 | 第26、36条等 | （1）责令停产或者使用；（2）责令停止违法行为，限期改正；（3）罚款 |
| 违反排污申报登记制度 | 第27条等 | （1）警告；（2）罚款 |
| 违反排污许可证制度 | 第38条等 | （1）警告；（2）罚款 |
| 违反排污费征收使用管理制度 | 第28条等 | （1）责令限期缴纳，逾期不缴纳的处应缴纳排污费数额一倍以上三倍以下罚款；（2）责令停产停业整顿 |
| 违反限期治理制度 | 第29条等 | （1）加倍征收超标准排污费；（2）并处罚款 |
| 违反现场检查制度 | 第14条等 | （1）警告、责令限期改正；（2）罚款 |
| 违反环境污染与破坏事故的报告及处理制度 | 第31条等 | 根据所造成的危害和损失处以罚款 |

只有确保违法必究，才能有效杜绝可持续领域的违法犯罪行为。

总之，在依法进行生态治理的过程中，有法可依是前提，有法必依是核心，执法必严是关键，违法必究是保障。

## 五、气候外交的公平诉求

在对内开展生态治理的基础上，中国要更为积极地参与环境外交尤其是气候外交。目前，气候外交是环境外交中最为突出的事项，是对中国和平发展具有重大影响的问题。

### （一）气候外交在国际环境事务中的地位和作用

目前，气候变化是国际环境事务关注的重大议题，应对气候变化是全人类共同的责任，因此，气候外交成为解决气候问题的重要的国际环境事务。

气候外交是国际环境事务和环境外交的重要事项。一方面，气候外交是一种传统外交，涉及国际合作，以及官方交涉、谈判等等，主权国家亦会根据和利用气候问题达到一定的政治目的和外交目的。另一方面，气候外交是一种新型外交，属于环境外交的一种，并且是目前涉及全球气候和政治的一项影响最广且争议最为集中的外交事务，不仅直接影响着每一个国家的环境和发展，而且影响着全球的可持续发展。作为国际性组织，联合国是气候外交最早也是最有力的行为主体。1972年联合国人类环境会议之后，气候外交就已崭露端倪。1992年，里约大会通过了《联合国气候变化框架公约》（气候公约）。该公约是国际社会应对全球气候变化问题进行国际合作的主体框架。气候公约于1994年生效，目前缔约方为190余个。1997年，气候公约缔约方在日本京都召开会议，对减排温室气体的种类、主要发达国家的减排时间表和额度等做出具体规定，并通过了《京都议定书》。自气候公约开始缔结以来，气候外交就开始在外交领域占据重要地位。

《联合国气候变化框架公约》的原则。为实现气候公约的目标和履行其各项规定，气候公约确定各缔约方应以下列原则作为指导：①各缔约方应当在公平的基础上，并根据它们共同但有区别的责任和各自的能力，为人类当代和后代的利益保护气候系统。因此，发达国家缔约方应当率先应对气候变化及其不利影响。②应当充分考虑到发展中国家缔约方尤其是特别易受气候变化不利影响的那些发展中国家缔约方的具体需要和特殊情况，也应当充分考虑到那些按气候公约必须承担不成比例或不正常负担的缔约方特别是发展中国家缔约方的具体需要和特殊情况。③各缔约方应当采取预防措施，预测、防止或尽量减少引起气候变化的原因，并缓解其不利影响。当存在造成严重或不可逆转的损害的威胁时，不应当以科学上没有完全的确定性为理由推迟采取这类措施，同时考虑到应付气候变化的政策和措施应当讲求成本效益，确保以尽可能最低的费用获得全球效益。为此，这种政策和措施应当考虑到不同的社会经济情况，并且应当具有全面性。应付气候变化的努力可由有关的缔约方合作进行。④各缔约方有权并且应当促进可持续发展。保护气候系统免遭人为变化的政策和措施应当适合每个缔约方的具体情况，并应当结合到国家的发展计划中去，同时考虑到经济发展对于采取措施应付气候变化是至关重要的。⑤各缔约方应当合作促进有利的和开放的国际经济体系，这种体系将促成所有缔约方特别是发展中国家缔约方的可持续经济增长和发展，从而使它们有能力更好地应付气候变化的问题。为对付气候变化而采取的措施，包括单方面措施，不应当成为国际贸易上的任意或无理的歧视手段或者隐蔽的限制。可见，“共同但有区别的责任”是气候公约的首要和核心的原则。

目前，气候外交的焦点在于如何围绕着履行《联合国气候变化框架公约》来实现节能减排的目标，以控制全球气候变暖。

### （二）中国参与气候外交和国际合作的原则

在参与气候外交、履行自身责任和义务的同时，中国始终坚持《联合国气候变化框架公约》确定的“共同但有区别的责任”的原则。

> 坚持共同但有区别的责任原则、公平原则、各自能力原则，同国际社会一道积极应对全球气候变化。
>
> ——胡锦涛：《坚定不移沿着中国特色社会主义道路前进　为全面建成小康社会而奋斗——在中国共产党第十八次全国代表

大会上的报告》（2012年11月8日），北京：人民出版社，2012年，第40—41页。



中国参与气候外交的原则框架。国际社会在共同应对气候变化方面应该坚持以下原则：①履行各自责任是核心。“共同但有区别的责任”原则凝聚了国际社会共识。坚持这一原则，对确保国际社会应对气候变化努力在正确轨道上前行至关重要。发达国家和发展中国家都应该积极采取行动应对气候变化。发达国家应该完成《京都议定书》确定的减排任务，继续承担中期大幅量化减排指标，并为发展中国家应对气候变化提供支持。发展中国家应该根据本国国情，在发达国家资金和技术转让支持下，努力适应气候变化，尽可能减缓温室气体排放。②实现互利共赢是目标。气候变化没有国界，任何国家都不可能独善其身。应对这一挑战，需要国际社会同舟共济、齐心协力。支持发展中国家应对气候变化，既是发达国家应尽的责任，也符合发达国家的长远利益。我们应该树立帮助别人就是帮助自己的观念，努力实现发达国家和发展中国家双赢，实现各国利益和全人类利益共赢。③促进共同发展是基础。发展中国家应该统筹协调经济增长、社会发展、环境保护，增强可持续发展能力，摆脱先污染、后治理的老路。同时，不能要求发展中国家承担超越发展阶段、应负责任、实际能力的义务。从长期看，没有各国共同发展，特别是没有发展中国家发展，应对气候变化就没有广泛而坚实的基础。④确保资金技术是关键。发达国家应该担起责任，向发展中国家提供新的额外的充足的可预期的资金支持。这是对人类未来的共同投资。气候友好技术应该更好地服务于全人类共同利益。应该建立政府主导、企业参与、市场运作的良性互动机制，让发展中国家用得上气候友好技术。[①]上述内容构成了中国参与环境外交尤其是气候外交的基本原则框架。

中国参与气候外交的核心原则。“共同但有区别的责任”原则是中国

---

① 胡锦涛．携手应对气候变化挑战——在联合国气候变化峰会开幕式上的讲话．人民日报，2009-09-23（2）．

参与气候外交的核心原则。①“共同但有区别的责任”原则的客观依据。从历史来看，工业化以来，发达国家大量排放二氧化碳等温室气体，占全球排放总量的80%。据测算，二氧化碳一旦排放到大气中，短则50年，最长约200年不会消失。即目前大气中残存的二氧化碳主要是由西方国家工业化造成的。因此，如果说二氧化碳是导致气候变化的直接诱因，那么，发达国家才是全球气候变化的主要责任者。从现实来看，发达国家至今仍属于资源能源消耗型大户，属消费型排放。而广大发展中国家仅是近几十年才开始工业化，其历史排放少、人均排放水平低；发展中国家基本处于全球化时期的经济发展底层与国际产业链低端，其排放主要为生存排放和国际转移排放；发展中国家目前经济发展水平有限，大量人口仍挣扎在贫困线上，缺乏有效应对气候变化的能力和手段。在这种情况下，坚持“共同但有区别的责任”就显得尤为重要。②“共同但有区别的责任”原则的辩证要求。在开展气候外交的过程中，必须处理好共同和区别的辩证关系。a．共同是前提。共同性是气候变化问题的基本属性。气候问题无国界，危及全球利益和全人类利益，任何国家和民族都不能置身事外。由于气候问题是世界各国共同面临的巨大挑战，深刻地影响着人类的生存和发展，因此，解决气候问题需要国际社会的齐心协力，世界各国具有共同的责任与义务。b．区别是要害。发达国家主要面临的是推行绿色消费、减少碳排放的问题，发展中国家却正在为如何提高资源利用效率、解决常规环境污染而困惑，因此，其解决环境问题的重点不同。因此，对发达国家而言，应当积极履行自身责任，完成《京都议定书》中所确定的减排任务，继续量化并承担减排指标，并积极为发展中国家提供资金和技术援助。对发展中国家来说，当前最需要做的是依据本国实际国情，凭借援助，积极减缓并减少温室气体的排放，努力实现可持续发展。可见，积极履行各自不同但互相适应的责任，是坚持“共同但有区别的责任”原则的基本要求。

总之，“共同但有区别的责任”原则是世界各国合作以应对全球气候变化的核心原则，也始终是中国参与气候外交的基本立场和基本原则。

### （三）中国对全球节能减排的重大贡献

当代中国在应对全球气候变化、实现节能减排方面做出了重大贡献。

当代中国在气候问题上的国际贡献。中国既是可持续发展理念的积极倡导者，也是坚定的践行者和友好的合作者。中国尽最大努力援助广大发展中国家，支持其经济和社会发展事业，促进这些国家和地区走向可持续发展。例如，截至2011年底，中国累计免除50个重债穷国和最不发达国家近300亿元人民币的债务，对38个最不发达国家实施了超过60%的产品零关税待遇，承诺给予绝大多数最不发达国家97%税目的产品零关税待遇，并向其他发展中国家提供了1000多亿元人民币优惠贷款。同时，中国与发达国家在气候变化、环境保护等领域积极建立合作关系并逐渐走向制度化。2012年6月，中国政府总理在联合国可持续发展大会上庄重承诺："为推动发展中国家可持续发展，中国将向联合国环境规划署信托基金捐款600万美元，用于帮助发展中国家提高环境保护能力的项目和活动；帮助发展中国家培训加强生态保护和荒漠化治理等领域的管理和技术人员，向有关国家援助自动气象观测站、高空观测雷达站设施和森林保护设备；基于各国开展的地方试点经验，建设地方可持续发展最佳实践全球科技合作网络；安排2亿元人民币开展为期3年的国际合作，帮助小岛屿国家、最不发达国家、非洲国家等应对气候变化。"[①]可以说，在包括气候外交在内的国际环境事务中，中国承担了与自身能力相符的责任和义务。

当代中国在气候问题上的国内贡献。中国高度重视气候问题，为应对气候变化做出了不懈努力和积极贡献。①中国是最早制定实施《应对气候变化国家方案》的发展中国家。先后制定和修订了《节约能源法》、《可再生能源法》、《循环经济促进法》、《清洁生产促进法》、《森林法》《草原法》和《民用建筑节能条例》等一系列法律法规，把法律法规作为应对气候变化的重要手段。②中国是近年来节能减排力度最大的国家。

---

① 温家宝．共同谱写人类可持续发展新篇章——在联合国可持续发展大会上的演讲．人民日报，2012-06-21（2）．

“节能减排　全民行动”公共标识

2006—2008年共淘汰低能效的炼铁产能6059万吨、炼钢产能4347万吨、水泥产能1.4亿吨、焦炭产能6445万吨。③中国是新能源和可再生能源增长速度最快的国家。2005—2008年，可再生能源增长51%，年均增长14.7%。2008年可再生能源利用量达到2.5亿吨标准煤。农村有3050万户用上沼气，相当于少排放二氧化碳4900多万吨。水电装机容量、核电在建规模、太阳能热水器集热面积和光伏发电容量均居世界第一位。④中国是世界人工造林面积最大的国家。2003—2008年，森林面积净增2054万公顷，森林蓄积量净增11.23亿立方米。目前人工造林面积达5400万公顷，居世界第一。⑤中国始终把应对气候变化作为重要战略任务。中国正处于工业化、城镇化快速发展的关键阶段，能源结构以煤为主，降低排放存在特殊困难，但是，1990—2005年，单位国内生产总值二氧化碳排放强度仍然下降46%。[①]可见，中国在实现可持续发展过程中，在节能减排方面做出了重大的贡献。

当代中国在气候问题上的国际责任。一些发达国家要求中国在气候问题上承担更多的责任，甚至是与发达国家相同的责任。这种立场有失公允。其一，中国的工业化开始较晚、历史较短，因此，相对于发达国家几百年的碳排放历史，中国所产生的温室气体远远低于发达国家的水平。其二，尽管中国碳排放总量很高，但是，中国拥有世界上21%的人口，人均碳排放却不及发达国家平均水平的1/3。其三，尽管中国已跃升为世界第二大经济体，但由于仍处于世界产业链的较低端，成为发达国家转嫁资源压力和环境压力的场所，成为世界上的加工厂，因此，这种“转移排放”

① 温家宝．凝聚共识　加强合作　推进应对气候变化历史进程——在哥本哈根气候变化会议领导人会议上的讲话．人民日报，2009-12-19（2）．

的压力不容忽视。其四，按照世界银行标准，中国还有1.5亿人生活在贫困线以下，发展经济、改善民生的任务十分艰巨。为了改善13亿多人口尤其是广大贫困人口的生活水平、满足其发展需要，“发展排放”在一定时期是不可避免的。因此，“当美国（在过去的温室气体排放中负有最大责任的国家）仍然平均每人产生五倍于中国的温室气体而且仍在增加其排放总量，并将其最具污染性的制造工业转移到像中国这样的半边缘国家时，期望中国采取单方面行动减少温室气体排放也是不切题的”[①]。尽管如此，中国仍然提出，到2020年单位国内生产总值二氧化碳排放比2005年下降40%～45%。在如此短的时间内实现这样大规模降低二氧化碳排放，表明了中国的意志和决心。

今后，在坚持“共同但有区别的责任”原则的基础上，中国将会更多地参与国际气候外交与国际环境政治，积极促进国际环境合作，发挥作为负责任的社会主义大国应有的作用。

在当代中国建设生态文明的进程中，必须积极开展生态治理，推动生态化、民主化、法制化相结合。这既是生态文明建设的政治任务，也是生态文明建设的政治目标。

---

① GARE ARRAN. Marxism and the Problem of Creating an Environmentally Sustainable Civilization in China. Capitalism，Nature，Socialism，Vol. 19，No. 1，2008（3）：5.

# 建设美丽中国的文化目标

加强生态文明宣传教育，增强全民节约意识、环保意识、生态意识，形成合理消费的社会风尚，营造爱护生态环境的良好风气。

——胡锦涛：《坚定不移沿着中国特色社会主义道路前进　为全面建成小康社会而奋斗——在中国共产党第十八次全国代表大会上的报告》（2012年11月8日），北京：人民出版社，2012年，第41页。

建设美丽中国也必须要有自己的文化追求。生态文化是联结自然和文化的纽带，是贯通生态文明建设和文化建设的桥梁。在生态文明建设中，生态文化是文化目标和文化手段的统一。

## 一、生态文化的前进方向

只有将生态文化纳入中国特色社会主义文化中，才能代表中国生态文化的前进方向。

……发展面向现代化、面向世界、面向未来的，民族的科学的大众的社会主义文化，培养高度的文化自觉和文化自信，提高全民族文明素质，增强国家文化软实力，弘扬中华文化，努力建设社会主义文化强国。

——《中共中央关于深化文化体制改革 推动社会主义文化大发展大繁荣若干重大问题的决定》（2011年10月18日），《人民日报》2011年10月26日第1版。

### （一）当代中国生态文化的性质

从其性质来看，当代中国的生态文化是面向现代化、面向世界、面向未来的生态文化。

面向现代化的生态文化。现代化是人类社会不可跨越的发展阶段。现代化必须避免出现生态代价。因此，当代中国的生态文化必须成为面向现代化的文化，建设致力于现代化与生态化“双赢”的生态文化。一方面，必须服从和服务于现代化大局。面对工业化引发的生态环境问题，生态中心主义和后现代主义尤其是解构性后现代主义都将放弃或淡化现代化作为解决问题的灵丹妙药。但是，就我国实际而言，经济发展依然是解决我国一切矛盾的必要的基本的手段。因此，我们的生态文化必须面向经济建设主战场。另一方面，必须引导现代化向生态化的方向发展。传统经济增长方式尤其是现代化道路和模式确实具有不可持续性，因此，必须将生态化贯彻和渗透到经济发展和现代化中，走生态化的现代化之路（生态现代化）。对于我们来说，就是要坚持走新型工业化道路。因此，我们的生态文化必须成为推动生态现代化的文化引擎。总之，作为面向现代化的当代中国生态文化，是为中国特色的生态现代化鸣锣开道的生态文化。

面向世界的生态文化。“世界历史”（全球化）是客观的历史进程，在这样的背景下进行生态文化建设，必须具有世界眼光和开放胸怀。一方面，要坚持“引进来”。走在现代化前列的西方国家比我们更早地遭遇到了生态环境问题，因此，当代生态文化最先萌发于西方。对于我们来说，必须充分利用“后发优势”，充分利用国际生态文化思想资源，构筑当代中国的生态文化。另一方面，要坚持“走出去”。追求人与自然的和谐是中华文化的宝贵传统，在全球性问题的背景下，更显得历久弥新。现在，在马克思主义的指导下，在坚持社会主义基本制度的前提下，按照综合创新的视野，我们又与时俱进地提出了生态文明的科学理念。因此，必须向世界展示中华生态文化的独特魅力，这样，有助于解决全球性问题。总之，只有坚持引进来和走出去的统一，才能保证当代中国的生态文化成为面向世界的生态文化。

面向未来的生态文化。追求人与自然的和谐发展是贯穿人类文明的过去、现在和未来的主题，因此，当代中国的生态文化必须面向未来。①面向智能文明。从社会形态的技术维度来看，科技进步和知识经济将促使人类社会从工业文明走向智能文明，因此，我们的生态文化必须面向智能文明，应该为信息化和生态化的互动提供文化支持，这样，才能促进中国的跨越式发展。②面向共产主义。从社会形态的经济维度来看，针对资本主义造成的人和自然的双重异化，在消灭私有制的基础上，共产主义社会将成为人和自然相统一的社会，因此，克服资本逻辑的生态弊端、建设人与自然和谐的社会主义和谐社会、追求人道主义和自然主义相统一的共产主义的生态目标，是当代中国生态文化建设的题中应有之义。③面向人的发展。从社会形态的主体维度来看，未来社会将是一个建立在物质生产极大发展、人们精神境界极大提高的基础上的人的自由而全面发展的社会，因此，我们的生态文化必须关注和促成人的自由而全面的发展。总之，当代中国的生态文化，既不是像老子和卢梭那样的复古主义的文化，也不是像生态中心主义和解构性后现代主义那样的浪漫主义的文化，而必须成为面向未来的文化。

综上，只有面向现代化、面向世界和面向未来，才能保证当代中国生态文化的先进性。

## （二）当代中国生态文化的形态

从其形态来看，当代中国的生态文化是民族的、科学的、大众的生态文化。

民族的生态文化。在坚持面向世界的同时，当代中国的生态文化必须成为民族的生态文化。①弘扬中国优秀传统生态文化。我们的生态文化建设，必须继承和光大我国传统文化中尊重自然、敬畏自然、克制贪欲、勤俭节约等生态智慧，树立与自然和谐相处的生态理想。今天，我们突出“天人合一”、“民胞物与”的生态价值，不是要对抗马克思主义，而是要抵制生态中心主义和解构性后现代主义的文化侵袭，以捍卫中国文化的主体地位。②立足中国特色社会主义事业。西方社会是在完成现代化任务的情况下提出生态文化的，具有反思性特征；我国是在追赶现代化的过程中提出生态文化的，具有超越性特征。只有坚持中国特色社会主义，才能实现中华民族的伟大复兴。因此，当代中国的生态文化建设，必须立足于中国特色社会主义伟大事业。只有立足于中国特色社会主义，才能保证当代中国传统文化的民族特色。总之，当代中国的生态文化是具有民族特征、中国特色的生态文化。

科学的生态文化。我们的生态文化不能复活“物活论”等神秘文化，必须成为科学的文化。①尊重事实。立足于国情的文化才是科学的文化。人口众多、人均资源和能源占有量少，是我国的基本国情；同时，我国的发展遭遇到了环境污染和生态恶化等问题，严重阻碍了现代化的进程。因此，人口意识、资源意识、能源意识、生态意识、环境意识成为我国生态文化的重要内容。显然，我们的生态文化是基于事实的科学选择。②尊重规律。开发利用自然首先要按自然规律办事。因此，在生态文明建设中，“要倍加爱护和保护自然，尊重自然规律。对自然界不能只讲索取不讲投入、只讲利用不讲建设”[①]。显然，我们的生态文化是以尊重规律为前提和

① 胡锦涛．在中央人口资源环境工作座谈会上的讲话//十六大以来重要文献选编（上）．北京：中央文献出版社，2005：853．

核心的生态文化。③尊重科学。只有在科学发展观的指导下，我们才能走上生产发展、生活富裕、生态良好的文明发展道路。在科学发展观的指导下，通过吸收作为科学文化和人文文化汇流成果的生态科学成就，我们才能建立起科学的生态文化。总之，只有坚持尊重事实、尊重规律、尊重科学，才能保证当代中国的生态文化成为科学的文化。

大众的生态文化。当代中国的生态文化必须成为大众的即人民群众的文化。①为了大众的权益而发展生态文化。在当代中国，发展生态文化不是为了抒发怀古之幽情，而是为了捍卫人民群众的环境权益，也就是要努力让人民群众喝上干净的水、呼吸清洁的空气、吃上放心的食物，在良好的环境中生产和生活。②依靠大众力量来发展生态文化。“依靠群众、大家动手”是我国环境保护的优良传统。在实践过程中，人民群众创造了丰富多彩的生态文化，极大地丰富了社会主义精神文明的内涵。因此，在生态文化建设中，必须充分发挥人民群众的主体作用。③发展生态文化的成果由大众共享。在实现共同富裕的过程中，不仅必须让人民群众共享改革发展的成果，而且必须让人民群众共享发展生态文化的成果。只有这样，才能充分调动他们建设社会主义生态文化的积极性、能动性和创造性。④发展生态文化的成效由大众评价。作为历史创造者的人民群众是一切发展成效的最终评判者。人民群众的环境权益是否得到保障是衡量生态文化建设成效的最高标准。总之，当代中国的生态文化必须成为大众文化即人民群众的文化。

综上，只有保证当代中国的生态文化成为民族的、科学的、大众的生态文化，才能使生态文化成为当代中国生态文明建设的强大的精神动力。

### （三）当代中国生态文化的作用

文化一经产生，就成为人类采取进一步行动的依据，对人类的行动发挥着导向作用和动力作用。当代中国的生态文化同样如此。

当代中国生态文化的育人功能。生态文化是实现人的全面发展的重要途径。①树立生态理想。生态文化建设有助于人们树立人与自然和谐发展的生态理想。一方面，人与自然和谐是社会主义和谐社会的基本要求和特征，因此，生态文化建设有助于人们树立中国特色社会主义的共同理想。另一方面，共产主义是完成了的自然主义和完成了的人道主义的统一，因此，生态文化建设有助于人们树立共产主义的远大理想。最终，生态文化有助于培养有理想的社会主义新人。②弘扬生态道德。生态道德是调节和评价人与自然交往行为的规范体系。通过生态文化建设可以提高人们的生态道德水平，这样，不仅有助于保护自然和保护环境，而且有助于提升人们的道德境界。最终，生态文化有助于培养有道德的社会主义新人。③夯实生态知识。现代生态科学已成为科学文化和人文文化的高度的有机的统一体。具备生态知识是现代人的基本素养。生态文化建设不仅可以帮助人们掌握生态科学知识，而且能够促进两大科学、两大文化的统一。最终，生态文化有助于培养有文化的社会主义新人。④恪守生态法则。生态文化的建设过程就是弘扬和普及生态理性的过程。生态环境法制是生态理性的重要内容。通过生态文化建设可以帮助人们掌握生态环境法制的理性要求以控制行为的破坏性。最终，生态文化有助于培养有纪律的社会主义新人。可见，中国特色社会主义生态文化是培养社会主义“四有”新人的重要途径，具有明显的育人功能。

当代中国生态文化的发展功能。生态文化是实现科学发展的重要途径。①生态文化的思想保证作用。我们的生态文化要求将环境和发展、生态化和现代化统一起来，这样，既能避免西方现代化先污染后治理的弊端，又能防范生态中心主义和解构性后现代主义的生态陷阱。因此，我们的生态文化，能够保证生态建设事业沿着正确的方向发展。②生态文化的精神动力作用。只有全体社会成员深刻意识到生态文明建设的必要性和重要性，能够以自己局部利益的损失来换取社会整体的可持续发展，才能使他们自觉自愿地投身到生态文明建设中。因此，通过生态文化建设，能够使人们的生态环境意识普遍增强，从而激发人们参与生态文明建设的热情。③生态文化的价值导引作用。生态文化建设的过程就是弘扬和普及生态价值观的过程。在科学的生态价值观的引导下，人们从维护生态系统整体平衡的角度去思考和生活，将之视为最优的价值取向和最高的行为准则。这样，不仅可以实现人与自然的和谐发展，而且可以实现人与社会的和谐发展。④生态文明的智力支持作用。生态文化是以生态科学为基础的协调人与自然关系的系统知识体系，注重对科学事实的把握，注重对自然规律的探寻，注重对自然灾害规律的研究。这样，就可以提高生态文明建设的科学性、系统性、预见性和有效性。可见，中国特色社会主义生态文化是实现科学发展的重要途径，具有明显的发展功能。

总之，生态文化建设对生态文明建设具有重要的引领作用，因此，必须加强中国特色社会主义生态文化建设。这是建设美丽中国的灵魂。

## 二、生态思潮的对话碰撞

他山之石可以攻玉。20世纪60—70年代以来，各种生态思潮在西方不断涌现。当代中国生态文化建设必须将之作为重要的思想资源。

### （一）悲观主义和乐观主义的交锋

全球性问题引起了世人对人类前景和地球命运的担忧。围绕着这一问题，形成了悲观主义和乐观主义两种截然不同的思潮。

生态悲观主义。1968年4月，意大利经济学家佩西倡导和发起了一个民间智库——罗马俱乐部。1972年，该俱乐部发表了其第一个研究报告——《增长的极限》。该报告由美国学者米都斯负责完成。他们主要运用系统动力学方法，选取了对人类命运具有决定性意义的人口、经济、粮食、污染和资源等五大因素，并通过建立一个世界模型来研究其相互关系。最后发现，有限制的系统（粮食、污染和资源）与增长的系统（人口与经济）之间的冲突不可避免，最终将导致全球崩溃。可见，增长是有极限的。这即是“零增长”理论。这样，罗马俱乐部就以其悲观主义的论调拉响了人类前景的生态警报。

生态乐观主义。针对罗马俱乐部的悲观论调，美国学者卡恩在《今后二百年：美国和世界的一幅远景》（1976年）中阐述了对未来社会发展的乐观主义构想。他指出，在技术不断进步的条件下，能源、原料、粮食和环境的发展前景是光明的，粮食生产也会越来越充足，能源的形式会更加多元化，世界环境在未来200年内依然会保持良好。同时，美国学者西蒙在《最后的资源》（1981年，中文节译本名为《没有极限的增长》）中也描绘了地球资源的乐观前景。他指出，随着科技进步和市场调节，资源的供应是无限的，环境会日益好转，粮食在未来将不会成为问题，人口的增长也不必控制，将自动达到平衡。乐观主义增强了人类战胜困难和挑战的信心，但其不严谨和猜测性也被学术界屡屡诟病。

从实际发展进程来看，世界未来既不像悲观主义设想的那样凄惨，也不像乐观主义预计的那样美好，因此，必须在二者之间保持一定的张力。

### （二）现代主义和后现代主义的论争

全球性问题事实上暴露出了环境与发展的矛盾。围绕着生态化和现代化（现代性）的关系，现代主义和后现代主义都表明了自己的立场。

现代主义。现代主义事实上是发展主义，谋求绿化发展。①可持续发展理论。1987年，联合国环境与发展委员会在《我们共同的未来》的报告中明确提出了可持续发展的定义：既满足当代人的需要，又不对后代人满足其需要的能力构成危害的发展。1992年，里约会议将之正式确立为解决全球性问题的全球战略。可持续发展理论以其对发展的坚持和对公平的尊崇而被世人广为接受。②生态现代化理论。这一理论由德国学者胡伯和耶内克于20世纪80年代初率先提出。它主张通过进一步的现代化来破解现代化和生态化的矛盾，谋求对资本主义工业社会进行制度重建和生态重建。其基本内容包括：政府决策由原来对环境问题的忽视转变到将其作为核心议题，环境政策从补救性策略转向预防性策略，科技发展轨迹由破坏环境转向改善环境，市场机制由纯自由主义或新自由主义的模式转向环境政策引导与规范的模式，等等。可见，上述二者在坚持现代主义的基础上，主张实现发展的可持续性和生态化。

后现代主义。后现代主义对历史进步持质疑的态度，突出的是生态化的绝对性或优先性。①解构性后现代主义。该派从解构主义立场出发，对现代主义的机械自然观、主客二元论与人类中心论等进行了深刻解构。美国后现代评论家哈桑从文学批评的角度将后现代批评的焦点概括为“地球的非自然化和人类的终结”。美国后现代建筑设计家詹克斯在其20世纪80年代出版的《什么是后现代主义》一书中，表达了自己对“全球所有生物和非生物都是相互联系的生态学观点”的理解。这些批评击中了现代性的生态要害。但是，他们没有将破与立的关系处理好。②建设性后现代主义。建设性后现代主义上承怀特海的过程哲学，从后现代主义立场出发，提出了其生态观。美国学者科布设想了一个充分的生态关系的应然状态：人类作为一个更大的自然系统的一部分而活动，自然生态系统会随着时间的流逝而趋向富饶。美国学者格里芬认为，我们应忘掉现代世界秩序而创建一种全球民主的世界秩序，这是通往生态文明的必要路径。在此基础上，美国学者斯普瑞特奈克提出了生态后现代主义的思想：“生态后现代的方法渴望医治生活中现代性的碎片，把个人既接入社会的嵌入体也接入生态的嵌入体。这是一个生态社会的愿景。它与所谓‘生态现代化’的模式是截然不同的。‘生态现代化’的目的在于把我们的经济活动生态化，但它不包括对现代世界观的缺点做出分析。”[①]在她看来，生态后现代经济不是把经济本身作为目的，而是以服务社区为目的；生态后现代政府会为绿色经济、绿色政治等提供契机，保护以社区为基础的经济和地方所有制等。这样，解构性后现代主义就向机械论与人类中心论等现代性痼疾挥舞起拆解的利剑。

总之，可将可持续发展理论和生态现代化理论定位为“常规性发展”的流派，可将解构性后现代主义归为“否定性”发展的流派，可将建设性后现代主义定位为“颠覆性发展”的流派。从生态文明建设的实践来看，

① ［美］查伦·斯普瑞特奈克．中国：生态后现代势在必行//李惠斌，薛晓源，王治河，主编．生态文明与马克思主义．北京：中央编译出版社，2008：192．

我们必须将破与立、解构与建构统一起来。

### （三）无差别主体指向与差异性主体指向的分野

西方生态思潮起初基本上将人类作为一个无差别的类整体来对待，拒斥人类中心论，提出了生态中心论思想。事实上，社会主体是有差异的，由此催生了社会指向的生态思潮。

大地伦理学。美国学者利奥波德为大地伦理学的创立者。他认为，每一个生物物种都对生态系统起着重要作用，都有其自身价值，因此，必须把本来用于人与人之间的伦理关怀扩展到整个生态系统。大地伦理学将生命共同体的完整、稳定和美丽视为最高的善，并将之作为人类行为善恶的判断标准：任何一件事情，当有助于保护生命共同体的完整、稳定和美丽时，就是善的；反之，则是恶的。大地伦理学将人从大地共同体的征服者变为大地共同体的普通成员，对20世纪60年代以来的生态思潮尤其是生态中心论产生了深远影响。

深层生态学。深层生态学由挪威哲学家奈斯于1973年提出。他以机能整体主义视野来看待环境问题，坚持人与自然相统一的一元论的有机生态世界观，倡导所有自然物都具有内在价值和平等权利，对于人的生物属性和生态存在要给予足够尊重，应该关注我们“生存”的地球，而不应该仅仅是关注人类的短期利益。内在价值是指，人类的福利和繁荣以及地球上非人类的生命都有其价值（内在价值，固有价值）。这些价值不依赖于非人类世界对于人类目的的有用性。深层生态学坚持生态中心论立场，以保证人与自然的和谐相处。

“女性与自然天然联系”示意图

生态女性主义。法国女性主义者奥波尼在20世纪70年代提出了生态女性主义的概念。目前，生态女性主义是女性主义思想的一个新流派，认为当前的全球环境危机是父权制文化一个可预见的结果。在她们看来，女性和自然具有一种天然的联系，性别支配与自然支配存在着共同的根源——父权制，争取女性平等的斗争和生态可持续性是联系在一起的。这样，"生态女性主义提出了诸如自我、知识和认识者、理性和合理性、客观性等哲学概念的意义问题，以及作为哲学理论化支柱的二元论的概念，甚至是哲学概念本身。由于它们可能具有男性的性别偏见，因此，这些概念必须重新得到审视。哲学所面临的挑战是取代将女性自然化和将自然女性化的概念框架、理论和行动。在一般的意义上，这就是什么是生态女性主义的问题。而这是对女性主义、环境主义、环境哲学和哲学所必需的"[①]。生态女性主义认为，女性更有责任、更有愿望结束人支配自然的现状，改变人与自然之间的疏远状态。

社会生态学。1964年，美国学者布克金首次使用了社会生态学的术语。他将生态环境问题的成因归之于等级制下社会支配向自然支配的扩展，提出以重建非等级社会来重建人与自然和谐关系的生态重建方案。在他看来，只有民众都来关心政治，建构一种协商的基层民主制度，以参与型民主来对抗集权的弊端，关心自身所处社区周边的环境，切实参与到保护环境的过程中，才能建立一个生态社会。在实质上，社会生态学是生态无政府主义。

综上，大地伦理学和深层生态学将批判矛头直指人类中心论，试图引导人们发现和体察自然的整体性。生态女性主义和社会生态学将社会进行结构分解，认为应从变革社会支配入手来解决自然支配。在西方，深层生态学、生态女性主义和社会生态学被合称为"激进生态学"。

---

① WARREN KAREN J. Introduction to Ecofeminism//ZIMMERMAN MICHAEL，et al，ed. Environmental Philosophy：From Animal Rights to Radical Ecology. New Jersey：Prentice Hall，1993：265.

### （四）维护资本的生态思潮和反对资本的生态思潮之对立

围绕着生态环境问题的政治制度因素，形成了两种不同的倾向：一是主张在资本主义制度的基本框架下，通过社会改良和技术进步来实现生态社会；一是认为资本主义制度具有无法根除的生态弊端，主张恢复马克思主义的传统，建立生态社会主义。

《马克思主义的绿化》封画

绿色资本主义。绿色资本主义即自然资本主义，是一个将生态足迹代价考虑在内的反思资本主义的方案。三位美国企业顾问于1999年在《自然资本主义——掀起下一次工业革命》中提出了这一概念。他们指出，自然资源是当前面临的主要问题，应该对生态系统服务的“自然资本”进行适当评价。只要我们依靠能使资源更具生产力的先进技术，使经营企业的方式发生简单的变化，就能使资本主义不仅适于保护生物圈，而且适于增加利润和提高竞争力，成为“自然资本主义”。显然，绿色资本主义是一种比生态现代化更为保守的生态思潮。

生态马克思主义。在法兰克福学派和存在主义的发展过程中，出现了将生态学和马克思主义联系起来的趋向。加拿大学者阿格尔在《西方马克思主义概论》（1979年）中首次提出了生态学马克思主义的概念。他指出，资本逻辑必然导致生产的异化，资本对利润的无限追逐使得生产规模具有无限扩大的趋势，而资本主义生产者为了将其产品销售出去，必然会鼓励消费，引导人们不断扩大消费，消耗超过自身需求的产品。这就是资本主义社会的异化消费，造成了人类对自然资源的过度消耗，引发了生态危机。在此基础上，奥康纳的《自然的理由——生态学马克思主义研究》

（1997年），伯克特的《马克思和自然：一种红色和绿色的视野》（1999年）和《马克思主义和生态经济学：走向一种红色和绿色的政治经济学》（2006年），福斯特的《马克思的生态学——唯物主义和自然》（2000年）和《生态危机与资本主义》（2002年），科韦尔的《自然的敌人》（2000年），构成了生态马克思主义的最新发展成就。尤其是福斯特建构起了"马克思的生态学"。他认为，只有马克思的生态学才能指引人类走出生态危机，必须用社会主义取代资本主义。

生态社会主义。生态社会主义主要是在最近30年内才发展起来的。他们创办了《资本主义·自然·社会主义》和《生态政治学》等杂志。1993年，英国学者佩珀在《生态社会主义：从深生态学到社会正义》对生态社会主义进行了系统梳理。在生态社会主义看来，正是因为资本主义以逐利为根本目标的制度安排，导致全球众多国家以经济增长为唯一追求，不顾环境和生态的承受能力，加剧了全球生态危机。而社会主义在解决当前的生态危机方面可以发挥重要的作用，"所有解放性质的社会主义运动必将诞生一种更为人道的、尊重自然的新文明"[①]。但是，他们认为，介入管理资本主义生产不能形成解决环境危机的根本方法，而由一个先锋队发动然后成为独裁者的无产阶级专政也是不可接受的。

与绿色资本主义为资本主义辩护的立场不同，生态马克思主义和生态社会主义都批判了资本主义的不可持续性。但是，在超越资本主义问题上，他们并不是都坚持科学社会主义的。

总之，我们必须认真思考西方生态思潮的启示价值，但也要注意食洋不化的问题。

## 三、生态理性的极力张扬

生态理性是一种以自然规律为依据、以人与自然和谐为原则、以理性

① LöWY MICHAEL. What Is Ecosocialism? . Capitalism, Nature, Socialism, Vol.16, No.2, 2005（6）: 21.

生态人为目标的全方位的理性。张扬生态理性，是生态文化建设的始源之基，是生态文明建设的精神助力。

> 要科学认识和正确运用自然规律，学会按照自然规律办事，更加科学地利用自然为人们的生活和社会发展服务，坚决禁止各种掠夺自然、破坏自然的做法。
>
> ——胡锦涛：《在省部级领导干部提高构建社会主义和谐社会能力专题研讨班上的讲话》（2005年2月19日），《十六大以来重要文献选编（中）》，北京：中央文献出版社，2006年，第716页。

### （一）生态理性的出场

生态异化凸显了对理性进行生态反思和再造的价值，这样，生态理性就走上了历史舞台。

启蒙运动的生态悖论。在张扬理性的过程中，启蒙运动确立了人对自然占有的关系，结果造成了人与自然的紧张对抗的现代性危机。①人的物欲化。启蒙运动在解放人的肉体本性的同时舍弃了对人的精神本性的观照，使人成为赚钱的机器。这种“单向度”的被“物欲化”了的人，借助于现代科技切断了自己与自然的血肉联系。②自然的祛魅化。以机械论自然观为基本预设的现代科学理念，对自然进行了“科学”的祛魅化，自然在人类面前已无任何神秘性可言，成为满足人类肉体欲望的纯粹对象。这样，人类对大自然的敬畏就被抛诸脑后，一个充满危机的自然出现在现代人类面前。可见，以征服自然、破坏环境为代价的现代理性的张扬，把人类和地球推向了危险的边缘。

生态异化的理性根源。支撑工业社会和市场经济的理性形态主要是经济理性和科技理性。在其共同促逼下，出现了生态异化。①经济理性的反生态性。经济理性的基本逻辑是追求利润最大化，视利己主义为理所当然。经济理性为市场经济的勃兴和工业文明的繁荣立下了汗马功劳。但是，建立在其上的发展模式，不惜以牺牲自然环境为代价来换取经济繁荣，导致了自然的严重破坏，并且容易使人在追求物质欲望的过程中迷失自身的本性。②科技理性的反生态性。随着机械论自然观的确立，人类高扬起了科技理性的大旗。科技理性在推进发展、解放劳动、改善生活等方面发挥了很大作用。但是，科技理性也导致了对自然敬畏感的消失，使得人们在自然面前缺乏必要的节制。可见，启蒙运动以来，在理性的旗帜下，人类对自然采取了一种彻底的“非理性”的破坏和掠夺。

生态理性的理论出场。在批评资本主义条件下经济理性的张扬造成的生态问题的基础上，作为生态马克思主义的重要代表人物的高兹提出了生态理性的主张。在他看来，经济理性在资本主义条件下取得了绝对的支配地位。它崇尚“越多越好”的原则，利润最大化是其生产逻辑。这样，在无止境地消耗自然资源的过程中，导致了生态危机。与之不同，“生态学有一种不同的理性：它使我们意识到经济活动的效用是有限的，经济依赖于经济之外的条件。它尤其能使我们发现，试图克服相对匮乏的经济努力在超出一定的界限之后反倒成为了绝对的、不可超越的匮乏。结果成为否定性的东西：生产的破坏性远远超出了其创造性。当经济活动侵犯了原初的生态平衡和/或破坏了不可再生或不可重新组成的资源时，就会发生这种颠倒问题”[①]。因此，必须对理性进行生态重建。只有社会主义方向的重建才能使生态理性成为社会生活中的主导性的原则。此外，生态现代化理论也提出了生态理性的概念。这样，就为生态理性的出场廓清了理论地平线。

总之，生态理性不仅有助于遏制生态恶化的趋势，而且有助于重建人与自然的和谐关系，具有重大的启蒙意义。

### （二）生态理性的要求

理性是规律的主动反映和自觉体现。生态理性的基本原则就是要尊重

① GóRZ ANDRE. Ecology As Politics. Boston: South End Press, 1980: 16.

自然规律，要求在尊重自然规律的基础上，实现人与自然的和谐发展。

尊重自然规律的客观性。由于过分张扬人类的主体性，现代理性导致了人类在自然面前肆意妄为，结果产生了生态危机。事实上，“自然规律是根本不能取消的。在不同的历史条件下能够发生变化的，只是这些规律借以实现的形式”[①]。这样，只有回到尊重自然规律的基本的唯物主义立场上，才能有效克服生态异化。生态理性是建立在对自然规律的科学认识的基础上的，其首要特点就是尊重自然规律，按自然规律办事。自然界的运行是有规律可循的。遵循自然规律，我们就能实现可持续发展；否则，发展就难以为继、举步维艰。总之，生态理性要求我们坚持按照自然规律的本来面目来处理人与自然的关系。

尊重自然规律的系统性。在张扬现代理性的过程中，人们将自然看作是一个个的孤立的现象。事实上，“我们所接触到的整个自然界构成一个体系，即各种物体相联系的总体”，“这些物体处于某种联系之中，这就包含了这样的意思：它们是相互作用着的，而它们的相互作用就是运动”。[②]因此，只有回归到尊重自然系统性和自然规律系统性的辩证法立场上，才能有效解决生态危机。系统科学已经雄辩地证明了这一点。生态理性从系统的角度看待自然和自然规律，提供了认识人与自然之间关系的系统方法。总之，生态理性的系统思维是实现人与自然和谐发展的思维根基。

尊重自然规律的价值性。近代以来，在理性的拷问下，自然界不再被看作是一个具有多重性价值的载体，而成为人达到自己目的的一种工具。事实上，在人和自然之间存在着一种需要和需要的满足、目的和目的的实现的关系。这即是生态价值。当然，这种价值只能在人和自然的物质变换中才能实现。于是，自然规律就具有了价值性。因此，生态理性要求用价值论的视野来透视自然、自然规律以及人和自然的关系，力主重新赋予自

① 马克思恩格斯文集：第10卷．北京：人民出版社，2009：289.
② 马克思恩格斯文集：第9卷．北京：人民出版社，2009：514.

然和自然规律以价值性，承认和尊重生态价值。生态价值是指人和自然之间的需要和需要的满足、目的和目的的实现的关系。它是一个关系范畴，而非实体性的范畴。生态价值要求人类将人与自然的关系纳入伦理“关照”和美学“观照”的范围内。

尊重自然规律的和谐性。在张扬现代理性的过程中，“人定胜天”成为近代以来经济社会发展的主旋律，这样，就导致了生态异化。其实，“自然界中无生命的物体的相互作用既有和谐也有冲突；有生命的物体的相互作用则既有有意识的和无意识的合作，也有有意识的和无意识的斗争。因此，在自然界中决不允许单单把片面的‘斗争’写在旗帜上”[①]。因此，在处理人与自然的关系时，在坚持斗争性的同时，还必须坚持和谐性。人与自然的和谐发展是客观的自然规律。因此，生态理性的核心指向是探索人与自然和谐发展的规律。生态理性是人类在人与自然的共生、共存、共荣方面达成的共识。

生态学的发展使人认识到，地球自然存在着生态阈值。因此，人类必须考虑自己行为的生态效益。这样，在严格意义上，生态理性是人们基于对自然规律的科学认识和人类行为所产生的生态效益的比较，而意识到人的活动应有一个生态边界并加以自我约束的科学过程。

### （三）生态理性的张扬

针对现代理性造成的生态异化和生态危机，生态理性要求人类在认识自然、尊重自然、敬畏自然、热爱自然的基础上，最终致力于保护自然。为此，必须将生态理性贯彻和渗透在其他理性中。

生态经济理性的塑造和张扬。针对经济理性的生态弊端，必须将生态理性引入经济理性中，塑造和张扬生态经济理性。①以生态经济规律为准则。经济理性忽视了生态经济规律，尤其是忽视了自然在价值形成中的作用，结果导致了对自然的污染和破坏。事实上，生态经济规律是基本的

① 马克思恩格斯文集：第9卷．北京：人民出版社，2009：547—548.

经济规律。因此，在经济发展中，必须统筹考虑社会经济发展与人口资源环境的关系，走可持续发展之路。②以生态产业发展为核心。经济理性突出了工业化的重要性，但是，忽视了自然对工业的限制和工业对自然的破坏。事实上，产业结构和自然系统存在着复杂的相互作用。这样，就必须将生态理性贯彻和渗透在产业结构调整和优化的过程中，大力发展生态产业。③以生态环境管理为手段。经济理性追求利润的最大化，没有将生产过程中的资源消耗和环境污染计入成本。因此，必须运用经济手段将外部问题内部化。例如，“生产和消费领域里的某种深刻的制度性变革开始于20世纪80年代末在OECD［经济合作与发展组织］国家显现出来，包括环境管理制度和企业内的环境部门的广泛出现；凭借（例如）生态税而展开的环境商品的经济价值；环境激发的责任和保险分类的出现；依附公共和私人公共设施中的自然资源节约和循环的环境保护目标的日渐增长的重要性，使之成为竞争中的重要点；以及经济供给和需求中的环境保护顾虑的阐明（例如通过生态标签计划、经济链中的环境信息和沟通制度）”①。对于我们来说，就是要完善生态经济政策，要通过价格、税收、金融、财政等手段，促进经济建设和生态建设的协调发展。④以生态环境效益为目标。由于忽视生态环境效益及其对经济效益的限制，经济理性成为导致经济不可持续性的罪魁祸首。因此，必须将生态环境效益引入经济发展的评价和衡量中。生态环境效益就是要用最少的资源和能源的投入、最少的废物排放而获得最多的经济产品和最好的经济服务。只有充分考虑生态环境效益的经济理性，才能保证经济效益的最大化和持续性。总之，生态经济理性要求将生态理性作为经济学的基本思维和经济活动的基本规则。

生态科技理性的塑造和张扬。针对科技理性的生态弊端，必须将生态理性引入科技理性中，塑造和张扬生态科技理性。①科技思维方式的生态化。科技理性将自然视为蕴藏丰富的机械客体，导致了对自然的过度开

① MOL ARTHUR P J. Environment and Modernity in Transitional China: Frontiers of Ecological Modernization. Development and Change, 2006, 37 (1): 34.

发，妨碍了自然的自组织和自恢复。为此，科技必须自觉地以生态思维作为自己的思维方式。生态思维克服了从个体出发的、孤立的思维方式，认识到一切有生命的物体都是某个整体的一部分。按照生态思维，我们必须将人和自然的关系看作是一个系统，从整体上把握这种关系。②科技价值观念的生态化。科技理性在对自然祛魅化的过程中，消除了人对自然的敬畏之心，造成了自然的满目疮痍。因此，必须将生态价值尤其是生态道德援入科技理性中。面对生态危机，道德理性的思考范围也在不断延展，形成了生态道德。这一扩展有利于人类将关怀的目光眷注于更广泛的生态系统，实现对自然的爱护和养育。③科技体系结构的生态化。近代科技是在机械物理学的基础上实现整合的，结果降解了自然界的复杂性。事实上，非线性是自然运动的显著特征。这样，就要求科技在生态学基础上实现新的整合。这在于，“生态学必定关注复杂性和整体性。它不可能把部分孤立成一个简单系统以供实验室里研究用，因为这样的孤立歪曲了整体”[①]。现在，生态学已获得了一般科学方法论的意义。④科技社会功能的生态化。科技理性片面地突出了科技征服自然的功能，结果导致了生态危机。因此，我们必须对科技发展可能带来的环境问题保持高度警惕，同时，要优先支持生态化科技的研究和开发。总之，生态科技理性要求将生态理性贯穿和渗透在整个科技体系结构中和科技进步过程中，努力促进生态化科技的发展，为人与自然的和谐发展提供科技支撑。

最终，针对经济理性导致的“经济人”和科技理性塑造的“科技人”，生态理性倡导“理性生态人”，即按照“美的规律”来处理人与自然的关系的人。

总之，生态理性为实现人与自然的和谐发展构筑了坚强的思想文化防线。大力张扬生态理性，是当代中国生态文化建设的重大议题。

① ［美］卡洛琳·麦茜特．自然之死——妇女、生态和科学革命．长春：吉林人民出版社，1999：325.

## 四、生态意识的普及弘扬

生态环境意识（生态意识，环境意识，绿色意识），是基于科学认识自然规律而产生的追求人与自然和谐发展的意识。生态文化建设的关键就在于培育和增强公众的生态意识。

> 要增强全民族的环境保护意识，在全社会形成爱护环境、保护环境的良好风尚。
>
> ——胡锦涛：《在省部级领导干部提高构建社会主义和谐社会能力专题研讨班上的讲话》（2005年2月19日），《十六大以来重要文献选编（中）》，北京：中央文献出版社，2006年，第716页。

### （一）生态意识的战略地位

随着全球性问题的集中涌现和全人类对生态良好的期盼，生态意识的重要性日益凸显。

生态理性转化为生态行为的中介。生态理性为我们重新思考人与自然的关系奠定了思想基础，但要从思想转化为行为，还必须借助于生态意识。①为生态行为提供判断标准。只有公众普遍具备了生态意识，才能对各种行为做出是否符合生态理性的判断。这是公众形成有益于生态行为的前提基础。②为公众的生态行为提供正向动力。生态意识所提供的情感支持，可以引导公众积极从事生态文明建设，促进生态文明建设的实际进程。③促使公民对违背生态的行为进行抵制。公众生态意识的提高，既可以对自身不良行为进行纠正，也可以对其他不利于生态的行为进行监督。总之，生态意识可以为生态行为提供知识上的判断标准、情感上的激励作用和意志上的自我克制，具有深远的实践意义。

整体自觉转化为个体自觉的中介。作为哲学形态的生态思潮和生态理性，是一种社会的整体自觉。只有将之转化为每个社会成员的个体自觉，生态文化建设才算真正落到了实处。这一环节也需要发挥生态意识的中介作用。①增强个体的生态忧患感。近年来，我国公众通过对生态知识的掌握，深刻认识到破坏生态环境的严重后果，对周边生态环境的关注度大为增强，极大地增强了生态忧患意识。②增强个体的生态责任感。生态科学的普及和生态教育的推进，使公众意识到自己在生态文明建设中的责任，意识到自身的节约、克制等行为就是对生态文明建设的贡献，从而促使他们成为生态责任的自觉履行者。③提升个体的生态成就感。生态意识的提高，使得公众对于环境公共管理和环境决策的参与能力增强，公众对自身周边环境的影响力增加，切实意识到了自身行为的力量所在，从而提升了公众的生态成就感。可见，生态意识的普及和弘扬，有助于增强公众的生态忧患感、生态责任感和生态成就感。

学理自觉转化为生活自觉的中介。生态理性是对生态问题的一种学理自觉，只有将之与公众的日常生活相结合，才能真正发挥其引领作用。生态意识就是这种转化的中介。①有助于生态需求的形成和表达。生态意识的普及和弘扬，有助于公众自觉地意识到其生态需求以及生态需求对于生命的意义，这样，就会使他们认识到生态文明建设是自己生活的内在需求，从而唤起他们生态文明建设的内在自觉。②有助于绿色消费的形成和推广。生态意识的普及和弘扬，有助于公众科学地认识到自身消费对生态环境的负面影响以及这种影响对人的生活的制约，这样，就会使他们自觉地按照生态理性的原则进行消费。③有助于绿色社区的形成和发展。生态意识的普及和弘扬，有助于公众认识到自身参与社区生态文明建设的意义，从而激发他们参与生态社区建设的积极性、能动性和创造性。总之，生态意识是一种有效的引导机制和制约机制。这样，就在学理自觉和生活自觉之间架设了一座互通的桥梁。

综上，作为一种心理活动、观念形态、价值取向，生态意识是对生态理性的现实回应，是转化为生态行为的中介，在生态文化建设中具有重要的战略地位。

### （二）生态意识的内容要求

生态意识是一个具有多重维度的立体概念，是由生态认知、生态情感、生态意志和生态参与等环节构成的复杂整体。

生态认知。生态认知是指人们对自然生态环境的基本认识、对生态科学知识的掌握情况和对解决生态环境问题的方法理解。它包括相互递进的两个层面：①生态事实认知。生态认知首先包括对生态事实的基本认识和对生态科学的基本了解。例如，自然生态系统的整体性、自组织性、免打扰性，人类在自然系统中的地位和作用，人与自然的矛盾状况，造成生态环境问题的基本原因，等等。它主要解决有关自然生态环境的事实问题。②生态价值判断。生态认知还包括对自然生态系统的价值判断。自然生态环境对人类的价值不仅局限于经济理性所看到的经济价值，还具有更加重要的生态服务功能；自然生态环境对人类还具有深刻的伦理价值和审美价值，生态道德和生态正义、生态审美是人的全面发展的必要条件。在总体上，生态认知是形成生态情感的前提，是采取生态行动的认识基础。

生态情感。生态情感是联系人与自然的强烈的情感纽带。它主要包括：①热爱自然。生态情感首先是一种发自内心的对自然的热爱。热爱自然、向往自然、亲近自然，是人类的朴素渴望。在工业文明昌盛、科技高度发达的情况下，这种热爱自然的情感大多处于被忽略甚至是被掩盖、被压抑的状态。生态文化建设的任务之一就是要重新唤醒人们对自然的无限热爱，重新建立起人与自然相依相存的关系。②保护自然。对自然的热爱必须具体化为对自然的呵护和善待，这是生态情感的进一步发展。人类在热爱自然的基础上，自然而然地就会生发出保护自然和善待自然的情感。这主要表现为人类对自然系统的生态补偿和主动修复。建立在生态理性基础上的生态情感，是一种更加健全的情感形式。总之，生态情感是生态认知的情感升华，是建立生态责任的情感基点，是引发生态行为的情感动力。

生态意志。生态意志是生态意识的控制器和生态情感的调节阀，引导人们积极克制自身不利于生态的思想和行为，从而保障生态意识的正确方向，减少对自然生态的破坏。它主要包括：①生态忧患意识。这主要是基于对生态危机严重后果的认知而形成的一种风险意识。在长期的绿色教育的影响下，人们会深刻认识到生态环境问题对人类社会的巨大影响，认识到环境质量与自身健康幸福密切关联，从而对自身安全和人类未来产生强烈的忧患意识。这种忧患意识是引发生态行动的主要动力源泉。②生态责任意识。在生态情感的支配下，人们会意识到自身行为对自然生态系统的影响和后果，从而生发强烈的时不我待、舍我其谁的生态责任感。在生态责任感的驱使下，人们会自觉投入到生态文明建设中。生态责任感是人们采取生态行动的引擎。总之，只有意识到生态环境问题的严重性，才能具有深重的忧患意识，才能激发出强烈的生态责任感，进而才会生发生态行为。

生态参与。生态参与意识是生态意识的关键环节，是衡量生态意识水平的实践标准。它主要包括：①积极参与环境公共事务的观念。生态参与的重要方面是公众积极参与环境公共事务，为生态文明建设献计献策。公众对环境关注度的提高，可以激发公众为改善环境而不懈努力。作为环境政策和法律法规的呼吁者、监督者、实践者，公众要有落实各项生态环境政策和执行生态环境法律的意识；作为环境保护的主要力量，公众要有维护生态平衡、保护濒危物种的意识；作为环境民间组织的主要成员，公众要有监督和制约污染企业及行业的意识。②努力践行生态行为的观念。生态参与的另一个重要方面是公众个人努力践行生态行为，这是一切生态文明建设的必要基础。生态意识的提高，能够促使公众采取更有利于生态环境的生活方式，包括节约资源能源的节俭意识、绿色出行、适度克制的绿色消费、减少废弃物的生活习惯等。这些生态行为是公民在克服自身某些欲望的基础上做出的，更显现出生态意志对于行为的重要促成作用。总之，提高公众生态参与意识是弘扬生态意识的最终目的。

综上，生态意识是被公众掌握了的生态文化和生态理性，是生态文化建设的重要方面，是建设生态文明的强大精神动力。

### （三）生态意识的社会功能

公众生态意识的集体提升，对于建设生态文明具有非常重要的作用和意义，有助于形成生态文明建设的社会合力。

推动政府生态行为。作为公共利益的代言人和公共服务的提供者，政府在生态文明建设中具有举足轻重的作用，直接关系到生态文明建设的宏观进程和成败与否。而公众生态意识的提高，可以对政府的生态行为产生重大的影响作用。①推动政府的可持续行为。公众对政府生态行为的推动主要表现在生态环境政策、法律法规的制定和实施方面。近些年来，公众的生态意识已大为提高，对生态环境政策的关注度、支持度已大大增强。改革开放以来，受公众舆论对某些环境问题强烈关注的影响，我国相继颁布了25部保护环境与自然资源的法律，不仅从立法角度完善了生态环境政策，而且优化了环保部门执行生态环境政策的外部环境，执行的效果也明显好于以前。②监督政府的不可持续行为。通过不断努力，我国已制定了较为完善的生态环境法律法规体系。但是，到了地方政府层面，这些政策法规执行的情况有时却不甚理想，甚至出现地方政府包庇、纵容污染企业的情况，给群众的生产和生活带来很大的负面影响。随着公众生态意识的增强，“地方政府失灵”的现象得到了一定程度的遏制。群众对自身生态环境权利的主张，促使地方政府不断采取有效措施，切实保障公众的环境权益，推进了生态文明建设的实际进程。可见，公众生态意识的提高，有助于推动政府的生态行为。

推动企业生态行为。在市场经济体制下，企业是经济运行的最重要的微观主体，是创造社会财富、拉动经济繁荣的主力军。但是，它们也是资源的主要消耗者和污染的主要制造者。随着生态意识的提高，公众在推动企业生态行为方面发挥着越来越重要的作用。①行使消费者的选择权，对企业采用绿色生产方式和生产绿色产品进行引领。在市场经济条件下，企业的生产行为首先要考虑消费者的需求，这是公众能够影响企业行为的主要渠道。自20世纪90年代起，绿色消费观逐渐兴起。在这样的背景下，公

“保护母亲河行动”标识

众对绿色产品的青睐引领着企业大力生产符合环保要求的绿色产品，积极树立企业自身的绿色形象，从而有利于企业生态文化的形成和发展，有利于实现企业的可持续发展。②发挥民众的监督权，对企业破坏自然和污染环境的行为进行抵制。随着生态意识的提高，公众对企业的污染和破坏行为的容忍度越来越低，社会舆论对污染企业越来越严厉，污染企业在社会中生存的空间越来越小，这样，在很大程度上约束了企业的不可持续行为。近年来，各种社会力量自觉地组织起来，对身边的污染企业进行监督，与企业的污染行为作斗争，成为推动企业绿化生产方式的重要力量。可见，公众生态意识的提高，有助于推动企业的生态行为。

推动社会生态行为。自20世纪90年代起，我国的环境非政府组织（ENGO）已经取得了长足的发展。而这与公众生态意识的提高密不可分。①公众生态意识的提高为ENGO提供了一个支持的社会舆论氛围。民众从内心深处拥护ENGO的存在和发展，为其生存和发展提供了沃土。②公众生态意识的提高，为组建或加入ENGO提供了人力资源基础，为之提供了人员保障，壮大了其规模和力量。③具备了生态意识的公民或法人提供的支持性资金，是ENGO存在的基本条件。虽然ENGO具有非营利性的特征，但是，其工作的展开需要大量的资金，而公众提供的资金支持为之提供了坚强的经济后盾。可见，公众生态意识的提高，有助于推动社会的生态行为。

总之，公众生态意识的提高为生态文明建设提供了源源不断的精神动力。

## 五、生态学科的汇流融合

我们仅仅知道一门唯一的科学，即历史科学。历史可以从两方面来考察，可以把它划分为自然史和人类史。但这两方面是不可分割的；只要有人存在，自然史和人类史就彼此相互制约。

——《马克思恩格斯文集》第1卷．北京：人民出版社，2009年，第516页注释②。

面对生态环境这一综合性的问题，哲学社会科学出现了明显的生态化发展趋势。在当代中国的生态文化建设中，必须抓住这一趋势，大力发展生态化的哲学社会科学。

### （一）哲学社会科学生态化的科学依据

以生态环境问题为学科生长点，以新科技革命生态化趋势为依托，凭借其独特的学科优势，哲学社会科学出现了生态化的发展趋势，构成了生态文化发展的激动人心的画面。

生态环境问题的综合性。生态环境问题是一个涉及自然领域和社会领域的综合性问题。①社会因素是产生生态环境问题的主要根源。当前弥漫全球的生态危机，不是自然界本身发生了多大变化，而是多种社会变量发生了突变。譬如，人口的过度膨胀，科技的飞速发展，全球工业化进程的加速，市场逻辑的普遍蔓延，等等。②社会矛盾是加剧生态环境问题的主要根源。当前，西方国家利用其经济和技术等方面的优势，在全球大肆推行资本逻辑，加剧了国际社会和各国内部的社会不公，给发展中国家和贫困地区带来了更为严重的资源破坏和环境污染。③社会进步是解决生态环境问题的关键举措。生态环境问题的产生和加剧都有社会因素，其解决自然也需要社会变革。这是一个多元力量介入、多方利益协调和博弈的过程，需要人类集中所有智慧进行制度变革和体制创新。总之，生态环境问题的综合性为哲学社会科学的生态化提供了现实依据。

生态科学的跨学科性。生态化是新科技革命的重大趋势。1992年，美国生态学家奥德姆总结和概括了1990年代以来的20个重大的生态学观念（概念），其中后5个就是关于社会方面的。它们是：①输入管理是处理非点源污染的唯一途径（控制发达国家的污染源）。②随着能量消耗，总是要求生产或维持某一能量流或物质循环（控制城市的规模）。③当务之急是，在人为的和自然生命支持系统提供的产品和服务之间、不可持续的短期的管理和可持续的长期的管理之间，架起桥梁。④变迁的代价总是在自然性质和人类事务两个方面伴随有重大的变化（治理污染的费用问题）。⑤人与生物圈之间的寄生-宿主关系的模型，构成了从利用和剥削地球到关心和照顾地球之转变的基础（用圣经的隐喻来说，就是从支配到管理）。这五者涉及生态学与人类学、经济学的交叉领域。考虑到人类活动对全球的影响愈来愈严重，必须将它们作为环境知识教育的中心。[①]可见，新科技革命的生态化发展趋势为哲学社会科学的生态化提供了方法论依托。

哲学社会科学的独特性。在当代中国，以马克思主义为指导的哲学社会科学在解决生态环境问题的过程中发挥着越来越重要的作用。①提供本体论的反思。哲学社会科学强大的反思功能在解决生态环境问题中发挥着重要作用。例如，关于生态环境问题形成、表现和发展的特征及规律，关于人与自然关系的本质和规律，都是哲学社会科学长于思考的领域。这些思考成果对于解决生态环境问题具有重大的指导意义。②提供方法论的武器。生态环境问题涉及多种复杂的因素。这些因素之间既存在着相互促进也存在着相互掣肘，单方面地强调其中的任何一个因素都是不恰当的。哲学社会科学尤其是马克思主义辩证思维，可以帮助妥善处理各种关系，统筹兼顾，协调发展。③提供实践论的方案。生态环境问题既涉及理念层面，又涉及社会实践。通过研究社会活动因素及其相互关系对生态环境问题的影响，探讨空间结构、产业结构、生产方式、生活方式、思维方式、

---

① ODUM E P．Great Ideas in Ecology for the 1990s．BioScience，42（7），1992（718）：542.

价值观念以及社会形态的转变对于协调人与自然关系的意义，哲学社会科学可以为解决生态环境问题提供社会方案。可见，自身独特的学科优势为哲学社会科学的生态化提供了学科平台。

总之，在生态环境问题的催逼下，在新科技革命生态化趋势的推动下，利用其独特的学科优势，哲学社会科学开始了其生态化的历史进程。

### （二）哲学社会科学生态化的学科形态

目前，哲学社会科学发展的生态化趋势已初步呈现出了学科形态，从而为生态化哲学社会科学的发展提供了学科生长点。

研究对象的生态学拓展。现在，哲学社会科学已将研究对象拓展到了人与自然的关系、社会与自然的关系上。①对人与自然关系的研究。对人的研究是哲学社会科学的研究传统。现在，人与自然的关系日益进入哲学社会科学的视野中。从学理上来看，人是自然运动发展到一定阶段的产物，对人的综合研究必然涉及对人与自然关系的研究。从现实来看，经济理性和科技理性的发展，造成了人与自然的疏离，导致了人性的深度迷失，这样，只有将人重新置于人与自然的关系中，才能真正把握人的命运。在其本质上，人与自然的关系是建立在劳动基础上的物质变换关系，具有典型的生态学意义。②对社会与自然关系的研究。社会是社会科学研究的对象。人不是以个体的方式与自然发生关系，必须借助于社会场域，人与自然的关系才能得到充分理解。社会与自然也是凭借物质变换联系在一起的，也具有典型的生态学意义。从学理上来看，社会运动是自然运动发展到一定阶段的产物，这样，研究社会运动必然要涉及作为其前提的自然运动以及二者的关系。从现实来看，生态环境问题不仅有其社会成因，而且构成了社会发展的严重障碍，这样，维持社会的正常运行必然要求协调社会和自然的关系。现在，在全球性问题和新科技革命生态化趋势的背景下，哲学社会科学将对人的研究从社会场域移至自然领域，然后又将人与自然的研究重置于人类社会，于是，加深了对“人-自然”与“社会-自然”的理解。这样，就在生态学维度上拓展了哲学社会科学的研究对象。

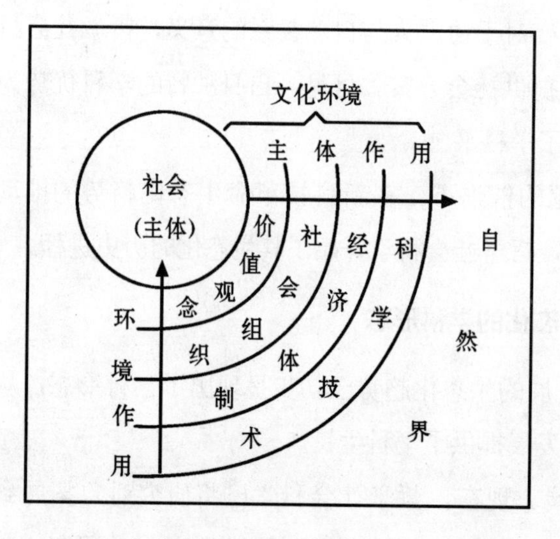


文化生态系统结构模式图

研究范式的生态学移植。面对全球性问题，生态学范式也成为哲学社会科学研究的共同范式。①生态学概念的运用。由于生态学概念反映了生物与环境的一般关系，在一切涉及主体和客体关系的领域也具有适用性，因此，几乎每门当代哲学社会科学都在运用生态学的概念。例如，“生态系统”一词已被多种学科广泛借用。在此基础上，产生了“经济生态系统”、“城市生态系统”、“社会生态系统”等大量的生态化术语。②生态学原理的运用。由于人与自然的关系、社会与自然的关系也具有生态学意义，因此，当代哲学社会科学广泛运用生态学的原理来进行思维和研究。例如，用生态平衡原理来研究经济变量和自然变量之间的关系，用生物和环境之间的整体性原理来考察社会运动的物质、能量和信息的流动，利用物质循环原理来进行生产方式和经济制度的生态设计等。③生态学方法的运用。生态学方法的精髓在于将生命与环境、人与自然作为生态系统来认识，是辩证思维和系统思维相结合的当代形态，因此，生态学方法被当代哲学社会科学广泛借鉴，用来研究和解决本学科一些传统的问题。例如，在教育学科中，运用生态学方法来分析教育与社会的关系，可以提高课堂教学的效率。总之，生态学的概念、原理和方法已迅速而广泛地渗透到哲学社会科学中，在哲学社会科学中引发了一场“哥白尼革命”。

学科结构的生态学转向。在新科技革命生态化趋势的影响下，哲学社会科学的学科结构出现了生态学转向。①生态研究方向的出现。现在，在许多学科中出现了生态研究方向。例如，在马克思主义理论学科中，出现了“马克思主义与生态文明”的研究方向。②生态化学科的出现。现在，哲学社会科学与生态学结合，产生了一大批新兴学科，并迅速成为新的学科生长点。主要有生态文艺学、生态史学、生态哲学、生态伦理学、生态美学、生态经济学、生态政治学、生态法学、生态社会学等。这些学科本身存在着复杂的结构。例如，在严格意义上，生态伦理学属于部门伦理学，环境伦理学属于应用伦理学。③生态化学科群的出现。哲学社会科学的许多分支学科与生态学结合，形成了一组或一类学科。例如，生态经济学事实上是一个复杂的学科群，主要包括农业生态经济学、草原生态经济学、森林生态经济学、城市生态经济学、工业生态经济学等。这样，哲学社会科学学科结构的生态学转向就展现出了这些学科发展的勃勃生机。

可见，哲学社会科学的生态化趋势，构成了生态文化发展的重要篇章，为生态文明建设提供着重要的理论支持。

### （三）哲学社会科学生态化的社会功能

哲学社会科学的生态化，不仅对于生态文化的发展具有重大的意义，而且对于生态文明建设也具有重要的价值。

生态环境问题的解决。生态文明建设的首要任务就是解决生态环境问题。从理论上来看，解决生态环境问题必须包含三大相互关联的系统工程：①协调人与自然关系的系统工程。这主要是致力于协调人与自然关系的行动系统，包括自然观的完善和转变以及各种减少污染、降低排放、保护物种等直接的环保行动等。②协调人与社会关系的系统工程。这主要是致力于协调人与社会关系的行动系统，主要是对现有社会制度的不断完善，包括对资本逻辑反生态弊端的克服、对人与自然和谐的社会主义和谐社会的建设、对人道主义和自然主义相统一的共产主义生态目标的不懈追求等。③协调人与自身关系的系统工程。这主要是致力于协调人自身关系的行动系统，包括人的生态需求的满足、生态权益的维护、理性生态人的塑造等。上述三类系统工程，更多地需要依靠哲学社会科学。因此，只有依靠哲学社会科学的协同创新，才能为解决这一问题提供可能的最终方案。

生态文化的凝聚。哲学社会科学的生态化，是生态文化的学理反映和学理凝聚。以哲学学科的生态化为例，其作用主要体现在：①生态思维（真）的凝聚。通过从总体上反映人与自然的系统关联，生态哲学揭示了“人–自然”系统的构成机理，这样，就从真的维度上凝聚了生态文化，即生态思维。②生态道德（善）的凝聚。通过对人与自然之间道德关系的研究，生态伦理学揭示了人类保护自然的责任和义务，这样，就从善的维度上凝聚了生态文化，即生态道德。③生态审美（美）的凝聚。通过研究人与自然之间的审美关系，生态美学揭示了自然对于人类审美的价值，这样，就从美的维度上凝聚了生态文化，即生态审美。总之，哲学社会科学的生态化，有助于在生态维度上实现真善美的统一。

理性生态人的培养。生态建设的主体目标是塑造和培养理性生态人。生态化的哲学社会科学在这方面具有独特的作用。①目标指引作用。理性生态人如果仅仅具备科技技能是远远不够的，还必须具备坚定的社会主义和共产主义信仰，自觉坚持社会主义核心价值观，自觉践行科学发展观。哲学社会科学可以发挥这方面的作用。②价值导引作用。价值观的培养是人才培养的重中之重，正确的价值观引导正确的行动。哲学社会科学可以帮助理性生态人树立生态理性，在各种矛盾冲突和利益抉择中做出正确的选择。③方法指导作用。生态环境问题往往千变万化、错综复杂，如果不具备系统思维的能力，在处理问题时往往会犯简单还原的错误。哲学社会科学的优势在于从综合的角度来思考问题，可以培养和提高理性生态人的系统思维能力。在当代中国，理性生态人的目标还远未实现，哲学社会科学的生态化，可以有效解决这一问题，为塑造和培养理性生态人做出自己的贡献。

总之，哲学社会科学的生态化，能够为我国生态文化的建设提供理论先导，为我国生态文明建设的顺利实施提供学理保障。

综上，当代中国的生态文化建设，不仅是当代中国生态文明建设的文化呈现和文化目标，而且引领着当代中国生态文明建设的前进方向。生态文化是建设美丽中国的立国之基、兴国之魂。

# 第5章 建设美丽中国的社会目标

要加强环境污染治理和生态建设，抓紧解决严重威胁人民群众健康安全的环境污染问题，保证人民群众在生态良性循环的环境中生产生活，促进经济发展与人口、资源、环境相协调。

——胡锦涛：《在省部级主要领导干部提高构建社会主义和谐社会能力专题研讨班上的讲话》（2005年2月19日），《十六大以来重要文献选编（中）》，北京：中央文献出版社，2006年，第716页。

社会生活（即狭义的社会结构）是社会有机体中与物质生活、政治生活、精神生活并列的结构，与自然生态环境处于复杂的互动过程中。通过社会生活生态化来建立生态化社会生活，是生态文明的社会内容和社会目标，构成了建设美丽中国的社会要求。

## 一、生态需求的基本保障

作为人的基本需求，生态需求是人类对人与自然和谐发展的生命需要。生态需求的满足，可以为生态建设提供内在的动力；生态建设的成果，可以为满足生态需求提供必备的条件。

### （一）满足人民群众生态需求的重大意义

在现实中，生态文明建设之所以缺乏号召力，就在于在一定程度上脱离了人的需求尤其是人的生态需求。事实上，满足生态需求具有重大的意义。

满足生态需求有助于保障人的需要的全面性、广泛性和深刻性。人的需要划分为生存需要、享受需要和发展需要三种形式（层次）。生存需要是维系人的基本生存的需要，主要表现为吃喝住穿用行等基本的生理物质需要。享受需要是在物质上和精神上得到的满足，是对身心愉悦的生命感受和生活体验。发展需要是人追求自我完善和自我发展的需要，主要体现为对人的自由而全面发展的追求。自然在人的需求系统中具有全方位的意义。一是作为生存需要的自然，即为人类提供基本的物质基础和保障的自然。二是作为享受需要的自然，即作为生活和生产要素的自然。三是作为发展需要的自然，即作为人的全面发展的前提和条件的自然。这三者就构成了生态需求。可见，生态需求贯穿于人的需求系统的始终，是人的需要的全面性、广泛性和深刻性的构成、体现与实现。

满足生态需求有利于调动人民群众参与生态文明建设的积极性、能动性和创造性。由于生态需求是人的内在的生命需求，因此，从满足生态需求入手进行生态文明建设，有利于唤起和提升人们的生态意识，可以使人们清楚地认识到：人类的生存和发展依赖自然界，自然界提供了生活和生产的基本条件。离开了良好的自然环境和条件，生活和生产就会陷入困境甚至难以为继。这样，在向自然索取物质和排放废物的过程中，人类就必须学会在自然的生态阈值范围内活动，实现与自然万物的和谐相处。事实上，生态需求的满足和生态文明的建设是相互影响、相互推动的过程。人类对生态需求越渴望、越深入，生态文明建设就越全面、越深入，人类就越爱护和保护自然。生态文明建设越全面、越深入，人类的生态需求就越满足、越提高。总之，满足生态文明需求是建设生态文明的内在动力和直接目的。

满足生态需求有助于促进社会主义发展的全面性、协调性和可持续性。在实际的社会发展进程中，生态需求是联系经济、政治、文化、社会等要素的基础和中介，满足生态需求有利于经济发展和社会进步。具体来看，满足生态需求，有助于人们在谋求社会经济发展的同时，实现生态发展，从而有助于实现全面发展。满足生态需求，有助于人们在谋求人与社会和谐发展的同时，实现人与自然的和谐发展，从而有助于实现协调发展。满足生态需求，有助于人们在谋求当下发展的同时，谋求长远发展，从而有助于实现可持续发展。总之，满足生态需求能够有效地解决经济发展需求与保护自然生态环境之间的矛盾，可以更好地推进社会主义发展的全面性、协调性和可持续性。

可见，满足人民群众的生态需求，是作为当代中国生态文明建设的出发点和落脚点的以人为本的具体体现和具体要求。

### （二）满足人民群众生态需求的基本要求

生态需求是一种客观的独立的基本的需求，在人类需求系统中越来越居于重要的地位。

从其构成来看，生态需求既包括人对环境因子的需要，也包括对生态系统的需要。现在，“随着我国经济社会不断发展和人民生活水平不断提高，广大人民群众对生活质量的要求不断提高，对干净的水、新鲜的空气、优美的环境等方面的要求越来越高”[①]。人们对干净的水、新鲜的空气的需要即对环境（生态）因子的需要。环境因子是生物有机体以外的所有的生态环境要素的总和。在自然界，各种因子往往是相互联系、相互影响、相互作用的。人们对优美环境的需要即对生态系统的需要。生态系统是由生物群落和周围环境构成的有机整体。人类的生存和发展依赖于生态系统的稳定性、多样性、丰富性、和谐性。相对于人类需求来看，由于自然存在着可持续性的法则，构成了人类可持续性的前提，因此，人的生态

① 胡锦涛．在省部级主要领导干部深入贯彻落实科学发展观加快经济发展方式转变专题研讨班上的讲话//十七大以来重要文献选编（中）．北京：中央文献出版社，2011：454．

需求就是基于自然的可持续性而维持人类自身的可持续性的需求。

> 人口数和人均消费的结合，就我们从环境取出的资源和我们放进环境的污染物来说，都对环境有巨大的影响。一批著名的科学家，为参加麻省理工学院主办的“紧急环境问题研究”的研究会而相聚一堂。他们在报告中声称，显然需要一个计算这种影响的方法，并新创了“生态需求”一词。他们给这个名词下的定义是，“人类对环境的一切需要的总和，即从环境里开采资源的需要和废物返回环境的需要的总和”。国民生产总值即物质生活水平乘以人口之积，似乎是计量生态需求的最便利的尺度。
>
> ——［英］E.戈德史密斯：《生存的蓝图》，北京：中国环境科学出版社，1987年，第2—3页。

从其方向来看，生态需求既包括人类从自然中索取物质的需要，也包括人类向自然排放废物的需要。一方面，人类自身不具备满足其生命需要的物质材料和手段，需要不断地向自然界索取各种物质来满足其生命需要，这样，才能解除人类生命的匮乏感，进而才能维持人的生存和发展。另一方面，人类的生活和生产过程事实上也是一个做功的过程，必然造成熵的增加，需要不断地向自然界排放各种废物来保证生活和生产的有序性，这样，才能解除人类生命的挤压感，进而才能维持人的生存和发展。相对于人类的生命需求来看，由于自然循环有自己的法则（一般表现为生态阈值），构成了人类生命循环的条件，因此，人的生态需求事实上是一种基于自然循环而保持生命循环的需求。在一般意义上，生态需求可表达为：$E=\Sigma(R_i, P_j)$。其中，E表示生态需求，R代表向自然索取资源的需要，P代表向自然排放废物的需要。总之，人类只有从自然界中有取有还，并使二者保持恰当的比例关系，才能使人与自然和谐发展，进而才能保证人的生存和发展。

可见，生态需求具有不可代替性，人的生态需求本身具有复杂的结构和要求。简言之，生态需求就是人类对于人与自然和谐发展的生命需要。

### （三）满足人民群众生态需求的主要举措

生态环境问题直接威胁到了人的生态需求的满足，从而影响到了人的生存和发展，因此，必须通过各方面的努力，将满足人的生态需求作为生态文明建设的内在动力和根本目标。

必须将满足人民群众的生态需求作为社会主义生产的基本目的。社会主义生产的目的是满足人民群众日益增长的物质文化需要。而这都要以生态需求的满足为自然物质前提和基础。①满足生态需求对满足物质需求的影响和制约。作为满足物质需求对象的经济产品是由自然产品转化而来的，因此，满足生态需求可以为满足物质需求提供自然物质条件。同时，物质需求的满足必须以生态阈值为前提，否则，满足物质需求的活动就难以为继。此外，生态需求的满足能够成为促进生产力生态化的内在动力，从而能够为满足物质需求提供新的物质外壳。②满足生态需求对满足文化需求的影响和制约。文化需求的满足同样依赖生态需求的满足，因为自然界是人的无机的身体，是人的精神的无机界，提供了科学和艺术的对象。自然产品往往是精神产品的原型，满足生态需求的活动则是二者转化的第一道工序。同时，满足生态需求的活动也能够创造出精神产品。因此，应该将社会主义生产目的进一步表述为：社会主义生产的目的是满足人民群众日益增长的物质文化生态等需求。这样，就可以为满足生态需求提供制度上的保证。

必须实现人的生产和自然生产的协调。人自身的生产是在自然生产提供的可能性和现实性的前提下进行的。为了保证人自身生产的正常进行，必须将二者协调起来。①人自身的生产必须符合生态需求的构成。自然生产存在着可持续性与否的问题，这样，就要求将人自身的生产维持在自然的可持续性的范围内，既要保持生态因子的多样性和丰富性，又要保持生态系统的稳定性与和谐性。②人自身的生产必须符合生态需求的方向。自然生产存在着生态阈值，这样，就要求人自身的生产必须维持在生态阈值

中国绿色消费推荐品牌标识

的范围内。因此，一方面，人类不能无限制地向自然界索取物质，必须坚持适度的原则，反对竭泽而渔、杀鸡取卵的行为。另一方面，人类不能无限制地向自然界排放废物，要尽量减少对环境的污染和破坏，必须实现排放废物的减量化、资源化和无害化。可见，只有使人自身的生产适应自然的持续性和生态阈值，才能满足人类的生态需求。

必须将是否满足人民群众的生态需求作为判断一切工作成败的重要标准。目前，“三个有利于”是判断一切工作的根本标准。生态需求及其满足对这三个方面都有重要影响。①衡量生产力发展水平的生态尺度。生产力是实现人与自然之间物质变换的实际能力，生态化是先进生产力的发展趋势和基本特征，这样，能否有效地满足人们的生态需求直接关系到生产力的可持续性。只有将生产力的发展目标定位在满足生态需求上，才能实现生产力的可持续发展。否则，生产力就是不可持续的。②衡量综合国力的生态尺度。人口、资源和能源、环境、生态和防灾减灾等情况是一个国家国情的重要组成部分，能否在保证这些因子可持续性的基础上实现可持续发展，直接决定着一个国家的综合国力。充裕的资源、良好的环境，可以增强发展的可持续性，有助于提升国力。反之，会削弱国力。③衡量生活水平的生态尺度。人民生活水平的提高既依赖物质文化需求的满足，也依赖生态需求的满足，这样，生态需求的满足也成为衡量生活水平提高的重要标志。总之，满足人民群众的生态需求是“三个有利于”标准的题中之义。只有坚持这一标准，才能推动各项工作自觉地将满足生态需求作为内在的要求和奋斗的目标。

当然，满足人民群众的生态需求是一项复杂的社会系统工程，尤其是与发展绿色经济、倡导绿色消费、维护生态权益存在着内在的复杂的关联。

总之，从满足人民群众的生态需求入手进行生态文明建设，才能抓住社会主义生态文明的内在动力和根本目标。

## 二、贫困问题的生态消除

贫困和环境的恶性循环是产生贫困的重要原因，因此，必须将生态式开发脱贫致富作为实现生态文明社会目标的重要战略，夯实建设美丽中国的社会基础。

### （一）实施生态式开发脱贫致富战略的重大意义

在当代中国，坚持生态式开发脱贫致富战略具有重要的战略意义。

社会主义本质和优越性的具体体现。贫穷不是社会主义。消除贫困是社会主义的本质要求和社会主义优越性的具体体现。改革开放以来，特别是随着《国家八七扶贫攻坚计划（1994—2000年）》和《中国农村扶贫开发纲要（2001—2010年）》的实施，我国扶贫事业取得了巨大成就。1978年，中国农村有2.5亿尚未解决温饱问题的极端贫困人口，2010年，全国贫困人口已减至2688万人。在2011年11月召开的中央扶贫开发工作会议上，中央决定将农民年人均纯收入2300元（2010年不变价）作为新的国家扶贫标准。这个标准比2009年提高了92%。按照新的扶贫标准，中国还有1.28亿的贫困人口。这样一来，反贫困任务的难度大为提高。为此，必须大胆创新消除贫困的战略。

摆脱贫困和环境恶性循环的客观需要。从地理空间上看，我国贫困地区大部分分布在中西部地区的深山区、石山区、高寒山区、沙漠荒漠地区、喀斯特石漠化地区、黄土高原区、大江大河等生态脆弱区。从空间布局看，这些地区贫困问题与生态恶化高度重叠，脆弱的地理面貌与恶劣的自然条件成为造成贫困的客观因素。由于地理位置偏僻，生态失调，交通闭塞，发展缓慢，人们为了满足基本的生存需要，不得不采用掠夺式方式开发和利用自然，这样，贫困地区的生存压力和落后状况就进一步加剧了生态恶化。人为的生态恶化反过来又进一步加剧了贫困，增加了贫困地区脱贫致富和经济发展的难度。而生态治理和环境保护又依赖贫困地区经济的发展。为此，打破贫困与环境的恶性循环，就成为创新反贫困战略的科学选择。

我国反贫困战略深化发展的科学选择。针对贫困与环境的恶性循环的客观的现实状况，我们必须走生态式开发脱贫致富之路。①开发式扶贫战略的生态要求。由于单纯的输血式的救济式扶贫不能从根本上解决问题，因此，1986年，我国开始实施开发式扶贫战略。其中，坚持扶贫开发与水土保持、环境保护、生态建设相结合，实施可持续发展战略是这一方针的基本要求。在此基础上，2011年11月16日，国务院新闻办公室发布的《中国农村扶贫开发的新进展》中提出了"生态建设扶贫"的科学理念。②可持续发展战略的反贫困要求。在将可持续发展战略确立为我国现代化建设重大战略的过程中，我们就明确提出了将消除贫困和可持续发展统一起来的要求："对贫困地区而言，消除贫困与可持续发展是统一的整体或一个问题的两个方面。不消除贫困就难以持续发展，不有效改善贫困地区的基础设施条件，提高人的素质，改善生态环境和可持续开发利用资源，也不可能从根本上消除贫困。"[①]即消除贫困直接关系到可持续发展的成效。这样，将开发式扶贫和可持续发展统一起来，就可形成生态式开发脱贫致富战略。

总之，生态式开发脱贫致富战略是开发式扶贫战略和可持续发展战略相结合的产物，是要在保持生态良好的基础上通过经济开发来实现消除贫困的社会目标。

### （二）实施生态式开发脱贫致富战略的基本要求

实施生态式开发脱贫致富战略，必须坚持以人为本，将"生态良好—生产发展—生活富裕"作为负反馈机制融入反贫困中，实现生产发展、生活富裕和生态良好的统一。

---

① 中国21世纪议程——中国21世纪人口、环境与发展白皮书．北京：中国环境科学出版社，1994：47.

生态良好是条件。目前，我国贫困地区生态恶化的总体趋势尚未得到根本遏制。为此，必须将加强贫困地区生态建设作为生态式开发脱贫致富战略的基础工程。一是在西藏等地开展草原生态奖励补助试点，实施退牧还草工程，采取封山育草、禁牧等措施，保护天然草原植被。二是要组织实施京津风沙源治理工程，在项目区大力发展生态特色产业，实现生态建设与经济发展有机结合。三是实施岩溶地区石漠化综合治理工程，通过封山育林育草、人工植树种草、发展草食畜牧业、坡改梯、小型水利水保工程，实现石漠化综合治理与产业发展、扶贫开发结合。四是实施三江源生态保护和建设工程，通过退耕还草、生态移民、鼠害防治、人工增雨等措施，加强长江、黄河和澜沧江发源地的生态保护。显然，让贫困地区恢复山清水秀的良好自然风貌，优化生态空间，是生态式开发脱贫致富战略的自然前提和基础。

生产发展是基础。必须坚持以经济建设为中心，大力夯实贫困地区的经济基础。在这方面，我们创造了产业化扶贫的方式。主要是结合整村推进、连片开发试点和科技扶贫，扶持贫困农户，建设产业化基地，扶持设施农业，发展农村合作经济，推动贫困地区产业开发规模化、集约化和专业化。进入新世纪以来，我国为贫困地区重点培育了马铃薯、经济林果、草地畜牧业、棉花等主导产业。其中，马铃薯产业已成为贫困地区保障粮食安全、抗旱避灾、脱贫致富的特色优势产业。产业扶贫有效带动贫困农户实现了脱贫致富。同时，只有重视贫困地区的生态环境质量的改善，切实维护生态环境安全，才能为生产发展营造良好的自然条件，促进经济的可持续发展；同时，必须将经济发展维持在生态阈值范围之内，这样，才能在促进经济发展和收入增长的同时为治理环境提供坚实的物质基础。可以说，贫困地区的环境改善与经济发展荣损与共。因此，实施生态式开发脱贫致富战略，就是要根据贫困地区的自然情况因地制宜，选择适合当地自然生态环境的生产方式，优化生产空间，宜草则草、宜林则林、宜牧则牧、宜农则农、宜工则工，在什么都不宜的生态极端脆弱的地区则实行生态移民。可见，只有生态化的生产发展，才能构成消除贫困的经济基础。

生活富裕是目标。《中国农村扶贫开发纲要（2011—2020年）》提出，我国农村扶贫开发的总体目标是：到2020年，稳定实现扶贫对象不愁吃、不愁穿，保障其义务教育、基本医疗和住房。贫困地区农民人均纯收入增长幅度高于全国平均水平，基本公共服务主要领域指标接近全国平均水平，扭转发展差距扩大趋势。为了落实这一目标，我们必须充分考虑贫困地区的特殊情况，坚持走一条以人为本的科学发展的新道路。在此前提下，必须在贫困地区倡导生态化的生活。一是必须努力提高贫困地区人口的科技文化素质，尤其是要提升其生态素养，提高他们参与当地可持续发展的能力和水平。二是必须努力培养贫困地区人口的节约资源、保护自然、清洁环境的良好生活习惯，形成与当地自然生态环境相一致的生活方式尤其是消费模式，既要改变贫穷落后的面貌，也要杜绝盲目攀比的不良风气。三是必须大力维护贫困地区人口的各项权益，尤其是要保护其土地、林地的承包开发权益，必须抑制盲目开发引发的生态恶化对人民群众权益的危害。四是要优化贫困地区的生活空间，形成村容整洁的面貌，为人民群众提供诗意的栖居之所。最后，必须坚持共同富裕的目标，既要统筹城乡协调发展，也要统筹“三农”内部的各种关系。

总之，生态式开发脱贫致富战略，就是要在生态良好的基础上调整生产方式和生活方式，走出一条生产发展、生活富裕、生态良好的文明发展道路。

### （三）实施生态式开发脱贫致富战略的战略举措

现在，根据我国贫困问题的现状和消除贫困的任务等实际情况，我们建议将“生态式开发脱贫致富战略”作为我国消除贫困的国家战略。

## 1993年世界环境日主题

贫穷与环境——摆脱恶性循环

Poverty and the Environment——Breaking the Vicious Circle

1993年世界环境日标识

必须夯实生态式开发脱贫致富战略的生态基础。针对我国贫困地区自然条件恶劣、环境问题严峻的特点，必须将生态建设作为生态式开发脱贫致富战略的基础性工程。①加强计划生育。人口增长超过生态阈值和经济能力，是造成贫困的重要原因，为此，在贫困地区必须坚定不移地贯彻和落实计划生育的基本国策。到2015年，力争重点县人口自然增长率控制在8‰以内，妇女总和生育率在1.8左右。到2020年，重点县低生育水平持续稳定，逐步实现人口均衡发展。②加强资源保护。尽管贫困地区自然条件普遍恶劣，但是，矿产资源蕴藏和特色生物较为丰富。例如，塔克拉玛干沙漠的生物多样性有限，但珍稀、特有种类较多。这样，就要求必须按照可持续的方式开发和利用资源，必须保护贫困地区的生物多样性。③加强能源建设。由于缺乏能源而滥采滥伐植被是导致贫困地区生态环境恶化的重要原因，为此，要加快可再生能源的开发利用，因地制宜地发展小水电、太阳能、风能、生物质能，推广应用沼气、节能灶、固体成型燃料、秸秆气化集中供气站等生态能源建设项目。④加强水利建设。水资源短缺而导致的用水困难是加重我国贫困和环境恶性循环的重要原因，为此，必须加强水利建设。到2015年，贫困地区农村饮水安全问题基本得到解决。到2020年，农村饮水安全保障程度和自来水普及率进一步提高。为此，要因地制宜开展小水窖、小水池、小塘坝、小泵站、小水渠等“五小水利”工程建设。⑤加强生态保护。生态恶化既是造成贫困的重要原因，也是贫困导致的恶性后果，为此，必须加强贫困地区的生态保护。到2015年，贫困地区森林覆盖率比2010年底增加1.5个百分点。到2020年，森林覆盖率比2010年底增加3.5个百分点。同时，要加强水土流失综合治理。要继续推进贫困地区土地整治，提高耕地质量。要加强草原保护和建设，加强自然保护区建设和管理，大力支持退牧还草工程。采取禁牧、休牧、轮牧等措施，恢复天然草原植被和生态功能。⑥加强防灾减灾。我国贫困地区因灾致贫、因灾返贫的现象屡见不鲜，为此，必须加强防灾减灾工作，尤其是山洪地质灾害防治。要加快病险水库除险加固、中小河流治理和水毁灾毁水利工程修复，要加大泥石流、山体滑坡、崩塌等灾害的防治力度。总之，只有夯实贫困地区可持续发展的基础，才能为消除贫困创造自然物质条件。

科学选择生态式开发脱贫致富战略的产业发展方向。沙产业和草产业可能是贫困地区产业发展的方向。我国沙漠地区太阳能资源充足，环境天然清洁，只要有些降水，就有植物生长，甚至有大量多年生植物。由于这种特殊的地理环境因素，造就了沙漠戈壁植物的独特性和难以复制性，为发展沙产业和草产业提供了可能。为此，要充分利用沙漠戈壁上的日照和温差等有利条件，推广使用节水生产技术，发展知识密集型的现代化农业。随着西部大开发的推进和农业产业结构的调整，我国西部省区兴起了发展沙产业和草产业的热潮。例如，围绕着甘草、麻黄、肉苁蓉、锁阳等沙区植物，发展起了中草药种植与加工；围绕着杏仁、沙棘、葡萄、枸杞、苹果等果树，发展起了果品加工；围绕着沙区灌木林资源，发展起了木浆造纸、人造板制造业、灌木饲料加工等业态；在沙漠地区，还发展起了生态观光旅游。但是，发展沙产业和草产业必须按照科学规律办事。一是必须考虑贫困地区的生态阈值，尤其是水资源情况、植物的可再生周期，否则，造成的生态恶化会更为严重。二是必须考虑科技支撑的有效范围。现在，太阳能的转化效益低、水资源补充难的问题仍然没有得到有效的解决。因此，沙产业和草产业更多的是科学设想和科学试验。这样，就要求我们必须谨慎从事。

必须大力创新生态式开发脱贫致富战略的投入机制。实施生态式开发脱贫致富战略，必须加大对贫困地区的投入力度。由于资本要素能够通过影响资源配置、结构调整、科技创新、劳动就业等对经济发展产生重大的带动作用，因此，必须建立资本要素向贫困地区倾斜投入的政策体系。国家要通过结构调整改变贫困地区经济的畸形发展，要通过科技创新提高其经济社会发展的水平，要通过教育投资提高其人力资本的综合实力，这样，才能积极促进贫困地区的生态改善、经济发展和生活富裕。为此，必须加大对贫困地区人财物的投入，把“输血”与“造血”相统一，扶贫与扶志相结合，通过科技、文化、卫生“三下乡”活动，积极实现贫困人口思想认识上的脱贫致富，加快改变贫困地区贫穷落后的面貌。此外，还应推动制度创新，“对限制开发区域和生态脆弱的国家扶贫开发工作重点县取消地区生产总值考核”[①]。这样，才能切实推动贫困地区的可持续发展。

总之，实施生态式开发脱贫致富战略，就是要将生态建设、经济建设、社会建设统一起来，促进贫困地区经济社会发展与人口资源环境相协调。

## 三、消费模式的绿色转向

不可持续的消费模式是造成资源浪费和环境污染的重要原因，因此，必须形成节约资源和保护环境的消费模式，即绿色消费模式。

### （一）转向绿色消费模式的重大意义

针对不可持续消费模式造成的生态环境问题，绿色消费模式成为社会发展的重要趋势，成为支撑生态文明的重要社会选择。

克服不可持续消费模式的必然选择。为了掩盖生产资料的资本家私人占有制造成的剥削和压迫的真相，资本逻辑发明了高消费的筹码，试图用量的满足来掩盖质的差异。这种消费模式并不意味着生活质量的同步提高，而是导致了消费的外部不经济性，即消费活动给他人带来损失而又得不到补偿；同时，又直接导致了资源的巨大浪费和环境的严重污染，使越来越多的人成为生态危机的牺牲品。对此，美国学者凡勃伦提出了“炫耀

① 中共中央关于全面深化改革若干重大问题的决定．北京：人民出版社，2013：53．

消费”的概念。法国学者布尔迪厄提出了“文化资本”（作为阶级地位象征的品位）的概念。无论是“炫耀消费”还是消费的“品位”都让消费背离了原本的意义，为消费打上了深深的阶级烙印，并造成了资源的浪费和环境的污染。因此，转向绿色消费模式有助于克服不可持续的消费模式。

适应当代中国基本国情的理性选择。消费必须从国情出发，既要考虑一国的自然生态情况，也要考虑其社会经济情况。从前者来看，我国人口基数大，自然资源有限，不可能支撑高消费。中国人均生态足迹仅为1.6公顷，远低于2.22公顷的世界平均水平。而中国所能提供的支撑仅为人均0.8公顷。这意味着中国消耗了相当于其自身生态系统供给能力两倍的资源。从后者来看，我国正处于并将长期处于社会主义初级阶段，社会生产力发展水平还很有限，不可能支撑高消费。尽管我国经济总量已处于世界第二位，但是，人均水平仍然靠后。2010年，在所统计的215个世界经济体中，我国人均国民总收入仅列第120位。显然，转向绿色消费模式是符合我国国情的理性选择。

贯彻和落实科学发展观的科学选择。目前，我国仍然存在着高消费的误区。据有关方面估计，一些先富者不是富而思源、富而思进，而是试图在高消费中确认自已的身份。同时，一些当权者忘记了为人民服务的宗旨，凭借公款消费炫耀自己的身份。一旦二者同流合污，不仅会加大生态环境压力，而且会败坏社会风气，直至导致消极腐败。这是与科学发展观背道而驰的。科学发展观要求消费和消费模式不仅要符合人与社会和谐发展的规律，而且要符合人与自然和谐发展的规律。就前者来看，必须充分发挥社会主义制度的优越性，消除消费上的两极分化（过度消费和消费不足），努力实现共同富裕。就后者来看，必须根据自然的生态阈值，大力培养人们形成与我国的自然生态环境状况相适应的消费观念、消费行为和消费模式，大力形成和推动绿色消费模式。可见，转向绿色消费模式是科学发展观的题中之义。

总之，转向绿色消费模式能够从消费的角度促进人与自然的和谐发展。

### （二）转向绿色消费模式的基本要求

在当代中国，转向绿色消费模式包含着更为广泛和深刻的内容和要求。

**绿色消费的原则**

可将“绿色消费”的原则概括为“三R”和“三E”：Reduce（减量），Reuse（再用），Recycle（循环）；Economic（经济），Ecological（生态），Equitable（平等）。或者将之概括为“五R”原则：Reduce（节约资源，减少污染），Reevaluate（绿色生活，环保选购），Reuse（重复使用，多次利用），Recycle（分类回收，循环再生），Rescue（保护自然，万物共存）。

合理消费。消费必须量力而行，既要考虑消费的客观条件，也要考虑消费的主观条件。在前一方面，既要符合社会经济发展的实际水平，也要符合自然生态环境的生态阈值。在后一方面，既要考虑主体需要的复杂性，也要考虑主体满足需要的自身实际能力。在转向绿色消费模式的过程中，合理消费就是要求将主体的正当的生命需要维持在自然生态环境能够提供满足需要的范围之内。既要保证从自然界索取物质、排放废物，又不能使索取和排放超越生态阈值。简言之，合理消费就是要反对铺张浪费，量力而行。

适度消费。适度消费就是要实现消费的质和消费的量的统一。在当代中国，这意味着：①在质的方面，必须坚持以人为本和共同富裕的原则，让人民群众共享改革和发展的成果；同时，要保证人民群众的生态需求，保证他们对干净的水、新鲜的空气、优美的环境的可获得性，在维护和提高生态环境质量的条件下生产和生活。②在量的方面，必须随着社会经济的发展来逐步提高人民群众的消费水平和生活水平，要保证人民群众的收入与社会经济的发展同比增长；同时，要通过科技进步，不断延长资源和能源的使用周期，扩展生态环境的承载能力、涵容能力和自净能力，以扩展消费的自然空间和生态可能。最后，必须使人民群众能够在创造性活动中来消费并创造出新的消费模式。

节约消费。地球资源和环境容量是有限的，必须把消费限制在生态阈值范围内。为此，必须大力弘扬中华民族的“取之有度、用之有节”的传统美德，节约能源资源，减少环境污染。同时，必须大力提高资源和能源的使用效益，以减少资源消耗、减轻环境压力。这样看来，这种节约就等于发展人自身的能力和发展生产力。

循环消费。目前，推行循环消费必须注意以下问题：①在消费品生产的源头上，应大力开发具有可再生循环性的商品，从源头上为循环消费提供产业技术上的支持。②在消费品的选择上，应当尽量使用耐用品，提倡对物品进行多次利用。③在消费品使用后，应根据其实际使用价值，或转让他人，或交予旧货市场。④在垃圾和废物的处理上，要在分类回收的基础上，变废为宝，循环利用。总之，循环消费就是要按照“减量化、再利用、资源化”的原则进行消费。

清洁消费。清洁消费就是消费低污染产品或减轻消费行为的污染程度。目前，食品、药品和餐饮等安全问题已成为威胁人民群众生命健康的重大问题。这样，就凸显了清洁消费的重大价值。尽管选择绿色产品已经成为广大消费者的共识，但是，在市场监管上却存在着许多漏洞。为此，各级政府必须加强对食品、药品、餐饮卫生等的市场监管，建立科学有效的安全标准体系、检验检测体系，维护生态环境安全，保障人民群众的健康安全和生态权益。在消费行为对环境的影响上，要引导消费者减少废物和垃圾的排放，以减轻对环境的负面影响，进而要努力促进消费有益于自然生态环境。

公正消费。我们必须在坚持共同富裕的前提下，努力促进消费公正。①要统筹城乡消费，既要提高农村的一般消费水平，也要提升农村的生态环境质量。②要统筹区域消费，既要提高中西部地区的一般消费水平，也要再造一个山川秀丽的新的中西部。③要统筹阶层消费，既要提高中低收入者尤其是弱势群体的一般消费水平，也要充分保障其生态需求的满足。总之，消费不公尤其是绿色消费不公同样不是社会主义。

协调消费。协调消费就是要求不同消费要素必须处于和谐的关系当中。我们必须坚持以人为本，在满足基本需求的基础上，应将人的生存需求、享受需求、发展需求，物质需求、政治需求、精神需求、社会需求、生态需求，当前需求和未来需求，统筹起来考虑，努力实现协调消费。此外，自然是满足所有需求的物质条件。因此，在协调消费的过程中也要统筹人与自然和谐发展，实现消费后果的生态增益化，即消费必须有利于自然生态环境，维持人与自然之间的正常的物质变换。

总之，转向绿色消费模式，就是要按照生态化的原则重构整个消费过程和体系。

### （三）转向绿色消费模式的战略举措

尽管人民群众的绿色消费意识日益增强，但是，在我国的消费领域中仍然存在许多非理性和不成熟的因素，因此，必须从多方面推动绿色消费。

转向绿色消费模式的宏观选择。转向绿色消费模式首先必须从国家的宏观管理和宏观政策入手。①改善消费环境。只有在坚持共同富裕的前提下，人们才能真正转向绿色消费。在具体的意义上，需要形成有助于绿色消费的社会风气。为此，必须切实加强党风廉政建设，坚决克服形式主义、官僚主义、享乐主义和奢靡之风。同时，需要形成支持绿色消费的生产体系。②完善消费政策。目前，资源产品价格偏低是造成资源浪费的重要原因。因此，必须完善资源产品的价格政策，使产品价格不仅如实反映创造价值的劳动的贡献，而且科学反映提供使用价值的自然的贡献。这样，在价格压力下，就有助于人们形成绿色消费的习惯。此外，还要加快绿色消费方面的法律建设。③优化消费结构。要引导人民群众合理优化消费结构，既提高消费层次，又提升生活质量，也保护环境。同时，要建立一个低耗、高效、少污染或无污染的生产体系，以增加生活资料的数量、多样性和提高质量。总之，引导和督促社会转向绿色消费模式需要宏观管理和宏观政策方面的支持与带动。

转向绿色消费模式的微观选择。必须让绿色消费渗入社会的各个主体中。①政府重视绿色消费管理。推动社会转向绿色消费模式是政府责无旁贷的责任和义务。一是要通过税收等手段抑制不利于健康和环境的消费，反对铺张浪费，反对污染环境；二是通过控制社会集团购买和其他相关政策，引导合理消费；三是通过调整和优化产业结构，加快发展第三产业和战略性新兴产业，增加就业容量和人民收入，进一步提高人民生活水平和满足不同层次人们的消费要求；四是在向社会提供绿色公共产品的过程中，要积极借鉴国际标准化组织（ISO）公布的环境管理标准、环境审核标准、环境标志标准、环境行为标准和产品生命周期评价标准等来进行环境管理。总之，只有政府加强绿色消费管理，才能有效推动社会转向绿色消费模式。②企业提倡绿色生产经营。企业是影响社会消费行为的重要主体。为此，一是要大力搜集绿色信息，以此作为进行绿色生产的依据；二是大力开发绿色产品，以此满足社会的生态需求和绿色消费；三是科学设计绿色包装，以此来满足减轻环境负荷的要求；四是合理制定绿色产品价格，提高产品的环境保护附加值，进而提高产品的经济效益；五是建立绿色销售渠道，防止黑色产品混入绿色营销渠道，维护消费安全。此外，在企业内部还应该建立起绿色会计制度和绿色审计制度。总之，作为负责任的企业不应该利用消费者的跟风心理和攀比心理，助长不可持续的消费行为，而必须积极合理地引领绿色消费。③社会建构绿色消费环境。对于个人来说，必须树立绿色消费的理念，增强对绿色消费的心理认同感和价值认同感。对于家庭来说，必须选择绿色生活，通过精打细算降低日常的物质消耗，减轻资源压力；通过循环使用物品和资源，减少废物和垃圾，减轻环境压力。对于社区来说，要通过建设绿色社区，影响和规范社区居民的日常消费，为绿色消费营造良好的社区环境。对于民间团体（非政府组织）来说，要加强对公众的绿色消费的宣传教育活动，要组织公众开展各种有益于绿色消费的活动。其实，“市民的主动性和消费者组织在某种程度上也能在生态创新上发挥一种影响作用。在民主制国家里，这些组织能够影响政府和企业的政策。同样地，最终消费者和消费者需求能够对生态创新的消费品的发展和普及起到重要的反馈作用”[①]。在构建社会主义和谐社会的大背景下，当代中国同样能够通过社会合力的方式促进在全社会形成绿色消费模式。当然，在这个过程中，也需要政府、企业和社会建立良好的合作关系，共同推动转向绿色消费模式。

在转向绿色消费模式的过程中，还需要从生产、分配、交换等方面进行努力。

总之，绿色消费模式从消费模式的角度确立了一种人与自然的和谐共生的图景，有利于缓和人与自然的紧张关系，促进人与自然的和谐发展。

## 四、人类住区的诗意选择

构建科学合理的城市化格局，实现人类住区的可持续性，促进生活空间的宜居适度，是生态文明建设的基本的社会内容和社会目标之一，是建设美丽中国的重要课题。

### （一）选择生态化住区的重大意义

选择生态化住区，既能提高人的生活水平和生活质量，又能减少对自然的破坏和污染，在我国的生态文明建设中具有重要的地位。

保障人民群众居住权的必然选择。居住是人类的基本需求和基本权利。住区是指人类居住的场所和环境，是人类生活的基本条件。社会主义为保障人民群众的居住权真正提供了可能，并开始自觉地将生态化作为住区发展的方向。新中国成立以来，我们充分发挥社会主义制度的优越性，在尽量保证人民群众居住权的同时，尽可能保障人民群众享有与生活舒适

① HUBER JOSEPH. Pioneer Countries and the Global Diffusion of Environmental Innovations: Theses from the Viewpoint of Ecological Modernisation Theory. Global Environmental Change，18，2008：362.

度和满意度相适应的生态环境的权利。为此，我们先后颁布了《住宅室内装饰装修管理办法》、《民用建筑工程室内环境污染控制规范》、《城市绿化条例》、《城市居住区规划设计规范》等法规。今天，将生态化住区作为生态文明建设的社会内容和目标，就是为了进一步保障人民群众在宜人环境中居住的权利。

解决城市化生态弊端的科学选择。在我国城市化中也遭遇到了较为严重的生态环境问题。这样，就突出了生态化在住区发展中的必要性和重要性。在建设和发展生态化住区的过程中，通过合理规划和布局，做到城镇建设供排水、供电、通信、垃圾处理和覆盖城乡的区域性防洪排涝、供水、治污工程等重大基础设施符合生态标准，能够有效防灾减灾和处理应急事件，这样，就可保障人民群众的生命财产安全。通过改善环境、美化生活，能够让人民群众呼吸到新鲜的空气，喝上干净的水，在树下漫步，在草地上嬉戏，这样，就可保障人民群众的生态环境权益。通过城市的新区开发与旧城保护相结合，维护城镇历史文化风貌，让人民群众的生活住所既不缺自然景观又不乏人文气息，这样，就有利于人民群众的身心健康。总之，建设生态化住区，就是要为人民群众提供健康、环保、宜居的环境。

顺应住区生态化潮流的重大选择。人类有选择更为美好的居住环境的权利。德国诗人荷尔德林曾说过，“人充满劳绩，但还诗意地安居于大地之上。”海德格尔对此作了这样的阐释：“作诗建造着栖居之本质。作诗与栖居非但并不相互排斥。毋宁说，作诗与栖居相互要求着共属一体。‘人诗意地栖居’。”[①]人诗意地栖居，深刻地展现了人类对美好居住环境的渴望和追求。1976年，第一届世界人居大会在加拿大温哥华召开。会议对发展中国家的穷人的居住问题给予了优先的重视，提出了要以可持续的方式向他们提供住房、基础设施和服务。随后成立了世界“人居委员会”和“联合国人居中心”，并推动联合国大会规定1987年为“给无家可归者

① 海德格尔选集（上）. 上海：生活·读书·新知上海三联书店，1996：478.

提供住房年”。1992年，《21世纪议程》提出，人类住区工作的总目标为：改善人类住区的社会、经济和环境质量，以及改善所有人特别是城市和乡村贫民的生活和工作环境。1996年，联合国人居中心指出，世界城市必须是可持续的、具有效率的、安全的、健康的、具有人性的城市。选择生态化住区是我国顺应这一世界潮流的必然选择。

总之，选择生态化住区具有重大的意义，是实现住区可持续发展的重大举措。

### （二）选择生态化住区的基本要求

目前，在国际社会上出现了生态城市（住区）、绿色城市（住区）、可持续城市（住区）等创新概念。大家一般用可持续住区的概念。与之相应，1994年，《中国21世纪议程》专门设置了“人类住区可持续发展”一章。在日常生活中，绿色住区较为流行。与之相应，2001年建设部颁布的《绿色生态住宅小区建设要点与技术导则》规定，绿色小区建设要充分贯彻执行“节能、节水、节地、治污”的方针。在此基础上，党的十八大提出了形成节约资源和保护环境的空间格局的要求。其中，构建科学合理的城市化格局，促进生活空间宜居适度是其重要的方面。在一般意义上，生态化住区就是作为人类栖息之地的住区与作为住区环境的自然的和谐状态，是按照生态化原则进行住区建设的过程和成果。

生态化住区的生态要求和特征。生态化住区具有以下要求和特征：①均衡。为了避免人口过度集聚造成的问题，住区必须控制居民数量，要按照城市所在地的生态阈值确定人口规模，鼓励物质、能量和信息的自由流动而不是人群的盲目流动。②节约。由于住区建设要大量消耗物质和资源，因此，住区必须注重节约资源，要以集约式方式利用资源和能源，建设节地、节水、节电住区。③清洁。为了降低住区造成的污染，住区必须保持清洁，按照清洁工程进行城市建设，城市生活要采用清洁能源。④循环。为了减轻住区造成的环境负荷，住区必须循环利用资源，要加强城市垃圾和废物的分类回收和处理，推广利用中水。⑤宁静。为了保证居民有一个宁静的环境，住区必须控制噪声，加强对企业噪声、交通噪声和生活噪声的治理。⑥优美。为了保证住区和自然的相融以满足居民的生态需求，住区必须注重环境美化，规划和建立绿地和绿带，保证住区郁郁葱葱。⑦安全。为了避免灾害危及城市文明，必须加强住区防灾减灾，要将住区建设在不易发生灾害的地区，要避免城市建设和城市生活引发的灾害，提高建筑抗灾能力，大力建设避难场所。⑧人本。住区是人类居住权的物质载体和保证，必须坚持以人为本，不仅要为城市人口提供宜人的住处，而且要对进入城市的一切人口一视同仁。总之，只有符合上述要求的住区才称得上生态化住区。

生态化住区的构成要素和层次。生态化住区具有复杂的构成和层次。①绿色建筑。建筑是住区的物质载体。绿色建筑是将生态学和建筑学融为一体的成果。它充分而集约地利用天然的资源和能量作为建筑的材料和动力，注重建筑的生态景观；它运用科技手段降低灾害对建筑的影响，并能有效防御建筑造成的灾害；它有效设计建筑的废物处理，能够降低污染。②绿色家居。家居是人类最基本的生存环境。绿色家居就是按照生态化的原则装修和装饰家庭的住所，运用天然材料提高居室的隔音、保温效果，用天然少污的材料装修，注重居室的自然通风、自然采光和遮阴，利用太阳能等可再生能源，循环利用水资源，分类回收和处理垃圾。运用绿色植物装饰居室环境，利用植物净化空气。③绿色社区。社区同样是生态自治的基本单位。在文化层面，要按照生态化原则塑造社区文化和提升居民素质，使生态文明成为一种社区文化，成为居民的一种生活方式。在物质层面，必须建成系统的环境设施。在行为层面，要形成公众参与生态文明建设的机制。④绿色城市。绿色城市是一种可持续发展的城市，不仅包括绿色建筑、绿色家居、绿色社区，还包括绿色交通、绿色产业。事实上，生态化住区是人类生存的可持续性问题。

总之，通过构建科学合理的城市化格局，才能实现生活空间宜居适度的目标。

### （三）选择生态化住区的战略对策

为了保证城市和住区的可持续发展，政府必须加强对生态化住区建设和发展的管理，引导全社会转向生态化住区。

坚持资源的共同所有。住区问题首先涉及的是土地资源的开发、利用和所有权的问题。在这个问题上，“当土地被视为商品，人类社群与自然浑然一体的有机联系不复存在时，自然环境和人类社会便双双走向大祸临头的境地”①。为此，在坚持社会主义基本经济制度的前提下，必须真正实现土地的共同所有制。只有在土地共同所有制的前提下，才能避免由于高地价造成的高房价带来的社会问题，进而才能保证人民群众的居住权的实现；才能有效实现土地的集约而高效的开发和利用，进而才能为选择生态化住区提供土地政策上的支持。

坚持城乡的协调发展。城乡二元格局是导致住区不可持续性的重要社会原因，因此，必须统筹城乡协调发展。一是为了适应农村人口转移的新形势，必须坚持因地制宜，尊重村民意愿，突出地域和农村特色，保护特色文化风貌，科学编制乡镇村庄规划。二是要合理引导农村住宅和居民点建设，向农民免费提供经济安全适用、节地节能节材的住宅设计图样。三是要合理安排县域乡镇建设、农田保护、产业聚集、村落分布、生态涵养等空间布局，统筹农村生产生活基础设施、服务设施和公益事业建设。这样，才能巩固生态化住区的社会基础。

提高规划的生态水平。在消费社会中，“我们到处都可以看到人们对环境所进行的这种‘自然化’，就是在现实中把自然扼杀后再把它当作符号来重建。例如人们伐倒了整片森林为的是在那里建造一片名为‘绿色之城’的建筑群，在那里人们会种上几棵树以制造‘自然’”②。之所以如此，除了私利驱动因素外，关键是在规划中缺乏生态学考量。为此，必

① ［美］丹尼尔·科尔曼．生态政治——建设一个绿色社会．上海：上海译文出版社，2002：102．

② ［法］让·波德里亚．消费社会．南京：南京大学出版社，2001：83．

须努力提高城乡规划的生态水平。一是必须考虑城乡住区的环境属性，实现城乡一体化，实现城市和自然、住区和环境的相融共生。二是坚持新区开发与旧城保护相结合，坚持文物保护、环境保护、住区建设相统一。三是要根据城市所在地的自然生态阈值和社会经济发展水平，合理规划城市规模，避免特大型城市带来的各种问题。四是要根据城市所在地的自然禀赋，统筹安排生活场所和工作场所的空间布局，避免由于二者分离造成的交通压力以及交通污染。在总体上，提高城乡规划的生态学水平，关键是必须坚持因地制宜。

**采用生态学的方法进行人类居住规划**

各社区需采用和实施一种生态学方法来进行人类居住规划，以确保在规划过程中明确体现对环境的关心，由此促进可持续性。这将要求：

*人类居住的规划和管理要通过维持居住是其中一部分的生态系统的平衡，来满足城市居民的自然、社会和其他方面的持续要求；

*将人类生产要素和自然要素协调地结合起来，以提供城市居民在其中寻求其福利的生境。

建立在一种生态方法上的可持续性战略可望：

*改善和确保供水；

*最大限度地减少废物的处置问题；

*减少高质量农田转为他用，并帮助保持土地的生产力；

*发展更节能的生活和商品生产方式；

*最大限度地利用可得到的资源；

*将居住区的维护和服务与就业、社区开发及教育结合起来。

——世界自然保护同盟、联合国环境规划署、世界野生生物基金会：《保护地球——可持续生存战略》，北京：中国环境科学出版社，1992年，第84页。

维护公平的社会环境。在推进生态化住区的过程中，政府必须代表最广大人民群众的利益和公共利益。一是在土地征用、旧房拆迁的过程中，必须充分尊重人民群众的各项权益，认真考虑人民群众的实际困难，严格按照经济规律和市场价格确定土地征用和房屋拆迁的补偿标准，解决失地和失房群众的基本生计问题，要保证政府、企业和民众的三赢。二是在处理由于城市建设引起的群体性事件的过程中，政府必须秉公办事，而不能袒护强势的一方，更不能助纣为虐，必须依法严肃查处引发群体性事件的暴力征地、暴力拆迁的责任者。其中，关键是必须“建立兼顾国家、集体、个人的土地增值收益分配机制，合理提高个人收益”①。在这个问题上，必须坚持党的宗旨和社会主义本质。

由于选择生态化住区是全社会的共同的责任和使命，因此，在政府积极创新生态化住区管理的同时，还需要全社会的广泛动员和参与，政府必须创造条件让生态住区的诗意选择成为人民群众的一种自觉行为。

总之，努力建设生态化住区，让人们诗意地栖居，才能把人类和地球带向希望之乡。同样，这也是“中国梦”的应有追求。

## 五、环境权益的切实维护

环境权益是人类应该享有和维护的一切资源和环境的不容侵犯的权利，是一种重要的社会权利。环境权是环境权益的核心内容和集中表述。切实维护人民群众的环境权益，彰显的是代表中国最广大人民群众的根本利益进行生态文明建设的鲜明价值取向。

### （一）维护人民群众环境权益的重大意义

环境权益是人民群众的基本权益，切实维护人民群众的环境权益具有重大的意义。

有助于遏制生态恶化，促进永续发展。目前，生态恶化的趋势之所

① 中共中央关于全面深化改革若干重大问题的决定. 北京：人民出版社，2013：13.

以难以遏制，就在于人们普遍认为自然生态环境是外在于人的东西，或者只将之看作是实现人的利益的工具。事实上，资源是人类生存和发展的基本条件，环境是人类生存和发展的重要场所，我们每个人都有享受充裕的资源并在健康和良好的环境中生存和发展的权利，同时也有保护自然生态环境不受污染和破坏的义务。维护环境权益就是要求人们在从事任何活动时，都要先考虑活动可能带来的生态环境后果及其对人类权益的影响。这样，就会使人们通过改变自己的行为来改善生态、保护环境，与破坏自然生态环境的行为作斗争。

有助于化解环境纠纷，促进社会稳定。目前，由于污染导致的环境维权事件已司空见惯，由于处理不当而引发的环境群体性事件也屡见不鲜。之所以如此，就在于法律上缺乏对人民群众环境权益的应有规定和切实保障，公权部门尤其是地方政府更没有意识到环境污染事实上是对人民群众环境权益的侵害。事实上，环境侵权才是造成环境群体性事件的根本原因。因此，从维护人民群众环境权益出发，依法严肃查处环境侵权事件的责任者，才能有效化解环境纠纷，切实维护社会稳定，促进社会和谐。

有助于强化宗旨意识，促进政治稳定。环境权益是人民群众的基本权益。因此，在代表中国最广大人民根本利益的过程中，中国共产党必须旗帜鲜明地维护人民群众的环境权益。我们党已经将维护人民群众环境权益作为党的建设尤其是廉政建设的基本要求："加强对环境污染防治政策措施落实情况的监督检查，对不认真履行环保职责、严重损害群众环境权益的地方和单位，追究有关人员特别是领导干部的责任。"[①]因此，充分体现党的宗旨，切实保障人民群众的环境权益，才能增强党的凝聚力和向心力，最终有利于政治稳定。

有助于提升国家形象，促进世界和谐。1970年3月，国际社会科学评议会在东京召开的"公害问题国际座谈会"所发表的《东京宣言》最先提出

① 建立健全惩治和预防腐败体系二〇〇八—二〇一二年工作规划//十七大以来重要文献选编（上）. 北京：中央文献出版社，2009：440.

了环境权的概念。自此以后，从维护环境权的角度推进环境保护、在宪法中明确环境权的法律地位，成为国际社会的共同选择和主要潮流。现在，西方社会常以人权状况为借口攻击我国。因此，在我国宪法中明确肯定环境权，有利于提升我国的国际形象，推动实现世界和谐。

总之，在当代中国，建设生态文明就是为了维护人民群众的环境权益。

**（二）维护人民群众环境权益的主要内容**

环境权益具有集合性和综合性的特征。在法律上，环境权是实体权和程序权的统一，兼具公权和私权的双重性质。

环境享有权。环境享有权是利用资源和享受环境的权益。一是指人民群众具有合法利用资源能源的权利，包括获得生活资料自然富源和生产资料自然富源的权益。二是指人民群众享有在不被破坏和污染的生态环境中生存和发展的权利，包括日照权、通风权、眺望权、景观权、宁静权等。在广义上，环境享有权包括公民保卫国家国土安全的责任和捍卫国家环境权益不被外来势力侵犯的权利。这里的国土包括蓝色国土——海洋，也包括领空。

环境拒绝权。环境拒绝权是拒绝生态恶化和环境污染的权利。一是人民群众有权拒绝破坏自然的行为。我国宪法明确规定：禁止任何组织或者个人用任何手段侵占或者破坏自然资源。二是人民群众有权拒绝污染的行为。它要求国家和第三人不得实施污染环境的行为。事实上，环境拒绝权是从否定方面对环境享有权的确认，是拒绝不当生态环境退化的权利。

环境请求权。环境请求权是指请求保护权。这是指，在出现危及公民生命财产安全和社会稳定安全的生态环境事故的征兆时，或开发项目或企业行为有可能导致环境污染时，公民有权向公权部门提出保护请求。国家不能以尚未发生为借口拒绝这种请求，或者是以个人不得以公共妨害为由提起私人请求为借口而拒绝这种请求，而必须组织力量进行科学评估，一旦确认危险可能发生即要依法终止其发生，以保护人民群众的生命财产安全。

环境求偿权。一旦环境侵权发生之后，公民都有提出损害赔偿或补偿的权利。这就是环境求偿权即受害索赔权。《中华人民共和国环境保护法》第四十一条第一款明确规定：造成环境污染危害的，有责任排除危害，并对直接受到损害的单位或者个人赔偿损失。其他专项环境法也有类似的明确的规定。除了直接受害者具有求偿权外，间接受害者也应该有同样的权利。除了公民的人格权和财产权受到损害具有求偿权外，其他权利受到损害也应具有索赔的权利。

环境知情权。每个人都应享有了解公共机构掌握的环境信息的适当途径，国家应当提供广泛的信息获取渠道。这即为环境知情权。维护人民群众的环境知情权要求政府及时公布与人民群众利益密切相关的环境信息，包括资源开采和利用信息、环境污染信息、环境政务信息、企业环境信息等。环境知情权是公民参与环境保护的前提条件、客观要求和基础环节。

环境监督权。《环境保护法》第六条规定：一切单位和个人都有保护环境的义务，并有权对污染和破坏环境的单位和个人进行检举和控告。这就表明，人民群众具有环境监督权。切实保障广大人民群众的环境监督权，就是要充分保障人民群众在环境事务上的批评权、建议权、控告权和检举权。

环境决策权。环境决策权是人民群众在生态环境管理中做出决定的权利，是人民群众在环境事务中行使当家作主权利的一种形式。为此，政府必须坚持决策民主化的原则和程序，充分听取人民群众的意见，并要将人民群众的合理建议转化成为实质性的政策。

环境参与权。《环境影响评价法》规定：国家鼓励有关单位、专家和公众以适当方式参与环境影响评价。其实，一切环境事务都需要人民群众的共同参与。为切实保障广大人民群众的环境参与权，在国家的相关法律中必须明确规定：国家鼓励支持社会组织、民间团体、公民个人积极参与生态文明建设事业。

在上述环境权益中，前四者大体上属于实体性权益，后四者大体上属于程序性权益，它们共同构成了环境权益体系。

### （三）维护人民群众环境权益的战略举措

维护人民群众的环境权益涉及一系列的复杂因素，目前，亟须将行政管理、环境管理和社会管理统一起来。

推动环境权益入宪。环境权入宪是环境权益入宪的核心。①环境权入宪的可能。主要有：a．环境法制的支持。我国宪法已经明确了自然资源和城市土地为国家所有，国家保护和改善生活环境和生态环境，防治污染和其他公害。b．人权法制的支持。我国宪法已明确写入了“国家尊重和保障人权”的条款，而环境权是人权的重要组成部分和表现形式。②环境权入宪的形式。可以在现有的条款中补充写入相应的内容：a．在第二十六条“国家保护和改善生活环境和生态环境，防治污染和其他公害”后增加如下表述：国家维护公民的环境权益（环境权）。b．在第三十三条“国家尊重和保障人权”后增加如下表述：公民有享有资源和环境的权利，也有保护资源和环境的义务。或者是将上述二者合并为一条，列入适宜的位置：环境权是公民的基本人权，国家保护公民的环境权；环境权的内容由专门法来规定。在总体上，环境权入宪有助于有效解决环境纠纷和环境诉讼。

加强环境公益诉讼。环境公益诉讼是指，当环境公共利益遭受侵害或可能遭受侵害时，任何法律主体都有权向法院就有关责任主体的环境侵权行为或环境执法不作为提起的诉讼。①环境公益诉讼的可能。a．在我国的相关立法和政策中已有环境公益诉讼的规定。例如，《环境保护法》第六条规定：一切单位和个人都有保护环境的义务，并有权对污染和破坏环境的单位和个人进行检举和控告。《民事诉讼法》第五十五条规定：对污染环境、侵害众多消费者合法权益等损害社会公共利益的行为，法律规定的机关和有关组织可以向人民法院提起诉讼。b．我国已开始了环境公益诉讼实践。例如，2010年11月19日，原告中华环保联合会、贵阳公众环境教育中心以被告贵州省贵阳市乌当区定扒造纸厂违反法律规定偷排污水、严重污染水质、侵害公共环境利益为由，向当地法院提起环境民事公益诉讼。最后，法院判决被告立即停止排放污水，消除危害。可见，进行环境公益诉讼是可能的。②加强环境公益诉讼的举措。针对目前存在的问题，努力的方向是：a. 放松原告诉讼资格。目前，环境公益诉讼的法律主体不包括公民个人和间接关系者。事实上，污染危害的是公共利益，公民个人和间接受害者同样具有诉讼权。因此，必须将原告适格扩展到所有的法律主体。为了预防滥用公益诉讼，可以采用提高诉讼费用门槛的方法。b. 拓展诉讼法律依据。除了《民事诉讼法》外，其他诉讼法也要包括相关的内容。在《刑事诉讼法》中，必须明确规定处罚暴力征地、暴力拆迁的内容，同时，对污染事件造成刑事责任的责任者、对运用暴力方式维权的责任者也应有明确的法律处置意见。在《行政诉讼法》中，必须规定任何法律主体甚至是社会主体都有对行政部门尤其是地方政府的环境不作为、乱作为提起诉讼的权利。c. 放宽诉讼责任范围。目前的环境公益诉讼对可能发生的环境危害没有相应的规定。事实上，环境公益诉讼的提起及最终裁决并不要求一定有危害和侵权事实发生，只要能根据科技理由或有关情况合理判断出可能使公共利益受到侵害，即可提起诉讼。总之，环境公益诉讼的本质是通过社会参与，制约政府和市场在生态环境问题上的双重失效甚至是环境违法行为，维护人民群众的环境权益。

> 发挥社会团体的作用，鼓励检举和揭发各种环境违法行为，推动环境公益诉讼。
>
> ——《国务院关于落实科学发展观加强环境保护的决定》（2005年12月3日），《十六大以来重要文献选编（下）》，北京：中央文献出版社，2008年，第96页。

推进生态环境管理。面对环境纠纷和环境群体性事件，必须加强生态环境管理。①加强环境影响评估。必须加强环境影响评估，事前防范一切有可能造成环境问题从而影响人民群众环境权益的重大事项带来的不稳定影响。②推动环境信息公开。政府必须定期公布环境信息尤其是涉及人民群众环境权益的信息，一旦遇到突发性环境事故应该及时向社会公开相关信息。除非真的涉及国家安全，政府不能以保密为由拒绝公开环境事故信息。③合理引导环境维权。只要不涉及政治议题，不能将环境群体性事件看作是不稳定事件，更不能上纲上线。关键是要完善化解环境纠纷的领导协调、排查预警、疏导转化、调解处置机制，引导人民群众在法律的框架中表达环境诉求、维护环境权益。④加强思想政治工作。必须积极开展思想政治工作，引导人民群众在维护环境权益的过程中做遵纪守法的社会主义公民。显然，通过生态环境管理，有助于从根源上解决危害人民群众环境权益的行为。

总之，为人民群众提供良好健康的生活环境，切实维护人民群众的环境权益，是社会主义制度的应有之义和社会主义本质的内在要求。

可见，切实维护人民群众的环境权益，既是当代中国生态文明建设的社会内容，也是当代中国生态文明建设的社会目标，彰显了科学发展观的以人为本的价值关怀。

综上，生态文明建设与社会建设处于复杂的互动过程中，我们必须将中国特色社会主义生态文明建设和中国特色社会主义社会建设统筹起来考虑，建设美丽中国。

群众切身利益的[illegible]……[illegible]

[illegible]

[illegible]的权益的行为。

总之，为人民群众提供良好的法治环境，切实维护人民群众的[illegible]权益，是社会主义法治的应有之义和[illegible]。

可见，[illegible]人民群众的合法权益，既是当代中国社会主义法治的[illegible]内容，也是[illegible]社会主义法治[illegible]以人为本的价值要求。

总之，[illegible]社会主义[illegible]，[illegible]社会主义[illegible]的重要内容。

# 下篇

## 绿色的行动

lüse
de xingdong

# 建设美丽中国的科技支撑

科学技术迅猛发展深刻改变着经济发展方式，创新成为解决人类面临的能源资源、生态环境、自然灾害、人口健康等全球性问题的重要途径，成为经济社会发展的主要驱动力。经济发展方式从资源依赖型、投资驱动型向创新驱动型为主转变，以知识为基础的产业快速发展。经济发展方式将加速向资源节约、环境友好、人与自然和谐相处的方向转变，推动可持续发展成为各国共同面临的任务和挑战。

——胡锦涛：《在中国科学院第十五次院士大会、中国工程院第十次院士大会上的讲话》（2010年6月7日），《十七大以来重要文献选编（中）》，北京：中央文献出版社，2011年，第745页。

在当代中国，通过科学技术生态化过程来建立生态化科学技术体系（前者是过程，后者是结果，二者共同构成绿色科技），是建设生态文明的首要选择。绿色科技既是生态文明建设的科技成就，也是生态文明建设的科技支撑。建设美丽中国首先必须依赖绿色科技。

## 一、绿色科技的科学构想

在揭露近代科技生态破坏性原因的背景下，在吸收和总结与生态学发展直接相关的科技成就的基础上，马克思恩格斯已经高瞻远瞩地预测到了科技发展的生态化趋势。

> 正如马克思主义者依靠对真正现有的政治经济的批判来保证对它的推翻一样，生态学家通过谴责真正现有的人类和环境之间的动态关系来强调它的不可持续性。事实上，这两个团体的历史叙述形式是相同的：通过真正的社会运动来扭转现实的结构，而运动真正地是由他们所反对的真实的结构引起的。他们分享同样的主题，他们强调整体性和相互关系这样两个主题，在马克思主义者和绿党之间建构一种更加基本的相似性。社会—自然的整体被设想成为一个相对地包含自发的场合和要素的系统，但是，确定的是，每个要素之间存在着内在联系。
>
> ——Alain Lipietz，Political Ecology and the Future of Marxism，Capitalism，Nature，Socialism，Vol. 11，No. 1（March 2000），P.70.

### （一）科技生态破坏性原因的批判

马克思恩格斯在确立辩证思维的过程中，对形而上学（机械论，还原论）支配下的近代科技造成的生态破坏性进行了深刻的揭露和批评。

自然物质化的危害性。近代科技革命事实上是一个自然祛魅化的过程。马克思称之为自然失去了诗意的光辉。这样，自然就成为单纯的物质。沿着这种思路，法兰克福学派的马尔库塞指出，一个全面控制的自然的科学概念，把自然作为无穷尽的功能物质，作为理论和实践的纯粹材料来筹划。这样，自然就进入技术领域的建构中。该领域是一个自在的精神和物质的工具、手段的领域，却是一个真正“假想的”系统。这样，自然已经面目全非了。

自然功能化的危害性。通过物质化，就有可能使自然成为为了人的一定目的而被人利用的东西。马克思深刻地揭露出，只有在资本主义制度下，自然界才真正是人的对象，是有用物；它不再被认为是自为的力量；而对自然界的独立规律的理论认识本身不过表现为狡猾，其目的是使自然界服从于人的需要。这样，自然的客观性和独立性就被降解了，自然被彻底功能化了。例如，形成了“土地→矿床→铀→核能→原子弹或核电站”这样的链条。

自然对象化的危害性。由于自然的功能化，人是以进攻的方式探讨自然的，这样，自然就成为单纯的对象。在私有制中，对象化表现为对象的丧失，占有表现为外化和异化。马克思用“人本学自然”的概念揭示出了对象化造成的自然异化。这样，不仅作为主体和客体关系的人与自然被分离了，而且科学和价值也被分开了。显然，自然的对象化和自然的技术化是密切地联系在一起的。这种促逼也造成了生态异化（人与自然关系的异化）。

自然市场化的危害性。自然的对象化也就是自然成为人们谋算的对象。谋算是指用金钱衡量和看待一切事物。为了避免自然成为资本算计的对象，马克思明确认为，自然是与价值无涉的（自然是不费资本分文的东西）。资本主义条件下形成的自然观就是金钱自然观。对此，生态学马克思主义代表人物奥康纳指出，外在性的条件（自然）没有交换价值。显然，套用金钱逻辑看待自然（赋予自然以价值）就是一种典型的形而上学价值观。

自然强制化的危害性。纯谋算的交往确保了人对自然的有意识的支配，人将其意志强加于自然之上。这样，就形成了近代“控制自然”的观念。这种观点期望科学方法论本身的合理性原封不动地被“转移”到社会过程中去，并通过加强开发自然资源来满足人的需要以缓和社会冲突。对此，马克思认为，外部自然界的优先地位始终存在着。恩格斯提醒人们，我们统治自然界，决不像征服者统治异族人那样，决不是像站在自然界之外的人似的。

因此，与其说是科技自身出现了问题，不如说是科技的思维方式和价值观念产生了问题。

## （二）科技生态建设性成果的吸收

马克思恩格斯已经在科技自身的发展中看到了解决生态环境问题的可能性和现实性。

消化和提升达尔文的进化论。生物进化论，从生物与环境相互作用的观点出发，认为生物的变异、遗传和自然选择作用能导致生物的适应性改变。这样，进化论就成为当代生物学的核心思想之一，在生态学形成过程中产生了重大影响。马克思恩格斯十分重视进化论，将之看作是“我们理论的自然科学基础”，认为它宣告了“目的论的破产”，将有机界和无机界之间的鸿沟缩减到了最小限度。进而，马克思恩格斯站在唯物论立场上研究了进化论，认为自然史对一切时代都是适用的，并进一步阐述了人类史和自然史的辩证关系。

消化和提升海克尔的生态学。生态学是进化论的逻辑的甚至是必然的结果。1866年，德国动物学家海克尔在其著作《普通有机体形态学》中率先对“生态学”（ecology）概念进行了界定：生态学是一门关于活着的有机物与其外部世界，即其栖息地、习性、能量和寄生者等关系的科学。由于海氏定义的“生态学”的范围太广、内容太泛，当时学界认为这是不可能的，因此，马克思恩格斯采纳了当时较为认同的“自然历史”的概念。但是，海氏认为，“自然历史”是“生态学”的同义词。

消化和提升李比希的农业化学。德国化学家李比希开创了农业化学的研究。1840年以后的30年里，他用实验方法证明：植物生长需要氮、磷、钾等化学元素；人和动物的排泄物只有转变为上述元素才能被植物吸收；土地肥力丧失的主要原因是植物消耗了土壤里的生命所必需的矿物成分，因此，应该用无机肥料来提高收成。马克思在《资本论》中多次引用了李比希的成果，认为其不朽功绩之一是从自然科学的观点出发阐明了现代农业的消极方面，揭示了工业化和城市化造成的人与自然之间物质变换的无法弥补的裂缝。即城市中的废弃物无法回到农村成为土壤的肥料，而城市遭遇到了由废弃物造成的污染；这种裂缝还导致地力的浪费，并且这种浪费通过商业而远及国外。进而，马克思揭示了资本主义农业掠夺土地肥力导致的农业不可持续的问题。

消化和提升摩尔根的人类学。美国人类学家摩尔根等人将进化论引入了人类学中，开创了人类学的进化论学派。摩氏在其所著《古代社会》（1877年）一书中指出，人类的发展是从蒙昧时代经过野蛮时代到文明时代的进化过程。马克思在1881至1882年间研读了该书，做了十分详细的摘录和批语，形成了《摩尔根〈古代社会〉一书摘要》。马克思最后发现：家庭是能动的要素，亲属制度是被动的；地理条件造成了东西两半球生产方式的差异，地域条件是国家形成的一个重要条件。这样，在坚持物质生产决定作用的前提下，马克思将血缘关系（人自身的生产）和地缘关系（自然物质条件）看作是人类史的造因力量。

通过对上述科技进步成果的消化和吸收，马克思恩格斯不仅为马克思主义生态文明理论自身奠定了科技基础，而且指明了往后的科技发展的生态化方向。

### （三）科技生态化发展未来的构想

马克思恩格斯科学地预测到了科技发展的生态化趋势，将之视为科技发展的重要方向。

实现科学结构的生态化。科学自身结构的残缺是造成生态环境问题的重要科学原因。近代科学事实上存在着生态学的空白。恩格斯曾经批评过，在近代科学中，关于各种生命形式的相互比较，其地理分布和气候等的生活条件的研究，几乎谈不到。这样，就提出了生态学在整个科学体系中的位置问题。马克思恩格斯非常熟悉海克尔的著作，认为其观点有助于回到真正合理的自然观。他们运用进化论观点把人类看作动物界的一部分，从而拒绝了那种把人类看成是世界中心的目的论观点，同时，把人类的“自然历史”集中在与生产的关系上。在他们看来，在科学上不能将人与自然的关系分割开来，必须将自然作为人的另一个躯体来认识，走向对人与自然关系的整体把握。在此基础上，生态学马克思主义的代表人物莱斯要求，必须将生态环境问题作为新科学的重要发展方向。

实现科学功能的生态化。近代科学完全忽视了其生态功能。事实上，科学进步有助于正确把握自然规律、解决资源和环境问题，从而有助于人与自然的和谐。例如，马克思指出：“化学的每一个进步不仅增加有用物质的数量和已知物质的用途，从而随着资本的增长扩大投资领域。同时，它还教人们把生产过程和消费过程中的废料投回到再生产过程的循环中去，从而无须预先支出资本，就能创造新的资本材料。”[①]因此，必须将生态化作为科技的基本功能。从人类文明史来看，科技事实上是协调人与自然关系的强大的力量。只有科学功能实现了生态化转向之后，科学才能承担起其应有的生态责任和使命。

实现技术理念的生态化。为了克服技术的生态破坏性，首先必须思考技术的本质。马克思主义认为，只有借助于作为一种社会建制的先进技术，才有可能谈到那种同已被认识的自然规律和谐一致的生活。在他看来：“在大规模使用［原料］的情况下，一方面，如果由于劳动质量较高而相对地减少了废料，另一方面，如果将这些废料绝对地、大量地、充分地集中起来，并作为原料很好地再用于其他新的生产；也就是说，如果在现实中同一些原料比它的价值用得时间更长，那么资本的这种增加可能会受到一定程度的限制。这种情况是有的，不过程度不大。”[②]即必须将集约、节约、循环和清洁作为技术发展的方向。在一般意义上为了支配自然，人类领悟或认识自然规律，并在实践中加以利用，就是技术的本质。

显然，马克思恩格斯的上述思想已经提出了科技的生态化问题，预测到了绿色科技的可能性和现实性，从而为从科技角度支撑生态文明建设指

① 马克思恩格斯文集：第5卷．北京：人民出版社，2009：698—699.
② 马克思恩格斯全集：第32卷．北京：人民出版社，1998：487.

明了方向。

总之，关于科技生态化的论述是马克思主义生态文明理论的重要内容，为我们今天实现科技生态化提供了科学的世界观和方法论。

## 二、科技革命的绿色浪潮

随着新科技革命的发展，形成了科技生态化的趋势和特征，最终推动了生态化科技的形成，从而为解决生态环境问题、协调人与自然的关系提供了新的科技工具和科技条件。

### （一）科技生态化的动因和基础

虽然人类对生态现象的认识有着悠久的传统，生态学概念的提出也有百余年的历史，但是，直到20世纪50年代以后，生态学才真正获得了大发展、大进步和大繁荣。

解决全球性问题的紧迫任务。随着机械力学和产业革命的发展，人口爆炸、资源枯竭、能源匮乏、环境恶化、生态危机、灾害频仍等问题成为全球性问题。全球性问题是人类所面临的那些性命攸关的、决定着人类发展方向的所有负面问题的总称。如果这个问题得不到妥善的解决，不仅会导致生产力水平的下降、造成人类社会生活条件的恶化，而且会导致人类文明的毁灭，直至造成地球的消亡。由于全球性问题具有典型的生态特征，反映出人与自然之间的物质变换的波动远远超过了自然生态系统的生态阈值（承载能力、涵容能力和自净能力），因此，必须扩展生态学的研究对象和学科范围，增强生态学的学科功能和社会作用，使生态学真正成为一种解决全球性问题、管理大自然的科学手段。科技生态化就是在回应这一要求的过程中发生的。

生态学学科结构的自我完善。在长期经验积累的基础上，凭借新科技革命提供的先进的科研方法和技术手段，随着生态系统概念的提出，作为生物学分支学科的生态学获得了巨大的发展，成为一个结构完善的学科体系。从研究对象的组织水平来看，包括分子生态学、个体生态学、种群生态学、群落生态学、生态系统生态学、景观生态学、区域生态学、全球生态学等学科；从研究对象的分类学的类群来看，存在着微生物生态学、植物生态学、动物生态学、昆虫生态学等学科；从研究对象的生境来看，可分为旱地生态学、草地生态学、森林生态学、湖沼生态学、海洋生态学、岛屿生态学等学科。现在，生态学已成为一个具有复杂结构的学科群，成为与微生物学、植物学、动物学、遗传学、进化论、人类学等相并列的生物学学科。科技生态化就是在生态学的基础上兴起的。

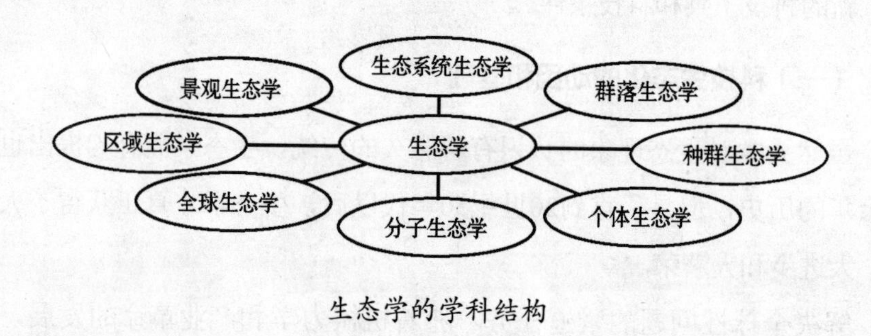


生态学的学科结构

集成新科技革命的最新成果。随着新科技革命的发展，生态学获得了巨大发展。①宏观水平的电子化。凭借遥感科技、全球定位系统、地理信息系统、生态信息系统和灾害信息系统，生态学获得了比实地观测更为全面和准确的信息，这样，就使宏观生态学获得了长足发展。在此基础上，信息生态学已成为生态学中的一门新学科。②微观水平的分子化。运用分子进化和群体遗传学的理论、分子生物学的技术手段来研究生物种群、进化等问题，就形成了分子生态学。1992年，《分子生态学》杂志问世，标志着这一学科的形成。③一般问题的数学化。现代生态学几乎运用了现代数学的全部成果。从微分方程的一般理论，到随机微分方程、积分微分方程以及现代概率论与数理统计、随机过程论中的许多新成果，都在生态学中得到了卓有成效的应用。另外，矩阵论、泛函分析、模糊数学，也成为现代生态学不可或缺的工具。在此基础上，数学生态学在1960年代应运而生。④整体研究的系统化。1983年，美国生态学家H.T.奥德姆的著作《系统生态学》出版，反映了电子计算机、控制论和其他数学理论以及数字模型等已在生态学研究中得到广泛的应用。此外，生态学还集成运用了新科技革命的其他成果。科技生态化就是在新科技革命大潮中形成和发展的。

总之，在全球性问题的背景下，在新科技革命的条件下，随着生态学的学科结构的完善，迎来了生态学大发展、大进步和大繁荣的局面。

### （二）科技生态化的形式和表现

随着生态学范式的扩展，生态化成为新科技革命的重大趋势和显著特征。

生态学范式的生态科学奠基。1935年，英国生态学家坦斯莱在《植被概念和术语的使用问题》一文中提出了“生态系统”概念。他指出，有机体不能与其环境分开，而是与其环境形成一个自然系统；生态系统不仅包括生物复合体，而且包括所谓环境的全部复杂的自然因素。生物和环境之所以能够构成一个整体，就在于它们之间存在着广泛的生物地化循环，进行着物质变换。有机体凭借这种循环才能维持其生命。从完成物质变换的角度来看，任何生态系统都是由非生物成分（物质、能源和信息）、生产者（自养生物）、消费者（异养生物）和分解者四者构成的，物质变换在这四者中的传递便构成了食物链。食物链是呈金字塔形的。在此基础上，通过借鉴新科技革命的其他成果尤其是系统科学和工程的理论与方法，生态学不仅要求将生物与环境、人与自然的关系看作是系统，而且要求将对象和环境、主体和客体的关系都看成是系统，并用“生态系统”概念来反映和表达之，这样，就形成了其独特的科学范式——生态学范式。生态学范式为生态学自身的创新发展提供了强大的内生动力。

生态学范式的研究领域扩展。面对全球性问题和可持续发展这样复杂的巨问题，迫切需要科技系统转向生态化研究。①生态化的研究目标。全球性问题是自然圈、科技圈和社会圈等圈层的相互影响和相互作用的破坏性后果，可持续发展是由自然生态的、生产和经济的、人类需要及其满足的、社会的、科技的要素构成的整体，这样，全球性问题和可持续发展就成为跨学科研究的对象。②生态化的研究方法。由于生态学研究对象涉及了各种物质运动形式，因而，生态学的概念、原理和方法成为科技系统中的一种共同的选择。当然，生态学方法的成熟也得益于新科技革命的其他成果。例如，信息技术在生态学中的运用将生态学的发展推向了一个新水平。③科技研究的生态化内容。由于人口、资源、能源、环境、生态和灾害是影响可持续发展的关键性的基础变量，因此，围绕这些问题展开的研究和开发，成为科技生态化研究的主要内容。总之，科技生态化研究就是指整个科技系统展开的对全球性问题和可持续发展的综合研究，主要致力于人和自然的共存共荣。

生态学范式的学科结构扩展。随着生态学范式的扩展，促使整个学科结构出现了生态化的趋势和特征。①由于生物与环境的关系涉及了生物学的所有门类，因此，产生了微生物生态学、植物生态学、动物生态学、遗传生态学、进化生态学、人类生态学等学科。②自然环境是生物的最基本的环境，生物也集合了其他自然运动形式，这样，就出现了物理生态学、化学生态学、地质生态学、气象生态学、宇宙生态学等学科。③人是生物进化的新质涌现，社会环境是环境的重要构成部分，人与自然的关系具有典型的生态学特征，这样，就产生了生态化的人文社会科学。④由于生态学涉及了事理关系，于是，就产生了数学生态学、系统生态学、信息生态学等学科。⑤技术和产业不仅总是处在一定的自然环境当中的，而且是影响自然环境的重要变量，这样，就产生了农业生态学、草原生态学、森林生态学、城市生态学、工业生态学和医学生态学等学科。⑥在环境科学形成和发展的过程中，生态学发挥了基础性的支撑和牵引的作用。⑦当哲学在生态学基础上借鉴生态学方法思考人与自然的关系以及与之相关的人与人（社会）的关系时，就产生了生态哲学、生态伦理学和生态美学。可见，生态学是科技生态化的先导和基础。

总之，在科技生态化过程中形成的生态学范式，不仅是生态学学科自身的革命标志，而且是当代科技发展中的一种革命现象。

### （三）科技生态化的特征和意义

生态学的研究内容之广、发展速度之快、影响范围之深，使之成为新科技革命的领头羊，在科技上将人类开始带入一个“生态学的时代”。

研究对象的系统化。传统生态学的研究主要停留在个体、种群和群落等生物层次水平上，现代生态学将生态系统作为其研究对象。美国生态学家E.P.奥德姆于1956年提出，生态学是研究生态系统的结构和功能的科学。尽管许多生态学家不认同这一观点，但是，将生态系统纳入生态学研究对象是当代生态学的革命标志。这在于，“生态系统是（而且必然是）一个很广的概念，它在生态学思想中的主要功能在于强调必需的相互关系、相互依存和因果联系，那就是各个组成成员形成机能上的统一。因为从作用上讲，部分不能从整体割裂开来，因此生态系统是应用系统分析技术（systems analysis techniques）最合适的生物组织层次”[①]。由于生态系统具有整体性、结构性、多样性和有序性等辩证特征，这样，运用生态系统概念来透视人与自然的关系就成为可能。

研究方法的现代化。现在，由于生态学在研究方法上呈现出了从描述到实验、从定性分析到定量分析、从手工操作到自动控制等一系列的趋势，因此，就为建立生态模型提供了可能。例如，受罗马俱乐部的委托，美国学者米都斯将“系统动力学”作为依据和方法，曾建立了一个世界系统模型。运用这个规范的数学模型，他们用精确的数学语言对全球性问题进行了表述，并运用电子计算机进行了仿真试验。现在，复杂性科学在生态建模中的作用越来越重要。由于具有程式化、预测性、普适性和操作性等特点，生态模型为人类预测全球性问题的走向、制定可持续发展政策提供了科学而有效的工具。

学科形式的交叉化。科技生态化是生态学范式向整个科技系统的扩展过程，是整个科技体系自觉把握无机运动规律和有机运动规律的统一性、自然规律和社会规律的统一性、追求人与自然和谐发展的过程。生态化科

① ［美］奥德姆．生态学基础．北京：人民教育出版社，1981：9．

技则是整个科技系统生态化的结果，是运用生态学范式把握生物与环境的系统关联、人（社会）与自然的系统关联所形成的科技成果体系。生态化科技本身具有复杂的结构，涉及了所有的知识部门。这样，生态学就成为联结自然科学和社会科学的桥梁，有力地推动着自然科学和社会科学的合流，从而能够发挥两大学科在促进人与自然和谐发展中的合力作用。

学科功能的社会化。现代生态学在坚持其科学性和学术性的同时，日益面向社会现实问题。1997年，E.P.奥德姆出版了《生态学：科学和社会的桥梁》一书，将生态学视为与自然科学、人文科学并行的“第三种文化”。在奥德姆看来，这不仅是因为生态学联系着自然科学和社会科学，而且在更广泛的意义上讲，生态学就是科学与社会的桥梁。当代生态学日益注重生态学与国民经济和社会发展的结合，日益注重生态学与人民群众的生产和生活的结合，在贯彻和落实可持续发展战略中发挥了基础性的不可替代的作用。显然，科技生态化和生态化科技是直接面向生态文明的。

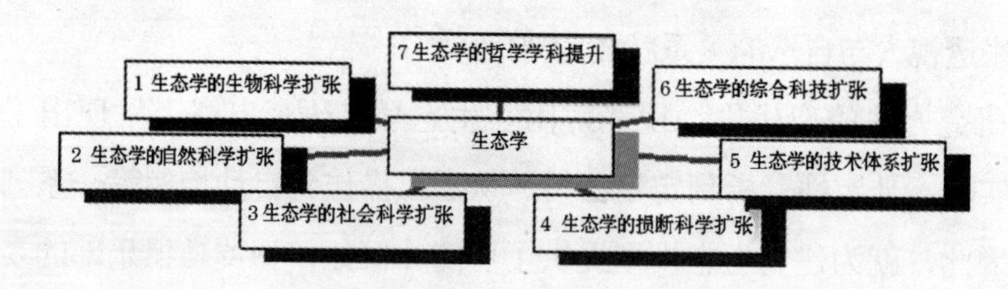


科学技术生态化的学科结构

总之，生态化科技，是以解决全球性问题为现实背景、以生态学为科技整合的学科基础、以人与自然的和谐为科技进步的追求目标，在科技体系、模式、结构、功能等方面的生态化变革和创新的积极成果。

综上，科技生态化和生态化科技的互动表明，只有整个科技范式发生彻底的生态学转向，科技才可以重新成为人与自然对话、理解和合作的建设性的桥梁和纽带。

## 三、科技创新的生态原则

由于人口、资源和能源、环境、生态、防灾减灾构成了最基本的生态领域（广义生态因子），因此，生态化就是要求包括科技活动在内的人类活动必须实现与这些因子协调发展。

### （一）科技创新的人本和关爱的原则

为了避免机械化科技见物不见人同时又虚妄地抬高人的主体性的弊端，科技创新必须坚持以人为本和关爱自然的原则。

以人为本的原则。坚持以人为本，关键是要将民生科技和绿色科技统一起来。①要选择人民群众反映强烈的十分突出的生态环境问题作为科技攻关的项目，通过科技进步来促进环境和发展的协调。②从维护人民群众生态环境权益的高度，通过发展安全化科技来保障人民群众的生命财产安全。③善于发现“草根科技”的生态建设价值，阐明其科技机理，提升其科技含量，推广其科技价值。④在研究和开发项目进行环境影响评估时，要将民意作为在生态环境问题上防患于未然的科学依据。⑤从满足人民群众的生态需要、提升人民群众的生态素质的高度，让人民群众掌握生态化科技，激发他们的发现和发明的聪明才智。

我们必须坚持以人为本，大力发展与民生相关的科学技术，按照以改善民生为重点加强社会建设的要求，把科技进步和创新与提高人民生活水平和质量、提高人民科学文化素质和健康素质紧密结合起来，着力解决关系民生的重大科技问题，不断强化公共服务、改善民生环境、保障民生安全。

——胡锦涛：《在中国科学院第十五次院士大会、中国工程院第十次院士大会上的讲话》（2010年6月7日），《十七大以来重要文献选编（中）》，北京：中央文献出版社，2011年，第748—749页。

关爱自然的原则。生态伦理学既是科技生态化的结果，又是生态化科技的要件。现在，“生态意识的基本价值观允许人类和非人类的各种正当的利益在一个动力平衡的系统中相互作用。世界的形象既不是一个有待挖掘的资源库，也不是一个避之不及的荒原，而是一个有待照料、关心、收获和爱护的大花园”[①]。生态价值意识的核心是关爱自然，是要在掌握自然规律的基础上尊重自然规律，按自然规律办事，学会按自然规律生产和生活。因此，绿色科技的重要使命就是要在人与自然和谐发展的过程中实现人的价值。

可见，以人为本是生态化科技的社会价值，关爱自然是生态化科技的生态价值，二者共同构成了生态化科技的价值目标系统。

### （二）科技创新的节约和替代的原则

为了克服机械化科技发展导致的资源能源的浪费和耗竭问题，科技创新必须坚持节约和替代的原则。

> 节约资源是保护生态环境的根本之策。要节约集约利用资源，推动资源利用方式根本转变，加强全过程节约管理，大幅降低能源、水、土地消耗强度，提高利用效率和效益。
>
> ——胡锦涛：《坚定不移沿着中国特色社会主义道路前进　为全面建成小康社会而奋斗——在中国共产党第十八次全国代表大会上的报告》（2012年11月8日），北京：人民出版社，2012年，第40页。

节约的原则。节约资源和能源，带来的效益绝不仅仅是保护了资源能源的可持续性，还会带来许多相关的效益。为此，必须大力构建节约型产业结构。一方面，要严格控制高投入、高消耗、高排放、重污染、低效益

① ［美］大卫·雷·格里芬. 后现代科学——科学魅力的再现. 北京：中央编译出版社，1998：133.

的产业和企业，要坚决淘汰严重耗费能源资源和污染环境的落后生产能力和设备。另一方面，要大力发展节约能源资源的产业和企业，包括节地、节水、节能、节时的节约型农业，节能、节材、节时和高效益的节约型工业；同时，要实现由主要依靠工业带动增长向工业、服务业和农业共同带动增长的转变。

替代的原则。替代是指用常见、易得、价廉的物质取代和置换稀缺、难得、昂贵的物质。现在，新材料和新能源为之提供了新的可能。例如，新材料层出不穷，使人们在资源替代方面迈出了关键性的一步。未来材料科技的发展方向是：新材料的品种会猛增，天然材料将逐渐让位于人工材料，复合材料的用途将会日益扩大，人工材料的水平会不断提高、使用的可靠性会得到进一步的保证，按照预定的性能设计的新材料会成为现实。因此，必须将新材料和新能源作为重点研发领域。

总之，只有遵循节约和替代的原则来推进科技创新，才能为人类提供可持续资源和能源方面的保证。

### （三）科技创新的循环和再生的原则

为了解决机械化科技造成的污染问题，科技创新必须坚持减量化、无害化和资源化的原则。

减量化的原则。减量化是一种从污染源减少废弃物的排放量及降低其毒性而预防污染的原则。为此，必须要对废弃物数量和体积进行控制，使之能够维持在现有的水平上，甚至低于现有的水平。这样，就要改造工艺技术流程以及产品的性能和结构。另外，在现实中所使用的某些物质或物品本身就是有害物质。因此，还必须通过替代的方式，减少它们在生产和生活中的循环，这样，代用有害物质或物品的方式就成为减量化的重要途径。为此，就必须采取原料替代和原料提纯的科技。

无害化的原则。无害化原则包括：一是从生产过程的开端着眼，从源头降解废弃物的毒性、控制污染物的排放；二是从生产和消费的末端着眼，对各种废弃物进行无害化处理和处置。从前者来看，无害化处理和处置的方法实质上是一种无污染、少污染的技术和工艺，也是定量投入、少排放、多产出、高效益的清洁技术和工艺。从后者来看，无害化处理和处置的方法是指对已经产生的废弃物进行工程化和生态化处理与处置的一种技术和工艺。可见，废弃物无害化科技是产生废物少和无废物、防止污染的加工和生产技术。

资源化的原则。资源化是指通过转换和再生的方式来回收与利用废弃物的技术和方法，其实是生态学工程化在环境治理中的具体运用。一是废弃物的分类处理要向多元化的方向发展。由于废弃物的资源成分愈来愈复杂，因此，必须实现废弃物综合利用的多元化。二是废物的综合利用要向系列化的方向发展。这是一种综合集成利用废弃物资源的技术体系，经过对废弃物的层层处理和利用，尽量地最大限度地提高废弃物资源化的水平。可见，废弃物资源化的要害是以科技为先导的废弃物循环和再生的科技问题。

总之，只有按照循环和再生的原则来推进科技创新，才能为人类提供一个清洁的环境。

### （四）科技创新的保护和恢复的原则

为了克服机械化科技造成的生物多样性和生态系统的损害及衰败的问题，科技创新必须将保护和恢复作为其发展方向和基本原则。

保护的原则。保护的终极目的是：要使自然生态系统的更新和再生能力得到保护。为此，应该按照生物多样性及生态系统的不同类型、区域和特点，制定有所区别的保护生态的规划。首先就是要保护珍稀、濒危的物种及其生境。这在于，这类资源生存于特定的生态环境中，是自然界长期演化的产物，不仅具有重要的科学研究价值，而且具有潜在的经济价值和环境保护意义。二是要在保护的前提下进行开发和利用。保护并不是要限制人类对资源的利用，而是要求人类以可持续的方式开发和利用资源。三是应该将保护和培育、改造结合起来。通过人为的养护、培育和繁殖，能够在一定程度上挽救、保护珍贵的遗传资源，能够成为保证其他可再生资源尤其是生物资源的一种重要的可持续手段。

恢复的原则。恢复是包括重建和新建在内的创造性过程。党的十八大提出了"给自然留下更多修复空间"的要求。[①]为此，必须坚持以下原则：①"自然–生态"的原则。恢复必须考虑生态学、地理学、系统学等一系列的科学原理，尤其是要将恢复建立在保护生物多样性、生态系统稳定性和生命永续性的基础上。②"社会–经济–科技"的原则。恢复必须将生态、科技、经济、社会的甚至是政治的风险降低到最低程度，将生态效益、经济效益、社会效益提高到最大程度，促进科技进步，最终保障人的福祉的提高。③"伦理学–美学"的原则。自然给人带来的道德震撼和审美愉悦，是恢复必须考虑的因素。为此，必须将伦理学和美学的原则贯穿到恢复过程中。恢复是重建人与自然之间和谐关系的过程。显然，"和谐性"是决定生态恢复的关键。为此，一是恢复后的生态系统不是人工生态系统，而是可天然维持的系统，要实现人工系统和天然系统的和谐。二是恢复后的生态系统应该与其周围的环境和谐，不仅不能对周围的环境造成压力，而且应该能补充、完善和强化周围环境的功能。三是生态恢复不能以邻为壑，在不同的空间上应该相兼容。四是生态恢复的过程是复杂的，要通过一系列的分（子）过程来实现，各个过程应是相洽的。

总之，保护和恢复适用于整个自然领域与整个科技系统，具有重要的生态价值。

### （五）科技创新的预警和安全的原则

为了克服机械化科技发展带来的科技风险尤其是人为灾害，科技创新必须坚持预警和安全的原则。

> 自然灾害给人类带来磨难，同时又促使人类更加自觉地去认识和把握自然规律、增强抵御自然灾害能力，进而推动人类文明进步。

① 胡锦涛．坚定不移沿着中国特色社会主义道路前进 为全面建成小康社会而奋斗——在中国共产党第十八次全国代表大会上的报告．北京：人民出版社，2012：39．

——胡锦涛：《在全国抗震救灾总结表彰大会上的讲话》（2008年10月8日），《十七大以来重要文献选编（上）》，北京：中央文献出版社，2009年，第643—644页。

预警的原则。在研究和开发的过程中，必须引入灾害影响评估。这是对研究和开发项目可能造成的事故、风险和灾害进行的分析、预测和评估，提出的预防、减轻灾害影响的对策和措施。①应该由政府科技管理部门主要负责评估的规划、协调、管理和监督，由研究和开发的实际部门进行操作，必要时应允许社会力量参与评估。②必须将质量评估和数量评估统一起来，利用现代统计技术和计算机技术，完善科技灾害影响评估指标体系。③要严格评估反馈，只有获得无风险评价的重大项目，才可付诸实施。④为了保证评估的有序进行、发挥其应有的作用，必须加强相关立法和执法工作。总之，预警就是要有事前风险防范。

安全的原则。科技工作必须树立大安全意识。①坚持以人为本，聚焦民生。必须把保障人民生命财产的安全和生存条件的稳定作为科技进步和创新的出发点，依靠科技自身的力量，降低科技风险，避免科技事故和灾害，最大限度减少灾害损失，实现人与自然的和谐共处，促进人的自由而全面的发展。②坚持学科融合，凝聚智慧。过去，灾害研究多局限于单个灾害种类或单个侧面的研究，局限于具体的灾害事件的研究。现在，必须突破这种局限，大力发展安全化科学技术。安全化科学技术是立足于综合化和系统化而展开的对灾害和安全的总体研究，是一项系统工程。③坚持综合防治，构筑合力。灾害有其复杂的成因，防灾减灾是一项涉及多个要素的复杂的系统工程，因此，科技工作必须进一步揭示灾害形成的复杂机理，提出防灾减灾的系统对策，寻求整体上的突破。总之，坚持安全原则，就是要不断增强科技在防灾减灾方面的前瞻性、主动性和有效性。

综上，坚持预警和安全的原则，就是要将“安全第一、预防为主”的防灾减灾的方针也贯彻到科技进步和创新过程中。在广义上，生态化科学技术包括安全化科学技术。

## 四、绿色科技的现实课题

目前，我们必须围绕对自然物质条件和生态因子有重大影响的关键性科技，进行研究和开发，为建设美丽中国提供强大的科技支撑。

### （一）节约资源领域的科技任务

从人均水平来看，我国是世界上资源贫乏的国家。在现实中，资源的低效开发和利用、浪费和由之造成的环境污染问题日益严重。为此，必须建立和完善节约资源的技术支撑体系。

资源集约型农业的技术支撑。在农业现代化的过程中，必须科学而有效地运用和把握资源集约型的农业技术。①节时型技术。资源是随着时间而不断变化的，农作物的生长期限是有限的，这样，就必须创造条件发展间作、套种、复种等多熟制，充分利用农作物生长所需的光热资源，大力发展节时型技术。②节地型技术。土地是一种有限的资源，不同的农作物对土地的营养需求又是不同的，因此，要有条件地开展林粮间作、果粮间作、林草间作等形式的多层次的立体农业，大力发展节地型技术。③节水型技术。水资源更是一种有限的资源，尤其是在我国大部分地区都处在干旱半干旱的条件下，必须改漫灌和串灌为小畦灌溉，逐步采取管灌、喷灌、滴灌等先进的灌溉技术与灌溉制度，调整农作物结构，选育耐旱品种，扩大地膜覆盖栽培技术，发展节水型技术。④节肥型技术。土壤肥力会随着农业生产的进行而递减，为此，必须采用有机肥与无机肥相结合的施肥技术，发展高效、长效的混合肥料与配方施肥，发展节肥型技术。总之，必须使农林牧副渔各业在某一特定的时空范围内协调发展，利用其功能上的互补性，促进农业整体的可持续发展。

资源节约型工业的技术支撑。在实现新型工业化道路的过程中，必须建立资源节约型工业。①在一般的工业产业部门，要通过技术攻关，在节能、节水、节地和节材上取得关键性的技术突破。为此，必须要对工业生产活动进行生态评价，工业生产应该考虑有关资源开发和使用的情况。②在以自然资源为基础的工业部门中，要强化节能、节水、节地、节材和高技术的渗透，降低这些部门的单位产值能耗、资源消耗指标。③在整个工业结构的布局过程中，要大力发展新兴的产业部门，使整个工业生产的结构和功能向节约方向发展。这些新兴的产业部门是：微电子学、计算机和信息技术产业，新的生物技术产业，污染防治和环境服务技术产业，再循环和资源替代技术产业，新能源技术产业，新材料技术产业，海洋技术产业，等等。建立资源节约型工业同时包括交通运输业、建筑业等部门。

总之，我们必须加大对资源节约和循环利用关键技术的攻坚力度，组织开发和示范有重大推广意义的资源节约和替代技术，大力推广应用节约资源的新的技术、工艺、设备和材料。

### （二）节能减排领域的科技任务

节能减排是建设生态文明的必然选择。只有依靠科技，才能实现节能减排的任务。

支撑节约能源的科技任务。一般来讲，节能技术和产品是利用最少的能源消耗而获得更大的产出和实现更好的生活的先进技术和产品。从节约能源类型来看，节能技术和产品主要包括节电、节煤、节油、节水、节气等方面的技术和产品。从能源的应用领域来看，节能技术和产品主要包括家庭节能、工业节能、建筑节能、市政设施节能、交通运输节能等方面的技术和产品。为此，“十二五”规划纲要提出了“推广先进节能技术和产品”的要求，并要求开展“节能重点工程”。

支撑清洁能源的科技任务。以石化能源消耗为主的能源结构，是造成环境污染的重要原因。这样，就突出了能源清洁的必要性和重要性。①石化能源的清洁化。例如，清洁煤技术就是重点研发和利用领域。我国清洁煤技术发展的特点是贯穿于煤炭的开采、生产、加工、利用和燃烧后的废物处理全过程，实行全程控制，呈现出多技术领域、多技术共同发展的面貌。②清洁能源的开发和利用。在开发和利用清洁能源的过程中，水能和核能是两个常用的选项。但是，在水电站和核电站建设和运营过程中易发的技术事故必须引起高度重视，要提出相应的科技预警方案。例如，水电站导致的下游河流枯竭的问题、大坝带来的安全问题，核电站的用水量问题、核废料的处置问题、核泄漏问题等。总之，清洁能源技术和产品就是要尽可能降低能源生产和使用过程中造成的环境污染问题的技术和产品。

支撑再生能源的科技任务。我国蕴藏有丰富的可再生能源，具有广阔而光明的开发和应用的前景，但是，我国存在的大量可再生能源没有得到合理的开发利用。除水能外，大部分可再生能源的经济性和稳定性还不够理想，推广普及难度较大。为此，应围绕提高可再生能源的经济性和稳定性进行研发。

防治环境污染的科技任务。由于每一类环境污染问题的形成原因和运行机理各不相同，因此，治理环境污染的科技对策也有所区别。应根据水存在的不同形态，有针对性地开展水环境科学技术的研究和开发。由于我国目前的大气污染主要属于煤烟型污染，因此，必须将治理煤烟污染作为研发的重点。应根据工业废物、生活垃圾、危险废物、市政污泥和电子废物的不同属性，分别采取有针对性的防治技术措施。总之，我们要以解决饮用水不安全和空气、土壤污染等损害群众健康的突出环境问题为重点，加强科技创新，为明显改善环境质量提供科技支撑。

### 我国确定的“十二五”期间的“环境治理重点工程”

01 城镇生活污水、垃圾处理设施建设工程

加快建设城镇生活污水、污泥、垃圾处理处置设施，同步建设和合理配套污水收集管网、垃圾收运设施。

02 重点流域水环境整治工程

加强“三河三湖”、松花江、三峡库区及上游、丹江口库区及上游、黄河中上游等重点流域综合治理，加大长江中下游、珠江流域和生态脆弱的高原湖泊水污染防治力度，推进渤海等重点海域综合治理。

03 脱硫脱硝工程

新建燃煤机组配套建设脱硫、脱硝装置，新建水泥生产线安装效率不低于60%的脱硝装置，钢铁烧结机和石化行业安装脱硫装置。

04 重金属污染防治工程

加强重点区域、重点行业和重点企业重金属污染防治，重点企业基本实现稳定达标排放，湘江等领域、区域重金属污染治理取得明显成效。

——《中华人民共和国国民经济和社会发展第十二个五年规划纲要》，北京：人民出版社，2011年，第71页。

总之，为了加快推进节能减排，我们必须加快企业节能降耗技术改造，加强节能减排重点工程建设，全面推行清洁生产和节能技术。

### （三）生态恢复领域的科技任务

为了从源头上扭转生态环境恶化趋势，必须将生态恢复作为我国绿色科技的核心课题。

针对我国自然生态系统严重退化的情况，应将以下领域作为生态恢复的重点，并提供相应的科技支撑：①天然林保育与可持续经营和大规模培育优质速生丰产人工林。其中，优良速生树种引进与选育、林木种苗快繁技术、速生人工林（含竹林）生态系统的集约培育与可持续经营技术，是其关键技术。②草原与农牧交错带天然草地保育与优质高产人工草地建设。其关键技术是：人工草地规划与合理布局，建立人工草地全面良种化的技术体系，人工草地的集约化经营与病虫害防治技术和示范模式。③西北干旱区荒漠的保育战略。荒漠区同样是生物多样性的地区。为此，要划定自然保护区，建立荒漠野生植物物种资源基因库和野生动物繁育场，禁止开荒、樵采和放牧。④黄土高原水土保持与黄河泥沙治理。其关键技术是：黄河水沙优化配置与泥沙资源化，黄土高原侵蚀控制与生态修复技术，黄河下游二级悬河治理关键技术，维系黄河河口健康生态系统技术，结合农业生态系统的优化结构与配置进行生态治理。⑤岩溶地区的生态恢复重建。其关键技术是：我国岩溶地区生态退化（石漠化）的成因机制，开展不同类型石漠化地区的综合治理试验示范及监测，石漠化治理的生物工程技术，岩溶水资源的科技问题，研究石漠化地区的生态容量。⑥典型湿地生态系统的保护、修复与重建。其主要内容为：湿地形成、发展和退化的生态时空过程及其内在机理，湿地生态健康评价的方法、标准及指标体系，水循环与湿地生态系统相互作用，湿地退化、修复、重建与保护过程中的生态环境效应及响应规律，退化湿地修复与重建的国家措施和技术，建立典型湿地修复示范区。[①]在生态恢复尤其是在用人工生态系统代替自然生态系统的过程中，关键是要尊重自然规律，必须避免由于恢复造成其他生态环境问题。

目前，土壤污染已经成为损害群众健康的突出问题。全国每年因重金属污染土壤造成的经济损失至少200亿元。现在，我国仍缺乏成本低廉、简单易行的实用技术。“十二五”规划纲要明确提出了“强化土壤污染防治监督管理”的要求。为此，必须将恢复生态学运用在土壤污染的防治工作中，加强相关的研究和开发。

**以生态恢复方法解决土壤问题的短期途径和长期途径**

| 类别 | 问题 | 直接处理 | 长期处理 |
|---|---|---|---|
| 物理要素 | | | |
| 质地 | 粗糙 | 有机质或细粒 | 植物 |
| | 精细 | 有机质 | 植物 |
| 结构 | 紧凑 | 翻松 | 植物 |
| | 松散 | 压实 | 植物 |
| 稳定 | 不稳定 | 稳定剂或看护 | 再改良或植物 |
| 湿度 | 潮湿 | 排水 | 排水 |
| | 干燥 | 灌溉或覆盖 | 耐旱性植物 |
| 营养物质 | | | |
| 大量元素 | 氮 | 施肥 | 固氮植物 |
| | 其他 | 施肥或石灰 | 施肥或石灰 |
| 微量元素 | 不足 | 施肥 | |
| 毒性 | 低 | 石灰 | 石灰或耐毒性植物 |

① 孙鸿烈，主编．中国生态问题与对策．北京：科学出版社，2011：495—497.

续表

| 类别 | 问题 | 直接处理 | 长期处理 |
|---|---|---|---|
| 酸碱度 | 高 | 硫铁矿废弃物或有机质 | 风化 |
| 重金属 | 高 | 有机质或耐金属植物 | 惰性覆盖或生物修复 |
| 有机化合物 | 高 | 惰性覆盖 | 微生物分解 |
| 盐碱度 | 高 | 风化或灌溉 | 风化或耐盐碱植物 |

［资料来源：Andy P. Dobson et al.，Hopes for the Future：Restoration Ecology and Conservation Biology，Science 277，（1997），P.515.］

总之，只有生态恢复科学技术取得了突破性的进展，才能实现党的十八大提出的“生态空间山清水秀”的目标。

### （四）防灾减灾领域的科技任务

我国是世界上自然灾害最严重的少数国家之一，必须将支撑防灾减灾工作的科技创新作为我国绿色科技研发的核心课题。

我们必须把自然灾害预测预报、防灾减灾工作作为关系经济社会发展全局的一项重大工作进一步抓紧抓好。①加强对自然灾害孕育、发生、发展、演变、时空分布等规律和致灾机理的研究，为科学预测和预防自然灾害提供理论依据。②加强自然灾害监测和预警能力建设，在完善现有气象、水文、地震、地质、海洋、环境等监测站网的基础上，增加监测密度，提升监测水平，构建自然灾害立体监测体系，建立灾害监测—研究—预警预报网络体系。③深入研究各种自然灾害之间、灾害和生态环境、灾害和经济社会发展的关系，开展全国自然灾害风险综合评估，加强防灾减灾关键技术研发，强化应对各类自然灾害预案的编制。④加快遥感、地理信息系统、全球定位系统、网络通信技术的应用以及防灾减灾高技术成果转化和综合集成，建立国家综合减灾和风险管理信息共享平台，完善国家和地方灾情监测、预警、评估、应急救助指挥体系。⑤优化整合各类科技资源，将依靠科技建立自然灾害防御体系纳入国家和各地区各部门发展规划，并将灾害预防等科技知识纳入国民教育，纳入文化、科技、卫生“三下乡”活动，纳入全社会科普活动，提高全民防灾意识、知识水平和避险自救能力。⑥围绕人类面临的共同挑战和灾害防治工作中尚未解决的科学难题广泛开展国际交流合作，既学习国外的有益经验和先进技术，也对人类社会共同防灾减灾做出贡献。[①]此外，科技工作应积极主动地参与灾后重建工作，为之提供强有力的科技支撑。

总之，科技发展对防灾减灾具有重要的支撑和引领作用。只有大力提升防灾减灾的科技水平，才能有效提高防灾减灾的实际能力。

综上，在当代中国，必须将促进资源和能源、环境、生态与防灾减灾等生态因子的可持续性作为绿色科技创新的核心议题，这样，才能夯实生态文明的自然物质基础。

## 五、绿色科技的永续未来

为了促进绿色科技自身的可持续发展，必须将绿色科技创新作为建设创新型国家和建设生态文明的结合点，建立和完善“生态文明国家科技支撑体系”。

### （一）建立和完善生态文明国家科技支撑体系的战略意义

各方面的形势都要求我们将绿色科技创新（通过科技生态化，发展生态化科技）上升到国家战略的高度，建立和完善生态文明国家科技支撑体系。

迎接世界挑战的需要。中国的发展离不开世界。面对全球性问题，当今世界，各国都在积极追求绿色、智能、可持续的发展。绿色发展，就是要发展资源节约型和环境友好型产业，降低物耗和能耗，保护和修复生态环境，发展循环经济和低碳技术，使经济社会发展与自然物质条件相协调。智能发展，就是要推进信息化（知识化）与工业化的融合，走新型工业化道路，不断创造新的业态、市场和职场，提高社会经济运行的智能化

① 胡锦涛．在中国科学院第十四次院士大会、中国工程院第九次院士大会上的讲话//十七大以来重要文献选编（上）．北京：中央文献出版社，2009：505—506．

水平，实现互联互通、信息共享、智能处理、协同工作。可持续发展，就是要解决好经济社会发展的人口、资源、能源、环境、生态等方面的约束，有效保证社会经济发展对自然物质条件的需求，不仅要造福当代人，而且要惠及子孙后代。这样，不仅突出了一般科技创新的重要性，而且突出了绿色科技创新的重要性。为此，国际社会围绕着这些议题组织了一系列的研究和开发，对可持续发展产生了重大影响。与之相比，我国存在着较大的差距。为此，必须建立和完善生态文明国家科技支撑体系为发展绿色科技提供支撑。

破解现实难题的需要。我国的科技工作在突破资源瓶颈、化解环境压力方面还没有完全发挥出其应有的作用。在过去的30多年中，我国绿色科技基本上处于被动跟踪状态，缺乏系统的、基于国情的重大生态环境问题的研究和关键技术开发，也还没有摆脱末端治理为主的老路，环境保护和转变发展方式相互分离，在工业生态学和循环经济方面的研究也还只处于起步阶段，缺少系统性和经济评估。例如，在环境保护科技领域中，主要存在着以下问题：环境管理决策中部分热点问题的科技支撑能力尚需进一步提高。环境科技需要进一步与环境管理决策紧密结合；基础性研究需要进一步加强。我国环境保护领域的基础研究与应用基础研究尚不足以完全解决复杂、潜在和新型环境问题；现有环境科技体制机制和人才队伍难以适应科技创新需要；环境基础信息获取与共享能力相对薄弱；应对国际环境问题的科技支撑能力尚显不足。目前，我国履行国际公约和应对全球环境问题的科技支撑能力需要进一步加强。因此，必须将绿色科技创新纳入建设创新型国家的系统工程中来。

总之，建立和完善生态文明国家科技支撑体系，具有重大的战略意义。

### （二）建立和完善生态文明国家科技支撑体系的战略问题

在建设美丽中国的过程中，必须将可持续发展战略和科教兴国战略统一起来，将建设生态文明和建设创新型国家统一起来，建立和完善生态文明国家科技支撑体系。

建立和完善生态文明国家科技支撑体系的战略原则。当前，人和自然的关系日益密切和复杂，寻求科学的发展理念和可持续的发展方式已成为世界各国共同关注的重大问题。为此，必须将人与自然和谐的原则贯穿于我国科技事业发展的全过程、科技系统构成的各环节。在此前提下，必须坚持以下指导方针：①自主创新。这就是从增强国家生态文明建设的科技创新能力出发，加强原始创新、集成创新和引进消化吸收再创新，使我国的绿色科技达到世界先进水平。②重点跨越。这就是通过将新科技革命重大成果引入我国的绿色科技体系中，优先解决影响我国可持续发展的重大生态环境问题和重点退化区域问题，集中力量、重点突破，实现我国绿色科技的跨越式发展。③支撑发展。这就是从社会主义初级阶段的实际出发，围绕和服务经济建设中心，着力突破重大关键技术和共性技术，支撑我国经济社会和自然物质条件的协调发展，支撑产业生态学，支撑可持续发展。④引领未来。这就是着眼中华民族的伟大复兴和绿色科技自身的可持续发展，超前部署前沿技术和基础研究，用绿色科技创新推动经济社会发展的创新，引领可持续发展，推动社会主义现代化。为此，我们必须把握机遇，审时度势，科学谋划，顺势而为。

节能标识牌

建立和完善生态文明国家科技支撑体系的战略目标。建立和完善生态文明国家科技支撑体系，必须将立足现实和放眼未来统一起来，将依序推进和跨越发展统一起来。目前，必须大力贯彻和落实党的十八大关于生态文明建设的精神，紧紧围绕“十二五”规划纲要提出的“绿色发展，建设资源节约型、环境友好型社会”的国家目标，根据《国家中长期科学和技术发展规划纲要（2006—2020 年）》规划的科技发展任务，在“十二五”期间，在保障节能减排目标实现的前提下，力争在人口与健康、水与矿产资源、能源、环境、生态和防灾减灾等重点领域有明显的科技进步，为建立资源节约型和环境友好型社会提供科技支撑。为此，要建立和完善较为完整的人口、资源、能源、环境、生态、灾害和气象等方面的观测、监测和预警系统，积累资料，分析数据，科学预测和阐明我国自然物质条件和环境以及区域自然物质条件和环境的演变趋势，分实绿色科技自身的科学基础；建立以人民群众健康和安全为目标的环境基准和环境标准，开发出一批节约资源和能源的关键技术，开发出一批预防、治理有毒有害物质的关键技术，建立一批生态恢复与重建的示范区，开发一批实用而高效的防灾减灾技术，提升绿色技术支持可持续发展的能力；突破主要高物耗、高能耗、高污染的重点行业的清洁生产技术，提升产业生态学的科技水平和实用价值，提升环境保护产业的科技水平和国际竞争力，促进绿色科技、绿色产业和绿色发展的融合，提升绿色科技的经济价值；等等。从长远来看，要通过科技生态化过程来建立生态化科技体系，要通过科技进步和创新来提升国家的整体的可持续发展能力。

总之，必须将建立和完善生态文明国家科技支撑体系上升为国家的意志、战略和行动。

### （三）建立和完善生态文明国家科技支撑体系的战略举措

为了建立和完善生态文明国家科技支撑体系，必须加强相应的制度建设。

完善绿色科技发展政策。建立和完善生态文明国家科技支撑体系是一项跨领域、跨部门、跨地区的复杂工作，国家必须要有明确而系统的政策。为此，国家必须通过完善相关的信贷政策和税收政策，鼓励企业研发绿色产品、绿色工艺和绿色技术；必须完善对外政策，鼓励企业和社会积极消化、吸收国外先进而适用的绿色科技，并进行再创新；必须完善知识产权政策、技术标准政策和科技奖励政策，鼓励和支持研发机构进行绿色科技创新，提升国家绿色科技发展能力；必须完善相关的产业政策和市场政策，推动绿色科技的产业化和商品化；必须完善相关的消费政策，提升公众对绿色产品的认同度，促进绿色产品的消费；等等。这样，才能积极调动各方面的资源、整合多方力量，形成绿色科技发展和创新的社会合力。

制定绿色科技发展规划。正确、全面、系统的科技发展规划是科技发展和创新的蓝图。制定国家中长期科技发展规划，是党的十六大提出的一项重大任务，是我们党深刻分析新世纪新阶段的形势和任务做出的重大决策。在《国家中长期科学和技术发展规划纲要（2006—2020年）》中明确提出，把发展能源、水资源和环境保护放在优先位置，下决心解决制约经济社会发展的重大瓶颈问题。在此基础上，根据“十二五”规划纲要，国家行政主管部门先后印发了《全国人口和计划生育“十二五”科技发展规划》、《国土资源“十二五”科学和技术发展规划》、《国家能源科技“十二五”规划》、《国家环境保护“十二五”科技发展规划》和《国家防灾减灾科技发展“十二五”专项规划》等专项绿色科技规划。为了避免各自为政的现象，必须从绿色科技系统的高度对这些规划进行整合，形成主题鲜明、层次清楚、功能互补的国家发展绿色科技的规划体系。

加大绿色科技研发投入。科技投入是科技发展和创新的物质基础。但是，长期以来，由于一系列复杂的原因，致使公益性科研机构缺乏稳定的投入机制，绿色科研工作的系统性和延续性不够。这是难以形成长期的、整体的科技支撑能力的重要原因。为此，随着经济发展和综合国力的提高，国家必须加大对绿色科技研发的投入；同时，要建立多元化科技投入机制。在“十二五”期间，预计需要国家在环境保护科技领域投入经费约220亿元。面对这样庞大的资金，如何廉洁高效地使用这笔钱，也是一个无法回避的问题。同时，在运用市场手段解决绿色科技融资中，也要注意单纯的市场化可能引发的其他问题。

加快绿色科技人才培养。科技创新，关键在人才，必须将培养一大批富有创新精神的绿色科技队伍的工作作为一项重要的战略任务来抓好。从其培养方式来看，必须打破现有的学科界限和壁垒，进行综合培养、立体培养。绿色科技是一个涉及整个科技系统的问题，但是，目前的学科结构难以完全支持生态化科技体系的建设，为此，国家必须从战略的高度来整合相关学科。生态化科技体系至少应该包括生态科学、生态技术、生态工程、生态产业、生态文化和生态社会等几个层次。因此，绿色科技人才的培养必须按照复合的方式培养。在这个过程中，绿色科技人才必须养成高度的生态伦理素养、必须具备高超的生态思维能力、必须具有崇高的生态使命意识。在全社会，必须构建有利于绿色科技创新人才成长的环境。

显然，只有通过制度创新的方式，才能为建立和完善生态文明国家科技支撑体系提供适宜的社会环境和社会条件。

可见，只有从政策环境、组织体系、运行机制等方面进行努力，我们才能真正推动绿色科技的发展和创新。

总之，绿色科技是人与自然相互关联的“第一中介”，是建设美丽中国的“第一动力”。

# 第2章 建设美丽中国的教育支撑

> 加强生态文明宣传教育，增强全民节约意识、环保意识、生态意识，形成合理消费的社会风尚，营造爱护生态环境的良好风气。
>
> ——胡锦涛：《坚定不移沿着中国特色社会主义道路前进 为全面建成小康社会而奋斗——在中国共产党第十八次全国代表大会上的报告》（2012年11月8日），北京：人民出版社，2012年，第41页。

生态文明教育（绿色教育）是生态教育、环境教育和可持续教育的总称，是推进生态文明建设的重要动力。这是将生态文明的理念、原则和目标融入国民教育的全过程、精神文明的各环节中，主要采用综合性、整体性、全面性和终身性的方法和方式，夯实人们的生态知识、培养人们的生态素养、焕发人们的生态行为、生成人们的生态人格，为贯彻和落实可持续发展战略、统筹人与自然和谐发展、建设生态文明提供有力的教育支撑。建设美丽中国同样需要绿色教育的支撑。

## 一、绿色教育的国际潮流

目前，绿色教育已成为一种重要的国际潮流，对全球产生了重大而深远的影响。

### （一）国际绿色教育的理念和行动

自20世纪70年代始，联合国及其所属机构在全球范围内不遗余力地推动着绿色教育。

国际绿色教育的启蒙和诞生。1970年，国际自然保护联盟与联合国保护组织在美国内华达州召开“学校课程中的环境教育会议”。这次会议认为：“环境教育是一个认识价值和澄清观念的过程，这些价值和观念是为了培养、认识和评价人与其文化环境、生态环境之间相互关系所必需的技能与态度。环境教育还促使人们对与环境质量相关的问题做出决策，并形成与环境质量相关的人类行为准则。”[①]1972年，联合国《人类环境宣言》提出，必须对年青一代和成人进行环境教育。

国际绿色教育计划的提出和制定。1975年，联合国环境规划署（UNEP）和教科文组织（UNESCO）在贝尔格莱德共同主持了“国际环境教育研讨会”。会议通过的《贝尔格莱德宪章》将环境教育的目标界定为：培养全人类了解与关切人类环境及相关问题，并且教会人们相关的知识、技能、态度、意愿和恒心以解决当前和预防未来的环境问题。1977年，上述两家机构在格鲁吉亚的第比利斯召开“政府间环境教育会议”。会议通过的《第比利斯政府间环境教育会议宣言》指出：环境教育应在广泛的跨学科基础上，采取一种整体性观念和全面性观点，认识到自然环境和人工环境是相互依赖的；应促使个人在特定的现实环境中积极参与问题解决的过程，鼓励主动精神、责任感和为建设更美好的明天而奋斗；各成员国应将环境教育的主张、活动和内容引入各自的教育制度中去，并加强

① ［英］帕尔默．21世纪的环境教育——理论、实践、进展与前景．北京：中国轻工业出版社，2002：6.

这一领域的开放、交流和合作。这样，就构建起了环境教育的基本框架。

国际绿色教育方针的制定和完善。1992年，联合国《21世纪议程》明确将环境教育的内容整合到了可持续教育之中。1997年，联合国教科文组织在希腊塞萨洛尼基召开了环境与社会国际会议。会议发表的《塞萨洛尼基宣言》指出：环境教育是“为了环境和可持续发展的教育”，应将环境教育与和平、发展及人口等教育相融合。这样，就提出了可持续教育的新理念。

国际绿色教育经验的总结和推进。2002年，联合国约翰内斯堡可持续发展高峰会议在总结可持续教育经验和教训的基础上，重申了教育是实现可持续发展的关键因素，并宣布2005—2014年为世界可持续发展教育十年（“十年计划”）。2005年3月1日，“十年计划”正式启动。其主要目标是：通过把教育放在可持续发展的核心位置上，鼓励各成员国政府改进可持续教育教学、促进各成员国之间进行可持续发展的交流和唤起公众的可持续意识。在该计划中，可持续发展是一个包括环境、经济和社会文化等方面内容在内的综合性概念。2007年，第四届国际环境教育大会发表了《阿哈迈达巴德宣言》。它指出，环境与可持续发展教育是终身的、全面的教育；通过教育，人们可以学会尊重和崇尚地球及其生命支持系统，学会尊重他人利益和多元文化。会议鼓励从本地区传统的生活和发展方式中汲取智慧，加强国际间的经验交流。

总之，20世纪70年代以来，联合国及其所属机构成为推动国际绿色教育的重要力量。

### （二）国外绿色教育的理念和行动

目前，许多国家正在把绿色教育与本国教育改革相结合，在整个教育过程中体现绿色教育的理念、内容和要求。尤以美国、日本和德国的绿色教育最具启发和借鉴意义。

美国的绿色教育。1970年，美国率先制定了世界上第一部《环境教育法》。该法涵盖了环境教育、技术援助、少量补助、管理等内容，旨在通过对有关教育机构提供资助来促进环境教育的发展。1990年，美国又颁布了《国家环境教育法》，进一步明确美国环保署为环境教育的管理机构，规定了环境教育奖励办法等。在上述两部法律的引导和鼓励下，美国政府和社会共同努力，促进了美国绿色教育的发展。美国环境教育中的教师培训、教材编写和教学方法设计都有专门的项目计划，其专业性和针对性居世界前列。美国环境教育以地球生命为中心，旨在培养学生对生态环境问题的敏感性和责任感，并注重相关技能的培训，鼓励学生创造性地解决环境问题。另外，“绿色学校”计划是美国环境教育的显著特点之一。该计划的核心是提高校园的能源使用率，帮助学生成长为具有较高生态素养的公民。

日本的绿色教育。1993年，日本颁布了《环境基本法》，其中第25条强调了对公民进行环境教育的必要性。2003年，日本又颁布了《增进环保热情及推进环境教育法》。这部法律规定了日本环境教育的基本理念、方针和措施。现在，日本不仅有规范的中小学环境教育手段和内容，而且还广泛动员社会各界力量，推动环境教育的发展。一是许多社区都设有环境教育中心，并且免费对公民开放，对社区居民提供各种环境知识和环境保护行为培训。二是建有众多的环境教育基地，配有专业人员的解说，使公民在环境中学习，有效地推动了公众参与环保事业的积极性。三是设立了针对企业管理人员的专门环境教育。在这种全方位的网络式环境教育作用下，日本民众在环境行为方面走在了世界前列。

德国的绿色教育。德国是世界上环保法律法规最健全、最详细的国家之一，全联邦和各州拥有环境法律法规8000多部。这些详尽、细致的法律法规覆盖了生态环境领域的方方面面，对德国民众的行为具有极强的指导和约束作用。在这样良好的外部环境和强有力的行为指引下，德国的教育行政机构、各级环保组织和各类学校都十分重视绿色教育，在课程开发、实践体验等方面均具有鲜明特色，其以小见大式的环境教育和渗透式体验教学方式独具魅力，培养了民众强烈的环境意识和较高的环境素养。

可见，发达国家绿色教育的共同特点是，重视绿色教育立法工作，重视对全体民众开展全方位的绿色教育，注意发挥各种教育力量的综合作用等。

### （三）中国绿色教育的理念和行动

当代中国的绿色教育始于1972年，相继形成了环境教育、可持续教育和生态文明教育等理念。但是，绿色教育对于我国生态文明建设的贡献仍然有很大的改进空间。

环境教育的实施。1972年前后，我国组织翻译了《只有一个地球》、《寂静的春天》等一批生态启蒙读物，首先开辟了面向社会的环境教育。1978年12月，中央批准的《环境保护工作汇报要点》的通知中指出：普通中学和小学要增加环境保护的教学内容。此后，环境保护的内容开始进入小学“自然”、中学“地理”和“生物”等课程。1981年，国务院在《关于国民经济调整时期加强环境保护工作的决定》中，要求中小学要普及环境科学知识。1990年，国家教委在《对现行普通高中教学计划的调整意见》中，要求普通高中开设环境保护选修课。1991年，国家教委在《中小学加强中国近代史及国情教育的总体纲要》中，要求在地理学科中加强人口、资源与环境的国情教育。这一时期实际上是中国绿色教育的开启阶段。

可持续教育的实施。1992年11月，第一次全国环境教育工作会议提出了“环境保护、教育为本”的方针。1994年，《中国21世纪议程》提出，必须加强对受教育者的可持续发展思想的灌输。为此，在小学“自然”课程、中学“地理”等课程中纳入资源、生态、环境和可持续发展内容；在大学普遍开设“环境与发展”课程，设立与可持续发展密切相关的研究生专业，如环境学等，将可持续发展思想贯穿于从初等到高等的整个教育过程中。1995年，《全国环境教育宣传行动纲要（1996—2010年）》全面系统地阐述了对环境教育的看法：环境教育是提高全民族思想道德素质和科学文化素质（包括环境意识在内）的基本手段之一。环境教育的内容包括：环境科学知识、环境法律法规知识和环境道德伦理知识。环境教育是面向全社会的教育，其对象和形式包括：以社会各阶层为对象的社会教育，以大、中、小学生和幼儿为对象的基础教育，以培养环保专门人才为目的的专业教育和以提高职工素质为目的的成人教育等四个方面。环境教育是各级环保、宣传、教育部门的一项重要任务，教育部门要起主导作用，环保部门要积极配合。此外，该纲要对环境教育的性质、作用、内容和主要任务、措施、步骤作了阐述。2003年，教育部又颁布了《中小学环境教育专题教育大纲》、《中小学环境教育实施指南》。这一阶段是中国绿色教育的推进阶段。

生态文明教育的实施。2005年3月，科学发展观提出了“在全社会大力进行生态文明教育”[①]的要求。2007年，党的十七大进一步提出了“生态文明观念在全社会牢固树立”的要求。2009年4月，国家林业局、教育部、共青团中央共同颁布了《国家生态文明教育基地管理办法》。2011年4月，《全国环境宣传教育行动纲要（2011—2015年）》提出，我国环境宣传教育的总体目标是：扎实开展环境宣传活动，普及环境保护知识，增强全民环境意识，提高全民环境道德素质；加强舆论引导和舆论监督，增强环境新闻报道的吸引力、感召力和影响力；加强上下联动和部门互动，构建多层次、多形式、多渠道的全民环境教育培训机制，建立环境宣传教育统一战线，形成全民参与环境保护的社会行动体系；建立和完善环境宣传教育体制机制，进一步提高服务大局和中心工作的能力与水平。该纲要对“十二五”环境宣传教育行动任务进行了部署，提出了保障措施。在此基础上，党的十八大提出，必须加强生态文明宣传教育，增强全民节约意识、环保意识、生态意识，形成合理消费的社会风尚，营造爱护生态环境的良好风气。这样，就开启了当代中国绿色教育的新航程。

① 胡锦涛．调整经济结构和转变经济增长方式是缓解人口资源环境压力的根本途径//十六大以来重要文献选编（中）．北京：中央文献出版社，2006：823.

要把宣传和普及科学发展观作为科学普及工作的重要内容，在全社会大力普及以人为本，全面、协调、可持续发展的观念和知识，使广大干部群众牢固树立正确的生产观和生活观，树立节约资源的意识、保护环境的意识、保护生物多样性的意识。

——胡锦涛：《在中国科学院第十二次院士大会、中国工程院第七次院士大会上的讲话》（2004年6月2日），《十六大以来重要文献选编（中）》，北京：中央文献出版社，2006年，第116—117页。

总之，绿色教育已成为国际潮流和选择，我们必须将绿色教育创新作为建设美丽中国的重要动力。

## 二、绿色教育的创新原则

由于绿色教育具有综合性、整体性、全面性和终身性的特征而尤具挑战性和困难性，因此，为了充分发挥绿色教育在生态文明建设中的作用，必须大力推进绿色教育的创新。绿色教育创新必须坚持以下原则。

### （一）知识教育和价值教育的统一

在绿色教育中，既应向人们提供生态环境科学知识，帮助受教育者建构起系统的生态知识体系；也应注重生态意识、生态道德和生态正义、生态审美的培养，帮助受教育者树立正确的生态价值观。因此，绿色教育创新必须遵循知识教育与价值教育相统一的原则。

知识教育是价值教育的前提和基础。脱离生态知识的生态价值教育必然陷入空洞的说教，因此，在绿色教育中，一定要抓住知识教育这一基础环节。一是要准确地向受教育者传授严格的地理科学、生态科学、环境科学和环境工程等方面的自然科学知识，揭示这些学科的基本概念、基本原理和逻辑结构，以帮助受教育者掌握自然生态系统的发生、演化和发展的规律，把握人与自然和谐发展的规律。二是要灵活地向受教育者讲授涉及生态议题的社会科学知识，帮助他们掌握生态经济、生态政治、生态文化、生态社会等方面的知识，了解自然和社会的复杂关系，学会处理生态环境问题的社会科学方法。总之，必须从自然科学和社会科学合流的高度来推进绿色教育中的知识教育。

价值教育是知识教育的延伸和目的。在传授生态知识的基础上，绿色教育的目标是帮助受教育者形成正确的生态价值观。一是要让受教育者深刻理解人类对自然生态系统的依赖性，培养其尊重自然和热爱自然的生态情感；二是要让受教育者深刻体认生态意识、生态道德和生态正义、生态审美对于协调人与自然关系的意义和价值，教会他们善于从人与自然和谐发展中提升其人生境界；三是要让受教育者树立自然先在性和生态优先性的价值判断，学会敬畏自然，不以一时的经济利益去损害自然生态系统的动态平衡。如果缺乏应有的价值教育，那么，知识教育就难以转化为人的情感和行为。因此，价值教育是绿色教育的魂之所系。

总之，只有知德兼修，双管齐下，才能激发受教育者保护自然的生态责任和义务。

### （二）单科教学和多科渗透的统一

最初的环境教育倾向于采用单科教学，但是，在课时有限的情况下，多学科渗透更为可行；当然，后者可能会冲淡绿色教育的主题。为此，必须将二者统一起来。

单一学科教学模式是绿色教育的主要形式。为了集中而系统地给出自然生态环境的全貌，无论采用什么名称和形式，在各级各类的学校中开设独立的绿色教育课程都是必要的，也是可行的。单一学科课程模式就是从各领域中选取与绿色教育直接有关的内容，按一定的逻辑顺序而系统地组合在一起，发展成一门独立的课程。例如，在小学开设“自然”课程，在初中开设“地理”课程，在中学开设“生态学”课程，在大学开设“环境科学”课程，等等。这样，可以保证绿色教学内容的全面性、系统性和连贯性。

多学科渗透模式是绿色教育的可行方式。由于绿色教育内容具有高度的综合性和开放性， 同时考虑到学生课业负担以及学校和教师的实际情况，人们往往会采用多学科渗透的模式。多学科渗透就是将适当的绿色教育主题或绿色教育成分（包括认知、态度、情感、技能和行为）融入现行的各门学科和课程中，通过各科教学协调的方式以实现绿色教育的目的和目标。例如，在小学阶段，主要依靠“科学”、“社会”和“思想品德”等课程来渗透；在中学阶段，主要依靠“科学”或者“物理”、“化学”、“生物”、“地理”等学科来渗透。在大学阶段，各种类型的课程都存在着绿色教育渗透的很大空间。例如，中国哲学史可以讲授中国古代的“天人合一”、“民胞物与”等思想的生态意义。显然，多学科渗透方式，既不会增加学生的学习负担，也不需要学校进行专门的投入，还有利于拓展相关学科的内容，是一种投资少见效快的实施方式。

总之，加强学科间的内容整合以及协调各学科的关系，是绿色教育创新面临的重大课题。

### （三）课堂教育和课外实践的统一

学校绿色教育是绿色教育的主战场，而课堂教学又是学校绿色教育的主渠道。但是，受教育者的绿色的认知、态度、情感、技能和行为的养成，还依赖于广泛的课外实践活动。因此，绿色教育创新必须坚持课堂教育和课外实践相统一的原则。

课堂教学是人们系统获取生态知识的主渠道。纵观绿色教育的发展历史，课堂教学是其主阵地，是人们获取系统的生态知识的主渠道。当将绿色教育的内容纳入教育体系之后，在课堂上以专题教学或学科渗透的方式向受教育者提供基本的生态环境科学知识、法律知识、道德知识和审美知识，就会唤起其生态环境意识，养成一定的有益于自然的素养，形成一定的保护自然的能力，最终会使他们积极投身于生态文明建设中。目前，我国教育部已通过多个文件对课堂绿色教育进行引导和规范，已在整个基础教育阶段实施了全方位的绿色教育，并鼓励和倡导在高等教育中继续深化对学生的绿色教育。总之，课堂教学的优势主要在于其基础性、系统性和连续性。

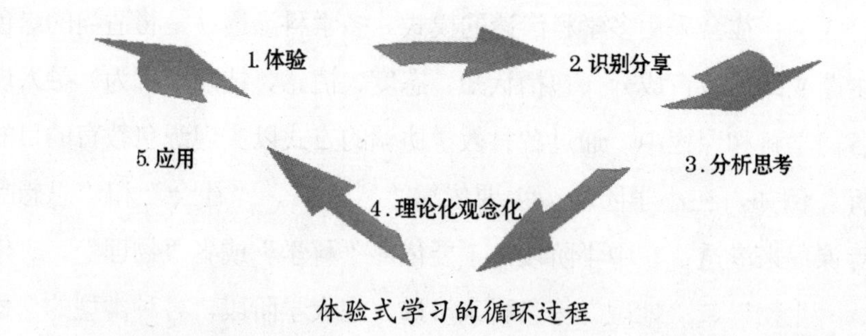


体验式学习的循环过程

［资料来源：中日韩环境教育读本编委会：《中日韩青少年环境教育活动案例集》（中文版），北京：北京科学技术出版社，2005年，第4页］

课外实践是绿色教育的第二课堂。在学生生态情感的养成和生态行为的培养中，还必须辅以其他多种形式的教育。其中，户外教学、社区服务、实地考察、学生社团等已成为青少年学习生态科学知识、养成生态道德情感、培养生态行为的重要渠道。例如，利用微观生态环境进行体验式学习是一种重要而可行的绿色教育方式。可以利用的微观生态环境主要有学校、社区、工厂、农场、树林、生物保护区、自然公园、动物园、生态博物馆等。通过让学生走进大自然（远足），在大自然的怀抱中嬉戏，学生就会不由自主地发出“大自然真奇妙”、“大自然真美丽”的感叹，这样，就会激发他们热爱大自然的情感。显然，利用微观生态环境进行绿色教育是一种具有强烈实践指向和良好教育效果的教育方式。另外，开展“绿色学校”建设也是绿色教育的重要的第二课堂形式。可见，通过丰富多彩的第二课堂，才能丰富学生内心的生态体验与感受，巩固和提高学生的生态价值观。

在绿色教育中，应使课堂教学和第二课堂相得益彰，这样，才能培养人们的综合生态环境素质。

### （四）专业教育和素质教育的统一

绿色教育，既要将提高全民的生态素养作为努力方向，又要将培养专门的绿色人才作为基本任务，必须坚持专业教育和素质教育的统一。

绿色专业教育是绿色教育的核心工程。生态文明建设有其严格的学术性、专业性和学科性，必须造就一批专门的高素质的人才方能有效地支撑生态文明建设。为此，必须大力发展地理科学、生态科学、环境科学和环境工程等一系列的专业，开展相关的专业教学活动和人才培养。此外，还要在职业教育、继续教育和行业培训中大力开展这方面的教学。这样，不仅可以为生态文明建设直接输送专门的人才，而且可以为全社会的生态素质教育提供强大的师资力量。在进行专业教育的同时，也必须努力提升专业教师和专业学生的综合素质。例如，生态学教学可以从生态化的人文科学和社会科学的教学中获得启发，生态学家可以从中获得新的营养。同时，也迫切需要将生态化的人文科学和社会科学学科作为专门的学科纳入教学中。

绿色素质教育是绿色教育的基础工程。只有在全民生态素质普遍提高的情况下，才能夯实生态文明建设的社会基础。为此，必须将绿色教育作为素质教育的重要内容和基本要求纳入相关的教学活动中。其中，思想政治理论课可以在提升全民生态素质方面发挥不可替代的作用。例如，在大学的“马克思主义基本原理概论”课程中，通过着重讲授马克思主义自然观，可以帮助学生正确处理人与自然的关系，养成科学的生态思维；在“思想道德修养与法律基础”课程中，通过讲授生态道德和生态法制等方面的内容，可以帮助学生形成正确的生态价值，自觉遵守生态法律；在“毛泽东思想和中国特色社会主义理论体系概论”课程中，通过讲授建设资源节约型和环境友好型社会的内容和要求，可以帮助学生正确认识国情，激发其投身生态文明建设的热情。另外，文学艺术类课程在养成人们的生态审美素养方面具有重要的作用。当然，面向所有学生尤其是文科类的学生进行地理、生态、环境等方面的教学，既可以提升其科学素养，也可以提升其生态素养。

总之，不能将绿色专业及其教学狭隘化，必须将普及和提高统一起来。

### （五）常规手段和科技手段的统一

在绿色教育中，人们往往采取的是以教材体系为主线的课程讲授、多学科结合的渗透式教学或以生态问题为主题的实践活动等常规手段，这些手段对于提供系统的生态环境知识是必不可少的，但存在着受众范围小、不能重复再现等不足。从国际绿色教育的实践经验来看，运用电影、电视、光盘、网络等现代科技手段，采用漫画、歌曲、动漫等艺术形式，可以弥补上述不足，扩大绿色教育的受众范围，提高绿色教育的实际效果等。为此，在绿色教育中，必须坚持常规手段和科技手段相统一的原则。

常规手段是绿色教育的主导形式。从教育规律来看，教材的编写、课程的设置、主题活动的开展等，是进行教育活动的必要手段和常规方式。只有通过这些手段和方式，才能较为清晰地勾勒出课程的基本轮廓、梳理出课程的知识体系、夯实课程发展所需的基础。作为一种新生的教育发展方向，绿色教育也必须借助于这些常规手段才能获得长足的发展。

科技手段是增强教育效果的必要条件。常规纸质的教材或以讲授为主的教学，提供的是一种静态的知识，往往难以给受众留下深刻的印象。高科技手段可以有效弥补这些不足，给受众以强烈的震撼，从而能够收到事半功倍的教育效果。因此，在绿色教育中，应该广泛运用各种科技手段，例如，拍摄以生态保护或原生态自然为主题的电影、电视剧和视频，创作以生态环保为主题的歌曲、戏剧、小品、绘画、雕塑，发行与生态教育有关的光盘、多媒体课件等，建立以绿色教育为内容的网站，等等。

常规手段和科技手段的统一是绿色教育的理想状态。在每一次具体的绿色教育过程中，如果都能坚持常规手段和科技手段的统一，则既可以发挥其各自的优势，又能克服其各自的不足，这样，既能传授系统严密的生态环境知识，又能引发受众对教学内容的强烈兴趣，可以起到很好的教学效果。例如，在讲授枯燥无味的环境科学知识之前，如果让学生聆听一遍《地球之歌》这样的绿色歌曲，那么，既可以吸引学生的注意力，又可以激发其学习兴趣。

显然，常规手段和科技手段的统一，是实现绿色教育的知识性和趣味性的统一、学术性和实效性的统一的必然要求。

总之，绿色教育的创新，既要遵循人与自然和谐发展的规律，也要遵循人与社会和谐发展的规律；既要遵循教育发展的一般规律，也要遵循绿色教育的特殊规律；既要贯穿于国民教育全过程，也要渗透于精神文明各环节。只有这样，才能使绿色教育发挥更大的作用。

## 三、绿色教育的立体内容

作为教育生态化的过程和产物，绿色教育超越了任何单一门类的学科，广泛渗透在科技体系和知识体系中，具有明显的边缘性、交叉性和综合性。

### （一）绿色教育的基础性内容

绿色教育的根本任务是在传授生态知识的基础上提升受众的生态素质，为提升其参与生态文明建设的能力和水平储备知识，这样，就要求绿色教育必须从传授生态环境方面的基本常识和基本规律入手。

生态环境类自然科学教育构成了绿色教育基础性内容的主干。地理学、生态学和环境科学是科技生态化和知识生态化的最基础、最核心的部分，构成了绿色科技和绿色知识的主干，是人们最需要把握的最基础的生态环境知识。①地理学的教育。地理学知识可以使人们更好地理解人类与地球的关系，是绿色教育的基础环节之一。地理教育的主要内容是：地球自身运动的基本知识，主要包括地球的起源、地质年代、基本构造、发展过程、地质学变化等；地球表层的水环境、土壤环境、生物环境、大气环境等的基本状况和存在的问题；地球上各种自然资源和能源的分布情况以及人类对它们的开发和利用情况。在此基础上，地理学教育能够帮助人们正确处理人地关系。②生态学的教育。生态学是人们认识和理解人与自然关系的基本途径，是绿色教育的最基础的环节。按照联合国教科文组织推荐的中学环境教育大纲，生态学教育的主要内容是：生态学的定义和生态学家的任务，在生态学中个体、种群和系统的标准，发展了的“生态系统概念”，能量和生态系统，生态系统存在期间的变化（生态演替），群体及其适应环境的表现，作为生态因素的人。在此基础上，生态学的教育能够帮助受众科学认识存在物的多样性、物质循环的普遍性、生态系统的复杂性等问题。③环境科学的教育。环境科学知识可以使人们更为充分地认识自身所处的环境及面临的问题，是绿色教育的基础内容之一。按照联合国教科文组织推荐的中学环境教育大纲，环境科学教育的主要内容是：人类消耗资源的历史，土壤资源、水资源及有关问题，森林资源、动植物资源及其保护，粮食生产与饥饿，土壤污染、水污染、大气污染、噪声、固体废弃物、有害废物的产生、危害和治理，人口增长与控制。在此基础上，环境科学的教育能够帮助受众把握全球范围内环境演化的规律、人类活动同自然生态之间的关系、环境变化对人类生存的影响、环境污染综合防治的途径和措施等。

生态环境类社会科学教育是绿色教育基础性内容的扩展。经济、政治、文化、社会生活是社会有机体的最基本的构成要素，是影响和制约自然生态系统的最重要的社会因子。因此，经济学、政治学、法学、社会学、人口学、文学、史学、哲学等学科中生态化的内容和成果也构成了绿色教育的基础性内容。例如，人口生态学是研究人口发展进程的规律、人口和环境相互联系和相互作用规律的学科，旨在揭示人的正常活动的必备条件——环境的形成机制及在生态形势发生变化过程中的人口行为。通过人口生态学的教育，可以帮助受众把握人口演变和自然环境的关系，从而使他们认识到调节人口生产对于自然保护和环境保护的意义。尽管这些生态化的社会科学是科学技术生态化发展趋势向社会科学渗透的产物和结果，但是，它们从各个方面科学地揭示了人类的各种行为与自然生态系统的复杂关系。因此，通过这些学科的教育，能够帮助受众规范自身的行为，有利于实现人与自然的和谐发展。

总之，通过对生态环境基础知识的介绍，受教育者能够意识到生态环境的各组成要素之间、人类行为与生态系统之间存在着的紧密的复杂的关系，从而帮助他们形成对生态环境问题的基本的科学认知，有助于培养其基本的生态素养。

### （二）绿色教育的本土性内容

生态环境问题既具有全球同质性，又具有极大的地区差异性，因此，在传授生态环境基本知识和基本规律的基础上，绿色教育的内容还必须结合各国各地的具体情况，突出其本土性特色。只有坚持本土性原则，才能保证绿色教育有的放矢。

绿色教育中的历史教育。这主要是要进行关于中国生态史的教育。一方面，中国是世界上唯一一个拥有五千年不间断文明的国家，中华民族世世代代在这片土地上生存，积累了丰富的生态经验，需要继承和光大这份珍贵的生态环境历史遗产。例如，哲学层面的有机论思维方式（“天人合一”）和生态伦理观（“民胞物与”），科学方面的对生态学季节节律的科学认识（顺天之时），制度层面的设置专职资源管理的机构和官员（虞衡），经济层面的有机农业模式（桑基鱼塘），水利建设方面的生态性和系统性考量（大禹治水，都江堰，坎儿井），都是珍贵的生态历史遗产，都是进行绿色教育的重要内容。另一方面，在与自然搏斗的过程中，由于违背自然规律，在中国历史上也发生过严重的生态环境退化问题。例如，毁林开荒造成的森林消失和水土流失问题，黄河泥沙量增加导致的改道所引发的水患问题，楼兰文明的灭绝，都是严重的生态环境方面的教训，都是进行绿色警示教育的典型案例。总之，前事不忘，后事之师。

绿色教育中的国情教育。这主要是要进行关于中国当下的人口、资源和能源、环境、生态、灾害等自然生态环境方面情况的教育。过去，在进行国情教育时，我们主要是突出“地大物博、人口众多”的优势。这主要是从总量水平讲的，自有其道理；但是，从人均水平来看，我国是人均资源和能源占有量低、资源和能源缺乏的国家。因此，在未来的发展中，我们必须始终清醒地看到，我国人口多、资源人均占有量少的国情不会改变。这样，在绿色教育中突出我国人口众多与资源相对短缺这一基本国情，就可以使受众深刻理解和自觉执行计划生育与节约资源的基本国策。此外，在绿色教育中突出我国当前的环境问题和生态困境，可以使受众深入了解我国生态环境问题的复杂性和严峻性，深刻理解和自觉执行环境保护的基本国策，增强其危机感和解决生态环境的责任感。总之，只有警钟长鸣，才能防患于未然。

绿色教育中的乡土教育。这主要是要进行本乡本土的自然环境和生态文化等方面的教育。乡土即人们生于斯、长于斯、成于斯、终于斯的地方，涵盖了个人生活的所有自然环境、社会环境和环境文化，是个人的生活意义、生命情感和人生使命的生发之地。现代教育导致了受教育者与其个人生活和经验相分离的情况。这样，现代人就普遍出现了“失家园”的流浪感。鉴于此，必须加强乡土教育。乡土教育，就是对本乡本土的教育，讲的是受众能够亲身感受到的身边的自然环境、社会环境、文化环境。乡土教育能够使受众从生活的自然、社会、文化的环境中去了解与认识自己生长、生活所居住的乡土，使之产生关怀与认同乡土的情感，激发其保护、改善和建设乡土的行为。因此，乡土教育具有重要的绿色教育功能。为此，各地区应根据自己的实际，使本地的自然景观、生态文化等内容进教材、进课堂、进头脑，以增强学生热爱乡土自然景观的情感、保护乡土自然景观的使命。当然，乡土教育还必须增强受教育者对国家和民族的认同。

总之，立足本地生态环境现状，是培养生态审美、生发生态情感、促成生态参与的基本途径，我们必须始终重视和不断加强本土性内容的教育。

### （三）绿色教育的综合性内容

生态文明不但涉及人与自然的关系，而且必然涉及人与社会的关系，是一个综合性的系统问题。因此，绿色教育必须要体现综合性的特点。

可持续发展理论教育。可持续发展是人类面对全球性问题做出的共同选择。在贯彻和落实可持续发展战略的过程中，当代中国赋予其以新的含义和要求："可持续发展，就是要促进人与自然的和谐，实现经济发展和人口、资源、环境相协调，坚持走生产发展、生活富裕、生态良好的文明发展道路，保证一代接一代地永续发展。"[①]因此，可持续发展理论教育是绿色教育的重点。在内容安排上，《21世纪议程》和《中国21世纪议程》是进行可持续发展理论教育的基本依据。在具体教学中，可以冠之以"可持续发展概论"、"可持续发展理论研究"、"可持续发展战略研究"、"可持续发展的理论和实践"等名称。

#### 硕士生"可持续发展理论研究"（选修课）教学大纲

为了贯彻和落实可持续发展战略，中国人民大学马克思主义学院从1996年开始面向全校硕士生开设"可持续发展理论研究"选修课。其教学大纲为：

I．可持续发展的理论与历史。①可持续发展的指向和定位（全球性问题的产生、表现、最新动向、本质特点）。②可持续发展的建构和确立（零增长论，没有极限的增长，有机增长，可持续发展战略）。③可持续发展的理论渊源和基础（有机发展观，机械发展观，辩证发展观，生态发展观）。④可持续发展的定义和基本属性（可持续发展的定义、根据、构成和属性）。

II．可持续发展的基础与核心。①可持续的能源系统（能源发展战

① 胡锦涛．在中央人口资源环境工作座谈会上的讲话//十六大以来重要文献选编（上）．北京：中央文献出版社，2005：850.

略，节约和高效的、少污和清洁的、再生和持续的能源体系的技术建构，加强支持可持续能源体系的制度建设）。②可持续的资源系统（资源发展战略，建立各级、各类自然资源的信息数据库，集约型的、科学型的和生态型的资源体系的技术建构，加强支持可持续资源体系的制度建设）。③可持续的环境系统（环境保护战略，建立各级各类环境信息数据库，废物减量化、无害化和资源化体系的技术建构，生态化的环境体系的技术建构，加强支持可持续环境系统的制度建设）。

III. 可持续发展的构成与对策。①可持续发展的手段系统（可持续农业，清洁生产，环保产业）。②可持续发展的目的系统（脱贫致富与提高素质，计划生育与优生优育，住区和消费方式的可持续）。③可持续发展的保障系统（可持续发展的政治、法律、经济和文化等对策）。④可持续发展的支柱系统（可持续科学技术的建构原则、基础和骨架、构成，促进科技自身的可持续性）。

生态文明理论教育。生态文明是可持续发展的深化和升华，是我国社会主义现代化的理念、原则、目标之一。“建设生态文明，实质上就是要建设以资源环境承载力为基础、以自然规律为准则、以可持续发展为目标的资源节约型、环境友好型社会。”[1]因此，生态文明理论教育必须成为我国绿色教育的重中之重。在其教学体系的安排上，可以着重讲授以下内容：①生态文明的科学理念。谋求人与自然的和谐发展，实现绿色发展、循环发展、低碳发展。②生态文明的历史发展。根据新型工业化道路的理论，必须将生态化贯穿于农业产业化、工业化和信息化的始终。③生态文明的系统要求。把生态化深刻融入和全面贯穿于经济、政治、文化、社会建设的各方面和全过程。④生态文明的建设措施。大力发展循环经济，大力加强节能降耗和污染减排工作，基本形成生态化的空间结构、产业结

① 胡锦涛．在新进中央委员会的委员、候补委员学习贯彻党的十七大精神研讨班上的讲话//十七大以来重要文献选编（上）．北京：中央文献出版社，2009：109.

构、生产方式、生活方式、思维方式和价值观念。⑤生态文明的动力系统。通过科技创新、教育创新、制度创新推动生态文明，通过走群众路线推动生态文明。⑥生态文明建设的最终目标。将人与自然的和谐作为社会主义和谐社会的基本目标和要求，通过人与自然的和谐发展，促进人的全面发展，最终走向人道主义和自然主义的统一。在具体教学中，可以冠之以“生态文明概论”、“生态文明研究”、“生态文明的理论和实践”等名称。

总之，可持续发展理论教育和生态文明理论教育以其综合性的新思想、新观点和新知识，为发展绿色教育、建设生态文化和建设生态文明注入了源头活水。

综上所述，作为一种跨学科的整体教育，绿色教育为生态文明建设的主体提供了知识和方法等方面的保障。

## 四、绿色教育的多元主体

生态文明是关系到整个人类文明可持续未来的大事，因此，只有全社会行动起来，形成绿色教育的社会合力，才能将绿色教育推向前进。

### （一）党政部门的绿色教育职责

党委领导、政府主导，是中国特色社会主义政治的优势。从绿色教育发展的需要来看，党政部门必须将发展绿色教育作为提高党的执政能力和水平、提高政府的公共服务的能力和水平的重要内容，作为实现国家治理体系和治理能力现代化的重要内容。在此前提下，必须不断加强我国绿色教育的规范性和实效性。

加强绿色教育的管理和规划。我国目前只有环保部专门设置了宣传教育司，负责组织、指导和协调全国环境宣传教育工作，其他部门则尚未设立专门的机构来负责绿色教育工作。作为教育主要管理部门的教育部，主要是由基础教育司来指导绿色教育工作，这在一定程度上造成其他层次和类别学校绿色教育管理的空白。因此，教育部门应该面向绿色教育设立专职管理机构或合理归口挂靠机构，从制度层面理顺绿色教育的管理体制，加强对绿色教育的宏观规划，如不同层级学校之间绿色教育内容的衔接、高等院校非生态环境专业学生的绿色教育课程设置和社会的绿色教育工作等。另外，在党的十八大将生态文明的内容写入党章的情况下，各级宣传部、组织部、党校和干部学院必须将生态文明教育作为党员教育和干部教育的重要内容，制定相应的教育规划，加以落实和推进。

加强绿色教育的投入和保障。绿色教育具有明显的社会公益性，是一种典型的公共产品。作为公共利益的代言人，各级政府必须加强对绿色教育的投入。美国在1970年的《环境教育法》中，详细规定了联邦政府自1970年起到1977年的年度拨款计划，1990年的《环境教育法》中又对环境教育拨款做出了明确规定。根据我国绿色教育现状，必须做好以下工作：一是必须加快对绿色教育教师队伍的培养和培训，为绿色教育提供人员保障；二是必须加强对绿色教育的资金投入，把绿色教育经费纳入年度财政预算予以保障；三是必须加大对绿色教育所需外部物质条件的投入，为绿色教育的顺利进行提供物质保障；四是应该设立绿色教育专项奖金，用于奖励在绿色教育方面表现突出的组织和个人，以激发全社会的绿色教育的积极性。

加强绿色教育的监督和评价。长期以来，由于受应试教育的影响，绿色教育并未得到应有的重视。为了扭转这一局面，需要党政部门制定更为详细的评估标准和考核方法，进一步加强对绿色教育实施效果的监督和评价，将我国的绿色教育目标落到实处。首先，应该建立绿色教育工作绩效评估指标体系。通过深入调研和科学规划，建立绿色教育工作的绩效评估指标体系，确定评估内容、评估方法和工作步骤，全面评估绿色教育工作。其次，应该分层次开展绿色教育工作绩效评估。定期表彰、奖励先进，开展绿色教育工作绩效评估，将评估情况列入干部考核内容。最后，应该定期对绿色教育工作开展情况进行通报。建立通报和信息交流制度，加强绿色教育工作的信息报送，推进绿色教育工作信息公开。

总之，党政部门在绿色教育中发挥着至关重要的主导作用，我们必须高度重视和大力加强党政部门在绿色教育中的领导、组织和监督的作用。

**（二）教育系统的绿色教育职责**

学校绿色教育不但会影响学生当前的和未来的生态环境意识，而且会向其周围的人员扩散和渗透，并且将影响其后代。所以，各级各类学校是实施绿色教育的主阵地。

绿色教育的专业设置。目前，迫切需要将绿色教育作为独立的专业进行设置和建设，这样，才能为绿色教育自身的持续发展提供强大而雄厚的师资支撑。例如，美国十分重视建设以培养生态环境教育师资为主的专业。与之相比，我国的绿色教育专业设置明显滞后。现在，应该在教育学、地理学、生态学、环境科学和环境工程等学科中设置专门的绿色教育专业（可以直接冠之以“可持续发展教育”或“生态文明教育”的名称），至少应该在专业硕士学位层次上设置绿色教育专业，进行跨学科的教学和人才培养工作。

绿色教育的课程开发。目前，发达国家都已将绿色教育列入了高校学生的必修课程。而我国尚未将绿色课程列为高校学生的公共基础必修课，造成高校绿色教育缺乏规范性和约束力，影响了绿色教育的深入发展。因此，应该将绿色教育作为素质教育的重要组成部分，列为公共必修课程。在这个过程中，应改进和加强大纲、教材、学时、师资等方面的建设，切实将绿色教育作为一门课程来进行开发和建设。

绿色教育的科学研究。与国际绿色教育研究的先进水平相比，我们的研究还存在较大差距。从研究角度来看，大多是从教育学角度切入的，研究主体是教育学专家，跨学科的协作研究明显缺乏。从研究质量来看，经验总结式的研究较多，较有力度的理论性系统研究则很少。鉴于此，我国的绿色教育研究的努力方向是：广泛译介国外较有影响的绿色教育专著，充分借鉴国外先进经验，加强与国外同行的交流；加强跨学科领域的协作研究，应广泛吸收各领域的专家，把生态环境领域的最新成果充实进来；加强对绿色教育的理论研究，应针对绿色教育的历史、现状和未来进行学理总结和反思，加强研究的学术性、系统性和实用性。

绿色教育的人才培养。国际社会高度重视未来领导者和建设者的生态环境素质，已普遍将生态环境素质作为21世纪人才的必备素质列入人才培养计划。与之相比，我国在人才培养和规划方面对此的重视程度还远远不够。为此，作为未来人才的培养机构，我国各级各类学校必须高度重视国际社会对未来人才的生态环境要求，切实将生态环境素质的培养纳入人才培养规划和计划中，充分发挥学校绿色教育的育人功能。

绿色教育的服务功能。学校尤其是大学是生态文化的酝酿地，必须发挥学术高地的辐射作用，自觉承担起服务社会的职责。高校的生态环境领域的专家学者应该与社区建立对口教育基地，定期到相关社区进行生态环境知识讲座或现场咨询等；各种校园文化社团可以走出校园，深入街道、社区进行生态环境主题宣传，或结合本地生态环境实际，进行植树造林、净化环境等各种实践活动；开展高校绿色教育开放活动，让更多的社会成员接触到学校较为先进、系统的绿色教育资源，提升其生态环境素养。

总之，学校在绿色教育中处于关键地位，我们必须加强和改进学校的绿色教育工作。

### “绿色学校”和“生态学校”项目

绿色学校标识

环境保护部宣传教育中心分别于1996年和2007年启动了全国“绿色学校”建设和“生态学校”项目。“绿色学校”的主要标志是：学生切实掌握各科教材中有关环境保护的内容；师生环境意识较高；积极参与面向社会的环境监督和宣传教育活动；校园清洁优美。在此基础上，鼓励和帮助学校参与国际环境教育基金会提供的“生态学校”项目，定期组织培训和会议交流活动，帮助学校更好地实施项目。

### （三）宣传系统的绿色教育职责

在中国特色社会主义政治制度的框架下，宣传系统在绿色教育中具有更为重要的作用。

从活动内容来看，宣传系统必须加大绿色宣传教育的力度，改进和完善绿色宣传教育的内容，将之纳入社会主义精神文明建设中来。按照《全国环境宣传教育行动纲要（2011—2015年）》的精神，应重点做好以下工作：①做强做大环保主题宣传、环保成就宣传和环保典型宣传。围绕建设资源节约型、环境友好型社会和提高生态文明水平，以“世界环境日”、“世界地球日”、“生物多样性保护日”等纪念日为契机，开展范围广、影响大的环境宣传活动。②有针对性地开展环境政策、法制宣传。针对不同对象的不同特点提出不同要求，广泛、深入、扎实地开展环境法制宣传教育，提高公众预防环境风险意识，鼓励公众依法参与环境公共事务，维护环境权益；提高企业守法意识，自觉履行社会责任。③加大农村环境宣传教育力度。利用多种形式，扎实开展“环保知识下乡”活动，深化生态文明村创建工作，传播生态文明理念，引导农民自觉保护生态环境，转变生产与生活方式，提高生活质量。

从活动形式来看，宣传系统必须不断改进宣传手段，丰富宣传题材、风格和载体，贴近群众、贴近生活、贴近实际，不断增强宣传教育活动的实效。①通过动漫、电影等多种形式对生态文明理念进行大力宣传。广播电视部门可以制作更多宣传生态文明理念的宣传片、公益广告等，排演震撼人心的关于环境破坏、环境污染危害的电影和电视剧等，宣讲保护生态环境、解决生态问题的科学方法，介绍改善生活环境和生产环境的现实对策等，对公民进行潜移默化的渗透式绿色教育。②通过歌曲、戏剧等多种形式宣传生态文明理念。宣传部门可以组建生态环境研究人员和歌曲、戏剧创作人员的综合团队，以绿色教育为基本要求，以生态文明理念为核心思想，以音乐、戏剧等形式为载体，创作大量反映时代生态要求和群众喜闻乐见的歌曲、话剧、戏剧等，将绿色教育搬上现实舞台，开展生动活泼的绿色教育等。③可以动员邮政、传媒等部门开展各种生态环境宣传和纪念活动。邮政部门可以通过发行纪念邮票等形式进行绿色宣传教育，传媒部门要大力宣传党的生态环境政策和措施、弘扬生态文化等。

总之，宣传部门应充分发挥其独特优势，将生态文明纳入精神文明建设的各环节中。

### （四）社会领域的绿色教育职责

在市场经济条件下，第三部门可以弥补政府和市场的局限，在维护社会稳定、促进社会参与、实现社会公平方面具有独特的优势。在绿色教育中，第三部门更有自己的专长和优势。

家庭的绿色教育。家庭是社会领域的最基本的单位。家庭教育是家庭生活的重要组成部分，主要是通过家长的言传身教对儿童实施情感、意志、行为和人格等方面的教育。在绿色教育方面，其主要功能是在日常生活中培养儿童的克制浪费资源和破坏环境的不良行为、养成关爱自然的情感、学会与自然和谐相处、自觉投身于保护自然和环境的活动中。为此，家长必须通过润物无声的方式，对儿童进行熏陶，帮助他们形成有益于生态环境的行为，如，不乱扔果皮、不乱丢垃圾以保护环境，用水后拧紧水龙头以节约用水，用洗澡水冲厕以实现循环用水，电器不用时随手关电以节约用电，爱护花草树木、保护小动物以实现人与自然和谐相处，等等。尤其是，家长要根据儿童身心发展规律适时地带领他们参加一些力所能及的生态活动，如，保持环境卫生，义务植树，分类回收垃圾，等等。这样，通过这种潜移默化、日积月累的方式，就可以实现绿色教育的目标。

民间组织的绿色教育。环境非政府组织（ENGO）在绿色教育方面一直发挥着重要的作用。目前，其努力的方向是：①社会动员。绿色教育的最终目的是影响人的生态行为，而在推动人们生态行为的过程中，ENGO发挥着重要的桥梁和纽带作用。他们的社会动员不是自上而下的，而是身在其中的，这样，就具有很强的号召力和发动力。②示范带动。考察绿色教育成效的主要标准要看人们是否能自觉践行绿色生活，而在倡导践行绿色生活方式和绿色生产方式方面，ENGO以其体制灵活、理念先进等优势发挥着巨大的示范带动作用。通过多年的努力，我国的一些ENGO建立了循环农业的生产模式、节能减排的生活模式等，对于人们践行绿色生活起到了很好的示范带动作用。③弥补缺位。在政府难以充分发挥作用的家庭、社区等区域，应该让ENGO充分展现其力量。同时，为了监督企业履行其绿色的社会责任，应该鼓励ENGO同企业合作进行绿色教育，以提高企业的环境管理水平。为此，ENGO必须将绿色教育作为自己活动的主要领域，要通过建立网站、出版书籍、发放宣传品、举办讲座、组织培训以及开展环保公益活动等，向公众宣传生态文明理念。而政府应该通过法律赋权、政策扶植、资金资助等形式大力支持ENGO尤其是他们开展的教育项目。

总之，社会力量是进行绿色教育的重要力量，我们应该通过第三部门自身的发展来增强他们在绿色教育中的作用。

## 五、绿色教育的育人功能

> 环境教育的最终目标是培养具有环境文明的公民，他们能在其一生中愿意并能够采取行动以对环境产生积极影响。
>
> ——联合国教科文组织：《转变关于地球的观念》（1993年），《全球教育发展研究热点——90年代来自联合国教科文组织的报告》，北京：教育科学出版社，1999年，第74页。

绿色教育是培养和造就一代社会主义新人的重要途径和方式。人的全面发展是通过人与自然的和谐发展、人与社会的和谐发展体现出来的。“生态人格”就是将人与自然的和谐发展作为人的发展的基本方向和内在要求而形成的人格，是人的全面发展的生态指向和生态维度。在生态人格的生成过程中，生态知识的传授是基础，生态素养的形成是关键，生态行为的生发是落脚点。生态素养又是生态认知、生态情感、生态意志、生态能力的高度的有机的统一。其实，一切文明最终都应该也必须体现在人的全面发展上，生态文明也不例外。

### （一）绿色教育在培养生态认知中的作用

生态认知是生态素养的基础，生态思维是生态认知中最为基本的方面。通过生态知识的传授，在帮助受众掌握基本的生态环境知识和生态环境规律的基础上，最为关键的是要使受众形成科学的生态思维。人最重要的素质是具有科学的思维方式。绿色教育可以优化人们的思维方式，有助于人们形成科学而合理的生态思维。

生态思维的核心是要求将“生态系统”概念作为观察问题和解决问题的基本视野，将人和自然的关系作为一种系统的关系。当人们运用这种思维观察问题和解决问题时，就形成了生态系统思维方式（生态思维方式）。这种思维方式是对简单线性思维方式的扬弃，其基本特点是重视系统性、复杂性和自组织性。绿色教育有助于人们形成科学的生态系统思维方式，可以让人们深刻地认识到：①自然的系统性。自然界是一个复杂的有机体，在自然界中，任何事物都不是孤立存在的，各个事物之间相互联系、相互影响，不能将事物之间的关系简单地进行线性还原。②社会的系统性。人类社会是一个多种因素相互交织、相互作用的过程的集合体，经济、政治、文化和社会生活等要素之间有着复杂的相互联系和影响，这种联系和影响还会波及自然系统。③“人–自然”的系统性。人和自然的关系是一个整体，人类行为和社会因素对自然界有着巨大的影响，人类不能因自身的利益而损害“人–自然”的系统性，对“人–自然”系统的破坏最终会殃及人类自身。④解决生态环境问题的系统性。生态环境问题的形成有其复杂的成因，既有自然方面的原因，也有社会方面的原因。在社会原因方面，既与经济、政治、文化、社会生活等基本的社会结构要素有关，也与科技、教育、制度、参与等社会动力要素有关。因此，维护自然生态系统的平衡是一项协调各方面因素的复杂的系统工程，必须从整体的、全局的角度来看问题。显然，生态系统思维方式是辩证思维、系统思维和生态学思维的高度的有机的统一，对于解决生态环境问题具有重要的作用。

总之，通过绿色教育来培养人们的生态思维，不仅可以提升人的生态认知和生态素养，而且更有助于生态环境问题的有效解决。

**（二）绿色教育在培养生态情感中的作用**

生态情感是生态素养的灵魂，生态伦理道德是生态情感生发的关键。通过生态伦理学（环境伦理学）教育，有助于帮助人们形成热爱自然的高尚的道德情感。

生态伦理学是生态价值教育的基础和核心。由于人与自然、人与环境之间存在着一种需要和需要的满足、目的和目的的实现的关系，因此，生态价值和环境价值是可能的；当人们用生态价值和环境价值去处理人与自然、人与环境的关系时，生态道德和环境道德也成为可能。绿色价值教育，就是要帮助人们恪守生态伦理、遵守生态道德、维护生态正义。①恪守生态伦理。绿色教育应注重对人们进行生态伦理的教育，克服人类在自然面前的狂妄自大，帮助人们重新审视自己在生态系统中的地位和作用，倡导人们在自然面前保持一种敬畏和谦逊的态度。将自身视为自然系统的一部分，以是否有利于生态平衡和生态和谐为行为的最高衡量标准，而不是单纯以经济价值为衡量标准。②遵守生态道德。绿色教育应注重培养人们的生态道德，培养人们对大自然、对其他物种的关心和爱护，遵循平等、共生、仁爱等要求，与生态系统共生共荣，实现人与自然的和谐发展。③维护生态正义。当前的生态危机并不是所有人的过错，是既得利益集团为了自身利益而对自然破坏的结果。绿色教育要使人们意识到生态危机的真正责任者，唤醒人们的生态环境权利意识，捍卫自身的生态环境权利，与破坏自然的行为进行斗争，从而最大限度地维护生态正义，实现人与社会的和谐发展。生态伦理学是调节和评价人与自然之间的关系以及与之相关的人与人（社会）的关系的道德规范的总和。当人们意识到生态价值对于人生和社会的意义时，才可能生发出尊重和热爱自然的生态情感。

总之，生态伦理学是生态价值教育的基本内容，是绿色教育的价值导引。

### （三）绿色教育在培养生态意志中的作用

生态意志是生态意识的完成，是联结生态知识和生态行为的中介。在认知（是什么）、情感（为什么）的基础上，人的意识要以意志（怎么做）的方式表现出来。意志是人们根据对客观规律的认知和自身行为后果的反思而自觉调节自身行为的过程，是人的重要素养。生态意志集中表现为人在意识到自己行为的生态破坏性的基础上对自身的约束和规范。作为绿色教育重要内容的生态环境法制教育是培养人的生态意志的重要手段。

生态意志是基于生态认知和生态情感而自觉接受生态环境法制约束和规范的过程。针对行为的盲目性造成的对自然的掠夺和环境的破坏，在加强生态伦理教育的同时，必须加强生态环境法制教育。只有“刑德兼修”，人们才能养成顽强的生态意志。①生态环境权利教育。这就是要使人们认识到，每一个人都有在清洁安全的自然生态环境中生存和发展的权利，任何人尤其是既得利益集团不得剥夺他人尤其是弱势群体的这种权利。法律必须捍卫人的这种权利。②生态环境正义教育。这就是要使人们认识到，必须明确生态环境问题形成的责任，不能将生态环境恶物转嫁于他人尤其是弱势群体；生态环境善物必须在全体社会成员中公平地配置，任何人都不能剥夺他人尤其是弱势群体享受生态环境善物的权利。法律必须维护生态环境正义。③生态环境责任教育。这就是要使人们认识到，生态环境问题在很大程度上是由于人们的不负责任的行为造成的，这种不负责任的行为在引发生态环境风险的同时，也威胁到了人自身的安全。因此，人必须自觉地约束自己的行为，而生态环境法律是规范人的行为的重要方式。法律必须确保人们尤其是既得利益集团能够履行其生态环境责任。可见，生态环境法制教育兼具知识教育和价值教育的双重责任和使命。

总之，通过生态环境法制教育，规定公民对自然生态环境的权利和义务，能够在提升人们的生态意志的基础上，促进人们自觉参与保护自然和保护环境的活动。

**（四）绿色教育在培养生态能力中的作用**

人的素养是通过各种技能表现出来的。人的生态能力就是人所具有的识别和解决生态环境问题所需要的能力，是协调人与自然关系所需要的能力，是贯彻和落实可持续发展战略所需要的能力，是参与生态文明建设所需要的能力。因此，在提升人的生态素养的基础上，绿色教育必须将提高人的生态能力作为进一步努力的方向。

提升人的生态能力是绿色教育的基本目标之一。绿色教育必须向每一个人提供提升其生态能力的机会。①识别和分析生态环境问题的能力。绿色教育应分门别类地向受众介绍当前主要的区域性、全国性和全球性的生态环境问题，引导他们在现实生活中识别这些问题，并运用观察、调查、实验等方法获得第一手资料以及运用讨论、交流、查阅等方法获得第二手资料，进而对之能够进行具体分析。②提出和确定最有效解决方法的能力。绿色教育应该培养受众以生态学原则和系统性方法解决生态环境问题的基本能力，让受众理解不同的解决方法会带来不同的后果。在解决问题时，必须考虑解决生态环境问题方法的综合效应和后果，最终应该通过最优化的方法确定最有效的解决问题的方法。③制定并采取有效行动的能力。绿色教育以培养生态人格为最终目的。通过广泛的群众参与和社会监督，最终要在实现经济社会的生态化发展的基础上，实现人的自由而全面的发展。为此，绿色教育必须注重培养生态人格所需的参与制定生态环境决策并将之应用于解决具体问题的能力。

在绿色教育中，必须加强实用性和实践性内容的教学。①以解决问题为导向。绿色教育必须从可解决的问题入手，以周边的现实生态环境问题作为受众了解问题的起点，鼓励受众运用已有的知识技能分析和解决这些问题。②以职业教育为依托。职业活动是造成生态环境问题的重要原因，也为解决问题提供了平台，因此，必须将绿色教育的内容融入职业教育中。③以社会发展为目标。人的发展和社会的发展是同一过程的两个不同的方面。通过绿色教育提升人的生态能力，事实上就是要提升整个社会的可持续发展能力。

可见，通过绿色教育尤其是其实用性和实践性内容的教育，受众能够获得解决实际生态环境问题的各种能力，这不仅有益于人的发展，而且有益于社会的发展。

### （五）绿色教育在培养生态行为中的作用

教育的价值和目的最终应该体现在促进受教育者的社会参与和社会贡献（行为）上，同样，绿色教育的价值和目的最终要体现在人的生态行为上。这里的生态行为是指有益于自然的行为，即实现人与自然和谐发展的行为。

绿色教育能够促进人的消费行为的生态化。人终生都是消费者，因而，消费方式是人存在的重要形式，是衡量人的综合素质和行为效果的重要标准。单纯的消费主义尤其是浪费行为是造成生态环境问题的重要的社会行为原因，因此，必须“要在全社会树立节约意识、建设节约文化、倡导节约文明，教育每个公民过文明健康科学的生活，形成‘节约光荣、浪费可耻’的社会风尚。要广泛开展内容丰富、形式多样的资源节约活动，从现在做起、从我做起、从点滴做起，节约每一度电、每一滴水、每一张纸、每一粒粮”[①]。“尚俭”是生态人格的重要美德。这样，绿色教育必须将纠正消费主义的误导作为重要的课题，大力开展节约教育。同时，绿色教育应该纠正当前盛行的单纯的物质主义的价值取向，引导人们从对物质的贪婪追求中解放出来，更加关注其他层面需要的满足，不断提升人的精神境界。

绿色教育能够促进人的行为方式的生态化。人的行为方式不仅对维持生态平衡和生态和谐具有重要意义，也是人的综合素质的必要组成部分。

① 温家宝. 高度重视　加强领导　加快建设节约型社会. 人民日报，2005-07-04（2）.

生态行为主要涉及的是人与自然的关系，要求将人与自然和谐发展的原则作为人类行为的准则；而人与自然之间的关系是受人与人（社会）的关系影响和制约的。因此，人与人（社会）和谐发展的原则同样是生态行为的准则。因此，当代中国的绿色教育应该跨越最初的人与自然的话语体系，全面考虑人与人（社会）关系的方方面面，尤其是要考虑人类社会制度安排的领域。显然，绿色教育的更重要的功能是要引领社会进步。为此，当代中国的绿色教育必须成为社会主义生态文明教育。

总之，人的行为不仅是公民个体素质的衡量标准，也是一个国家实现绿色发展的主导力量，因此，绿色教育必须加强对人们生态行为的培养和引导。

显然，绿色教育是培养和造就一代社会主义新人的必要手段，我们必须充分认识、高度重视和切实发挥绿色教育的育人功能，因为它担负着推动社会主义生态文明建设的重任。我们必须大力发展绿色教育，这既是建设美丽中国的教育支撑，也是建设美丽中国的教育目标。

# 第3章 建设美丽中国的制度支撑

……加强生态文明制度建设。保护生态环境必须依靠制度。要把资源消耗、环境损害、生态效益纳入经济社会发展评价体系，建立体现生态文明要求的目标体系、考核办法、奖惩机制。建立国土空间开发保护制度，完善最严格的耕地保护制度、水资源管理制度、环境保护制度。深化资源性产品价格和税费改革，建立反映市场供求和资源稀缺程度、体现生态价值和代际补偿的资源有偿使用制度和生态补偿制度。积极开展节能量、碳排放权、排污权、水权交易试点。加强环境监管，健全生态环境保护责任追究制度和环境损害赔偿制度。

——胡锦涛：《坚定不移沿着中国特色社会主义道路前进　为全面建成小康社会而奋斗——在中国共产党第十八次全国代表大会上的报告》（2012年11月8日），北京：人民出版社，2012年，第41页。

制度是渗透于社会系统各领域的动力要素。随着全球性问题的日益严重，绿色制度（管理人口、资源和能源、环境、生态保护、灾害等事务方面的制度）逐渐成为专门的制度领域，成为推动可持续发展的重要动力。建设美丽中国，同样依赖于制度创新。这里，我们主要以环境管理为主来探讨一下当代中国生态文明建设的制度创新问题。

## 一、管理制度的绿色导向

环境管理是指国家相关行政部门运用各种手段，协调社会经济同环境保护之间的关系，处理社会主体与环境事务的相互关系，使社会经济发展在满足人们物质文化需求的同时，防治环境污染和维护生态平衡的管理。环境管理是我国生态文明建设的重要动力机制。

### （一）中国环境管理的历史进程

在参与1972年人类环境会议的过程中，中国开始了高度自觉的环境管理。

环境管理的起步（1972—1978年）。在新中国成立以后，就对人口、资源、能源、环境、生态和灾害等方面的管理给予了一定的关注。例如，1956年颁布了《矿产资源保护实行条例》。从1970年开始，每次全国计划工作会议都要求把防治污染、保护环境列入国民经济计划中。1972年，中国政府代表团参加了联合国人类环境会议。1973年8月，第一次全国环境保护会议确定了“全面规划、合理布局、综合利用、化害为利、依靠群众、大家动手、保护环境、造福人民”的“32字方针”。这是我国第一个关于环境保护的战略方针。会议之后，全国各地相继建立了环境管理机构，并着手对一些污染严重的工业企业、城市和江河进行初步治理，中国的环境管理由此开始起步。

环境管理的展开（1978—2004年）。1979年，《环境保护法（试行）》颁布实施。同时，创立了“三同时”（建设项目中防治污染的措施，必须与主体工程同时设计、同时施工、同时投产使用）等制度。此后，其他环境保护法律也陆续制定。1982年，在“六五计划”中，首次提出了环境保护的目标和任务。1983年，国务院宣布“环境保护是中国的一项基本国策”，并要求贯彻“经济建设、城乡建设、环境建设同步规划、同步实施、同步发展，实现经济效益、社会效益、环境效益相统一”的指导方针。1989年，第三次全国环境保护会议认真总结了实施建设项目环境影响评价、“三同时”、排污收费三项环境管理制度的成功经验，同时提出了五项新的制度（环境保护目标责任制、综合整治与定量考核、污染集中控制、限期治理、排污许可证制度），由此形成了我国环境管理的“八项制度”。1992年以后，综合决策和可持续发展被引入中国的环境管理中。

环境管理的完善（2004年以来）。2004年3月，以科学发展观为指导，中央人口资源环境工作座谈会对做好人口资源环境等方面的管理工作做出了新的战略安排：坚持党政一把手亲自抓、总负责，全面落实人口资源环境目标管理责任制；坚持发挥市场机制的作用，促进资源的高效利用；坚持发挥政策杠杆的作用，加强对重要资源供求的宏观调控；坚持依法办事，把人口资源环境工作纳入法制轨道。2006年4月，第六次全国环境保护大会提出了环境保护工作要实现“三个转变”：从重经济增长轻环境保护转变为保护环境与经济增长并重，从环境保护滞后于经济发展转变为环境保护与经济发展同步，从主要用行政办法保护环境转变为综合运用法律、经济、技术和必要的行政办法解决环境问题。2008年，环境保护部成立。2012年11月，党的十八大提出了加强生态文明制度建设的新要求。2013年11月，党的十八届三中全会通过的《中共中央关于全面深化改革若干重大问题的决定》专门将“加快生态文明制度建设”单列一章，将之视为推进国家治理体系和治理能力现代化的重要内容和重大任务。

总之，中国环境管理已日渐探索出一条符合生态规律和中国国情的制度模式。

### （二）中国环境管理的基本原则

中国环境管理的基本原则，是以生态环境问题的一般特点和我国生态环境问题的基本特点为基础而形成的。

以人为本的原则。当代中国的环境管理将以人为本作为首要原则。人本是相对于“物本”而言的。一方面，与主张为了自然的“内在价值”而保护自然的生态中心论不同，我们要求把人自身的需要和利益作为自然保护和环境保护的出发点和落脚点，要求在保护自然的过程中使自然能够更好地造福于人类。这符合自然进化的规律。另一方面，与主张为了商品、货币和资本而保护自然的资本逻辑不同，我们要求将大多数人的需要和利益作为自然保护和环境保护的出发点和落脚点，要求为了大多数人的幸福和尊严而保护自然和保护环境。这符合社会进化的法则。事实上，坚持“造福人民”是我国环境保护和环境管理的政治优势和优良传统。因此，在环境管理中，坚持以人为本就是要努力做到：为了人民群众进行环境管理，环境管理必须依靠人民群众，环境管理的成果必须由人民群众共享，环境管理的成效必须由人民群众来评价。总之，只有坚持以人为本，才能保证中国环境管理的正确方向。

永续发展的原则。自然保护和环境保护是关系到人民群众长远利益的大事。在20世纪70年代，我们就强调，一定要重视环境保护，不要做那些对不起子孙后代的事。1992年以后，我们将可持续发展明确确立为现代化的重大战略。科学发展观明确提出，发展必须是可持续的，这样我们才能保证实现我国发展的长期奋斗目标。这就要求我们在推进发展中必须充分考虑资源和环境的承受力，统筹考虑当前发展和未来发展的需要，既积极实现当前发展的目标，又为未来的发展创造有利条件，积极发展循环经济，实现自然生态系统和社会经济系统的良性循环，为子孙后代留下充足的发展条件和发展空间。事实上，环境管理的过程就是贯彻和落实可持续发展战略的过程，就是实现可持续发展的过程。

生态平衡的原则。在自然进化中，以劳动为基础和中介，人和自然构成了一个复杂巨系统——“人-自然”系统。在该系统中，人的需要和行为主要是通过经济社会的发展体现出来的，而人口、资源、环境等构成了经济社会发展的最基本的物质条件；就其生态学性质来看，前者是无限制的系统，后者是有限制的系统。因此，为了保证人的正常生存和发展，必须保证人与自然之间的生态平衡。即必须将经济社会发展维持在自然的生态阈值范围内，不超出自然界的承载能力、涵容能力和自净能力。环境管理事实上就是要为维持这种动态平衡提供制度上的保障。因此，科学发展观明确提出，必须实现经济发展和人口资源环境相协调，实现自然生态系统和社会经济系统的良性循环。事实上，实现可持续发展，核心的问题就是要将生态效益、经济效益和社会效益统一起来。因此，环境管理的过程就是协调三个效益的过程，就是实现三个效益统一的过程。

生态和谐的原则。生态文明实质上就是人与自然和谐发展。因此，科学发展观明确提出，“要牢固树立人与自然相和谐的观念。自然界是包括人类在内的一切生物的摇篮，是人类赖以生存和发展的基本条件。保护自然就是保护人类，建设自然就是造福人类。要倍加爱护和保护自然，尊重自然规律。对自然界不能只讲索取不讲投入、只讲利用不讲建设。发展经济要充分考虑自然的承载能力和承受能力，坚决禁止过度性放牧、掠夺性采矿、毁灭性砍伐等掠夺自然、破坏自然的做法”[①]。这样，生态和谐就成为当代中国环境管理的根本原则。就其工作内容来看，绿色管理就是要按照统筹人与自然和谐发展的要求，做好人口、资源和能源、环境、生态、防灾减灾等方面的管理工作。

总之，在我国环境管理中，要在社会主义制度下，坚持以人为本、永续发展、生态平衡、生态和谐等原则，努力为生态文明建设提供管理支撑。

### （三）中国环境管理的具体手段

环境问题是一个复杂的问题，我们必须运用复合手段来推进我国的环境管理。

通过政府的行政手段进行环境管理是世界各国采用的通行方式。这是指国家通过行政机构，采取带强制性的行政命令、指示、规定等措施，来调节和管理生态环境工作的手段。我国通常采取的手段有：制定环境保护

① 胡锦涛. 在中央人口资源环境工作座谈会上的讲话//十六大以来重要文献选编（上）. 北京：中央文献出版社，2005：853.

的长远规划和年度计划，加强对开发、建设项目的环境管理，调整不合理的产业布局，组织和领导城市环境的综合治理和区域环境的综合防治工作，对地方和干部推动及参与生态文明建设的政绩进行考核，组织和协调环境科学研究和环境教育事业，鼓励和培育公众对环境保护的合法参与等。

环境管理的经济手段是其行政手段的重要补充。这是指利用价值规律和市场机制的资源配置和交换的基本原则，运用各种经济杠杆，控制生产者和消费者在资源开发和使用中的行为，达到节约资源和保护环境的目的。环境管理的经济手段主要是通过经济政策的制定、专项资金的投入、绿色贸易的推进等来实施的。上述政策在建立健全有利于资源节约和环境保护的价格、税收、信贷、贸易、土地和政府采购等方面发挥了重要作用。

环境管理的法律手段是依据相关法律、法规所采取的一种强制性手段。依法进行环境管理，是控制并消除污染、保障自然资源合理利用、维护生态平衡的重要措施。20世纪70年代以来，我国颁布了一系列可持续发展领域的法律、法规。目前，已经将可持续发展领域的法律和法规纳入依法治国的总体框架中。在环境保护方面，我国已经初步形成了宪法、环境保护基本法、环境保护单行法规等法律体系。

环境管理的科技手段是指借助那些既能提高劳动生产率又能把环境污染和生态破坏控制到最小限度的科技手段来达到环境保护目的的管理方式。大体包括：制定环境质量标准；通过环境监测、环境统计等方法，根据监测资料对本地区、本部门、本行业污染状况进行调查；编写环境报告书和环境公报；组织开展环境影响评价工作；研制、应用、交流、推广无污染、少污染的清洁生产工艺及先进治理技术等。

通过宣传和教育，提高人们的环境意识，是保护和改善环境的重要的治本措施。环境管理的宣教手段是指，以宣传系统和教育系统等为载体，通过各种形式的宣教活动，培养专业的环保人才和使公众了解环境保护的重要意义及主要内容，提高全民族的环境素质，从而达到环境管理的目的。

国际环境合作是环境管理的特殊手段。主要包括：加强与其他国家、国际组织的环境合作；引进国外先进的环境理念、管理模式、绿色技术和资金；宣传我国环境保护的模式和进展；积极推进国际环境公约的制定和履约；参与环境与贸易相关谈判和相关规则的制定，加强环境与贸易的协调，维护我国的环境权益等。通过这种方式，我们积极地借鉴和利用国外先进的环境管理理念和经验，有效地推动了我国的环境管理事业和环境保护事业的发展。

总之，我国综合运用各种手段，形成了系统的支撑生态文明的管理体系。

## 二、管理手段的市场机制

环境管理中的市场机制是指，从改变成本和效益入手，改变经济主体的行为选择，通过其自身选择调整经济系统对自然生态环境的影响，从而实现可持续发展。这样，将外部问题内在化（内部化）就成为环境管理的重要选择。

### （一）发挥市场机制在环境管理中作用的可能问题

随着社会主义市场经济体制改革目标模式的提出，面对日益复杂和日趋严重的生态环境问题和环境管理事务，要求我国的环境管理也要采用市场机制。

在中国的环境管理中采用市场机制有其必要性和重要性。①适应经济体制转轨的需要。1992年，我国将建立和完善社会主义市场经济体制作为我国经济体制改革的目标，这样，主要是在计划经济时代形成的我国环境管理制度就显得过时了，因此，必须建立与社会主义市场经济相适应的环境管理制度。②解决管理对象碎片化的需要。随着经济成分的多样化，由多元经济主体所导致的环境问题也复杂多变。市场机制是改变分散的经济主体行为的有效手段。其实，作为市场经济产物的多元经济主体，对价格信号十分敏感，运用市场机制约束和规范其环境行为往往比用行政手段有效得多。③解决环境投资困境的需要。在社会主义初级阶段，当整个财政收入难以确保急需增加的环境投资的情况下，就凸显了市场机制筹集资金功能的重要性。④解决资源价格扭曲的需要。由于不承认自然资源的经济价值，资源产品的价格没有反映出资源自身的实际价值，轻征资源税，这样，就导致了滥采乱伐和挥霍浪费自然资源的问题。为了扭转这种局面，必须引入市场机制。⑤适应地域条件差异的需要。我国地域广大，各地自然物质条件千差万别，经济发展水平参差不齐。市场机制灵活的实施方式能较好地照顾到地域的特殊性，有利于解决环境问题。

总之，环境管理的市场机制能够对微观经济主体的行为产生刺激和影响，促使其决策和经营能够充分考虑费用—效益的对比，这样，就能够有效实现环境管理的目标。

### （二）发挥市场机制在环境管理中作用的前提问题

市场是实现资源优化配置的有效手段，但是，市场也存在着“失效”（失灵）的问题，因此，必须辩证地看待市场机制在环境管理中的地位和作用。

> 理性地讲，环境可以被看作是经济的一种“生产条件”。但是，环境不能完全地纳入商品经济的循环之中。有许多道德方面的原因要求我们摆脱市场影响而保护自然中至关重要的部分。此外，任何允许“盈亏底线专制”主导我们与整个自然关系的企图都将导致灾难性的后果。
>
> ——［美］约翰·贝拉米·福斯特：《生态危机与资本主义》，上海：上海译文出版社，2006年版，第23页。

1968年，英国学者哈丁教授提出了“公有地悲剧”的假设。一个村庄划出一块公共草地供村民免费放牧，人们出于理性的判断会通过增加放牧牲畜的头数来增加其效益；看到这种行为的收益后，大家都跟风而进，不断增加放牧牲畜的头数；由于牲畜头数超过了草地的承载力，结果出现了谁都不能放牧的悲剧。这一假设表明：每个人在试图扩大自身利益的同时都会与有限的自然资源发生矛盾，个人的理性行为最终往往可能导致集体的非理性。据此，有的论者将私有化作为解决公有地悲剧的良方。而2009年诺贝尔经济学奖得主、美国女经济学家奥斯特罗姆教授指出，公有地悲剧不是绝对的。当面对某一种对于人类极其重要的资源时，人们不可能处于完全开放和完全不受任何限制的状态（这其实是公有地悲剧假设的前提）。为了生存和发展，人们往往会制定出相应的"非正式法律"的内部行为规范，即形成一种"非正式定义"的集体产权和集体行动制度，从而使这种资源得到保护和合理利用。最后，她提出，在草原可持续管理中，国家的、集体的和私人的所有制都不是万能的，一定要基于外部力量、当地人口密度和生态资源的指标来建立可相互协调的制度。这样，对于当代中国来说，在运用市场机制进行环境管理时，必须充分注意其生态边界。

事实上，环境管理是涉及公共需要和公共利益而为社会提供公共产品的公共服务。在环境管理中，市场机制必须服从和服务于公共利益。

### （三）发挥市场机制在环境管理中作用的中国探索

在中国这样一个经济文化相对较落后的国家发展市场经济，遇到的困难是前所未有的，将市场机制运用到当代中国的环境管理中更是一个不断探索的历史过程。

在计划经济时代，我们就注意到了经济手段在环境管理中的作用。在20世纪50年代关于废物回收的有关规定中，就将税收、押金、市场作为重要措施。在20世纪70年代提出的"三同时"制度中，也注意到了金融、财政和罚款的作用。1972年以来，我国逐步建立了一套较为完备的环境管理体系，形成了宪法、法律、法规、规章和标准五个层面的环境法律制度体系。一些市场机制散见于这套体系中。1982年，在国务院发布的《征收排污费的暂行办法》中，进一步明确了收费、罚款、财政、金融等手段的作用。1984年，财政部和环保局联合出台了《征收超标排污费财务管理和会计审核办法》。这些探索为将市场机制引入我国环境管理积累了一定的经验。

1992年，国务院批转的《中国环境与发展十大对策》第一次明确提出，要运用经济手段保护环境。1994年，《中国21世纪议程》提出，在国家宏观调控下，要运用经济手段和市场机制促进可持续发展。1996年，在国家《“九五”计划和2010年远景目标纲要》中提出，坚持能源开发与环境治理同步进行，继续理顺能源产品价格。

从2001年开始，我国运用市场机制配置资源、提高资源利用效率来进行环境管理的政策日渐明晰和完整，并开始进行具体资源的价格改革。2004年，科学发展观提出，“坚持发挥市场机制的作用，促进资源的高效利用。通过深化市场取向的改革，充分发挥市场对资源配置和资源价格形成的基础性作用，使资源性产品和最终产品之间形成合理的比价关系，促进企业降低成本，不断改进技术，减少资源消耗，增强竞争力。经营性用地、农村小型水利设施经营权的出让，要通过发挥市场机制的作用，规范程序，增强透明度，促进资源的合理使用。要广泛吸引社会各方面参与环境的建设和保护，积极推动环保产业的发展。逐步开放环境治理设施建设及运营市场。资源性行业尤其是具有自然垄断性质的行业，不同于一般的竞争性领域，其市场开放程度要根据行业特点和市场供求状况来确定，坚持公平、透明、规范和法制的原则。充分利用国际国内两种资源、两个市场，增加国内短缺资源的进口，缓解国内环境和资源压力。拓展同国际组织和发达国家在人口资源环境方面的合作，引进国外资金以及先进的技术和管理”[①]。2006年，“十一五”规划纲要提出，在对各种自然资源进行管理的时候要实行有偿开发的原则。

2007年，党的十七大对运用环境管理的市场机制进行了总体部署。

---

① 胡锦涛．在中央人口资源环境工作座谈会上的讲话//十六大以来重要文献选编（上）．北京：中央文献出版社，2005：859—860.

2010年的《政府工作报告》对之进行了具体部署：要扩大用电大户与发电企业直接交易试点，推行居民用电用水阶梯价格制度，健全可再生能源发电定价和费用分摊机制；完善农业用水价格政策；改革污水处理、垃圾处理收费制度；扩大排污权交易试点。在推进这些改革中要注意协调好各方面利益关系，决不能让低收入群众的基本生活受到影响。2011年，“十二五”规划纲要强调，要健全节能市场化机制，加快推行合同能源管理和电力需求管理，完善能效标识、节能产品认证和节能产品政府强制采购制度；搞好水资源有偿使用，严格水资源费的征收、使用和管理；完善矿产资源有偿使用制度，严格执行矿产资源规划分区管理制度，促进矿业权合理设置和勘查开发布局优化。

总之，引入市场机制进行环境管理，有效地推动了可持续发展。

### （四）发挥市场机制在环境管理中作用的手段选择

一般来说，环境管理的市场机制可划分为明晰产权、创建市场、税收手段、收费制度、财政和金融手段、责任制度、债券与押金–退款制度、产品市场信息引导等类型。我国“十二五”规划纲要专门设置“深化资源性产品价格和环保收费改革”一章，对环境管理的市场改革进行了部署。目前，要按照党的十八大精神和十八届三中全会精神，重点做好以下工作：

完善资源性产品价格形成机制。针对资源价格扭曲的问题，推行包含开发成本、环境影响成本和资源机会成本在内的全成本自然资源价格政策，是资源与环境经济政策改革的重要选择。为此，必须“加快自然资源及其产品价格改革，全面反映市场供求、资源稀缺程度、生态环境损害成本和修复效益”[①]。其中，水、电、成品油、天然气、煤层气等自然资源的价格改革是重点。以电价改革为例来看，在生产领域，我国对电解铝、铁合金、钢铁、电石、烧碱、水泥、黄磷、锌冶炼等高耗能行业中属于产业结构调整指导目录限制类、淘汰类范围的，严格执行差别电价政策。在生

① 中共中央关于全面深化改革若干重大问题的决定. 北京：人民出版社，2013：53.

活领域，2012年7月1日，阶梯电价开始在我国试行。居民阶梯电价是指这样一种电价定价机制：将现行单一形式的居民电价改为按照用户消费的电量分段定价，用电价格随用电量增加呈阶梯状逐级递增。这种改革趋势使电力成为一种高度市场化的普通产品，并在区域间形成灵活的交易市场，为日后大量使用可再生能源，实现不同能源品种的瞬时互补提供了技术和经济的可能，显著地提高了电力系统整体效率和经济性。总之，资源价格是影响资源开发利用状况的重要经济杠杆，对资源的合理配置和资源环境的有效利用有很大的影响。

推进环保收费制度改革。环境收费是政府对产生污染或享受环境物品的实体收取一定费用的环境政策。2005年，《国务院关于落实科学发展观加强环境保护的决定》指出，要运用市场机制推进污染治理。为此，要全面实施城市污水、生活垃圾处理收费制度，收费标准要达到保本微利水平，凡收费不到位的地方，当地财政要对运营成本给予补助。鼓励社会资本参与污水、垃圾处理等基础设施的建设和运营。推动城市污水和垃圾处理单位加快转制改企，采用公开招标方式，择优选择投资主体和经营单位，实行特许经营，并强化监管。生产者要依法负责或委托他人回收和处置废弃产品，并承担费用。《关于2010年深化经济体制改革重点工作意见的通知》又提出，要研究建立医疗废物等处理收费制度、危险废物处理保证金制度。显然，收费制度是激励各个经济主体保护环境的一种重要经济手段。

建立健全资源环境产权交易机制。我国主要在以下领域进行了改革：①排放权交易。排放权交易是指，在一定范围内满足环境质量要求的条件下，授予排污单位以一定数量合法的污染物排放权，允许对排放权视同商品进行买卖，调剂余缺，实现污染物排放总量控制。我国一些城市自1980年代中期开始试行排放权交易。2008年，我国首家综合性环境能源交易平台——天津排放权交易所挂牌成立。但是，我国企业的排放权是由国家无偿授予的，这样，势必会形成谁排放的废弃物越多谁就越有利的问题。因此，对排放权的授予必须进行市场化的改革，污染企业应该先向国家购买排放权，然后再进行交易。②集体林权制度改革。为不断创新集体林业经营的体制机制，依法明晰产权、放活经营、规范流转、减轻税费，进一步解放和发展林业生产力，我国从2008年开始集体林权制度改革。在坚持集体林地所有权不变的前提下，依法将林地承包经营权和林木所有权，通过家庭承包方式落实到本集体经济组织的农户，确立农民作为林地承包经营权人的主体地位。林地的承包期为70年。农户承包经营林地的收益，归农户所有。这一改革，有利于调动广大农民造林育林的积极性和爱林护林的自觉性。目前，必须“健全国有林区经营管理体制，完善集体林权制度改革”[①]。但是，如何防止承包户急功近利的行为，是一个需要认真对待的问题。否则，就会出现“私有地的悲剧”。可见，产权交易政策是通过明晰产权主体，建立可交易的排污权和自然资源开采权来解决资源与环境问题的经济政策。

总之，在社会主义制度下，引入市场机制进行环境管理，并非将资源和环境简单地商品化，而是通过市场机制使之在满足人们生产和生活需要的同时得到合理、集约和高效的使用。

## 三、财富体系的绿色核算

长期以来，政府主要运用GDP指标进行宏观管理，结果导致了竭泽而渔的短期行为。这样，建立和完善绿色国民经济核算体系，就成为加强和创新环境管理的重要任务。

### （一）建立和完善绿色国民经济核算体系的重大意义

在当代中国，建立和完善绿色国民经济核算体系，是贯彻和落实科学发展观、推动生态文明建设的必然选择和重要举措。

有利于真实核算财富。除了存在着重数量而轻质量、重正数而轻负数等局限外，GDP也有其生态边界。①没有反映出经济活动的生态损失。

① 中共中央关于全面深化改革若干重大问题的决定. 北京：人民出版社，2013：54.

经济活动既要消耗一定的自然资源，会减少自然资源的储量，甚至会造成资源赤字；也要排放一定的废弃物，会扰乱生态平衡，甚至会造成环境污染。这就形成了发展的自然虚数（损失）。同时，环境污染会对人的健康造成一定影响，甚至会出现生命代价。这就形成了发展的人文虚数（损失）。自然虚数和人文虚数都减少了国民财富（生态损失）。但是，GDP根本没有反映生态损失。②没有反映出人类活动的生态收益。人类通过各种资本要素的投入，加强生态环境治理，可以改善自然生态环境质量。这样，不仅可以增加自然资本的存量（生态经济价值），而且可以增加经济资本的存量。经济资本存量的增加既有直接的方面，也有间接的方面。但是，GDP只能反映生态建设的直接经济价值，而不能反映出其生态经济价值和间接经济价值。事实上，生态文明建设能够带来国民财富的增长（生态收益）。因此，为了真实地核算国民财富，必须绿化GDP。

有利于推动科学发展。建立和完善绿色国民经济核算体系，是科学发展观的内在要求。科学发展观明确提出："要研究绿色国民经济核算方法，探索将发展过程中的资源消耗、环境损失和环境效益纳入经济发展水平的评价体系，建立和维护人与自然相对平衡的关系。"[①]建立和完善绿色国民经济核算体系具有重要的意义：有助于科学和全面地评价我国的综合发展水平和实际发展水平，从而为制定适合国情的政策提供科学依据；有助于克服唯GDP是从的发展观和政绩观，促进政府将生态文明建设纳入公共产品和社会服务中；有助于促进企业承担生态社会责任，促进生产和企业的生态化；有助于形成生态化的生活方式、思维方式和价值观念，以生态化来促进和优化社会发展。

总之，建立和完善绿色国民经济核算体系，是当代中国实现科学发展、建设生态文明的必然选择，具有重大的战略意义。

---

① 胡锦涛．在中央人口资源环境工作座谈会上的讲话//十六大以来重要文献选编（上）．北京：中央文献出版社，2005：853．

### （二）建立和完善绿色国民经济核算体系的初步尝试

1994年，《中国21世纪议程》明确提出要“建立综合的经济与资源环境核算体系”。从此，我国开始启动绿色国民经济核算的相关工作。

绿色国民经济体系核算是将人口、资源和能源、环境、生态、灾害等因子包括在内的国民经济核算方式，既考虑经济活动的生态损失，又考虑生态文明建设的生态收益。绿色GDP（GGDP）是其形象化和简略化的表达。1993年，联合国统计署首次正式提出了这一概念：“绿色GDP=GDP–固定资产折旧–资源环境成本=NDP–资源环境成本”。NDP是国内生产净值。为了方便起见，可将GGDP与GDP直接挂钩。在一般意义上，可对绿色GDP做这样的表达：“GGDP=传统GDP–生态损失+生态收益”。其中，生态损失包括自然虚数和人文虚数，反映的是人类活动尤其是经济活动带来的成本和代价。生态收益包括控制人口数量和提高人口素质、节约资源和能源、保护环境和生态、防灾减灾带来的各种效益和收益，反映的是生态文明建设的价值。这一表达可以反映和衡量国民财富的真实情况，能够有效引导人们实现可持续发展。

**国际绿色国民经济核算体系比较**

| 系统 | 综合环境与经济核算体系（SEEA） | 环境与自然资源核算计划（ENRAP） | 欧洲环境的经济信息收集体系（SERIEE） | 包括环境账户的国民经济核算矩阵体系（NAMEA） |
|---|---|---|---|---|
| 提出 | 1.1993年出版第一本SEEA手册。2.2000年出版操作手册。3.2003年出版SEEA | 1.1989年，由经济学家亨利·佩斯金提出。2.1990年起，由美国提供援助，在菲律宾实施。3. 目前仅有美国切萨皮克地区及菲律宾实施 | 欧盟统计局，1994年出版 | 1.概念和方法由荷兰统计局提出。2.荷兰最早在1991年编制了大气排放物账户 |

续表

| 系统 | 综合环境与经济核算体系（SEEA） | 环境与自然资源核算计划（ENRAP） | 欧洲环境的经济信息收集体系（SERIEE） | 包括环境账户的国民经济核算矩阵体系（NAMEA） |
|---|---|---|---|---|
| 主要内容 | 1.非资产性生产实物账户。2.环境保护支出账户。3.环境经济综合账户。4.自然资源损耗和退化。5.计算绿色国民经济指标（如eaGDP及eaNDP） | 1.将自然环境视为生产部门，可生产非市场的环境价值。2.将包括污染对人体健康损害在内的环境污染损失价值作为生产部门的副产出。3.净环境利益指标 | 1.环境保护支出账户。2.自然资源使用和管理账户。3.基本资料收集和处理系统 | 1.排放物账户。2.国家环境主题。3.全球环境主题（温室效应、臭氧层破坏、酸雨等） |
| 编制范围 | 1.以净价值法、现值法或使用者成本法计算自然资源耗减。2.建议以维护成本法或损失估算法计算环境退化 | 1.计算环境社会损失成本（如污染对人体健康的损害）。2.计算环境服务价值 | 仅计算环境保护支出，不计算各种污染损害成本 | 与环境有关部分仅计算真实物账，未进行货币化 |
| 说明 | 采用SEEA进行绿色核算的国家并不是完全按照SEEA架构建制表，根据自身实际情况对其经济活动有影响力的活动主题进行编制和调整 | 1.包括了天然环境提供的非市场服务，如观光旅游。2.污染对人体健康损害 | 核心在于污染损害支出账户，因此其环保支出账户比SEEA详细 | 系统中除传统的国民经济核算系统外，其余均用数量单位表示实物账户 |

［资料来源：郭逸瑄：《绿色国民所得》，《中山女高学报》（中国台湾）第六期，2006年，第3页。说明：具体项目略有增减，个别术语改为大陆的通行表达］

2004年3月，国家环境保护总局和国家统计局联合启动了“中国绿色国民经济核算（简称绿色GDP核算）研究”项目；2005年，开展了全国十个省市的试点工作；2006年，完成和公布了《中国绿色国民经济核算研究报告（2004）》。该报告就2004年全国各地区和各产业部门的水污染、大气污染和固体废物污染的实物量进行了核算，同时采用治理成本法和污染损失法的价值量核算方法，核算了虚拟治理成本和环境退化成本，并得出了经环境污染调整的GDP核算结果。①环境实物量核算。这是以环境统计为基础，综合核算全口径的主要污染物产生量、削减量和排放量。具体分为水污染、大气污染和固体废物实物量核算。②环境价值量核算。在实物量核算的基础上，采用治理成本法核算虚拟治理成本，采用污染损失法核算环境退化成本。例如，采用前一方法发现，废水虚拟治理成本约为实际治理成本的5倍。采用后一方法发现，水污染造成的环境退化成本占当年地方合计GDP的1.71%。③经环境污染调整的GDP核算。2004年，GDP污染扣减指数为1.8%，即虚拟治理成本占整个GDP的比例为1.8%。从环境污染治理投资的角度核算，如果在当时的治理技术水平下全部处理2004年排放到环境中的污染物，一次性直接投资占当年GDP的6.8%。该报告标志着中国GGDP研究取得了阶段性成果。

当然，我国施行绿色GDP遇到了不少难题。主要存在着无理论支持、采集数据难、确定资源成本和环境损失的货币价值难、无法按照地域扣减、国际横向比较难等问题。[①]显然，在中国推行绿色国民经济核算任重而道远。

### （三）建立和完善绿色国民经济核算体系的战略选择

2011年，《国家环境保护“十二五”规划》提出了“制定生态文明建设指标体系”的要求，因此，我们必须毫不动摇地推进绿色国民经济核算。

为推行GGDP提供思想保证。国民经济核算需要有完善的理论支撑体系。现在，存在着将马克思劳动价值论固化和窄化的问题。恩格斯指出：“政治经济学家说：劳动是一切财富的源泉。其实，劳动和自然界在一起它才是一切财富的源泉，自然界为劳动提供材料，劳动把材料转变为财富。”[②]在此基础上，科学发展观提出了“研究绿色国民经济核算方法”的任务。这样看来，凡是参与价值形成过程的东西，都可称为价值，因此，生态价值是可能的。凡是能够带来价值增值的东西，都可称为资本，因此，自然资本是可能的。在这个意义上，给自然资源定价是可能的也是可行的。我们必须在劳动价值论的指导下，大力贯彻和落实科学发展观，综

① 李德水．统计部门要积极为发展循环经济服务．经济日报，2005-05-28（8）．
② 马克思恩格斯文集：第9卷．北京：人民出版社，2009：550.

合运用地理科学、生态科学、环境科学、经济科学、统计科学和计算科学的成果和方法，科学吸收生态价值论的成果，在综合创新中为推行GGDP提供理论支撑。

为推行GGDP提供统计支撑。“绿色统计”是GGDP的基础。绿色统计是指从宏观和微观两个方面使统计指标和技术加强对经济发展中自然资源、环境变化的核算，以促进可持续发展的统计思想和方法。我国在国民经济统计中专门设计了环境统计，包括自然状况、水环境、海洋环境、大气环境、固体废物、自然生态、土地利用、林业、自然灾害及突发事件、环境投资、城市环境、农村环境等12大类若干小类指标。这为推行绿色统计提供了良好的统计基础。但是，现行的环境统计也存在着较为严重的缺陷。一是指标很简略。例如，在各流域水资源情况方面，只包括水资源总量、地表水资源量、地下水资源量、地表水与地下水资源重复量和降水量等指标。二是指标不完善。例如，像污染损失指标、资源折损指标、资源功能变异指标基本上没有包括进去。为此，必须设计一种新的绿色统计指标体系，将人口、资源和能源、环境、生态、防灾减灾等领域的情况包括进来。我国在上述领域提出的“十二五”时期主要指标体系，为这种整合提供了基础。

为推行GGDP提供法律保证。只有将GGDP核算上升到法律的高度，才能为之保驾护航。①加强GGDP立法。目前，应该考虑在《环境保护法》和《统计法》中纳入相关的规定。时机成熟后，可考虑制定专门的“GGDP法”。为此，必须遵循以下原则：一是体现依法治国理念。必须按照社会主义法制的精神，紧密围绕党和国家的中心工作，实践科学发展和生态文明的理念，大力推行GGDP。二是体现尊重规律的原则。在遵循人与自然和谐发展规律的前提下，推行GGDP，既要反映统计工作的规律，又要反映环境工作的规律。三是坚持统筹兼顾的原则。推行GGDP，必须善于统筹权衡。同时，必须具体问题具体分析。②加强GGDP执法。必须依法设立GGDP指标，对统计调查项目进行严格的审批管理，规范绿色统计和核算工作；必须依法收集GGDP指标数据，每一项调查活动都必须依法进行；必须依法公布和管理GGDP调查和核算资料，及时向社会公开有关GGDP的政务信息；必须加强依法统计和核算，遏制在绿色统计上的弄虚作假行为，明确违法行为的种类及相应的责任；必须依法强化社会监督，保障和监督GGDP统计和核算机构依法行使职权。显然，只有将GGDP纳入依法治国的轨道中，才能有效发挥其作用。

总之，在衡量国民财富时，必须充分考虑生态损失和生态收益在国民财富体系中的比重。

## 四、官员政绩的绿色考评

以什么样的标准和方法来考评干部的政绩，直接影响着干部思想和行为的可持续与否。为此，必须将绿色（生态化，可持续性）的原则引入干部考评体系中，将绿色政绩（生态文明建设政绩）作为考评干部的重要尺度。

### （一）推行绿色政绩考评的意义

官员政绩的绿色考评即生态文明建设政绩的考评，是指依据生态化原则与科学化、民主化、法制化的程序，将控制人口数量和提高人口素质、节约资源和能源、预防和治理污染、维护生态安全、防灾减灾等指标纳入干部政绩考评范围中，同时考察干部在促进形成生态化的空间结构、产业结构、生产方式、生活方式、思维方式和价值观念中的作用，并将之作为奖惩依据的一种考评内容与方式。可将之形象地称为绿色政绩考评。在我国，推行绿色政绩考评具有重大的战略意义。

有助于纠正环境失责。改革开放以来，经济指标的强化和生态指标的弱化所形成的强烈反差，导致了以牺牲环境为代价来换取发展的不可持续行为，甚至出现了为追求政绩而牺牲自然生态环境所导致的环境群体性事件。这些问题有复杂的成因。但是，如果讳言政府和干部的责任，那么，不仅无助于问题的解决，而且会火上浇油。虽然这些年我们一直在努力解决这些问题，但还不尽如人意。为了纠偏补正，必须将绿色政绩考评纳入考评体系中。

有助于转变政府职能。经过30余年的改革探索，我国已将政府的职能定位在经济调节、市场监管、社会管理、公共服务上。这四者对生态建设都有重大影响。在经济调节中，如果忽视生态经济价值规律和生产安全，那么，必然导致盲目的发展，最终会酿成生态环境问题。在市场监管中，如果忽视生态安全标准，那么，不合格的食品和药品不仅会扰乱市场秩序，而且会威胁到人民群众的健康和生命安全。在社会管理中，如果忽视人民群众的生态环境权益，对造成环境污染或可能诱发环境污染的责任者听之任之，那么，只会加剧社会不稳定。在公共服务中，如果没有将生态文明建设作为公共服务，那么，只会进一步加剧市场经济的外部不经济性。显然，环境管理是政府的重要职能。只有将绿色政绩考评纳入考评体系中，使政府真正承担起应有的生态责任，才能进一步转变政府的职能。

总之，推行绿色政绩考评，有助于推进政府行为的可持续性和社会的可持续发展。

**（二）推进绿色政绩考评的政策**

围绕着干部绿色政绩考评，我国进行了一系列尝试，已初步形成了一套政策体系。

在党的十七大之前，我们就进行了绿色政绩考评的探讨。1999年，《生态环境建设规划》提出要建立生态环境建设目标责任制，要求将之列入领导干部政绩考评中。2003年，国家环保总局向中组部提出建议：把执行环保法律法规、污染排放强度、环境质量变化和公众满意程度等四项环境指标，列入各级地方政府干部的考评体系中。这一建议得到了中组部的大力支持。2004年，党中央向领导干部提出了树立与科学发展观相应的正确政绩观的希望，要求把人口资源环境指标纳入干部考评体系中。2005年，国家环保总局会同中组部，在浙江省、四川省、内蒙古等地开始进行将环保指标纳入政府政绩考评体系的试点工作。

漫画《新台阶》

党的十七大以来，我们站在科学发展观的高度来看待绿色政绩考评，将之作为考评干部的重要内容。2009年7月，中央办公厅印发了《关于建立促进科学发展的党政领导班子和领导干部考核评价机制的意见》（以下简称《意见》）。《意见》提出，在干部考评中必须充分体现科学发展观和正确政绩观的要求。为此，必须坚持以发展为第一要义，以人为本为核心，以全面协调可持续为基本要求，以统筹兼顾为根本方法，既注重考核发展速度，又注重考核发展方式、发展质量；既注重考核经济建设情况，又注重考核经济社会协调发展、人与自然和谐发展，特别是履行维护稳定第一责任、保障和改善民生的实际成效；既注重考核已经取得的显绩，又注重考核打基础、利长远的潜绩，注重综合分析局部与全局、效果与成本、主观努力与客观条件等各方面因素。坚持科学发展观与正确政绩观的有机统一，坚持从实绩看德才，促进领导干部以正确政绩观贯彻落实科学发展观。在此基础上，我们突出了对人口资源、社会保障、节能减排、环境保护、安全生产、社会稳定、党风廉政、群众满意度等约束性指标的考评。这样，绿色政绩考评在干部考评中所占的比重越来越大。在此基础上，2011年12月，国务院印发的《国家环境保护“十二五”规划》中进一步提出，要制定生态文明建设指标体系，将之纳入地方各级人民政府政绩考评中，在干部考评中必须实行环境保护一票否决制。在此基础上，2013年11月，党的十八届三中全会提出：“探索自然资源资产负债表，对领导干部实行自然资源资产离任审计。建立生态环境损害责任终身追究制。”[①]这样，就进一步严格和完善了绿色政绩考评。

在已经明确提出绿色政绩考评的原则和要求的情况下，当务之急是如何贯彻和落实之。

---

① 中共中央关于全面深化改革若干重大问题的决定. 北京：人民出版社，2013：53.

### （三）推行绿色政绩考评的案例

自2004年之后，生态政绩考评制度在全国各地开始出台并实施。

2003年，浙江省全面启动生态省建设，开始采用以GGDP为主导的综合政绩考评体系。2003年12月，作为试点城市的湖州市出台了《关于完善县区年度综合考核工作的意见》，率先提出采用GGDP核算体系来取代GDP考核指标，将资源耗减成本、环境退化成本、生态破坏成本以及污染治理成本从GDP中加以扣除。2006年，根据推动经济转型升级发展的需要，湖州市对县（区）届末考核还专门设置了万元GDP建设用地增量、万元GDP能耗及降低率、万元GDP主要污染物排放强度等约束性指标。从2005年之后，按照“生态工作项目化、项目工作目标化、目标工作责任化”的思路，浙江省政府每年年初分别与全省11个市的负责人签订环境污染整治目标责任书，把治污减排纳入各级领导班子和领导干部政绩考评体系，年终按照《浙江省生态省建设目标责任考核及奖励办法》和考评标准进行严格考评，设立红、橙、黄三色预警牌。

2009年1月，国务院批准长沙株洲湘潭（长株潭）城市群“两型社会”（资源节约型和环境友好型社会）建设改革试验总体方案。为此，长沙市岳麓区在全省率先制定了绿色GDP考核指标体系，于2011年下发了《2011绿色GDP考核指标体系》。该体系为百分制，考评对象为岳麓区各街道、乡镇、区直部门，内容分为绿色产业、绿色投入、节能减排、生态保护、污染治理等八大类，每大类都制定了详细的考评指标和细则。例如，在污染物减排方面，全面推行三产服务行业清洁生产10家以上计2分，每少1家扣0.2分；二环线以内80%以上餐饮服务行业改烧清洁能源，达到计2分，30%以下计0分。该考评体系在2011年试点，从2012年起把绿色GDP纳入干部考评体系，把考评结果与干部提拔任用、奖惩晋级、职务调整等相结合。为加快推进“两型社会”建设，2012年4月，湖南省政府出台了《湖南省人民政府关于支持长株潭城市群两型社会示范区改革建设的若干意见》，从各项政策方面对之予以支持。

可见，推行绿色政绩考评是切实可行的，关键是必须在各地各领域大力推广。

### （四）推行绿色政绩考评的举措

推行绿色政绩考评是一个涉及多领域的复杂问题，必须整体协同推进。

牢固树立正确政绩观。有什么样的政绩观就有什么样的从政行为。在实质上，政绩观是为谁服务、为谁尽责、为谁干事、为什么当干部的问题。在当代中国，正确政绩观的基本要求是："我们要用全面的、实践的、群众的观点看待政绩。"[①]①用全面的观点看政绩。这就是既要看经济指标，又要看社会指标、人文指标和环境指标；既要看城市变化，又要看农村发展；既要看当前发展，又要看发展的可持续性；既要看经济总量增长，又要看人民群众得到的实惠；既要看经济发展，又要看社会稳定；既要看"显绩"，又要看"潜绩"；既要看主观努力，也要看客观条件。②用实践的观点看政绩。实践的观点事实上就是实事求是的观点。树立正确政绩观，必须坚持一切从实际出发，尊重客观规律，不搞主观臆断、违背客观规律的"拍脑袋"决策，不追求脱离实际的盲目攀比，不提哗众取宠的空洞口号，不搞虚报浮夸和报喜不报忧，各项政绩必须经得起实践和历史的检验。③用群众的观点看政绩。这就是要倾听群众呼声，忠实履行全心全意为人民服务的宗旨，把实现人民群众的利益作为追求政绩的根本目标。全心全意为人民服务，是正确政绩观的本质和灵魂。坚持正确政绩观，必须坚持为人民谋求政绩、靠人民创造政绩、政绩由人民共享、由人民评价政绩。这样，按照科学发展观和正确政绩观的要求，就必须把可持续发展指标作为衡量干部政绩的标准。

完善绿色政绩考评的标准。为了强化绿色政绩考评的权威性和统一性，必须完善绿色政绩考评的标准体系。在这方面，中国科学院可持续发

① 温家宝．提高认识，统一思想，牢固树立和认真落实科学发展观//十六大以来重要文献选编（上）．北京：中央文献出版社，2005：774.

展战略研究组在《2004年中国可持续发展战略报告》中提出了干部政绩考核的五大标准：原材料消耗强度（万元产值的主要原材料消耗），能源消耗强度（万元产值的能源消耗），水资源消耗强度（万元产值的水资源消耗），污染物排放强度（万元产值的三废排放总量），全社会劳动生产率。尽管这一标准体系略显简单，但是便于操作和比较，具有可行性。其实，更为简单易行的方法是采用计划生育和环境保护一票否决制。当然，目前急需创新这种否决的机制。在计划生育工作中，不能简单地对超生地区或部门的负责人进行简单的否决，重点是要否决那些管理超生现象不当而引发群体性事件的责任者，或者是侵害人民群众其他正常权益的责任者。在环境保护工作中，重点否决的是由于决策不当或庇护环境事故肇事者而引发环境群体性事件的责任者，或者是掩盖环境事故真相的责任者。这样，才能促进干部开展创造性的工作。最后，从科学发展观和正确政绩观的高度来看，建立人口均衡型社会、资源和能源节约型社会、环境友好型社会、生态安全型社会、灾害防减型社会是可持续发展和生态文明建设的五大刚性约束指标，因此，必须将之作为绿色政绩考评的基本标准。至于其具体的指标，可以根据国家提出的“十二五”时期人口计划生育、国土资源、环境保护、林业发展、综合防灾减灾等主要指标体系进行地区水平上的分解。

完善绿色政绩考评的体制。能否将绿色政绩考评落到实处、收到实效，取决于能否建立和健全科学而完善的考评体制尤其是监督体制。①按照科学化原则推行绿色政绩考评。考评政绩是一个科学认识和评价的过程。只有科学设计考评制度和指标体系，完善考评信息收集、处理、反馈的科学程序，才能保证考评结果的客观公正。此外，由于绿色政绩考评涉及的生态环境问题和生态环境治理都是非常专业的问题，因此，应该组建独立于政府的专业性考评机构和考评监督机构。至少，负责考评的党政机关应该聘请专业人士和机构作为顾问。②按照民主化原则推行绿色政绩考评。作为历史的主体和国家的主人，人民群众必须成为干部考评和考评监督的主体。为此，必须确保人民群众对领导干部政绩考评的参与权、知情权、评价权和监督权，把评判干部政绩大小、优劣的标准和权力交还于人民群众，把领导干部政绩评议结果的审核权交予人民群众。显然，建立以人民群众为主体的自下而上的考评机制和监督机制，是加强社会主义民主政治建设的基本原则，也是加强环境管理尤其是推进绿色政绩考评的关键举措。③按照法制化原则推行绿色政绩考评。推行绿色政绩考评，必须要与贯彻《中国共产党党内监督条例（试行）》和《中国共产党纪律处分条例》结合起来。在此前提下，必须推进绿色政绩考评立法，建立“干部绿色政绩考评法”，或在“干部政绩考评法”中列入绿色政绩考评的内容和要求，这样，才能确保绿色政绩考评的权威性、稳定性和普遍性。总之，绿色政绩考评体制是否科学和完善，是关系绿色政绩考评成效的关键。

对于广大干部来说，关键是通过接受绿色考评，清醒地意识到自己的生态责任和义务，积极推动社会主义生态文明建设。

总之，推行绿色政绩考评，是加强环境管理的必然选择，是推进生态文明建设的重要举措。目前，必须按照党的十八大和十八届三中全会的精神，努力做好这方面的工作。

## 五、管理机构的绿色建制

为了提高政府环境管理的能力和水平，必须建立起科学而高效的环境管理体制。环境管理体制的核心是管理机构的设置、职权分配和相互协调。在坚持中国特色社会主义政治制度的前提下，只有不断加强环境管理体制创新，才能提高环境管理的能力和水平。

### （一）建立和完善环境管理机构

环境管理机构是环境管理体制的实体性要素，是国家和地方政府的环境行政主管部门，其主要职责是按照环境保护的法律、法规、政策和规划进行监督管理。经过多年的努力和探索，我国已经建立起了中国特色的环境管理机构。

我国环境管理机构的历史发展。1971年，国家计划委员会成立了环境保护办公室。1973年，国务院环境保护领导小组办公室成立。1982年，城乡建设环境保护部（建设部）成立，内设环境保护局。1984年5月，国务院成立环境保护委员会（环委会），其办公室设在城建部，由环境保护局代行其职。1984年12月，环境保护局改名为国家环境保护局，作为环委会的办事机构，但仍归建设部领导。1988年，国家环保局从建设部中分离出来，成为国务院的一个直属机构（副部级）。1998年，国家环保局升格为正部级的国家环境保护总局。2008年3月27日，环境保护部揭牌成立，这标志着环保部门在中央政府部门中的地位增高，对国家政策的影响力增大。

我国环境管理机构的充实完善。只有不断充实和完善环境管理机构，才能为环境管理提供切实的制度支撑。2005年，《国务院关于落实科学发展观加强环境保护的决定》中提出了“完善环境管理体制”的要求：按照区域生态系统管理方式，逐步理顺部门职责分工，增强环境监管的协调性、整体性。要建立健全国家监察、地方监管、单位负责的环境监管体制。国家必须加强对地方环保工作的指导、支持和监督，健全区域环境督察派出机构，协调跨省域环境保护，督促检查突出的环境问题。地方人民政府对本行政区域环境质量负责，监督下一级人民政府的环保工作和重点单位的环境行为，并建立相应的环保监管机制。县级以上地方人民政府要加强环保机构建设，落实职能、编制和经费。进一步总结和探索设区城市环保派出机构监管模式，完善地方环境管理体制。2011年，在《国家环境保护“十二五”规划》中，进一步提出了“发挥地方人民政府积极性”的要求。这样，主要负责对环境保护政策、法规、标准等的实施进行落实和监督的省级、市级、县级、乡级环境保护部门，与环境保护部共同构成了中国完整的环境保护行政管理机构。

我国环境管理机构的主要职责。环境保护部居于当代中国环境管理机构的最高地位。其主要职责是：负责建立健全环境保护基本制度，负责重大环境问题的统筹协调和监督管理，承担落实国家减排目标的责任，负责提出环境保护领域固定资产投资规模和方向、国家财政性资金安排的意见，承担从源头上预防、控制环境污染和环境破坏的责任，负责环境污染防治的监督管理，指导、协调、监督生态保护工作，负责核安全和辐射安全的监督管理，负责环境监测和信息发布。在污染防治职能主要集中在环境部门的同时，自然和资源保护职能则分散在环境、资源、农业、林业、水利、国土等部门中。

总之，我国已形成了国务院统一领导、环境保护部门统一监管、各部门分工负责、地方政府分级负责的管理体制，并逐步形成了“五级管理”、“四级机构”的组织体系。

### （二）拓展和提升环境管理能力

作为执政能力和治理能力的环境管理能力是环境管理体制的功能性要素，直接影响着管理的效率和效能。这样，拓展和提升环境管理能力就成为改革和创新中国环境管理体制的核心问题。

完善环境与发展综合决策机制。在决策中忽视环境因素是造成环境问题的重要原因。为此，必须大力推进决策的生态化，建立环境与发展综合决策机制。这就是要通过建立并实行一套科学化、民主化和法制化的程序与制度，使环境管理机构能够参与审议有关对环境具有重大影响的经济社会决策，并提出相应的预防环境问题的对策建议。在德国，《联邦污染控制法》第51条规定，授权批准颁布法律条款和一般管理条例，都要规定听取参与各方意见，包括科学界代表、经济界代表、交通界代表以及州里主管侵扰防护最高部门代表的意见。在我国，由于决策失误导致的环境事故和环境群体性事件有层出不穷的苗头。为此，必须加强环境与发展综合决策机制，并要为之提供法律保障机制。就其内容来看，至少应该包括以下两个方面的指标规定：从人民群众反映的情况来看，必须包括“满意”、“一般满意”和“不满意”三种情况；从风险等级来看，必须包括“高风险”、“一般风险”和“无风险”三个等级。在严格评估的基础上，凡是获得不满意、高风险评价的决策，都要暂缓出台甚至是否决；凡是获得一般满意、一般风险评价的重大事项，都要根据评估意见和结果，进行科学调整；只有获得满意、无风险评价的决策，才可出台。总之，只有国家决策充分考虑环境问题，才能促进可持续发展。

严格环境执法监管和监督。由于受利益驱动，地方政府往往容易成为污染肇事者的保护伞。由于权限所限，环境保护部对此往往无能为力。这样，依法严格环境执法监管和监督就成为提升环境管理能力的重要课题。其核心问题是，对地方政府、企业、个人违规违法的环境行为，必须予以相应的行政、法律和经济处罚，尤其是要加大环境保护部门的罚款力度甚至不设上限。对于造成重大环境影响或事故的或构成犯罪的，应依法追究其刑事责任；尤其是对由于环境污染引发群体性事件的污染肇事者，必须依法严肃处理。这样，设立环境保护警察、进行环境保护公诉、设立环境保护法庭就成为必要的选择。当然，作为环境执法的主体必须依法执法。

加强环保队伍自身建设。环境保护队伍是环境管理的专业力量，其素质和能力直接关系到管理的成效。对此，科学发展观提出，要关心人口资源环境工作队伍建设，选择政治坚定、业务精通、作风正派的优秀干部充实人口资源环境部门。①政治坚定。这就是要坚持走中国特色社会主义道路，既不能以经济建设为借口而忽视生态文明建设，也不能以生态文明建设为借口而干扰经济建设，必须献身于社会主义生态文明建设。②业务精通。这就是要夯实环境科学、环境工程和环境管理的专业基础，提高环境执法能力，不靠单纯的行政命令来推进工作，必须用规范的专业行政能力来推进工作。③作风正派。这就是要忠诚于中国特色社会主义事业和社会主义生态文明建设事业，不屈从于权力和资本，全力阻止危害人民群众环境权益的行为；也不纵容无理性行为，引导人民群众依法维护环境权益。在此基础上，2005年，《国务院关于落实科学发展观加强环境保护的决定》进一步明确了“加强环保队伍和能力建设”的具体要求和做法。总之，政治坚定、业务精通、作风正派是包括环保队伍在内的可持续发展人才队伍建设的基本标准。

当然，拓展和提升环境管理能力是一项复杂的系统工程，还需要从其他方面进行努力。

## （三）强化和提升环境管理权威

环境管理权威是环境管理体制的社会性要素，是环境管理职能的体现。在环境管理职能分散的情况下，迫切需要强化和提升环境管理机构的权威性。

我国环境管理的协调机制。我国的环境管理职能分属于各个部门。其中，发展改革、财政等综合部门负责制定有利于环境保护的经济政策。科技部门负责绿色科技的研发、推广和应用。工信部门负责工业污染的防治。国土资源部门主要负责国土资源的可持续发展。住房和城乡建设部门负责城乡污染的防治。交通运输部门负责公路、铁路、港口、航道建设与运输中的环境保护。水利部门负责水体污染的防治。农业部门负责农业污染的防治。商务部门负责商务部门的污染控制，推动开展绿色贸易，应对贸易环境壁垒。卫生部门负责环境与健康相关工作。海关部门负责环境安全。林业部门负责林业生态建设。旅游部门负责旅游区的环境保护，开展绿色旅游。能源部门负责能源可持续发展。气象部门开展污染气象监测预警服务以及核安全与放射性污染气象应急响应服务。海洋部门负责海洋生态保护和海洋污染防治。教育部门负责绿色教育的推进。在上述部门各司其职的基础上，环境部门负责加强环境保护的指导、协调、监督和综合管理。为此，我国建立了全国环境保护部际联席会议。

我国环境管理机构的体制障碍。我国目前的环境管理体制在综合协调方面存在着以下问题：①没有反映出环境问题的固有特征。环境问题具有综合性等特征，环境事务是涉及众多部门、行业、领域的公共事务，在客观上需要加强行政部门之间的协调配合。但是，现有体制很难应对这方面的问题。②不能适应环境管理的转变要求。为实现可持续发展，环境保护工作必须从重经济增长轻环境保护转变为经济增长与环境保护并重，从环境保护滞后于经济发展转变为环境保护与经济发展同步，从主要用行政方法保护环境转变为综合运用法律、经济、技术和必要的行政办法解决环境问题。但是，目前体制难以适应上述要求。③没有延续环境管理机构的权威地位。在1984—1998年，由于国务院设有环境保护委员会，其主任由国务委员担任，这样，其权威性使之能够较好地解决部门协调配合问题。但是，1998年之后，由作为国务院一个部的环境保护部来发挥组织协调的作用就显得力不从心。④没有体现世界环境管理的发展趋势。在当今世界上，环境管理在中央政府中的地位都在不断上升。例如，为便于各部门间的协调和保证环境管理的成效，德国联邦政府于2000年成立了国家可持续发展部长委员会，其成员由来自环境部门和与之相关部门的代表组成，其主席由联邦总理担任，其任务是制定可持续发展战略。因此，我们迫切需要提升环境管理机构的权威性。

中国环境管理体系认证标识

提升环境管理机构权威性的选择。为了更好地推进生态文明建设，必须大胆积极地创新环境管理体制，努力提升环境管理机构的权威性。①建立大环境保护部。环境管理不能是一个行业管理体制，环境保护行政机构也不能是一个行业主管机构。因此，在行政体制改革的过程中，应将分别隶属于其他部门的环境管理事务统一移交于环境保护部门，成立大环境保护部。由作为全国唯一的环境管理机构的环境保护部来统筹全国环境事务，才可以根据国家利益决策对其他部门实施有效监督。②恢复国务院环境保护委员会。环境行政主管部门必须具备充分的管理权威，才能保证实现国家的环境决策和监督职能。因此，在不增加行政成本的情况下，可以考虑恢复国务院环境保护委员会。由国务院副总理或国务委员担任其主任，由作为其办事机构的环境保护部负责日常的工作。③建立国家可持续发展委员会。由于人口、资源和能源、环境、生态、灾害是社会的自然物质条件，自然可持续性是社会可持续性的基础和保障，而上述因子之间又存在着复杂的关系，因此，可以考虑将管理这些事务的部门整合，建立国家可持续发展委员会，由国务院主要领导担任其主任，统筹管理全国可持续事务，以形成可持续管理的统一力量。④建立国家生态文明建设指导委员会。由于生态文明是涉及“自然-社会”领域的问题，关系到社会系统的方方面面，因此，有必要建立国家生态文明建设指导委员会，由政治局常委担任其主任。为了代表国家和人民的利益实施生态文明建设方面的管理，生态文明建设的决策和监督必须是高度统一的，必须具有充分的权威。总之，在提高管理效率的前提下，在中央全面深化改革领导小组的领导和指导下，上述建议均应成为我们的选项。

要之，只有加强和创新环境管理体制，不断提升环境管理机构的权威性，才能为环境管理提供有力的体制保障，才能更好地促进我们走上生态文明的发展道路。

正如管理在经济生活中也是生产力一样，绿色管理在生态文明建设中是推动人与自然和谐发展的重要动力。目前，我们必须“紧紧围绕建设美丽中国深化生态文明体制改革，加快建立生态文明制度，健全国土空间开发、资源节约利用、生态环境保护的体制机制，推动形成人与自然和谐发展现代化建设新格局”[①]。只有依靠绿色管理创新，才能切实提高生态文明建设的水平，才能为建设美丽中国提供切实的制度保障。

① 中共中央关于全面深化改革若干重大问题的决定. 北京：人民出版社，2013：4—5.

# 建设美丽中国的群众路线

做好人口资源环境工作，必须紧紧依靠人民群众。

——胡锦涛：《调整经济结构和转变经济增长方式是缓解人口资源环境压力的根本途径》（2005年3月12日），《十六大以来重要文献选编（中）》，北京：中央文献出版社，2006年，第826页。

作为历史的创造者和推动者，人民群众也是生态文明建设的主体。在新的历史起点上，加强当代中国的生态文明建设，必须坚持依靠群众，不断提高生态文明建设成效，努力建设美丽中国。

## 一、历史主体的绿色创造

人民群众是历史的创造者，是推动社会发展进步的真正动力。同样，当代中国的生态文明建设，必须在马克思主义群众观的指导下，坚持走群众路线。

### （一）依靠群众建设生态文明的理论依据

相信谁、依靠谁、为了谁，是否始终站在最广大人民群众的立场上，是区分唯物史观和唯心史观的分水岭，也是马克思主义政党的试金石。在当代中国，加强社会主义生态文明建设同样必须坚持这一点。

马克思主义群众观体现了马克思主义对待人民群众的基本观点和基本看法，尤其是突出了作为历史主体和创造者的人民群众的伟大作用和历史贡献。马克思恩格斯已经指出了工人阶级以及广大劳动群众对于社会历史发展所具有的决定性力量。从物质资料生产的决定作用出发，马克思主义充分肯定了作为物质生产主体的人民群众的作用。即人民群众不仅是历史的参与者，更是历史的创造者。他们是物质财富和精神财富的创造者，是推动社会发展和变革的决定性力量。可见，唯物史观即群众史观，群众史观即唯物史观。因此，我们必须始终坚持相信群众，依靠群众。

作为中国工人阶级的先锋队，中国共产党一直坚持马克思主义群众观。“群众观点是共产党员革命的出发点与归宿。从群众中来，到群众中去，想问题从群众出发就好办。”[①]正是始终坚持这一点，中国共产党才赢得了人民群众的拥护和支持，才得以发展壮大。今天，是否坚持党的群众观点，既是现代化事业成败的关键，也是关系执政党生死存亡的重大问题。因此，我们必须牢固树立群众观点，把群众呼声作为第一信号，把群众需要作为第一选择，把群众满意作为第一标准。唯有始终坚持群众观点，为人民群众服务，才能保持党的先进性。

坚持群众路线是推动党和国家事业进步的根本保证。群众路线包含两层含义，一是引导人民群众自己解放自己，二是判断党的领导工作是否正确，就是要看能否坚持“从群众中来，到群众中去”的工作路线。群众路线与马克思主义认识论所揭示的“实践→认识→再实践→再认识”的人类认识总图式是高度一致的。今天，党的工作能否有效应对复杂局面、保证人民利益、获得人民拥护，取决于能否做到坚持走群众路线，能否做到发展为了人民、发展依靠人民、发展成果由人民共享、发展成效由人民评价。因此，坚持走群众路线，既是中国共产党一贯的优良传统，也是中国特色社会主义建设保持活力、继往开来的根本保证。

① 毛泽东文集：第3卷. 北京：人民出版社，1996：71.

社会主义生态文明建设需要广大人民群众的积极参与和大力支持，因此，我们必须坚持群众路线，使作为历史创造主体的人民群众在生态文明建设中能够充分发挥主体作用。

### （二）依靠群众建设生态文明的实践依据

在我国社会主义建设的伟大实践中，人民群众始终走在前列，为社会主义生态文明建设做出了重大贡献。

人民群众在计划生育中的主体作用。人口问题的本质是发展问题。中国是世界上人口最多、人口增长速度最快的国家之一。出于对经济社会长远发展的考虑，20世纪70年代，我国开始实行计划生育基本国策，旨在控制人口数量、提高人口素质。几十年计划生育国策的贯彻和执行，使得我国人口和经济社会发展取得了显著成效。计划生育使我国少生了4亿人，总人口数达到13亿因计划生育而延迟4年；人口过快增长得到抑制，极大减缓了对于资源环境所造成的压力，增强了经济社会的可持续发展能力。而这一切，既归功于基本国策的合理实施，更归功于人民群众主体性作用的积极发挥。没有人民群众的理性支持、大力配合、积极拥护、甘于牺牲、勇于奉献，就没有今天我国人口工作的伟大成就。

人民群众在节约资源和能源中的积极作用。在社会主义建设中，人民群众充分发挥国家主人翁的作用，秉承中华民族勤俭节约的美德，在节约资源和能源方面一直发挥着重要的作用。根据世界自然基金会和中国环境与发展国际合作委员会的联合调查，中国消耗了全球生物承载力的15%，所消耗的资源超过自身生态系统所能提供资源的两倍以上。因此，中国必须坚决推行低碳经济和低碳生活模式。近些年来，公众在这一领域表现出极大的参与热情和支持力。从绿色居住、绿色出行，到绿色电器、绿色照明，广大人民群众积极参与节能减排工作，不仅为我国的经济社会发展做出了重大贡献，而且对于全球经济和社会的可持续发展也具有重要的意义。

人民群众在保护环境中的中坚作用。从20世纪60—70年代开始，我国“三废”问题开始显现。在“全面规划、合理布局、综合利用、化害为利、依靠群众、大家动手、保护环境、造福人民”方针的指导下，广大人民群众积极参与了治理“三废”、保护环境的活动。20世纪70年代，由于历史原因以及新中国成立后各项事业发展较快，北京空气质量较差。为此，中央领导同志专门指出，要把首都的烟尘治理好。当时，除了政府积极开展北京地区“三废”治理工作以外，群众协作也是一个重要的方面。北京西城区二龙路街道自力更生，形成了学校和工厂之间的协作组，大家一起学习技术，改造锅炉，减少烟尘排放；街道积极分子认真检查有关单位消除烟尘工作，积极发挥群众的监督作用。至1972年底，几个月时间内，完成改造锅炉量达总任务量的90%以上。可以说，群众积极参与、认真监督对于当时消除烟尘、改善北京空气质量起到了很大的作用。时至今日，广大人民群众仍然在治理“三废”、保护环境事业中积极贡献着力量。

人民群众在保护生态中的积极作用。新中国成立以来，在植树造林、防沙治沙等工作中，人民群众显示出了极强的参与性，贡献了极大的力量。以植树造林为例，20世纪50年代，中央政府就发出了“植树造林，绿化祖国”的号召；80年代，政府又号召“种草种树，治穷致富”；1981年，五届全国人大四次会议发布《关于开展全民义务植树运动的决议》。随后，全民义务植树运动广泛开展起来，人民群众积极参与了这项运动。几十年下来，全国参加义务植树的人数达到了99.3亿人次，义务植树475.7亿株；我国的森林覆盖率也因此而提升了6%左右。这充分体现了人民群众在保护生态进程中所发挥的重要作用。

人民群众在防灾减灾中的积极贡献。新中国成立之初，由于国家基础设施薄弱，因此常常遭受水灾、旱灾等自然灾害的侵袭。在这样的背景下，群众开始自发治山治水。他们以群众运动的形式大兴水利，以较低的成本整治大江大河。山西大同大泉山的治山治水事迹是这一时期群众治山治水的典型。新中国成立前，大泉山是一片荒山秃岭，生态环境十分恶劣，人民生活十分贫穷。20世纪50年代到70年代，全村人民开始挖鱼鳞坑、打坝、建库、植树、种草。通过全村人的齐力整治，大泉山的治山治水行动取得了丰硕成果。1955年秋季，毛泽东对大泉山人民治山治水、改天换地的精神还做出了高度的评价。几乎在同一时期，山西省河曲县曲峪大队也在农民群众的共同努力下，对山、水、沟、坡进行综合治理，改变了穷山恶水的面貌。除此之外，更多的黄淮海流域的人民群众积极参与到治黄、治淮、治海的行动中来，抗洪、治水，为改变自然生态环境、保卫美好家园做出了巨大的贡献。

> ……抗震救灾斗争再一次证明，人民是推动中国社会发展进步的真正动力。抗震救灾斗争的重大胜利，归根到底是人民的胜利。人民是历史创造者，是振兴中华最深厚的力量。……只要我们始终坚持以人为本，切实做到发展为了人民、发展依靠人民、发展成果由人民共享，充分发挥广大人民群众的积极性、主动性、创造性，我们就一定能够依靠人民团结起来的巨大力量和集中起来的无穷智慧，万众一心地实现中华民族伟大复兴。
>
> ——胡锦涛：《在全国抗震救灾总结表彰大会上的讲话》（2008年10月8日），《十七大以来重要文献选编（上）》，北京：中央文献出版社，2009年，第638页。

显然，人民群众一直是我国生态文明建设的生力军，今天的生态文明建设更需要他们发挥主体作用。

### （三）依靠群众建设生态文明的重大意义

作为生产力主体的人民群众是一切生产力中最先进的生产力，也是推动生态文明建设最为强大的动力。科技、教育、制度等要素只有化为群众的自觉意识和创造行动才能发挥作用。因此，依靠群众建设生态文明具有重大的意义。

依靠群众建设生态文明，有利于发挥人民群众的主体作用。人民群众既是促进经济社会发展的主体，也是生态文明建设的主体。依靠人民群众建设生态文明，既是马克思主义群众观的基本要求，也是开展生态文明建设的必要保障。除了治山治水、植树造林需要动员群众外，生态文明建设还广泛涉及环境信息的公开、环境决策的制定、环境权利的维护以及环境利益的共享等问题，这其中任何一个环节都需要群众的积极参与。没有群众的参与，就不能保证决策的民主化，从而会影响到决策的科学化。另外，基层群众是与环境接触最为紧密的一个群体，必须使他们成为环境保护的主体力量。只有人民群众大力支持和积极参与，我国生态文明建设事业才能够实现可持续发展，美丽中国才能成为现实。

依靠群众建设生态文明，有利于形成生态文明建设的社会合力。社会主义建设需要群策群力、和衷共济。生态文明建设的主体力量不是单一的，而是复合的。建设社会主义生态文明，需要政府、企业、群众彼此协作，合力推进。其中，人民群众既是生态文明建设的基础力量，也是联系政府和企业的桥梁和纽带。人民群众的积极参与，既可以有效减少政府解决生态环境问题的行政成本，提高政府环境管理的成效；也可以预防企业的污染行为，对企业行为形成有效的监督，从而有力推动生态文明建设的有序进行。因此，依靠人民群众开展生态文明建设，有利于形成稳定而强大的生态文明建设的社会合力。

依靠群众建设生态文明，有利于推动中国特色社会主义事业的全面发展。中国特色社会主义事业是全面发展、全面进步的事业。生态文明作为中国特色社会主义文明系统的一部分，需要公众的积极参与。此公众，既包括普通的人民群众，也包括积极从事环境公益事业的民间环保组织等第三方力量。公众的参与，既有利于增强生态文明建设的力量，也有利于促进社会建设事业的进一步发展。这样，才能使公众的环境诉求得以表达、环境权利得以维护、环境建议得以参考乃至采纳。事实上，公众参与生态文明建设，是生态文明建设和社会建设的联结点。因此，依靠群众建设生态文明，有利于发动社会力量，激发社会活力，在促进生态文明建设与社会建设互动的过程中，促进中国特色社会主义事业的全面发展与全面进步。

总之，生态文明建设是人民群众自己的事业。唯有坚持以马克思主义群众观为指导，依靠人民群众，才能走上生态文明的发展道路。

## 二、草根力量的国际经验

环境运动和环境非政府组织（ENGO）是人民群众参与生态文明建设的重要形式。在环境运动和ENGO的推动下，国外生态治理取得了显著的成效。在当代中国生态文明建设的过程中，必须大胆借鉴国外环境运动和ENGO参与生态治理的经验。

### （一）西欧的环境运动

20世纪50年代以来，面对资本主义造成的全面异化和危机，人民群众对资本主义的不满情绪日益高涨。最为著名的是1968年发生在法国的“五月风暴”。“五月风暴”以学生运动开始，抗议经济停滞带来的一系列社会问题，运动口号直指消费社会和异化社会，并对资本主义的等级制度提出批判和抗议。“五月风暴”之后，其中的一部分力量成为环境运动的主力。

20世纪90年代以来，绿党成为西欧环境运动在政治上的集中表现。欧洲绿党的基本主张是：①环境责任。人类社会依赖于生态资源以及地球的安全与恢复力，对于后人来说，人们负有保护这份遗产的责任。为了抵制任何对人类健康和环境福利存在的潜在威胁，要寻求分布式能源和可再生能源。应以一种生态方式来生存，重建全球议程以促使经济和贸易的政策不应仅仅服务于经济指标，也要服务于社会与环境指标。②政治自由。所有人，无论其性别、年龄、性取向、种族以及健康与否，都有权做出自我选择、自由的表达以及过自己想要的生活。必须实施包容性民主，即决策进程对于普通公民来说应是民主的、包容的、透明的和容易理解的。③社会正义。应致力于社会商品的公平分配，以及对于弱势群体的特别关注，确保每一个人都有权获得至关重要的社会资源。男女在规划社会如何发展上享有同等的权利。当代人对后世负有责任，尤其在环境、社会和文化遗产方面，应该以一种可持续的方式予以发展。应该提倡全球的可持续发展、贸易公正和社会责任等。④文化多样。人类的多样性包括很多维度，如性别、社会、文化、精神、哲学等等。正是多样性才使得文明、社会和文化的发展形成了繁荣景象。⑤世界和平。寻求正义与和平必然是通过非暴力的方式实现的。这些准则总结起来就是可持续发展。[①]尽管不同国家绿党的具体纲领有所不同，但主要绿党宗旨基本集中在这几个方面。

正是由于环境运动的兴起，显示了人民群众的力量，才促进了欧洲的生态治理。

### （二）美国的环境运动

美国的环境保护运动具有较长的发展历史。

在现代化的进程中，尤其是在开发西部的过程中，美国一度出现过对自然资源的疯狂式掠夺。很快，人们意识到了保护自然的重要性。于是，19世纪末20世纪初出现了美国环境运动的第一次声音，即资源和荒野保护运动。这一运动的哲学基础就是梭罗的自然主义。在其自然体验式的《瓦尔登湖》一书中，梭罗强调自然的生命与自在性。此外，利奥波德对于美国荒野保护运动也具有重要的影响。在其《沙乡年鉴》中，利奥波德阐述了大地伦理的思想。大地伦理是人与大地之间和谐的一种表现。

美国现代环境运动有其复杂的背景。一方面，20世纪40年代的洛杉矶光化学烟雾等事件震惊全美乃至世界。到了60年代，卡逊的《寂静的春天》的发表在美国掀起了化工界与生态学家的空前大辩论，并以后者的胜利而告终。此后，环境运动开始深入人心。另一方面，20世纪中后期，反战（反核）运动、女权运动、民权运动等在环境运动的形成中发挥了巨大的作用。人们意识到，战争、核武器、种族歧视和贫困等问题都是与环境

① Cf. The Charter of the European Greens， http：//europeangreens.org.

保护相悖的。在此背景下，环境正义运动成为美国环境运动的重要特色。

20世纪60年代初期，塞萨尔·查维斯（一位墨西哥裔美国劳工行动主义者）组织农场工人为工作场所的权利而斗争，包括抵制有毒农药进入加利福尼亚农场。这是针对环境不公的较早抗议之一。引起全国关注的环境正义运动则是1982年的沃伦县抗议事件。由于北卡罗来纳州政府强行将大量的多氯联苯（PCBs）有毒物质倾倒于沃伦县的一个非裔美国人社区，从而大大加深了环境种族主义问题，并引发了全国的关注。随后，当地居民开始了为期六周的游行和非暴力街区抗议，最终以失败告终。尽管如此，这一事件却拉开了美国环境正义运动的序幕。人们经过研究和考察发现，废弃物的处理设施多数都坐落于低收入群体或有色人种所在的社区，生活和工作于那些环境污染最为严重地区的恰恰是那些有色人种和穷人，而这绝不是偶然的。随着80年代大批文献和数据的支撑，人们开始广泛重视美国的环境不公问题。进入90年代，环境正义运动的影响日益加大，并开始寻求新的联盟。1991年10月，第一届全美有色人种环境领导人峰会在华盛顿特区召开。峰会形成了环境正义运动的两个基本文件——《环境正义原则》和《行动呼吁》。《环境正义原则》包含17条内容，主要精神是：①尊重地球、生态整体性和所有物种之间的相互依赖关系；②反对进行有毒害的、破坏性的研究和实验，反对生态破坏；③强调对于有色人种、工人以及其他环境不公正受害者的赔偿和保护；④政府及其公共政策应确保原住民等群体的合法权利，包括政治、经济、文化和环境自我决定等方面的基本权利；⑤对当代和后世负有责任。这些原则和主张受到公众和社会的广泛支持。在克林顿政府期间，环境正义最终成为联邦政府的政策之一。现在，环境正义运动的主体在其所在社区已成为环境保护和社会变革的主导力量。

显然，美国环境运动具有自然主义（浪漫主义）、反工业主义、反种族主义的明显特征。

### （三）日韩的环境运动

作为新兴工业国家的典型代表，日本、韩国都经历了高速增长与污染剧增相伴随的阶段。因此，日韩的环境运动多是从反公害运动开始的。

日本能够从20世纪的公害大国转变为21世纪的环境先进国，正是其历时数十年的环境运动的贡献。20世纪50—60年代频发的公害事件促进了日本环境运动的发展。在世界八大公害事件中，日本独占半数。因此，日本的环境运动是以反公害运动开始的。在这个过程中，面对政府偏袒污染企业（资方）的不作为，受害者发起自救，大批ENGO不断崛起。他们创造性地运用了“公害诉讼”的运动筹码，将造成公害的财团（资本家）甚至是政府告上法庭，维护了自己的权益。经历了较为集中的公害诉讼时期，最终促进了日本的绿色转型。

20世纪60年代，韩国在威权政府的主导下开始了工业化进程，环境污染随之出现。以当地居民为主的反对公害的集体行动从六七十年代开始即已涌现。进入80年代，民主化运动风起云涌，以知识分子为主的专门的环境组织开始出现，引导了地区居民的抵制运动与专业的环境运动相结合，促使韩国环境运动产生了较大影响。最为著名的是1982年韩国公害问题研究所的成立。这个研究所是韩国首家ENGO，经过不断整合最终形成了今天韩国最大的ENGO——韩国环境运动联合会（KFEM，1993年发起成立）。在新的发展时期，ENGO也注意联合消费者抵制污染行业，形成了新的环境运动形式。

总之，作为新兴工业化国家的日本、韩国大体上都经历了“先污染后治理”的道路，因而，其环境运动的经验对于当代中国的生态文明建设也具有较强的参考价值。

### （四）第三世界的环境运动

在世界资本主义体系中，第三世界的环境运动呈现了一个非常显著的特点，即妇女走在了环境运动的前列。

印度的抱树运动（Chipko）发生于1973年的喜马拉雅山区，是第三世界环境运动的典型。该运动源于林业官员将树木划分给制造商，当地妇女得知后坚决予以抵制。这在于，生活经验告诉她们，树木砍伐后造成的水土流失将危及生活。运动的发起者高拉·戴薇（Gaura Devi）是一名年届五十、几乎没有任何文化的普通村妇。她率先联合村里的妇女决定护树，产生了广泛的影响力。印度的女性物理学家范达娜·希瓦（Vandana Shiva）积极参与了抱树运动，倡导和推动了第三世界生态女性主义的发展。她们强调，“要把绿色留给我们的子孙”，“生态就是永久的经济发展”。她们沿袭了圣雄甘地的非暴力方式，用身体保护树木，迫使政府与社区民众谈判，而谈判的代表成员多数为女性。最终，运动获得胜利。之后，又发生了几次妇女组织的抱树运动。尽管抱树运动源于当地妇女的生活本能，却很好地将自我生存与自然保育结合起来。在该地区，抱树运动已发展成为一种关注生态发展的社会运动。

肯尼亚的绿带运动（The Green Belt Movement）是妇女运动和环境运动的结合体。它是由动物解剖学教授旺加里·马塔伊（Wangari Muta Maathai）发起的。1976年，马塔伊开始宣传植树造林的理念。1977年，她发起了绿带运动，指导妇女大量植树以固定水土、获取食物和木材来改善生活。30年之后，绿带运动在非洲种植了2000万至3000万株树木，不仅改变了非洲地区的生态面貌，而且改善了当地人民的生活。为此，1987年，马塔伊获得了全球500佳环境奖。2002年当选为肯尼亚议员，并曾经担任政府环境与自然资源部副部长。因长期致力于妇女权益、环境保护以及追求透明政府，她还获得了2004年的诺贝尔和平奖，成为获此殊荣的第一位非洲女性。现在，绿带运动已发展为肯尼亚的一个以社区尤其是妇女为主的大型环境保护组织。作为环境非政府组织的绿带运动，其价值理念主要是对环境保护的热爱，自我和社区赋权，志愿精神，有责任、透明与诚信。绿带运动旨在培养妇女草根运动意识，提高其对环境的意识并帮助她们改变生活。

当然，妇女在环境运动和社会运动中占据主要地位，同第三世界国家的经济社会发展水平、教育水平以及妇女所处地位和社会分工直接相关。

典型国际环境非政府组织简介

| 名称 | 组织概况 | 理念与使命 | 活动内容 |
| --- | --- | --- | --- |
| 世界自然基金会 | 世界自然基金会（World Wild Fund For Nature，WWF）于1961年成立，是全球知名的、最大的独立性环境非政府组织之一。在全世界拥有将近520万支持者，并拥有一个在100多个国家活跃着的网络 | 遏制地球自然环境的恶化，创造人类与自然和谐相处的美好未来 | 直接推动或参与环境保护；对公众进行环保意识和理念的教育；提供专业技术支撑，协助制定相关政策报告；推动多方交流与合作 |
| 绿色和平 | 绿色和平（Greenpeace）于1971年成立，坚持勇敢独立的精神，坚信以行动促成改变 | 积极行动会带来改变；以和平、非暴力的方式，见证环境破坏，提升全社会对环境问题的认识和理解；充分尊重民主，并寻求对全球不同地区、阶层都公平的解决方案 | 污染防治，保护森林、气候变化与能源，保卫海洋。同时，通过研究、教育和游说工作，推动政府、企业和公众共同寻求环境问题的解决方案 |
| 地球之友 | 地球之友（Friends of the Earth International，FOEI）成立于1971年，是世界最大的草根环境网络，包括76个国家成员团体和多达5000多家成员组织，全世界成员超过200万人 | 愿景根植于和谐而与自然共存的社会，以及基于此的一个和平而永续的世界。挑战当前的经济和企业全球化，提供创造环境友好型、公平正义型社会的解决方案 | 活动内容涉及气候变化、基因改造、贸易、可持续发展等等 |

由于国外尤其是西方环境运动开展较早，环境非政府组织发展较为成熟，因此，可为我国人民群众参与生态文明建设提供有益的经验和启示。

## 三、绿色运动的发展进程

新中国成立以来，翻身作主的人民群众建设社会主义新国家的积极性空前高涨，热情投身于生态文明建设中，形成了中国特色环境运动，使中国的自然面貌和社会面貌焕然一新。

### （一）以生态环境治理为主的环境运动（1949—1972年）

建国之初，由于工业化尚未起步，较大的环境污染案例还未出现，因此，人民群众积极开展生态环境治理运动为这一阶段环境运动的主要特点。

爱国卫生运动。1949年9月，第一届卫生行政会议确定了全国卫生工作的四大方针：面向工农兵、预防为主、团结中西医、卫生工作与群众运动相结合。20世纪50年代，结合反对“美军细菌战”的政治因素，爱国卫生运动轰轰烈烈地开展起来。为此，我国专门成立了中央爱国卫生运动委员会，在全国广泛开展爱国卫生运动。广大人民群众以除“四害”［苍蝇、蚊子、老鼠、麻雀（后以臭虫、蟑螂取而代之）］和血吸虫、积肥、清理垃圾、填平污水池塘等形式积极投入运动，有效地治理了生态环境，极大地改善了我国城乡环境卫生。

**七律二首·送瘟神（毛泽东）**

其一

绿水青山枉自多，华佗无奈小虫何！
千村薜荔人遗矢，万户萧疏鬼唱歌。
坐地日行八万里，巡天遥看一千河。
牛郎欲问瘟神事，一样悲欢逐逝波。

其二

春风杨柳万千条，六亿神州尽舜尧。
红雨随心翻作浪，青山着意化为桥。
天连五岭银锄落，地动三河铁臂摇。
借问瘟君欲何往，纸船明烛照天烧。

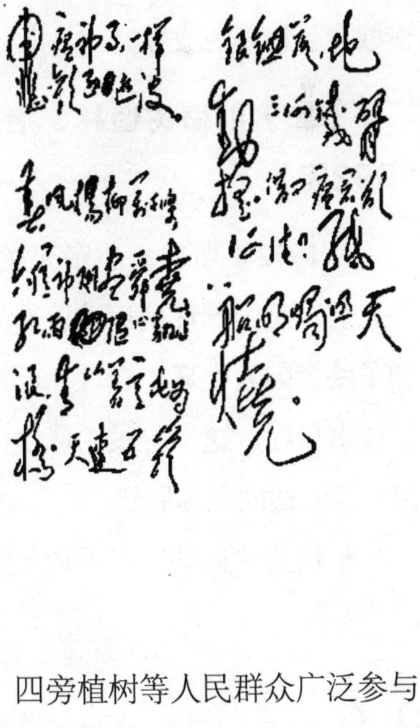

绿化运动。20世纪50年代的沙荒造林、四旁植树等人民群众广泛参与

的绿化活动，使生态环境得到极大改善。1955年12月21日，毛泽东在《征询对农业十七条的意见》中要求，“在十二年内，基本上消灭荒地荒山，在一切宅旁、村旁、路旁、水旁，以及荒地上荒山上，即在一切可能的地方，均要按规格种起树来，实行绿化”①。在毛泽东发出的“绿化祖国”的号召下，1956年，我国开始了第一个“12年绿化运动”，促进了我国的国土绿化，取得了生态治理的阶段性胜利。

水利运动。新中国成立之初，兴修水利成为国家的重要工作之一。一方面，新中国成立后，我国的洪涝灾害十分严重，治理水患成为一项紧迫的任务；另一方面，新中国成立后亟须大力发展农业，兴修水利是发展农业的基础和命脉。鉴于此，大规模的兴修水利成为这一时期生态治理的主要课题之一。经过1949—1959十年间的水利运动，水利建设取得了丰硕的成果。在治理水灾方面，十年间初步遏制了洪水泛滥的局面，并对黄淮海等较大流域开始了根本治理；在农业灌溉方面，十年间共增加灌溉面积7.6亿亩，为农业发展奠定了良好的基础。这一时期水利运动初见成效的重要因素之一就是依靠人民群众开展兴修水利运动。

总之，在政府的倡导下，积极动员群众，促使这一时期的生态文明建设取得了显著的成效。

### （二）以植树造林、治理“三废”为主的环境运动（1972—1992年）

从1972年斯德哥尔摩人类环境会议到1992年里约环境与发展大会召开之前，是中国环境运动发展的第二个阶段。1972年，中国政府代表团参加了联合国人类环境会议。以这一年为标志，中国的环境保护开始提上国家议事日程。这一阶段的环境保护运动主要围绕植树造林、治理工业“三废”等方面的内容展开。

植树造林运动。在“12年绿化运动”的基础上，1979年，确立了每年

① 毛泽东文集：第6卷. 北京：人民出版社，1999：509.

3月12日为全国植树节。进入80年代，政府发出了“种草种树，治穷致富”的号召。在1981年的五届全国人大四次会议上，审议通过了《关于开展全民义务植树运动的决议》，全民义务植树运动轰轰烈烈地开展起来。这期间，涌现了不少植树造林的民间典范。例如，河南省淇县鱼泉村的革命烈士遗孀靳月英，就是一位民间“绿化英雄”。1988年，60多岁的靳月英带领村民，在荒山石缝间填土植树；10年过后，绿化面积竟达500多亩。随后，她又带领村民开垦400亩山坡地，种植了经济林木，收入一半用于发展，一半捐赠贫困户。在她的带领下，淇县很多人开始承包开发荒山，全县荒山绿化面积达到8万余亩，成为全国绿化先进县。她本人也获得了多项殊荣，包括省“三八绿色奖章”、“国土绿化突出贡献奖”和第七届“地球奖”等。人民群众的热情参与，促进了我国全民义务植树运动的积极开展，极大改善了我国生态状况。

“三废”治理运动。随着工业化的推进，治理“三废”成为我国环境运动的新任务。进入20世纪70年代，优先发展重工业和军事工业的环境后果逐渐显现，工业污染有所蔓延。1972年，由于上游沙城、宣化等地工业废水的流入，官厅水库被严重污染，导致了北京的大量中毒事件。污染事件令我国政府开始意识到环境治理的紧迫性与重要性，治理“三废”运动由此拉开了序幕。除了政府的全面调查与重点治理之外，人民群众也开展了自发的治污运动，其中的典型代表就是李双良。李双良是太原钢铁公司退休职工。1983年，退休的李双良承包和开始治理困扰当地人多年的“渣山”——太原钢铁公司每天生产钢铁后排放的废渣。从将废渣供给加固汾河堤堰的单位和修公路的工程队，到回收废渣中的多种有用附属品，再到修筑规模宏大的防尘护坡，李双良带领太钢渣场开辟了一条“以渣养渣、以渣治渣、综合治理、变废为宝”的治理废渣的成功思路和经验。李双良不仅实现了治理工业污染、变废为宝的环境效益，而且成为当时乃至今天治理环境污染的人民群众的典范。

总之，在政府倡导环保的大环境下，我国的环境保护事业在这一阶段有了突飞猛进的发展，环境运动也产生了一定的实际效果。

**（三）以贯彻和落实可持续发展战略为主的环境运动（1992—2007年）**

我国环境运动的第三个发展阶段始于1992年我国参加里约大会，止于2007年党的十七大的召开。该阶段的活动主要集中在贯彻和落实可持续发展战略、提高环境意识等方面。在1994年发布的《中国21世纪议程》中，明确规划了“团体和公众参与可持续发展”的内容，认为实现可持续发展目标，必须依靠公众及社会团体的支持和参与。

1992年以后，我国加大了环境治理的力度。在此背景下，为了大力宣传我国资源与环境保护方面的法律法规，提升广大人民群众特别是各级领导干部的法律意识和资源环境保护意识，1993年，14个部级部门共同组织、人民日报社和新华社等28家媒体共同参与的“中华环保世纪行”宣传活动开始启动。这一活动为政府治理污染营造了积极的社会气氛，促使人民群众更为深刻地认识到了环境保护的现实意义，有力地促进了我国的可持续发展。

这一时期涌现出了我国第一批环境民间组织，体现了可持续发展理念在民间土壤中的扎根、发芽。1994年成立的“自然之友”和1996年成立的“北京地球村”，是我国环境民间组织的典型代表。环境民间组织在这一阶段展开的环境保护运动的内容和方式多种多样，且产生了良好的社会效益。例如，自然之友发起的“每月少开一天车”活动在2007年已经扩展到了深圳、武汉等20多个城市，深圳市还将此内容写进了《市民生态公约》。北京地球村积极开展乡土教育和生态教育，促进民众环境意识的提升以及日常生活的生态化。这些绿色运动对于提升公众环境意识和素质、促进可持续发展起到了重要的作用。

可以说，在这一阶段，随着可持续发展成为我国社会主义现代化的重大战略，我国环境运动也得到了相应的整体发展。

**（四）以建设生态文明为主的环境运动（2007—）**

2007年，党的十七大提出了生态文明的奋斗目标新要求。这意味着，中国的环境运动进入了一个全新的发展阶段和发展高度。

公众积极参与生态文明实践、加强环境权益维护，是这一时期环境运动的主要内容与形式。在参与生态文明实践方面，体现在环境民间组织蓬勃发展、环保志愿者逐年增加上。据中华环保联合会《2008中国环保民间组织发展状况报告》，我国环境民间组织总体数量已达3539家，人数约为30万人；而在2005年，这一数字分别为2768家和22.4万人。预计未来，将以10%～15%的速度发展。在环境维权方面，主要体现为通过维权改善生态环境和自身生活环境。近些年来，长期以来的粗放型发展模式造成了环境污染事件频发，因此，群众维护自身权益的自力救济运动开始涌现。有数据显示，我国环境群体性事件以年均29%的速度递增。从近些年的环保民生指数调查结果和公众参与的环保事件中可以看出，公众维护自身环境权益的事件将会显著增加。

公众环境维权所采取的形式依据主体不同而有所区别，主要包括向媒体曝光、向政府投诉或信访、同破坏环境的企业进行交涉、申请行政复议，以及集体散步等等。2008年厦门反对PX化工项目事件是这方面的典型案例。其典型不仅仅在于这是一次公众积极参与的环境运动，还主要体现在以下几个方面：一是温和地表达己见，通过“集体散步”的形式，寻求与政府沟通的可能性，理性且克制。二是作为工人阶级一部分的知识分子的作用突出。其发起人是一名化学教授，而向政府进言的代表也以知识分子为主。他们通过论证和递交提案的方式，与政府进行积极沟通。在政府方面，也积极寻求与群众的合作，组织了公众参与的环评与市民座谈会。最终，做出了搬迁PX项目的选择。因此，如何实现维护环境权益和维护社会稳定的统一，成为中国环境维权运动的理性的发展方向。

作为近些年环境运动的重要形式之一，环境维权取得了诸多成效。①促进环境污染案件合理解决，有效维护了社会稳定。2012年的什邡事件和启东事件，都是公众维护环境权益的案例，并最终都有效地阻止了环境污染项目的实施，保障了公众的环境权益，维护了社会的和谐与稳定。②发挥社会监督作用，促进解决环境问题。环境维权实践有利于发挥社会团体和公众的监督作用，促使地方政府依法行政、企业依法整改、消除环境污染。2011年中华环保联合会参与河北石家庄市元氏县村民环境维权公益行动，上书中央，最终得到省委、省政府的批示，治理了元氏县的水污染问题，解决了群众饮水安全问题。③有利于提升公众的维权意识和环境意识，促进社会的支持和参与，推动生态文明建设。环境维权活动争取的是公众生存和发展的根本权益，与政治问题无涉。在这个问题上，我们必须认识到，人民群众的利益得不到根本保障，生态文明建设也就无从谈起。

随着我国社会结构、社会组织形式和社会利益格局的不断变化，加强环境保护、建设生态文明的事业将进入一个全新的发展阶段和发展高度。因此，环境维权行动作为这一时期环境运动的主要形式，应该被纳入社会主义法制轨道，基于法律框架寻求合理的解决方式。2011年，中华环保联合会为15起环境污染损害赔偿案件提供了法律援助，其中6起已经得到顺利解决，为群众挽回直接经济损失316万元。可见，以法律诉讼途径寻求环境维权，不仅是可能的，更是可行的。

可见，当代中国的环境运动事实上是人民群众在生态环境问题上的自治、自救、自立、自强的运动，我们所能做的就是将之纳入依法治国的框架中。

在党的十八大将生态文明确立为中国特色社会主义总体布局的一个重要方面的形势下，我国环境运动也将进入新的发展时期。离开人民群众的环境运动，建设美丽中国就无从谈起。

## 四、绿色团体的发展状况

在加强和推进生态文明建设、加强和创新社会治理体制的形势下，我国环境非政府组织也日益发展和壮大。我国将非政府组织一般称为民间组织，因此，可将我国环境非政府组织称为环境民间组织（或形象地称之为绿色团体或绿色组织）。现在，一批非常有影响力的绿色团体活跃在我国环境保护和环境教育的第一线，为推动生态文明建设做出了独特的贡献。

发挥社会团体的作用，鼓励检举和揭发各种环境违法行为，推动环境公益诉讼。

——《国务院关于落实科学发展观加强环境保护的决定》（2005年12月3日），《十六大以来重要文献选编（下）》，北京：中央文献出版社，2008年，第95页。

### （一）自然之友

1994年3月，自然之友成立。这是中国最早在民政部门注册成立的绿色团体。20世纪90年代，其创办人开始意识到人口规模庞大、经济发展迅速以及环境的严重恶化，将带来严重的问题。在他们看来，环境保护不仅是政府的事情，更需要普通公民的关注、参与和支持；否则，任何国家都难以治理好环境。为此，他们决定创办自然之友。

自然之友秉承社会与个人对于环境保护的责任感，一直倡导与自然为友。其核心理念是：与大自然为友，尊重自然万物的生命权利；真心实意，身体力行；公民社会的发展与健全是环境保护的重要保证。其创办人一直强调对于自然的敬畏，认为自然不仅具有美，也具有“德”；不应只看到自然的工具价值，更应该看到其中所蕴含的伦理原则；人类应当尊敬、畏惧大自然。这种敬畏，并非无所作为，而是指在大自然面前应该谦卑一点、谨慎一点，在对待自然的价值理念中寻求一种更高的道德原则和精神境界。因此，自然之友的愿景体现为在人与自然和谐的社会中，每个人都能分享安全的资源和美好的环境。在此基础上，其使命体现为建设公众参与环境保护的平台，让环境保护的意识深入人心并转化成自觉的行动。

自成立以来，自然之友开展了诸多卓有成效的活动。主要有：推动改善公众环境行为，推行低碳出行和26℃空调节能倡导行动；倡导环境公共政策，建议首钢搬迁，介入圆明园防渗工程事件；推动草根环保力量合作，开展“5·12”灾区重建行动以及蒲公英小额资助活动；开展绿色传播活动，开办绿色讲堂等。其中，2004年，自然之友开始与韩国环境运动联合会共同举办中韩“荒漠化防治与公众参与”年度国际专题讨论会，共享为治理中国荒漠化问题而在各地做出不懈努力的政府、国际社会和NGO的各种经验和信息，积极探讨有效治理方案及未来合作方向。此外，自然之友尝试从环境民间组织的视角，提供有别于政府——国家视角或学院派定位的绿色观察正式出版物，主持编写了《环境绿皮书》。《环境绿皮书》从2006年开始由社会科学文献出版社出版。之后每年出版一部，为公众认识和了解中国的环境保护状况提供了重要的参考文本。

随着我国环境保护形势的变化，自然之友的未来工作重点是回应中国快速城市化进程中日益凸显的城市环境问题，通过预防垃圾和减少垃圾、促进建设低碳家庭和社区、开展城市自然体验和环境教育，来探寻宜居城市的发展和建设道路。

### （二）北京地球村

为了从西方国家的经验中寻求中国环境问题的解决路径，发掘中国乡土文化的环保可能性，1996年，北京地球村环境教育中心（北京地球村）成立，开始向乡土文化进军，探寻污染治理和生态建设以外的第三条环保道路——绿色生活。

北京地球村遵循“敬畏自然，善待自然”的基本理念。他们认为，敬畏自然，才会善待自然，而对于自然的敬畏可以促成人们选择新的生活价值与环境友好的生活方式；对自然的敬畏同样应该促使政府将生态安全问题提到和GDP增长一样重要的位置，将生态安全作为我国发展模式的内在部分。在此基础上，可形成可持续发展的三个支点——经济发展、社会公正和生态保护。近些年，北京地球村的全新探索，让他们更为深刻地体会到，环保不只是狭义的保护资源与减少污染，更是一种社会问题与人生问题；环保不只包括控制污染和生态建设，更包括绿色生活。基于此，“5R”——Reduce（节约资源、减少污染）、Reevaluate（绿色评价、环保选购）、Reuse（重复使用、多次利用）、Recycle（垃圾分类、循环回收）、Rescue（救护物种、保护自然）的内涵被总结和推广开来。

此外，他们还提出了“三能”的概念，即增体能、蓄心能、减无能，发现和传播生命环保与心灵环保的意义。经过十几年的实践，北京地球村逐渐探索出了以东方智慧为内涵的“乐和”理论，即敬天惜物、乐道尚和、万物一体、天人合一的生存智慧，并将其概括为物我相和、个群相和、义利相和、身心相和、心脑相和五个层次，以及乐和人居、乐和治理、乐和生计、乐和保健、乐和礼义五个方面。在北京地球村的价值观中，渗透着中国式的环保理念。

自成立以来，北京地球村在多个领域践行了环保活动。主要包括：绿色生活实践——建立绿色社区，培育生态乡村，推进生态乡村带动城市绿色生活的城乡共生模式；推动绿色传播——制作环境影视，为媒体提供环保培训及服务；倡导节能，应对气候变化——26℃空调行动，节能20%公民行动，“无车日”；减少固废——减塑，拎布袋子；生态保护——绿色列车，黄海生态等。这些环境保护活动集中体现了北京地球村的价值理念及其实践方式。

如今，北京地球村致力于培育和发扬中国的乡土文化，倡导绿色生活，通过多种手段来培养公众的环境意识和绿色行为，推动公众参与环境保护机制的建立。

### （三）绿家园

1996年，北京绿家园环境科学研究中心（绿家园）成立，其前身为绿家园志愿者。绿家园是中国最早成立的三大环境民间组织之一，其创办源于环境科学工作者和媒体记者对环境问题的关注和责任感，主要成员也是环境科学工作者和记者。

绿家园的理念和宗旨为：走进自然、认识自然、与自然为友，倡导信息公开和公众参与。绿家园重视媒体的影响力，其愿景是借助媒体力量，致力于提升媒体在传播环境信息、提升公众环境意识、推动公众参与、影响政府决策方面的作用。基于此，绿家园的使命有：依托环境记者沙龙平台，不断提升媒体报道的专业水平，搭建媒体、环境民间组织的信息交流与共享的平台；通过专家和记者的结合，进行专业调查，传播环境信息，倡导信息公开；积极组织各种活动，促进公众参与决策；推动公民社会建设，促进政府决策的科学化，提升企业的环境治理水平。可以说，绿家园的宗旨和使命既具有环境民间组织的共性，也具有媒体从业成员的个性，从而开辟了环境民间组织的新领域。

绿家园的关注领域包括气候变化、江河保护、媒体推动、企业环境责任和低碳生活等。近些年，绿家园围绕这些领域开展了诸多环保活动，主要包括保卫怒江、江河十年行、黄河十年行、乐水行，环境记者沙龙以及环境记者调查，联合发起夏天室内温度不能低于26℃空调活动、绿色选择等。2006年，绿家园与三联书店签约，每年出版一部《中国环境记者调查报告》。

未来，绿家园将进一步发挥其媒体优势，在江河保护、推动环境信息公开与公众参与方面贡献力量。

### （四）绿色江河

绿色江河于1995年成立，是在四川省民政厅正式注册的环境民间组织。

青山常在、绿水长流，是绿色江河为之努力的目标。绿色江河的宗旨在于推动长江上游地区自然生态环境保护，提升全社会的环保意识与环保道德。根据其宗旨，绿色江河的主要任务是围绕在长江上游地区建立自然生态环境保护站、对长江上游地区组织科学考察并提供建议、出版有关环保的宣传物以及开展群众性环保活动和国际生态环保交流等内容展开。其中，绿色江河尤其注重联系科学家、志愿者等群体，为项目的实施寻求可靠的主体。

自成立开始，绿色江河开展的较有影响力的环保活动包括：长江源生态环境状况专题考察（1996年）；建立、建设索南达杰自然保护站（1997—2000年）；中国城市青少年环保教育（1996—2005年）；青藏公路、青藏铁路沿线藏羚羊种群数量调查（2001—2004年）；长江源人类学调查（2003年）；长江源冰川退化监测（2005—2009年）；5·12地震灾后重建志愿者能力培训（2008年）以及长江冰川拯救行动（2010年）等。

绿色江河的不少项目都为政府制定可持续发展战略提供了重要的决策依据。其所开展的城市青少年环保教育也受到社会的广泛好评。

### （五）阿拉善SEE生态协会

阿拉善SEE生态协会成立于2004年，是我国第一家以社会责任（Society）为己任、以企业家（Entrepreneur）为主体、以保护地球生态（Ecology）为实践目标的绿色团体，因此，简称为SEE。

之所以选择阿拉善地区，在于其属中国最大的沙尘暴发源地。2000年，华北地区9次沙尘天气中有8次源自阿拉善。阿拉善境内三大沙漠均在逐渐扩张，一旦连接起来后果不堪设想。此外，由于生态环境的恶化，当地农牧民生存也十分艰难。鉴于此，近百位不同所有制的企业家们会集到一起，发起了这个荒漠化防治民间组织。

其理念和价值集中体现在《阿拉善宣言》中。SEE提出："我们希望中国经济愈来愈发达，人民愈来愈富裕，我们希望人与人之间更加友好和善，我们希望中华大地山清水秀，一片生机勃勃，我们希望世界人民共同生活在一个美丽的地球村上，我们梦想一个人人有机会实现自己心愿的大同世界。"[①]其宗旨在于改善和恢复内蒙古阿拉善地区的生态环境，减缓或遏制沙尘暴的发生，促进地区实现可持续发展，支持中国环境民间组织及行业的发展。

其活动主要围绕在阿拉善地区开展荒漠化基础研究、植被保护、地下水保护、促进公众参与以及实现社区的可持续发展等内容展开。活动类型包括国际合作、公众教育、社区持续发展等项目。国际合作项目包括"中国—欧盟生物多样性保护合作项目内蒙古阿拉善示范项目"，公众教育包括生态助学项目，等等。在社区可持续发展方面，SEE有着自己的成功案

① 阿拉善SEE生态协会. 阿拉善宣言. http：// see. sina. com.cn/news/2005/0113/14.html.

例。自2004年成立以来，他们在阿拉善地区进行了五个将生态保护与社区持续发展结合的项目。从可持续生计、能力建设、社区综合发展及本土文化传承入手，促使社区村民的环境意识增强，自我组织、自我管理、自我发展的能力得到提升，为社区管理公共事务打下了良好的社会基础。

阿拉善SEE生态协会的工作得到了当地政府的高度认可和大力支持。

**我国环保民间组织的类型划分**

政府发起的环保民间组织。典型代表为中华环保联合会、中国环境科学学会、中国环境文化促进会等。

民间自发的环保民间组织。典型代表为“自然之友”、“北京地球村”以及“绿家园”等。

高校环保社团及其联合体。典型代表为大学生绿色营等。

国际环保民间组织驻华机构。典型代表为世界自然基金会、绿色和平等。

——中华环保联合会：《2006中国环保民间组织发展报告》，《环境保护》2006年第10期。

可见，环境非政府组织不是无政府组织，更不是反政府组织，而是生态文明建设不可或缺的社会力量。建设美丽中国不仅不能离开这支力量，而且必须团结和依赖这支力量。

## 五、生态建设的社会合力

社会主义生态文明是人民群众自己创造的事业。建设美丽中国，必须在发挥人民群众主体作用的同时，构筑强大的社会合力。

### （一）发挥生态文明建设社会合力的一般原则

随着社会主义市场经济的建立和完善，我国社会结构日益呈现多元化的特征，参与社会建设和社会管理的主体也日益多元化。因此，推进生态文明建设必须坚持党委领导、政府负责、社会协同、公众参与的一般原则，从而充分发挥社会合力在建设美丽中国过程中的作用。

要积极创造条件，完善公众参与的法律保障，为各种社会力量参与人口资源环境工作搭建平台，真正形成党政领导、部门指导、各方配合、群众参与的工作格局，不断开创人口资源环境工作的新局面。

——胡锦涛：《调整经济结构和转变经济增长方式是缓解人口资源环境压力的根本途径》（2005年3月12日），《十六大以来重要文献选编（中）》，北京：中央文献出版社，2006年，第826页。

坚持党委领导。中国共产党是中国特色社会主义事业的领导核心，是我们各项工作取得成就的重要政治保证。在任何领域都不能动摇这一点。在生态文明建设格局中，党委领导是根本。在生态文明建设中，党的领导主要体现在宏观指导上，统筹规划，全面布局，协调各方利益，实现社会资源的有效整合。党在领导生态文明建设的过程中，必须突出马克思主义在生态文明建设中的指导地位，必须突出当代中国生态文明的社会主义性质，必须严防生态环境问题上的文化保守主义和西方中心主义对当代中国生态文明建设的冲击，必须警惕生态中心主义和解构性后现代主义的陷阱。同时，必须不断提高党领导生态文明建设尤其是化解环境群体性事件的能力，不能以维稳的名义粗暴对待环境群体性事件，而要追究造成环境群体性事件的权力原因和资本原因；必须切实维护人民群众的生态权益，促进人与自然的和谐发展，促进人与社会的和谐发展。

加强政府负责。由于自然生态环境属于公共物品，生态文明建设属于公共事务，因此，政府必须将之纳入公共服务和社会管理的职能范围之内。为此，在生态文明建设进程中，必须高度防范市场失灵和政府失职造成的生态环境问题，要强化公共服务和社会管理在解决环境事务中的作用，要建立健全相关法律法规、科学处理环境污染问题、妥善处理环境维权事件，注重发挥政府在环境保护以及生态文明建设整体进程中的职能作用。此外，政府还要将生态文明建设纳入综合决策之中，提高生态文明建设在国家发展中的地位，加大对生态文明建设的人、财、物的投入，努力促进可持续发展。在这个过程中，也要注意政府的越位、缺位和错位问题。

必须注重社会协同。社会协同有利于促进社会资源的整合。生态文明建设应该大力发挥人民政协以及工会、共青团和妇联的作用，促进生态文明理念向社会各个层面拓展，从而获得广泛的社会认同与支持。此外，要充分利用和发挥政府、企业以外的第三方力量——各类环境民间组织和社会组织的作用，平衡政府与社会组织之间的责任和分工，促进几类主体相互配合，实现生态文明建设的有序推进。在此过程中，政府要担负起鼓励支持、引导监督的责任，而环境民间组织和社会组织也要加强自律和内部治理，既要避免陷入“市民社会”的陷阱，也要避免自身的道德风险和社会风险。

必须推动公众参与。对于党和政府来说，既要加强对人民群众的生态文明教育尤其是生态道德教育和生态法治教育，激发他们建设生态文明的内在动力，在法律范围内维护其生态环境权益；又要加强决策的科学化、民主化、法制化和生态化的统一，在重大事项进行环境影响评价时，必须广泛听取人民群众的意见。对于广大人民群众来说，必须将生态文明建设看作是关系自己切身利益和幸福的大事，自觉弘扬雷锋精神和志愿者精神，自觉主动地投身到生态文明建设中。既要积极参加各种生态文明建设活动，尤其是要积极参与工作单位、生活社区的生态文明建设活动；又要勇于同破坏自然、污染环境的行为进行斗争，在社会主义法制的范围内开展环境运动。在同不良环境行为作斗争的过程中，要有理有序有节地维护自己的生态环境权益。这样，才能真正做到为了人民进行生态文明建设，依靠人民进行生态文明建设，生态文明建设的成果由人民共享，生态文明建设的成效由人民评价。

总之，只有坚持上述科学的基本原则，才能有效地发挥社会合力在建设社会主义生态文明中的作用。

### （二）充分发挥人民团体在生态文明建设中的作用

工会、共青团、妇联是党联系群众的纽带，理应成为向群众普及环境知识、提升群众生态文明建设能力的助推器。因此，“要充分发挥工会、共青团、妇联和计划生育协会等群众组织在推进人口资源环境事业发展方面的作用”①。为此，各人民团体应结合工会、共青团、妇联的不同属性与特征，大力开展有针对性的特定的创造性的生态文明建设活动。

工会以其特殊的身份与职责，在生态文明建设中可以发挥重要作用。对于厂方，工会应积极促进安全生产，参与职业安全的监督与执行工作，防范由之引发的生态环境问题；要推动企业的绿色生产和经营，参与改善职工的工作环境与职业安全卫生条件；要推动企业强化生态责任与社会责任，促使其承担生态责任和义务。对于工人，作为其代言人，工会要努力保障其劳动权益，也要维护其环境权益和健康权益，因此，要积极动员并推动工人参与企业环境管理制度的制定与执行、参与环境影响评价，积极投身于生态文明建设实践当中。就自身而言，基于自身的性质与职责，工会应与时俱进，不断提升自身参与生态文明建设的能力和水平。

作为中国共产党领导的先进青年的群众组织，共青团在开展生态文明建设中也具有自身独特的优势。例如，由共青团中央发起组织的“中国青少年生态环保志愿者之家”成立于2006年4月1日，挂靠于共青团中央农村青年工作部，秘书处设在北京林业大学团委，具体职责是组织协调全国青少年生态环保志愿者开展生态环保及保护母亲河行动的相关活动，组织全国青少年开展生态调研活动及交流活动。该组织成立以来开展了一系列丰富多彩的活动。“绿色长征”就是其中重要的活动。该活动按照“黄河

---

① 胡锦涛．调整经济结构和转变经济增长方式是缓解人口资源环境压力的根本途径//十六大以来重要文献选编（中）．北京：中央文献出版社，2006：826.

之旅”、“长江之歌”、“京杭运河”、“东北林海”、“草原漫步”、“黄金海岸”等团队线路，在全国20个省份开展大学生绿色环保宣传调研活动，活动包括生态环保节日的宣传实践、“绿色长征”大学生社会观察教育、“气候变化与林业建设”林业生态工程科学考察等内容。在此基础上，共青团要积极发挥自身引导青年、督促青年的作用，努力促进青少年树立节约资源、保护环境的观念，这是促进整个社会实现可持续发展的持久动力；要教育青少年变革生活方式、消费模式，培育青少年节约资源、保护环境的生活方式和消费模式，带动整个社会生活方式和消费模式实现绿色转型；要教育青少年投身环保实践、推动生态文明建设，引导青少年积极参与植树造林等生态文明建设实践活动。总之，共青团必须发挥自身促进青年发展、推动生态文明建设的积极作用。

妇联在生态文明建设中发挥着非常独特的作用。妇女既是环境破坏的首要受害者，也是生态文明建设的可靠承担者。妇联应在法律和政策的支撑下，破除经济和社会发展的制约，依法维护妇女的生态环境权益；在全国范围内广泛开展具有女性特色的生态文明建设活动，如20世纪90年代在妇联和林业部共同倡导下开展的城乡亿万妇女参与林业发展、改善生态环境的“三八绿色工程”，促使全国每年约1.2亿的城乡妇女参与植树造林，有效地促进了我国的林业发展与生态平衡；必须广泛开展生态环境教育，发挥妇女在家庭绿色教育中的作用，促进青少年从小就树立生态文明的观念，形成绿色的生活方式和消费模式；必须发挥妇女在家庭生活中的独特作用，引领她们在日常生活中推行绿色消费和绿色生活，从而带动整个社会实现绿色生活和绿色消费的转型。

总之，人民团体具有牢固的群众基础和广泛的社会网络，最能依靠群众、发动群众，因此，必须充分发挥人民团体在生态文明建设实践中的积极作用。

### （三）充分发挥志愿队伍在生态文明建设中的作用

党的十七大报告中指出，要完善社会志愿服务体系，积极发挥志愿体系的社会功效。志愿服务不同于政府服务与市场服务，具有群众性、公益性和利他性的特征。事实上，志愿精神与志愿服务不应只局限于基本公共服务领域，也应该随着社会发展需要与人民群众的需求，不断有所扩展和升华。其中，生态文明建设就是志愿工作必须拓展的领域。

> 我们要认真总结和发扬北京奥运会、残奥会志愿服务方面的宝贵经验，进一步开展群众性精神文明创建活动，完善社会志愿服务体系，以相互关爱、服务社会为主题，深入开展城乡社会志愿服务活动，不断发挥志愿服务在促进社会和谐方面的重要作用。
>
> ——胡锦涛：《在北京奥运会、残奥会总结表彰大会上的讲话》（2008年9月29日），《十七大以来重要文献选编（上）》，北京：中央文献出版社，2009年，第624页。

在开展生态文明建设的过程中，志愿服务以及志愿精神同样可以发挥其独特作用。例如，广东省环境保护志愿者指导委员会于2009年11月发布的《广东省环保志愿者管理制度》提出，环保志愿者的服务义务有：环保志愿者利用每一个环保相关纪念日，加强宣传环保知识，并组织相关环境保护活动；在校的志愿者可利用课余时间，进行环保宣传，在衣、食、住、行等方面对同学做出正确引导，坚持健康绿色的生活作风，从而减轻环境压力；环保志愿者可定期进行环保民意调查，开展环保知识竞赛、讲座以及组织观看环保录像等活动，将环保观念的教育落到实处；环保志愿者应将宣传环保平常化，以不同的方式在日常的生活中进行渗透交叉，做到环保宣传寓教于乐；环保志愿者有义务监督公众环境状况，并将发现的有关问题向有关部门反映；环保志愿者应与全省各环保部门保持密切联系，与在整个广东省乃至全国所进行的环保活动保持高度一致；环保志愿者应加强与其他兄弟单位志愿者合作、交流，为环保事业做出共同努力。因此，在开展生态文明建设的过程中，应积极发扬志愿者精神，扩展志愿者服务领域，扩大志愿者队伍，完善志愿服务体系，推动志愿者联系人民群众积极参与生态文明建设活动。例如，开展环境调查、参与植树造林、保护江河、垃圾减量等环境保护活动，从而实现志愿精神和志愿工作与生态文明建设实践的有机结合。

生态文明建设中的志愿服务体系还应扎根城乡社区，将志愿服务的特色与人民群众的利益诉求和社区生活的实际需要相结合，将志愿服务与扶贫互助、环境保护联系起来，形成广泛动员、广泛参与、积极奉献的局面，开展中国特色环境运动和志愿活动。此外，志愿者服务队伍还要加强自身的学习和管理，不断提升环境保护志愿服务水平与志愿服务能力，将环保志愿工作与个人的全面发展有机结合起来，成为又红又专又绿的人才。

此外，环境民间组织也必须在生态文明建设中积极献力献计。一是要积极与政府和相关职能部门进行沟通与合作，提升生态文明建设在政府政策中的地位及其法制化水平。二是要监督企业排放污染物和破坏环境的行为，推动企业承担更多的生态责任和社会责任。三是要关注社会、联系公众，加强与不同团体的合作、拓展环保活动的范围。总之，环境民间组织必须严格按照法律和自身章程的规定，影响群众、教育群众、发动群众，积极发挥自身在生态文明建设中的作用。

总之，生态文明建设是涉及全社会的共同事业和公共事务，只有凝聚中国力量，大力构筑生态文明建设的社会合力，才能为建设美丽中国提供不竭的动力源泉。

# 第5章 建设美丽中国的远大理想

> 马克思在《资本论》中对未来社会作了描绘，指出："社会化的人，联合起来的生产者，将合理地调节他们和自然之间的物质变换，把它置于他们的共同控制之下，而不让它作为一种盲目的力量来统治自己；靠消耗最小的力量，在最无愧于和最适合于他们的人类本性的条件下来进行这种物质变换。"这里面既强调了社会关系的变革，也强调了人与自然关系的变革，深刻体现了马克思主义关于发展的世界观和方法论。
>
> ——胡锦涛：《在新进中央委员会的委员、候补委员学习贯彻党的十七大精神研讨班上的讲话》（2007年12月17日），《十七大以来重要文献选编（上）》，北京：中央文献出版社，2009年，第108页。

由于人与自然的关系是受人与人（社会）的关系影响和制约的，因此，生态文明是与社会形态的变革直接联系在一起的。在这个意义上，社会主义生态文明、中国特色社会主义生态文明是可能的，并不是绿色乌托邦。当然，只有在未来的共产主义社会，才可能真正实现人道主义和自然主义的统一。因此，建设美丽中国同样必须将共同理想和远大理想统一起来。

## 一、生态异化的社会呈现

在资本主义条件下，人与自然的关系是以分离和对抗为特征的，造成了生态异化。生态异化是资本逻辑的必然产物，是指对人和自然造成的双重的伤害和破坏，尤其是造成了人与自然之间物质变换的断裂。生态危机是生态异化的发展结果和最终呈现。随着资本向全球的流动和扩张，生态异化也蔓延到了全世界，形成了危及人类生存和地球安危的全球性问题。

### （一）生态异化的历史发生

在资本主义的发展过程中，受私有制的影响和支配，资本主义工业化、资本主义城市化和资本主义市场化成为造成生态异化的直接的现实原因。

资本主义工业化导致的生态异化。尽管资本主义工业化创造的物质财富超过了以往一切时代的总和，但是，这是一种由资本逻辑推动的、以追求剩余价值最大化为最高目标的发展模式。它是以对资源的高消耗和废物的高排放为代价来发展自身的。在自由资本主义阶段，就出现了人为的高温、充满原料碎屑的空气、震耳欲聋的喧嚣等工业污染。随着工厂制度的不断进步，资本家有可能节约资源和能源、保护环境和生态，但是，这种节约和保护却同时变成了对工人生产条件和生活条件的系统掠夺，也就是对空间、空气、阳光、河水以及对保护工人在生产过程中人身安全和健康的设备系统的掠夺。时至今日，资本主义工业化已成为全球性问题的最大“贡献者”。例如，西方发达国家排放的工业废气已占到全世界排放总量的2/3。

资本主义城市化导致的生态异化。城市化是资本主义现代化的重要组成部分和主要发展阶段，是资本集聚在空间上的要求和表现。但是，资本主义城市化同样是以盲目方式发展的。“资本主义生产使它汇集在各大中心的城市人口越来越占优势，这样一来，它一方面聚集着社会的历史动力，另一方面又破坏着人和土地之间的物质变换，也就是使人以衣食形式消费掉的土地的组成部分不能回归土地，从而破坏土地持久肥力的永恒的自然条件。这样，它同时就破坏城市工人的身体健康和农村工人的精神生活。”[1]此外，随着资本主义城市化的不断发展，还产生了都市热岛效应等一系列的城市生态环境问题。

资本主义市场化导致的生态异化。资本、市场和私有制的结合衍生出了资本主义市场经济，为资本主义工业化提供了适宜的经济体制。但是，这种以生产资料私有制、追求最高经济利润、依靠市场和价格配置资源及分配产品等为特征的市场化，是同自然生态系统的特征和周期相违背的。例如，整个自然物质条件具有明显的公共性，但是，资本主义试图通过市场定价的方式使之私有化，这样，就剥夺了他者的生态权益，也使资本主义自然观成为金钱自然观。事实上，外在性的条件没有交换价值，地皮、土壤、水及其他的自然因素也并不因为价值规律的作用而以恰当的数量和质量、在恰当的时间和地点把自身呈现给资本。

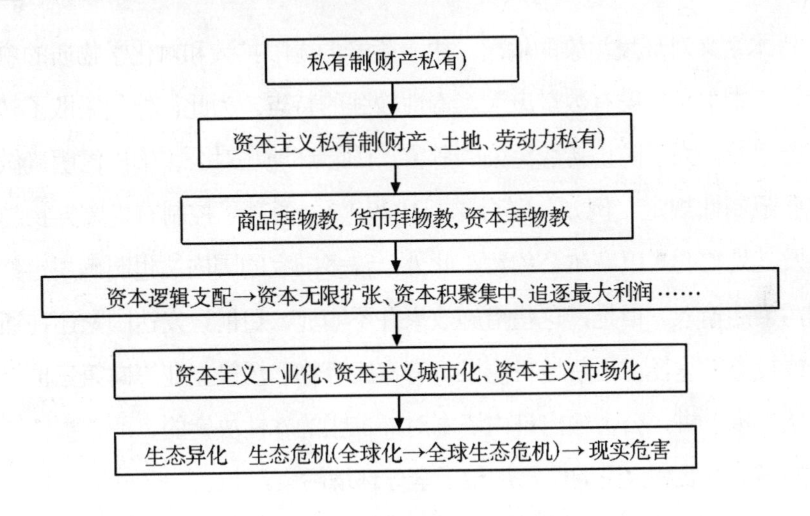


生态危机生成的社会制度逻辑

总之，由私有制导致的异化在资本主义社会达到了登峰造极的地步，并通过资本主义工业化、城市化和市场化造成了人与自然关系的异化。

① 马克思恩格斯文集：第5卷．北京：人民出版社，2009：578.

## （二）生态异化的全球扩展

尽管全球化是客观的社会历史过程，但是，它是在资本逻辑的支配下而成为现实的。在资本主义全球化的历史进程中，生态环境问题也蔓延至世界各国，使全球性问题愈演愈烈。

资本主义对全球自然资源的掠夺。资本的原始积累在国内是通过“羊吃人”的方式完成的，在国外是通过殖民贸易和殖民战争完成的。正是依靠对全球自然资源和劳动力的大肆掠夺，资本主义才实现了自身的生存和发展。在持续的对外扩张过程中，资本主义凭借其所拥有的经济、技术乃至军事优势，最大限度地占有和消费全球资源，对人类有限的、稀缺的资源实行生态帝国主义掠夺。今天，占世界人口4.6%的美国人口却消耗着世界23%的能源。显然，全球化是资本主义大肆掠夺全球自然资源的开路先锋。

资本主义对环境污染的输出。由于生产的无限扩大和对化学物质的愈加依赖，资本主义污染有数量庞大、毒性较强的特点。为此，他们采取了转嫁公害的手段。为了防止转嫁污染的危害，国际环境法对公害输出已明确做出了某些限制性规定。例如，联合国于1989年3月通过了控制有毒废弃物越境转移及其处置的《巴塞尔公约》。此外，许多国家的国内法也明确规定禁止外国污染的输入。但是，这些措施效果并不明显。目前，发达国家还在通过贸易或投资等途径，不断地将垃圾、有毒废弃物、污染企业等向第三世界转移。从根本上讲，公害输出是由资本对外扩张的本性决定的，严重损害了输入国的经济发展和人民健康，加剧了全球环境污染。

帝国主义战争造成的生态环境问题。战争是资本主义国家掠夺资源、转嫁危机的重要方式。除了常规战争手段造成的自然破坏外，帝国主义还利用高科技手段，大打化学战、生物战、信息战、环境战和生态战，成为种族破坏和生物破坏的罪魁祸首。例如，在越南战争期间（1961—1973年），美军使用了大量除莠剂，目的是让丛林脱叶，使越军无处藏身。这些除莠剂包含一种典型的致癌物质——二氧杂芑。据统计，美军在越南使用了约9万吨除莠剂，破坏了近200万公顷土地上的森林和农作物，并导致了水土流失、土质退化等严重后果；同时，致使150万人中毒，其中死亡1622人。在1991年爆发的海湾战争期间，破坏最大的是油田。战争期间发生大量的石油火灾，造成了人类历史上最惨重的环境污染。燃烧的油井每月向大气层释放76.5万吨烟灰，里面含有炭黑微粒、二氧化硫、硝酸、致癌物质烃和二噁英等。可见，帝国主义战争具有极大的生态破坏性，是造成全球性问题的元凶。

总之，在全球化的过程中，资本主义国家通过资源掠夺、公害输出和侵略战争等具体手段将生态异化和生态危机推向全球。现在，全球化已经成为生态危机不断蔓延的重要管道。

### （三）生态异化的现实危害

生态异化从根本上破坏了人与自然之间的关系，并直接引发了很多现实危害。

对自然生态环境的破坏。资本的节律和周期同自然的节律和周期是相冲突的，自然资源的资本化导致了资本主义生产对自然的破坏。例如，“漫长的生产时间（只包含比较短的劳动时间），从而其漫长的周转期间，使造林不适合私人经营，因而也不适合资本主义经营。资本主义经营本质上就是私人经营，即使由联合的资本家代替单个资本家，也是如此。文明和产业的整个发展，对森林的破坏从来就起很大的作用，对比之下，它所起的相反的作用，即对森林的护养和生产所起的作用则微乎其微”[①]。资本主义生产对自然的破坏引发了形形色色的生态环境问题。相比之下，帝国主义战争的生态破坏性更为严重。目前，资本主义对自然生态环境破坏的程度和范围还在继续扩大。

对无产者和穷人身心的破坏。资本主义也破坏了作为生产者的无产者和穷人的身心。在工业化初期，工人区和资方区是极严格地分开的。在工

① 马克思恩格斯文集：第6卷．北京：人民出版社，2009：272．

人区，存在着肮脏、破旧、昏暗和违反清洁、通风、卫生规定等问题。而富有阶层和权力阶层由于处于更有利的条件，从而能够避免环境问题带来的严重后果，甚至能完全规避不良的环境影响。今天，这种状况又以南北问题的形式表现出来。例如，1984年，位于印度博帕尔市的美国联合碳化物公司印度公司的农药厂发生爆炸，最后致使2万多人死亡，20万人受到危害，附近的3000头牲畜也未能幸免于难。在侥幸逃生的受害者中，孕妇大多流产或产下死婴，有5万人可能永久失明或终身残疾。但是，因之失去工作能力或者患上慢性病的受害者当年只获得了1000到2000美元不等的赔偿，甚至还有很多受害者一分钱都没有拿到。显然，资本逻辑是产生环境不公的最终根源。

对物质变换的破坏。在资本主义社会，由于受资本的支配，人与自然之间的物质变换遭到了严重破坏。例如，由于按照资本主义工业化的方式大面积地开垦土地，1934年，在美国本土发生了席卷2/3国土的大尘暴，从西部向东部横扫过去，形成了一个东西长2400千米，南北宽1500千米，高3.2千米的巨大移动尘土带，当时空气中含沙量达40吨 / 千米$^3$，风暴持续了3天，3亿多吨土壤被刮走。在这个过程中，大工业和按工业方式经营的大农业共同发生作用。起初，前者更多地滥用和破坏人类的自然力，后者更直接地滥用和破坏土地的自然力；后来，二者同流合污，因为产业制度在农村也使劳动者精力衰竭，工业和商业则为农业提供使土地贫瘠的各种手段。这样，人与自然之间的物质变换就断裂了。

总之，生态异化产生了对人和自然的双重伤害和危害，并由此衍生了一系列严重的后果。资本主义生态危机最终酿成了全球性问题。

## 二、生态批判的革命指向

在马克思恩格斯看来，生态异化和生态危机是资本主义私有制的产物，同资本主义的其他危机是交织在一起的。因此，必须立足于制度变革来消除生态异化和生态危机，并从社会系统各方面来推进这种变革。

### （一）生态异化的私有根源

在对生态异化和生态危机原因追问的过程中，马克思恩格斯经由对异化劳动和拜物教的批判，最终走向了对资本主义私有制的批判。

异化劳动导致生态异化。在马克思早期，通过对异化劳动的批判，展现出了对生态异化的批判。异化劳动有四个表现：工人同其劳动产品的异化，劳动行为的异化，人的类本质的异化，人和人之间关系的异化。由于自然界提供了劳动的对象和资料，劳动是人与自然之间的物质变换过程，自然界构成了商品的使用价值，因此，异化劳动的产生过程也就是人与自然的分离和对抗的过程，即生态异化的产生过程。生态异化扭曲了人与自然之间的关系，实质上是一种社会异化。因此，消灭私有制能够实现人与自然的和谐与统一，共产主义是人同自然完成了的本质的统一。

> 因此，资本主义的积累和危机会导致生态问题，而生态问题（包括环境及社会运动对这种问题所作出的反应）反过来又会导致经济问题。这是一种——在生产、市场关系、社会运动以及政治的维度上——存在于经济危机和生态危机的趋势和倾向性之间的相互决定的关系。资本在损害或破坏其自身的生产条件的时候，便会走向自我否定。在这一意义上，生态危机和经济危机是由自身所导致的，并且，环境的和社会经济的革新运动是这同一种总体过程的两个不同的方面。
>
> ——［美］詹姆斯·奥康纳：《自然的理由——生态学马克思主义研究》，南京：南京大学出版社，2003年，第294页。

拜物教导致生态异化。在《资本论》中，马克思借助拜物教这一带有宗教色彩的术语来揭示和批判资本主义社会中大量存在的“物”（商品、货币和资本）对人的支配问题。拜物教同商品生产密不可分，劳动产品作为商品来进行生产就带上了拜物教的性质。商品拜物教是人与人之间的关系转变成物与物之间的关系的历史原点，但并非历史终点。随着商品流通的扩展，货币即财富的随时可用的绝对社会形式的权力在不断增大。当货币以完成的一般等价物的形态出现在人们面前的时候，货币拜物教就产生了。货币拜物教用货币的形式进一步掩盖了人与人之间的社会关系，掩盖了私人劳动的社会性质和社会关系。资本是能带来货币的货币，是货币的最迷人形式，于是，货币拜物教进一步发展成资本拜物教。在生息资本上，资本关系取得了其最表面和最富有拜物教性质的形式。在资本主义社会中，拜物教是物统治人的集中表现和最高形式，而资本拜物教是拜物教的高级形式和终极形式。在“人—资本—自然”的人化自然过程中，资本成为人与自然发生联系的纽带和中介。这样，人与自然之间的有机联系就被简化为单一的商品关系。这种转换是以资本主义私有制为前提的。

资本主义私有制导致生态异化。在资本主义产生之前，对土地的买卖极为少有，对劳动力的买卖也是如此。但是，资本的原始积累造成了人与外部自然及内部自然的分离。通过“圈地运动”等原始积累的残暴手段，资本主义一方面将人与其外部自然分离开来，推动了土地商品化的历史进程；另一方面，将人与其内部自然分离开来，推动了劳动力商品化的历史进程。自然和劳动双双被纳入资本的构成要素中，成为资本奴役和剥削的对象，并由此埋下了生态异化和生态危机的伏笔。土地和劳动力的商品化从根本上斩断了人类同自然和自身之间的有机联系。资本对自然的支配使具有先在性的自然成为资本化的自然，这样，就产生了生态异化。随着资本主义经济危机的爆发，生态异化就“上升”成为生态危机。可见，私有制是产生生态异化和生态危机的根本原因。

总之，资本主义私有制在根本上改变了人与自然以及人与人之间的关系，经由商品、货币、资本三大拜物教，生态异化达到了最严重的状态，并由此产生了生态危机。

### （二）生态危机的社会实质

资本主义生态危机“集合”和“反射”着资本主义的总体危机，是资本主义总体危机这一多棱镜中的一面镜子。

经济危机的生态呈现。经济危机是资本主义总体危机的主要内容和基本形式。它是由资本主义社会的内在本性决定的，是资本无限扩张所导致的生产过剩危机。在资本支配下，劳动力和自然资源都被纳入资本增殖的范围中，都被转化成为商品，其供给并不是为了满足人类的需要和生态系统的平衡，而服从和服务于市场的供给和价格。这样，不仅大大加快了利用全球范围内资源和能源的速度，而且使“支配自然”第一次完全彻底地成为社会的普遍信条。最后，人的权利和尊严、自然的可持续性和环境正义都退出了人们的视野。这种危机在资本主义发展的不同时期有不同的表现形式。

政治危机的生态呈现。资本主义国家是资产阶级的政权，其在根本上是代表资产阶级利益的，是与广大人民的根本利益相冲突的，进而引发了资本主义的政治危机。政治危机主要是指资本主义国家面临的合法危机和统治危机。在垄断资本主义阶段，随着资本的集中，政治权力和经济权力日益集中在了少数人的手中，越来越多的人只是作为选民或者消费者，而无法接近完整的政治过程、经济过程以及环境决策过程等。相应地，对环境的“保护”也是由这些“专家”来决定的。可见，以权力集中为根本特征的资本主义政治制度是人对人、人对自然进行统治的政治制度，产生了严重的危害。

文化危机的生态呈现。在以追求利润为唯一动机的资本主义的经济基础上，产生的必然是形而上学的思维方式和金钱至上的价值观念。这样，文化的片面化和均质化成为当今资本主义文化的趋势和特点，当今资本主义世界的文化均质化过程正在强有力地进行着，不仅排斥任何复杂化的倾向，而且努力使现有文化变得更加简单。在形而上学的思维方式中，自然被降解为一种仅仅具有功能性的齐一化的物质。用金钱逻辑来看待自然同样是一种形而上学。这种计算行为在并不需要数字的地方统治得最不肯放松。同时，受制于资本的无限流动和无限增殖，资本主义鼓吹以无限为特征的文化，增长的无限性、欲望和需求的无限性、索取的无限性，都忽视了自然界的生态阈值。于是，资本主义文化的内在危机就暴露出来了。

社会危机的生态呈现。无产阶级的贫困化导致了社会危机。社会危机并不是政策太差的结果，而是资本主义发展的固有趋势。受之影响，在对环境善物（生态建设的收益和成果）和环境恶物（自然破坏和污染的成本和代价）的享有和分配上，不同主体的承受内容是不同的，造成环境恶物的资本家等既得利益集团是环境善物的所有者、使用者和享有者，而无产者和劳动者等弱势群体却要遭受环境恶物带来的危害。进而，在全球化时代，力量最薄弱的群体遭受着最严重的污染已成为世界范围内普遍存在的现象。当然，资本主义的社会危机也表现在“三大差别”的扩大和消费的异化上，这些问题也引发了严重的生态异化和生态危机。

显然，资本主义生态危机是资本主义总体危机的组成部分和表现形式，既是资本主义总体危机的产物，反过来又加剧了资本主义总体危机。

### （三）生态危机的消除之路

只能通过无产阶级的总体革命才能克服和战胜资本主义总体危机，因此，必须站在变革生产资料私有制的高度，通过整体推进的方式来推进人与自然的和谐。

消除生态危机的经济途径。在生产资料私有制的情况下，人们往往采用急功近利的方式对待自然。因此，在瓦解私有制度、铲除资本逻辑的基础上走向社会主义和共产主义，是克服和战胜生态危机的必要的社会形态前提。但是，最为关键的是必须促进生产力的巨大发展。唯有借助于这些生产力，才有可能第一次谈到真正的人的自由，谈到那种同已被认识的自然规律和谐一致的生活。总之，只有完成生产方式的整体革命，才能实现人与自然的和谐。

土地国有化将彻底改变劳动和资本的关系，并最终消灭工业和农业中的资本主义生产。只有到那时，阶级差别和各种特权才会随着它们赖以存在的经济基础一同消失。靠他人的劳动而生活将成为往事。与社会相对立的政府或国家政权将不复存在！农业、矿业、工业，总之，一切生产部门将用最合理的方式逐渐组织起来。生产资料的全国性的集中将成为由自由平等的生产者的各联合体所构成的社会的全国性的基础，这些生产者将按照共同的合理的计划进行社会劳动。这就是19世纪的伟大经济运动所追求的人道目标。

——《马克思恩格斯文集》第3卷．北京：人民出版社，2009年，第233页。

消除生态危机的政治途径。资产阶级专政已经严重危及人与自然之间的关系，因此，必须将生态斗争——争取人与自然和谐的斗争也作为无产阶级革命运动的内容和目标。在这个意义上，“开展广泛的生态转化运动和创造可持续发展的社会，同样也意味着作为整个社会与环境革命的一部分，必须大力削弱国家与资本的合作关系，因为这始终是构成资本主义制度的最重要的环节。这种合作关系通过一场激进的社会变革，必须由一种崭新的民主化的国家政权与民众权力之间的合作关系所取代。这种转化需要革命性的变革，而不仅仅是摈弃资本主义的积累方式及其对人类和环境的影响。社会主义——从正面而不是负面取代资本主义——对任何转化过程都至关重要，因为它对世界范围平等变革的广泛承诺，反映了对各种不同社团需要之间相互适应方式的理解”[①]。在社会主义社会，最大规模和最严重的破坏环境的根源，将被直接加以铲除。

消除生态危机的文化途径。告别形而上学思维方式和金钱至上价值观念是克服和战胜生态危机的文化途径。一方面，不仅要回归到辩证思维上来，而且要确立唯物辩证法的指导地位。在唯物辩证法看来，“自然界中无生命的物体的相互作用既有和谐也有冲突；有生命的物体的相互作用则既有有意识的和无意识的合作，也有有意识的和无意识的斗争。因此，在

① ［美］约翰·贝拉米·福斯特．生态危机与资本主义．上海：上海译文出版社，2006：128.

自然界中决不允许单单把片面的'斗争'写在旗帜上"[①]。这样，就有助于人们在斗争与和谐的辩证张力中正确处理人与自然的关系。另一方面，必须从"以物为本"转向"以人为本"。这里的人，既指无产阶级和劳动人民，也指全人类；既指当下的人，也指未来的人。这样，不仅需要考虑无产阶级和劳动人民的利益，而且需要考虑全人类的利益；不仅要考虑当下人的利益，而且要考虑未来人的利益。自然直接关系着人类的生存和发展。因此，以人为本有助于唤起人们对自然的热爱之情。

消除生态危机的社会途径。城乡对立是资本主义条件下资本积聚和商品交换的结果。这一现状使城市日益脱离自然，农村土地丧失了养分的循环和补充，最终割裂了人与自然之间的物质变换。"因此，城市和乡村的对立的消灭不仅是可能的。它已经成为工业生产本身的直接需要，同样也已经成为农业生产和公共卫生事业的需要。只有通过城市和乡村的融合，现在的空气、水和土地的污染才能排除，只有通过这种融合，才能使目前城市中病弱群众的粪便不致引起疾病，而被用做植物的肥料。"[②]这样看来，消灭城乡对立、恢复人与自然之间的物质变换，是克服和战胜生态危机的重要的社会举措。此外，迎合商品生产和商品销售目的的异化消费加剧了人类对自然资源的消耗并带来了严重的环境污染，因此，实现消费的合理化和生态化也是克服和战胜生态危机的重要社会途径。

总之，生态危机是资本主义危机的集中和体现，因此，只有在实现"两个必然性"（资本主义必然灭亡，社会主义必然胜利）的历史过程中，才能实现人与自然的和谐。

## 三、绿色运动的红色诉求

随着生态危机的加剧，绿色运动在1968年之后的西方社会相继爆发。在表面上，它们似乎是"新社会运动"，其实，它们仍然具有反资本支配的红色政治诉求。

① 马克思恩格斯文集：第9卷．北京：人民出版社，2009：547—548.
② 马克思恩格斯文集：第9卷．北京：人民出版社，2009：313.

## （一）绿色思潮的红色诉求

沿着资本批判的逻辑，在法兰克福学派和存在主义的异化理论的基础上，将社会主义看作是人类和自然的希望的生态马克思主义和生态社会主义成为生态思潮中的重要流派。在宽泛的意义上，可以将生态马克思主义看作是生态社会主义的一个派别或一个发展阶段。在严格意义上，二者是不同的。一般将在北美形成的红色生态思想称为生态马克思主义，把在欧洲形成的红色生态思想称为生态社会主义；生态马克思主义探讨的是马克思主义对于生态环境问题的可能性问题，生态社会主义的目标是建立一个生态的社会主义社会；生态马克思主义与绿党很少发生交集，生态社会主义则与绿党有着错综复杂的关系。

生态马克思主义和生态社会主义都看到了发达资本主义加深生态异化和生态危机、掠夺资源和污染环境的趋势。在他们看来，这是资本主义社会存在的客观矛盾。英国生态社会主义代表人物佩珀将之称为“生态矛盾”，即资本主义制度内在地倾向于破坏和贬低物质环境所提供的资源与服务。一些论者指出，全球变暖、生物多样性减少、水资源短缺和污染加重等问题表明，“处于统治地位的资本主义体系为地球上的居民带来一长串不可挽回的灾难”，“资本主义的扩张带来的有活力的无限增长正在威胁着人类在地球上生存的自然基础”。[①]因此，问题的深层根源在于资本主义制度。美国生态马克思主义代表人物福斯特认为，资本主义制度本质上是一种反生态的制度，不可能与资本和能源密集型经济相分离，因而必须不断加大原材料与能源的生产量，随之也会出现产能过剩、劳动力富余和经济生态浪费等问题。究其实质来看，这是由资本主义内在矛盾决定的。美国生态马克思主义代表人物奥康纳认为，凡是与生产条件相关的问题都是阶级问题，而自然就是人们生产的条件，因此，生态环境问题同样具有阶级性。在承认资本主义“第一重矛盾”（生产力和生产关系的矛盾）存

① LöWY MICHAEL. What Is Ecosocialism?. Capitalism, Nature, Socialism, Vol.16, No.2, 2005（6）: 15.

在的同时，他认为，资本主义还存在着“第二重矛盾”（生产力和生产条件的矛盾）。这些条件包括工人、城市空间和自然等。最后，通过资本主义的通货膨胀式的动力系统，资本主义威胁或破坏了作为其生存条件的自然环境。总之，资本主义是造成生态异化和生态危机的罪魁祸首。

由于看到了生态环境问题的阶级性，生态马克思主义和生态社会主义都将克服和战胜生态异化和生态危机看作是一个与社会制度的转变密切相连的过程。针对将解决环境问题的希望寄托在科技进步上的看法，法国哲学家高兹（从存在主义走向生态马克思主义的重要代表）认为，科技不是独立于政治和意识形态之外的东西，而是服从于资本主义生产并融合在其中的。面对生态危机，资本主义进一步把生态学需要当作技术的强制加以吸收，使之成为适合剥削的条件。显然，把科技从这种动力中解放出来，是一项首先与社会制度的改造交织在一起的任务。进而，如果不考虑生产资料所有制问题，这种转变同样不能完成。佩珀将集体共同占有生产资料作为克服生态异化的重大选择。在他看来，通过生产资料共同所有制实现的重新占有对我们与自然关系的集体控制，就可以克服异化。因此，最终必须过渡到社会主义上来。“这种过渡不仅会形成一种新的生产方式和平等的、民主的社会，而且会带来一种不同的生活方式，一种新的生态社会主义的文明。这种生活和文明是远离金钱的控制，远离矫揉造作的广告造成的消费习惯，远离例如私人汽车那样的商品的无限生产——远离那些对环境有害的东西。”[①]这样看来，绿色资本主义仅仅是一种公开的噱头而已。

当然，在如何走向社会主义的问题上，一些生态马克思主义和生态社会主义代表人物不承认科学社会主义基本原理。尽管如此，作为“红色”的绿色思潮，生态马克思主义和生态社会主义仍然颠覆了资本主义历史终结论（顶峰论）的神话。

---

① LöWY MICHAEL. What Is Ecosocialism? . Capitalism, Nature, Socialism, Vol.16, No.2, 2005（6）: 19-20.

## （二）绿色行动的红色诉求

环境运动是一种以保护环境为运动目标、以集体行动为运动方式的社会运动。从20世纪60年代末开始，绿色行动成为冲击和反抗资本支配的重要力量。

环境运动天然具有反资本的倾向。从客观条件来看，环境运动是环境问题的阶级性的反应。环境问题是由资本家急功近利的行为造成的。同时，就其社会危害而言，资方往往是致害者，劳方和民众往往是受害者。这样，作为阶级对立产物的环境问题就进一步加剧了阶级对抗。当环境运动将之作为运动的议题时，就展现出了其自身的阶级性。从主观条件来看，它是传统工人运动的环境议题的延续。污染是对无产者和劳动者的正常的生产和生活条件的剥夺，因此，反污染向来是工人运动的重要内容。在西方社会，“以前由劳工组织提出的诉求，例如改善都会生活条件，有的已经纳入其他集体行动的诉求。例如，六〇年代以来，环保运动愈来愈重视污染和大众运输问题，而这些本来就是过去工运组织为了改善‘劳工生活条件’而发出的具体诉求”[①]。显然，环境运动无非是将工人运动中的环境议题专门化了。

“五月风暴”是引发欧美环境运动的导火线。在发泄对资本主义不满的过程中，“五月风暴”提出了反资本、反集权、要自由的要求。“五月风暴”后，一些运动家转入环境运动，并成为环境运动的积极分子。在此基础上，反资本支配成为西方环境运动的重要主张。例如，针对资产阶级制造出来的欺世盗名的中产阶级理论，苏格兰“地球之友”的成员凯文·多尼翁说道，环境运动不会是一场高贵的运动，因为它产生于人们极大的失望和愤怒当中。政客和公司告诉我们说他们有更重要的事情要去考虑，环境是中产阶级的事情。我们受够了这样的言论。居住在露天煤矿和垃圾填埋场周边的人们遭到了这种态度的打压。显然，我们要让所有的人都知道

① PORTA DONATELLA DELLA，DIANI MARIO．社会运动概论．台北：巨流图书有限公司，2002：39.

穷人的生活状况窘迫究竟是怎么回事，垃圾填埋场、矿山以及污染企业都设在那些土地便宜的地方，因为那里的人也被认为是低等的。可见，环境运动明确地认识到了不同阶级在环境问题上所面临的不同境况，认识到了资产阶级政客、资本主义公司同无产者和劳动者之间的对立，认识到了环境运动所要明确反对的对象——资本及其官僚机器。

利用二战后特殊的地缘政治优势，日本和韩国迅速成为资本主义工业化国家。快速的工业化造成了严重的环境污染，从而引发了广泛的环境运动。例如，成立于1982年5月的韩国公害问题研究所（公问研），是由普通民众和环境专家组成的民间环境团体。它将公害问题还原成为垄断资本主义、高压的国家主义和民族分裂的政治经济结构。一方面，他们将批判的矛头指向了跨国企业，认为威权政府对跨国企业的纵容是污染的源头。在他们看来，“公害是垄断的产物，压制的产物”，“为了跨国公司的利益而无条件地输入了公害产业，这样，只有消除少数垄断资本的公害排放行为的反民众行为和体制，才可能是解决公害问题的最佳途径”，“因此，公害问题的解决与民主化问题有不可分割的关系”。[①]这种主张已具有了反对由资本主义主导的全球化造成的环境问题的意味。另一方面，他们将批判的矛头指向了垄断财阀，认为威权政府对垄断财阀（即资本家）的纵容是环境污染的源头。为了支持围绕“温山病”[②]展开的环境运动，他们指出：“这样的公害移民问题，不仅是蔚山、温山公害移民地区的问题，而且是和全国所有国民生活紧密相关的。公害移民问题最为重要的一点就是，问题的根源是在于极其少数的垄断财阀和其支撑的军部独裁统治政权。据此，该地区的居民和所有国民一样，应该一扫其问题根源的少数垄断财阀和军部的独裁政权的反民族和反民众性，从根源上需要展开广泛的

① ［韩］具度万．韩国环境运动的社会学．首尔：文学与知性社，1996：178．

② 温山为韩国釜山附近的重要工业区。从1983年开始，该区周边的居民开始患上一种原因不明的严重疾病，出现了集体性的神经痛和皮肤病症状。“温山病”由此得名。1983年，患者数量开始剧增，1984年为500名，1985年猛增到700人。韩国政府起初不承认“温山病”为公害疾病，只是采用污染地区居民移居的方式来解决问题。由此，引发了反公害移民的运动。

民族反公害运动。”[①]这种主张具有明确的反资本、反独裁的立场。在公问研的后继者那里，除了继续坚持认为环境污染的根本原因是资本主义、帝国主义和压抑的国家政权外，开始关注社会经济的不平等、扭曲的社会结构等问题。

可见，环境运动是资本主义发展的必然结果，必然会具有反资本的特征。

### （三）绿色政治的红色诉求

绿党的出现，极大地改变了传统政治的版图。这样，就出现了“绿色政治”的问题。但是，绿党和绿色政治并非“第三条道路”，在一定程度上也存在着反资本的倾向。

绿色政治与红色政治存在着错综复杂的关系。一方面，在西方传统的左翼政治中出现了绿化的趋势。例如，从1990年起，澳大利亚民主社会主义党创办了《绿色左翼周报》（Green Left Weekly，http：//www.greenleft.org.au）。在其网站的主页上，他们自称是不同于主流的商业媒体的“替代性媒体”，主要关注和致力于捍卫“人权与民权、全球和平与环境可持续性、民主与平等”，是加强“反资本主义运动”的讨论、争辩的主要平台。在这个周报上，不时发表有反思和反对资本主义的文章。另一方面，在一些西方绿党中明确地纳入了反对资本主义的内容。例如，2006年，为了寻求绿党内外的社会主义、马克思主义和激进主义的联合，英格兰与威尔士绿党（GPEW）内的部分左翼人士成立了一个名为“绿色左翼”（Green Left）的派别。其成立“宣言”指出，“反资本主义的政治议程是通向生态正义、经济正义、社会正义与和平社会的唯一道路”。在其网站的主页（http：//gptu.net/gleft/greenleft.shtml）上，他们将自己定位为“绿党内部的生态社会主义和反资本主义派别”。在作为美国绿党“十大核心价值”之一的“社会正义和机会平等”中明确提出了反对“阶级压迫”的

① ［韩］具度万．韩国环境运动的社会学．首尔：文学与知性社，1996：256.

要求。可见，反对资本主义可能成为红色政治和绿色政治结成统一战线的基础。

绿色政治也有其国际政治层面的表现和诉求。反全球化是其集中的体现。全球化必然加剧国家之间的贫富差距，尤其是将资本主义对自然和劳动者的侵犯与掠夺向全球扩展。由于世界贸易组织（WTO）是全球化的主要载体和重要表现，因此，1999年的美国西雅图事件是世界反全球化运动兴起的标志。1999年11月，WTO部长级会议在西雅图召开期间，以美国劳联产盟（美国两大工会组织之一）和环保主义者为主，发起了震惊世界的针对WTO的强烈抗议活动。这次示威行动导致了西雅图会议的中断。可见，“对资本主义一个重新出现的挑战——让我们把它称做反对方案，它是一个反对全球化资本主义的方案，已经酝酿很多年了。它在1999年的西雅图突然闪亮进入众人目光之下，工会会员、环境保护主义者、第三世界的活动家、学生和数千其他人士聚集在那儿，由于他们看到了全球化的崇拜疯狂肆虐和毫无阻挡，而奋起抗议”[①]。此后，世界各地相继爆发了反全球化运动。例如，2003年5月，韩国环境运动联合会、绿色韩国联合等环境非政府组织参与了“韩国人民反对FTA（自由贸易协定）和WTO的行动”。他们要求把农民、工人、学生、妇女和环境活动家的斗争团结起来，以反对由新自由主义主导的全球化。在他们看来，自由化将只会带来人们权利的恶化，譬如，工人的权利、环境权、教育权、卫生保健权和其他公共服务权利。显然，反资本和反污染的要求在反全球化运动中是交织在一起的。

可见，只有将反资本支配的红色诉求援入绿色政治中，绿色政治才能获得新的发展机遇，实现自身的可持续发展。

随着晚期资本主义的发展，红色似乎从西方社会舞台上褪色了，但是，由于资本支配仍然是造成一切支配的本质原因，绿色运动仍然具有红色的基调。

① ［美］大卫·施韦卡特．超越资本主义．北京：社会科学文献出版社，2006：8.

## 四、生态和谐的制度建构

建立社会主义制度为建设生态文明提供了可能和基础，但是，现实的社会主义社会也不可能自发地形成生态文明，而必须在建设社会主义的过程中来自觉实现人与自然的和谐发展。社会主义和谐社会（和谐社会）为建设生态文明提供了现实的制度依托。

### （一）和谐社会的科学构想

构建和谐社会是科学发展观在社会形态上提出的科学构想，具有重大的战略意义。

追求社会和谐、建设美好社会始终是人类孜孜以求的一个社会理想，但是，只有马克思恩格斯的唯物史观才使之建立在科学的基础之上。按照马克思恩格斯的设想，未来社会将在打碎旧的国家机器、消灭私有制的基础上，消除阶级之间、城乡之间、脑体之间的对立和差别，极大地调动全体劳动者的积极性，使社会物质财富极大丰富、人民精神境界极大提高，实行各尽所能、各取所需，实现每个人自由而全面的发展，在人与自然之间、人与社会之间、人与自身之间都形成和谐的关系。今天，构建社会主义和谐社会，实质上是共产主义远大理想和社会主义初级阶段具体任务的高度统一的具体体现。

新中国成立后，中国共产党对中国特色社会主义的本质属性进行了艰辛而科学的探索。社会主义是从必然王国走向自由王国的第一步，但是，社会主义社会仍然存在着矛盾。社会主义社会的基本矛盾仍然是生产力和生产关系、经济基础和上层建筑的矛盾，它们既相适应又不相适应，从而推动着社会主义社会前进。就其本质来看，社会主义本质是解放生产力、发展生产力，消灭剥削，消除两极分化，最终达到共同富裕。由于人类社会是一个有机体，社会主义是全面发展、全面进步的社会，因此，既促进经济的发展，又促进社会的全面进步，是社会主义的本质要求。同时，根据马克思主义的社会理想，努力促进人的全面发展是马克思主义关于建设社会主义新社会的本质要求。因此，在全面建设小康社会的过程中，必须将“社会更加和谐”作为奋斗目标。在此基础上，党的十六届六中全会明确提出了“社会和谐是中国特色社会主义的本质属性”的科学判断。社会和谐就是要在科学化解社会主义矛盾的过程中，通过矛盾着的各方面的相反相成形成有利于实现社会全面发展和人的全面发展的新成果。但是，社会和谐的本质属性不能自动实现，必须在历史和现实、理论和实践的坐标中找到实现的科学途径。构建社会主义和谐社会就是实现这一要求的科学选择。

社会主义和谐社会是一个全体人民各尽其能、各得其所而又和谐相处的社会。根据马克思主义基本原理和我国社会主义建设的实践经验，根据新世纪新阶段我国经济社会发展的新要求和我国社会出现的新趋势新特点，我们所要建设的社会主义和谐社会，是一个民主法治、公平正义、诚信友爱、充满活力、安定有序、人与自然和谐相处的社会。民主法治，就是社会主义民主得到充分发扬，依法治国基本方略得到切实落实，各方面积极因素得到广泛调动；公平正义，就是社会各方面的利益关系得到妥善协调，人民内部矛盾和其他社会矛盾得到正确处理，社会公平和正义得到切实维护和实现；诚信友爱，就是全社会互帮互助、诚实守信，全体人民平等友爱、融洽相处；充满活力，就是能够使一切有利于社会进步的创造愿望得到尊重，创造活动得到支持，创造才能得到发挥，创造成果得到肯定；安定有序，就是社会组织机制健全，社会管理完善，社会秩序良好，人民群众安居乐业，社会保持安定团结；人与自然和谐相处，就是生产发展，生活富裕，生态良好。这些特征是相互联系、相互作用的，需要我们在实践中全面把握和具体运用。

总之，构建和谐社会的构想是马克思主义关于社会主义社会建设理论的丰富和发展。

### （二）和谐社会的生态内涵

在“人–自然”系统中，生活是目标，生产是基础，生态是保障，因此，人与自然和谐发展，就是要走生产发展、生活富裕、生态良好的文明发展道路。

生态化生产是生态文明的经济基础。社会要和谐首先要发展。但是，发展必须是可持续发展。这样，就必须推进生态化生产。生态化生产包括生产力和生产关系两个方面的生态化。在生产力方面，既要实现劳动者、劳动对象、劳动资料等实体性要素的生态化，又要促进科技、教育和制度（管理）等渗透性要素的生态化；既要按照生态化原则配置生产力要素，又要按照生态化原则促进生产力的发展。事实上，生态化是先进生产力的重大趋势和基本要求。在生产关系方面，既要建立和完善铲除生态异化的生产关系根源，又要建立和完善促进生态化的生产关系结构；在生产关系的调整中，既要发挥市场经济的优势，也要防范市场经济的失灵；既要阻止“公有地悲剧”的发生，又要防止“私有化闹剧”的出现。事实上，最能保证和促进生态化的生产关系也是最能保证和促进生产力发展的生产关系。同时，生态良好需要人们的精心呵护。因此，就需要雄厚的经济基础来支撑生态文明建设。没有物质生产的发展，没有物质产品的丰富，没有必要的人财物的投入，就不可能有良好生态。

> 生产力的可持续发展受到广泛的关注和重视。随着生产力的发展，人类对自然资源的利用和对环境产生的影响大幅度增加，资源浪费、环境破坏严重影响经济发展和人类的正常生活，可持续发展成为世界各国迫切需要解决的问题。在推进生产力发展的同时，人们越来越重视合理利用和节约资源，保护生态环境和美化生活环境，促进人与自然的和谐与协调。
>
> ——温家宝：《共同促进世界生产力的新发展》（2001年11月9日），《人民日报》2001年11月10日第2版。

生态化生活是生态文明的价值目标。人是自然界的一部分。这样，就要求人类必须将生命和生活融入自然中，将生活富裕建立在生态良好的基础上，过生态化的生活。对于个体来说，这就是要超越单纯地以物质需要的满足、物质产品的消费为目的的甚至是唯一目的的生活，就是要以人与自然的和谐为生活的准则。对于政府来说，这就是要有效地保护和满足人民群众的生态需要，切实维护人民群众的生态权益，使他们在良好的环境中生产和生活；就是要努力提高人民群众的生态素质、生态能力和生态水平，让他们积极主动地参与生态文明建设。从发展战略的角度来看，这就是要大力贯彻和落实可持续发展战略，将生态文明建设作为公共产品和公共服务的重要内容。因此，必须将生态化生活确立为生态文明的价值目标。单纯的绝对的生态中心主义事实上就是要消弭人的需要、尊严、价值，就是要毁灭人的生活。

保持生态良好是生态文明的基本保障。只有保持生态良好，才能保证生产发展和生活富裕。①生态良好是社会系统的物质外壳。不同的共同体在其自然环境中，找到不同的生产资料和生活资料，因而，其社会结构也就各不相同。只有保持生态良好，才能保证社会结构的合理化。同时，只有不断提高劳动生产率，才能保证社会的进化。撇开社会生产的不同发展程度不说，劳动生产率是同自然条件相联系的。②生态良好是和谐社会的物质平台。和谐社会存在着人与自然的和谐（生态和谐）、人与社会的和谐（人际和谐）、人与自身的和谐（个体和谐）三个方面。个体和谐追求的是人的全面的发展，是以个体生活的充分发展为前提的。自然界提供了直接的生活资料，因此，生态和谐是个体和谐的基本保证。同时，人际和谐的核心是物质利益的合理配置，取决于生产力的发展程度。自然界是生产力的自然前提和基本要素。没有生态和谐就不会有现实的生产力。因此，生态和谐是人际和谐的基本条件。可见，正是由于社会同自然之间存在着深刻而全面的物质变换，才保证了社会的存在和发展。

总之，人与自然和谐发展是社会主义和谐社会的基本要求和重大特征。

### （三）生态文明的制度依托

建设生态文明必须依托于合理的社会制度，社会主义和谐社会为生态文明建设提供了社会形态上的保障。

和谐社会为生态文明提供了现实的社会条件。和谐社会的其他五个特征，为实现人与自然的和谐发展提供了现实的社会条件。①民主法治是政治条件。人民当家作主是社会主义民主的本质和核心，因此，民主是保证生态参与的政治前提。法治是实现民主的重要手段。只有坚持依法治国，才能为基层民众反映其生态诉求、维护其生态权益提供法律保障。目前，必须将环境民主与环境法治结合起来，切实保障公民的环境权。②公平正义是价值支撑。公平正义事实上是一个以利益关系为核心、以文化水平为支撑、以价值目标为引导、以社会制度为保障的过程。实现生态和谐同样需要全方位的立体的公平正义。生态公平正义既关乎人与自然之间的利益关系，也波及人与社会之间的利益关系。因此，推进公平正义将为实现生态和谐提供价值支撑。③诚信友爱是道德前提。诚信即诚实守信，与守法度是一致的。友爱即友好亲爱，是基于信任的互助互爱。诚信友爱，不仅有利于人与社会的和谐，而且有利于人与自然的和谐。因此，我们要大力倡导以文明礼貌、助人为乐、爱护公物、保护环境、遵纪守法为主要内容的社会公德。④充满活力是发展动力。充满活力就是要尊重创造。在理论上，只有将批判性思维和创造性思维统一起来，才可能最终确立生态文明的独立地位。在实践上，只有让一切创造活力竞相迸发，才能形成有利于生态文明的空间结构、产业结构、生产方式、生活方式、思维方式和价值观念。最为关键的是，只有充分发挥人民群众的创造性，才能真正推动生态文明的发展。⑤安定有序是社会条件。安定有序是在有效化解社会矛盾的过程中实现的社会的条理化过程和秩序化状态。安定有序对实现生态平衡和生态和谐具有积极的正面作用。此外，安定有序也包括维护生态安全的要求。可见，和谐社会为建设生态文明提供了现实的社会条件。

和谐社会为生态文明提供了可行的建设途径。从中国特色社会主义总体布局出发，将生态文明建设渗透、贯穿于其他文明的建设中，是建设生态文明的现实路径。①增强生态文明的物质基础。只有把生态文明建设和物质文明建设统一起来，注意人口、环境、资源和社会、经济、科技的协调发展，大力发展绿色经济，才能实现可持续发展。②加强生态文明的政治保障。只有把生态文明建设和政治文明建设统一起来，推动环境民主，加强环境法治，大力发展绿色政治，才能为可持续发展提供政治保障。③巩固生态文明的精神支撑。只有把生态文明建设和精神文明建设结合起来，树立生态思维，弘扬生态道德，伸张生态正义，陶冶生态审美，大力发展绿色文化，坚持代表最广大人民群众的根本利益，才能做好人口资源环境工作。④夯实生态文明的社会基础。只有把生态文明建设同社会建设结合起来，将生态环境问题看作是影响民生的大事，将生态文明建设作为民生工程，才能调动起人民群众参与生态建设的能动性、积极性和创造性。总之，通过"五个建设"来推进"五个文明"进而推进生态文明建设，突出了社会有机体的系统性和协同性。

毋庸讳言，现实的社会主义也遭遇到了严重的生态环境问题，甚至对社会主义的合法性提出了挑战。事实上，"对社会主义国家环境问题的任何真正的理解都必须被置放在自20世纪早期以来主要的西方国家对社会主义所发动的政治—经济—军事—意识形态斗争的语境之中，同时，还必须被置放在第二次世界大战结束以来的冷战的语境之中"[①]。当然，我们也不能回避自己的责任和失误。正因为这样，更凸显了构建人与自然和谐发展的社会主义和谐社会的必要性和重要性，更突出了实现人道主义和自然主义相统一的共产主义的必要性和重要性。

不论怎样，社会主义和谐社会是实现生态和谐、建设生态文明的唯一制度依托，因此，社会主义生态文明是可能的，中国特色社会主义生态文明是可能的。目前，我们必须按照党的十八大提出的要求，努力走向社会主义生态文明新时代。同样，只有坚持社会主义，美丽中国才能从理想变为现实。

① [美]詹姆斯·奥康纳. 自然的理由——生态学马克思主义研究. 南京：南京大学出版社，2003：419.

## 五、生态文明的光明未来

共产主义是人与自然的矛盾、人与社会的矛盾的真正解决，因此，只有共产主义代表着生态文明的光明未来和前进方向。

### （一）共产主义社会的生态愿景

作为科学共产主义的创立者，马克思恩格斯从来不抽象地预测未来社会的走向，而总是在深刻把握社会发展规律、批判资本主义危机的过程中，去考察未来共产主义的发展趋势。在人与自然关系的未来走向上，马克思恩格斯同样坚持的是这种科学方法论。

人道主义和自然主义的统一。在《1844年经济学哲学手稿》中，马克思在批判异化劳动造成的生态异化的过程中，在深刻洞悉人与自然辩证关系的基础上，认为只有扬弃私有制才能扬弃异化，进而才能实现人与自然的统一。在马克思看来，共产主义是人与自然完成了的本质的统一，是完成了的人道主义和完成了的自然主义的统一。

人与自然的和解、人与自身的和解的统一。在《国民经济学批判大纲》中，恩格斯将人与自然看作是生产的两个要素，揭示出私有制是造成人与自然分离的根本原因，认为瓦解一切私人利益只不过是替人类面临的大转变，即人类与自然的和解以及人类本身的和解开辟道路。这里，恩格斯将实现“两个和解”看作是无产阶级革命的基本任务。

物种提升和社会提升的统一。在《自然辩证法》中，恩格斯揭露了资本主义在征服自然力的过程中所造成的既发展生产又导致危机的双重后果，批评了将自由竞争、生存斗争抽象地运用于人类社会的错误，认为只有一个有计划地从事生产和分配的自觉的社会生产组织，才能在社会方面把人从其余的动物中提升出来，正像生产曾经在物种方面把人从其余的动物中提升出来一样。为此，必须消灭现有的生产方式和社会制度。

合理调节人与自然之间的物质变换。在《资本论》中，马克思在考察从必然王国向自由王国飞跃的历史必然性的过程中，批判了资本主义造成的人与自然之间物质变换断裂的危害性，提出了合理调节物质变换的要求。在他看来，“社会化的人，联合起来的生产者，将合理地调节他们和自然之间的物质变换，把它置于他们的共同控制之下，而不让它作为一种盲目的力量来统治自己；靠消耗最小的力量，在最无愧于和最适合于他们的人类本性的条件下来进行这种物质变换”[①]。可见，只有在自由人的联合体中，才可能合理而人道地实现人与自然之间的物质变换，实现人与自然的和谐。

总之，只有共产主义才能真正实现人与自然的和谐、人与社会的和谐、人与自身的和谐。

### （二）共产主义新人的生态向度

共产主义之所以代表着生态文明的未来方向、共产主义生态文明之所以是可能的，就在于它是人的自由而全面发展的社会。人的自由而全面的发展要求人必须成为“生态人”。

生态人的历史建构。从人的发展的角度来看，可以将社会形态的演进划分为人对人的依赖、人对物的依赖、人的自由而全面的发展三个阶段。生态人就是在这个过程中成为可能的。①人对人的依赖阶段的人的发展。人对人的依赖起初是自然产生的。在这个阶段，人的生产能力只是在狭小的范围内和孤立的地点上发展着。这样，不仅形成了人对人的依赖，而且形成了人对自然的依赖。这样的人是“自然人”，即听天由命的人。这一阶段大体上就是前资本主义社会。②人对物的依赖阶段的人的发展。人对物的依赖是社会发展的第二个阶段。在这个阶段，形成了普遍的物质变换、全面的关系、多方面的需求以及全面的能力的体系。尽管它为人的解放进行了一定的准备，但是，由于“物”成为支配一切的力量，这样，人就堕落成为谋生或赚钱的工具，成为“单面人”。这样的人，既是生态异化的牺牲品，又是生态异化的帮凶。这一阶段即资本主义阶段。③人的

① 马克思恩格斯文集：第7卷．北京：人民出版社，2009：928—929．

自由而全面发展的阶段。建立在个人全面发展和他们共同的、社会的生产能力成为从属于他们的社会财富这一基础上的自由个性，是第三个阶段。在这一阶段，人开始真正把自然当作自己的“现实躯体”来认识，并以科学的、人道的方式来调节人与自然之间的物质变换。这样，人就成为亲自然、亲生态的人，即“生态人”。这一阶段即未来的共产主义社会。尽管生态人在未来才可能出现，但是，在建设社会主义新社会的今天，我们也必须努力培养和造就生态人。

生态人的现实发生。对于人的生存和发展来说，自然具有先在性、条件性和客观性，是人为了不至于死亡而必须不断与之进行物质变换的人的无机身体。这种无机身体是人们生活、生产以及从事精神生产的客观条件和对象。这样看来，“个人的全面性不是想象的或设想的全面性，而是他的现实联系和观念联系的全面性。由此而来的是把他自己的历史作为过程来理解，把对自然界的认识（这也作为支配自然界的实践力量而存在着）当做对他自己的现实躯体的认识。发展过程本身被设定为并且被意识到是这个过程的前提。但是，要达到这点，首先必须使生产力的充分发展成为生产条件，不是使一定的生产条件表现为生产力发展的界限”[①]。只有将自然作为自己的另一个身体来认识，才能把握自然的规律，才能恢复人与自然的有机联系，进而才能科学地实现人与自然之间的物质变换，这样，才能夯实人的全面发展的自然物质基础。不仅如此，由于自然是人类之母，人还要尊重自然和热爱自然。以尊重和热爱的态度对待自然，还可以塑造人的尊贵的品性、完善人的健全的人格、提升人的高尚的境界。可见，生态人是人的自由而全面发展的内在的生态要求和生态向度。

积极自然主义的所有支持者的梦想已经拥有“生态人”（homo oecologicus）的肌体和精神。为其正名，就是对存在物的

① 马克思恩格斯文集：第8卷. 北京：人民出版社，2009：172.

表征。乍看起来，这让我们想到一个生物人，或者像动植物一样天真无邪的人——这是荒谬的，而生态人应该明确关注所有的存在物，他的第一要务是保证在其居所中持久地生活下去，从而将自己获得的知识和经验世代相传。这要求发展一种长期意识，即适应各种活动和每个存在领域的独特节奏，从而为完成必要的任务而减速或加速。因此需要在生命现象的连续体（continuum）中感觉和行动，这意味着轮替和节奏，不同于我们线性的观念和线性、离散的机械现象。无论生态人选择的是被动的自然还是能动的自然，他都关注自然不可替代的杰作——植物和动物——的存续，它们首先是进化的创造，其次也是人类驯化的成果。

——［法］塞尔日·莫斯科维奇：《还自然之魅——对生态运动的思考》，北京：生活·读书·新知三联书店，2005：131页。

生态人的科学规定。生态人是尊重自然生态规律，科学、合理、能动地实现人与自然和谐发展的人，是人的自由而全面发展的生态要求和生态向度。与“自然人”相比，它突出的是人能动地认识和改造世界的主体性；与“单面人”相比，它强调的是人与自然和谐发展对于人的自由而全面发展的价值和意义；与市场逻辑造就的“经济理性人”相比，它彰显的是人类保护自然的责任和义务。在现实中尤其是在当代中国，生态人的实质无非是要提高人的生态素养。生态素养是认知、情感、意志、能力的高度的有机的统一。①生态认知。生态认知是在生态感知基础上形成的自觉的生态意识。生态感知是人与自然的有机联系通过人的感觉器官中的人脑所获得的反映。生态意识是一种反映人与自然关系的整体性与综合性的观念。在逻辑上，一般以事实判断的形式出现。如：人与自然的关系是一种系统性的关系。②生态情感。生态情感是在人对自然价值认识和评价的过程中形成的尊重和热爱自然的趣味、情怀、心境和情操。在逻辑上，一般以肯定价值判断的形式出现。如：人类必须尊重和热爱自然。③生态意志。生态意志是人调节自己与自然交往的控制力、耐久力，一般通过生态责任表现出来，主要防范人对自然的破坏和污染。在逻辑上，一般以否定价值判断的形式出现。如：人不应该破坏和污染自然。④生态能力。生态能力是基于生态事实判断和生态价值判断而在实际生活和生产过程中形成的协调人与自然关系的实际能力。这是人所具有的惠及自然的能力。当然，提升人的生态素养、塑造生态人是一项复杂的社会系统工程。

总之，生态人是人道主义和自然主义相统一的主体表现和结晶，是人类对生态文明在主体自我发展方面的自觉把握、理性反思、情感投射和能动实践。

### （三）实现共产主义理想的科学选择

只有在社会方面和物种方面把人从其他的动物中提升出来，才能真正实现人的自由而全面的发展，才能真正实现人与自然的和谐，建立起高度发达的生态文明。

必须在社会方面将人从其他动物中提升出来。生产资料私有制，既是造成社会异化的根源，也是造成生态异化的根源。在资本主义条件下，这一点表现得尤为明显。作为人类共同财富的自然界通过私有化已经成为资本家的私有物品，但是，自然界所具有的生态属性（生态阈值）决定了资源私有化不仅不可能带来效益的最大化，而且会加剧资源枯竭；同时，作为消化外部不经济性的环境却被公共化了，成为资本家肆意排放废弃物的场所，但是，自然界的涵容能力是有限的（生态阈值），这样，就需要整个社会尤其是无产者和劳动者来承受污染的代价。为此，必须通过无产阶级革命彻底消灭私有制，建立无产阶级专政的社会主义国家。只有生产资料的公有制才能保证自然成为人们共同的生活资料、享受资料和发展资料，使自然在满足人的需要的过程中真正成为人的“无机的身体”，这样，才能促进人与自然的和谐发展。这是开展广泛的生态转化运动和创造可持续发展的社会的必然选择。

必须在物种方面将人从其他动物中提升出来。资本主义造成了人与自然之间物质变换的断裂，使人进一步退回到了动物状态，因此，必须进行生产力革命，使人从自然中解放出来。科学认识世界是有效改造世界的前提。为此，必须尊重自然规律，要看到客观事物的系统关联。这样，就需要人类不断地深化对自然规律的科学认识，必须要对自己的行为后果及其滞后性有清醒的认识。在此前提下，只有在社会生产力极大发展的基础上，才可能实现人与自然的和谐发展。“在这个转变中，表现为生产和财富的宏大基石的，既不是人本身完成的直接劳动，也不是人从事劳动的时间，而是对人本身的一般生产力的占有，是人对自然界的了解和通过人作为社会体的存在来对自然界的统治，总之，是社会个人的发展。”[①]显然，只有生态化的生产力才能为生态和谐提供坚实的经济基础、技术条件乃至全面发展的人。事实上，生产力是有效地实现人与自然之间物质变换的实际能力，是人对自然的改造和征服与保护和养育的统一。总之，自由是对必然的科学认识和对世界的合理改造。社会主义是人类走向自由王国的第一步。

可见，只有在从必然王国向自由王国飞跃的过程中，才能真正实现人的自由而全面的发展，才能真正实现人与自然的和谐发展。

实现共产主义的过程就是实现人与自然和谐发展的过程。正如马克思指出的：“共产主义是对私有财产即人的自我异化的积极的扬弃，因而是通过人并且为了人而对人的本质的真正占有；因此，它是人向自身、也就是向社会的即合乎人性的人的复归，这种复归是完全的，是自觉实现并在以往发展的全部财富的范围内实现的复归。这种共产主义，作为完成了的自然主义，等于人道主义，而作为完成了的人道主义，等于自然主义，它是人和自然界之间、人和人之间的矛盾的真正解决，是存在和本质、对象化和自我确证、自由和必然、个体和类之间的斗争的真正解决。它是历史

① 马克思恩格斯文集：第8卷. 北京：人民出版社，2009：196.

之谜的解答，而且知道自己就是这种解答。”[①]可见，共产主义就是生态文明的未来和方向！社会主义生态文明是迈向共产主义生态文明万里长征的第一步。建设美丽中国不仅是实现中华民族伟大复兴“中国梦”的重要内容，而且是走向社会主义生态文明新时代的科学选择。

① 马克思恩格斯文集：第1卷．北京：人民出版社，2009：185—186．

# 参考文献

## 【马克思主义经典著作】

1. 马克思恩格斯文集：第1—10卷．北京：人民出版社，2009.

2. 马克思恩格斯全集：第3卷．第2版．北京：人民出版社，2002.

3. 马克思恩格斯全集：第30卷．第2版．北京：人民出版社，1995.

4. 马克思恩格斯全集：第31卷．第2版．北京：人民出版社，1998.

5. 马克思恩格斯全集：第32卷．第2版．北京：人民出版社，1998.

6. 马克思恩格斯全集：第33卷．第2版．北京：人民出版社，2004.

7. 马克思恩格斯全集：第44卷．第2版．北京：人民出版社，2001.

8. 马克思恩格斯全集：第45卷．第2版．北京：人民出版社，2003.

9. 马克思恩格斯全集：第46卷．第2版．北京：人民出版社，2003.

10. 马克思恩格斯全集：第2卷．北京：人民出版社，1957.

11. 马克思恩格斯全集：第4卷．北京：人民出版社，1958.

12. 马克思恩格斯全集：第9卷．北京：人民出版社，1961.

13. 马克思恩格斯全集：第16卷．北京：人民出版社，1964.

14. 马克思恩格斯全集：第19卷．北京：人民出版社，1963.

15. 马克思恩格斯全集：第26卷Ⅰ册．北京：人民出版社，1972.

16. 马克思恩格斯全集：第26卷Ⅲ册．北京：人民出版社，1974.

17. 马克思恩格斯全集：第27卷．北京：人民出版社，1972.

18. 马克思恩格斯全集：第39卷．北京：人民出版社，1974.

19. 马克思恩格斯全集：第42卷．北京：人民出版社，1979.

20. 马克思恩格斯全集：第45卷．北京：人民出版社，1985.

21. 马克思恩格斯全集：第47卷．北京：人民出版社，1979.

22. 马克思恩格斯全集：第48卷．北京：人民出版社，1985.

23. 恩格斯．自然辩证法．北京：人民出版社，1984.

24. 列宁选集：第1—4卷．第3版．北京：人民出版社，1995.

25. 列宁全集：第5卷．第2版．北京：人民出版社，1986.

26. 列宁全集：第55卷．第2版．北京：人民出版社，1990.

27. 列宁专题文集(论资本主义)．北京：人民出版社，2009.

28. 广州市环境保护宣传教育中心，编．马克思恩格斯论环境．北京：中国环境科学出版社，2003.

**【中国化马克思主义文献和中央文件】**

1. 毛泽东文集：第6、7、8卷．北京：人民出版社，1999.

2. 邓小平文选：第2、3卷．北京：人民出版社，1994.

3. 江泽民文选：第1、2、3卷．北京：人民出版社，2006.

4. 江泽民论有中国特色社会主义（专题摘编）．北京：中央文献出版社，2002.

5. 新时期环境保护重要文献选编．北京：中央文献出版社, 中国环境科学出版社，2001.
6. 十六大以来重要文献选编：上．北京：中央文献出版社，2005.
7. 十六大以来重要文献选编：中．北京：中央文献出版社，2006.
8. 十六大以来重要文献选编：下．北京：中央文献出版社，2008.
9. 十七大以来重要文献选编：上．北京：中央文献出版社，2009.
10. 十七大以来重要文献选编：中．北京：中央文献出版社，2011.
11. 十七大以来重要文献选编：下．北京：中央文献出版社，2013.
12. 胡锦涛．携手应对气候变化挑战——在联合国气候变化峰会开幕式上的讲话．人民日报，2009-09-23（2）.
13. 胡锦涛．共同发展　共享繁荣——在亚太经合组织工商领导人峰会上的演讲．人民日报，2010-11-14（2）.
14. 胡锦涛．深化互利合作　实现共同发展——在亚太经合组织第十八次领导人非正式会议上的讲话．人民日报，2010-11-15（2）.
15. 胡锦涛．在中国2010年上海世界博览会总结表彰大会上的讲话．人民日报，2010-12-28（2）.
16. 胡锦涛．在庆祝清华大学建校100周年大会上的讲话．人民日报，2011-04-25（2）.
17. 胡锦涛．在庆祝中国共产党成立90周年大会上的讲话．人民日报，2011-07-02.
18. 胡锦涛．在中国科学院第十六次院士大会、中国工程院第十一次院士大会上的讲话．人民日报，2012-06-12（2）.
19. 胡锦涛．坚定不移沿着中国特色社会主义道路前进　为全面建成小康社会而奋斗——在中国共产党第十八次全国代表大会上的报告．北京：人民出版社，2012.

20. 中国共产党章程．北京：人民出版社，2012.

21. 温家宝．共同促进世界生产力的新发展. 人民日报，2001-11-10（2）.

22. 温家宝．携手合作　共同创造可持续发展的未来——在第三届东亚峰会上的讲话．http：//politics.people.com.cn/GB/100431/6560360.html.

23. 温家宝．政府工作报告. 人民日报，2010-03-16（1-3）.

24. 温家宝．政府工作报告. 人民日报，2011-03-16（1-3）.

25. 温家宝．中国坚定走绿色和可持续发展道路——在世界未来能源峰会上的讲话．人民日报，2012-01-17（3）.

26. 温家宝．政府工作报告．人民日报，2012-03-16（1-3）.

27. 温家宝．共同谱写人类可持续发展新篇章——在联合国可持续发展大会上的演讲．人民日报，2012-06-21（2）.

28. 温家宝．创新理念　务实行动　坚持走中国特色可持续发展之路——在联合国可持续发展大会高级别圆桌会上的发言. 人民日报，2012-06-22（2）.

29. 温家宝．战胜贫困　共享人类发展成果——在“最不发达国家与里约＋20”高级别边会上的讲话．人民日报，2012-06-23（2）.

30. 习近平．紧紧围绕坚持和发展中国特色社会主义　学习宣传贯彻党的十八大精神．人民日报，2012-11-19（2）.

31. 习近平．认真学习党章　严格遵守党章. 人民日报，2012-11-20（1）.

32. 李克强．认真学习深刻领会全面贯彻党的十八大精神　促进经济持续健康发展和社会全面进步．人民日报，2012-11-21（3）.

33. 中国21世纪议程——中国21世纪人口、环境与发展白皮书．北京：中国环境科学出版社，1994.

34. 中华人民共和国国民经济和社会发展第十二个五年规划纲要．北京：人民出版社，2011．

35. 中共中央关于深化文化体制改革推动社会主义文化大发展大繁荣若干重大问题的决定．人民日报，2011-10-26（1，5，6）．

36. 中共中央关于全面深化改革若干重大问题的决定．北京：人民出版社，2013．

37. 中华人民共和国国务院新闻办公室．中国的民族政策与各民族共同繁荣发展．http：//www.gov.cn/zwgk/2009-09/27/content_1427930.htm．

38. 中华人民共和国国务院新闻办公室．中国农村扶贫开发的新进展．http：//www.gov.cn/gzdt/2011-11/16/content_1994683.htm．

39. 中华人民共和国国务院新闻办公室．国家人权行动计划（2012—2015年）．http：//www.gov.cn/jrzg/2012-06/11/content_2158166.htm．

40. 国家中长期科学和技术发展规划纲要（2006—2020年）．http：//www.gov.cn/jrzg/2006-02/09/content_183787.htm．

41. 中国农村扶贫开发纲要（2011—2020年）．http：//www.gov.cn/jrzg/2011-12/01/content_2008462.htm．

42. 人口和计划生育事业发展“十二五”规划．http：//www.chinapop.gov.cn/xxgk/tzgg/201204/t20120423_386691.html．

43. 国家环境保护“十二五”规划．北京：中国环境科学出版社，2012．

44. 国家环境保护“十二五”科技发展规划．http：//www.gov.cn/gongbao/content/2012/content_2076111.htm．

45. 全国环境宣传教育行动纲要（2011—2015年）．http：//www.zhb.gov.cn/gkml/hbb/bwj/201105/t20110506_210316.htm．

46. 国家综合防灾减灾“十二五”规划．http：//www.jianzai.gov.cn/portal/html/2c92018234b27e700134b283f42c0013/_content/12_01/09/1326099096289.html.

47. 城乡建设防灾减灾“十二五”规划．http：//politics.people.com.cn/h/2011/0923/c226651-2805677910.html.

48. 国家防灾减灾科技发展“十二五”专项规划．http：//www.most.gov.cn/fggw/zfwj/zfwj2012/201206/t20120608_94920.htm.

【统计资料】

1. 国家统计局，编．2012国际统计年鉴．北京：中国统计出版社，2012.

2. 国家统计局，编．中国统计年鉴2011．北京：中国统计出版社，2011.

3. 国家统计局，环境保护部，编．2010中国环境统计年鉴．北京：中国统计出版社，2010.

4. 国家统计局，环境保护部，编．2011中国环境统计年鉴．北京：中国统计出版社，2011.

5. 国家统计局社会科技和文化产业统计司，编．2011中国社会统计年鉴．北京：中国统计出版社，2011.

6. 国家统计局社会和科技统计司，编．“十五”时期环境统计（内部资料）．

7. 国家统计局社会和科技统计司，编．“十一五”时期环境统计（内部资料）．

## 【中国可持续发展战略研究报告和社会发展研究报告】

1. 中国科学院可持续发展战略研究组．2006中国可持续发展战略报告——建设资源节约型和环境友好型社会．北京：科学出版社，2006.
2. 中国科学院可持续发展战略研究组．2008中国可持续发展战略报告——政策回顾与展望．北京：科学出版社，2008.
3. 中国科学院可持续发展战略研究组．2011中国可持续发展战略报告——实现绿色的经济转型．北京：科学出版社，2011.
4. 中国科学院可持续发展战略研究组．2012中国可持续发展战略报告——全球视野下的中国可持续发展．北京：科学出版社，2012.
5. 中国现代化战略研究课题组，中国科学院中国现代化研究中心．中国现代化报告2007——生态现代化研究．北京：北京大学出版社，2007.
6. 杨东平，主编．中国环境发展报告2010．北京：社会科学文献出版社，2010.
7. 杨东平，主编．中国环境发展报告2011．北京：社会科学文献出版社，2011.

## 【生态马克思主义和生态社会主义】

1. ［德］施密特．马克思的自然概念．北京：商务印书馆，1988.
2. ［加］本·阿格尔．西方马克思主义概论．北京：中国人民大学出版社，1991.
3. ［美］赫伯特·马尔库塞．单面人．长沙：湖南人民出版社，1988.
4. 弗洛姆著作精选——人性·社会·拯救．上海：上海人民出版社，1989.

5. [加] 威廉·莱斯．自然的控制．重庆：重庆出版社，1993．

6. [美] 詹姆斯·奥康纳．自然的理由——生态学马克思主义研究．南京：南京大学出版社，2003．

7. [美] 约翰·贝拉米·福斯特．马克思的生态学——唯物主义与自然．北京：高等教育出版社，2006．

8. [美] 约翰·贝拉米·福斯特．生态危机与资本主义．上海：上海译文出版社，2006．

9. [英] 戴维·佩珀．生态社会主义：从深生态学到社会正义．济南：山东大学出版社，2005．

10. [印] 萨拉·萨卡．生态社会主义还是生态资本主义．济南：山东大学出版社，2008．

11. PARSONS HOWARD L，ed．Marx and Engels on Ecology. Greenwood Press，1977.

12. BENTON TED．The Greening of Marxism．The Guilford Press，1996.

13. GORZ ANDRÉ．Ecology As Politics. South End Press，1980.

14. BURKETT PAUL．Marx and Nature： A Red and Green Perspective. St.Marlin's Press，1999.

15. BURKETT PAUL．Marxism and Ecological Economics： Toward a Red and Green Political Economy． Brill，2006.

16. KOVEL JOEL．The Enemy of Nature： The End of Capitalism of the End of the World？. Fernwood Publishing，2007.

17. RYLE MARTIN．Ecology and Socialism．Radius，1988.

## 【生态科学、环境科学、系统科学】

1. ［美］奥德姆．生态学基础．北京：人民教育出版社，1981.

2. ［比］迪维诺．生态学概论．北京：科学出版社，1987.

3. ［美］罗伯特·梅．理论生态学．北京：科学出版社，1982.

4. ［美］拉兹洛．用系统论的观点看世界．北京：中国社会科学出版社，1985.

5. ［美］威廉·坎宁安．美国环境百科全书．长沙：湖南科学技术出版社，2003.

6. ［美］芭芭拉·沃德， 勒内·杜博斯．只有一个地球．长春：吉林人民出版社，1997.

7. 马世骏，主编．现代生态学透视．北京：科学出版社，1990.

8. 李文华，赵景柱， 主编．生态学研究回顾与展望．北京：气象出版社，2004.

9. 孙鸿烈，主编．中国生态问题与对策．北京：科学出版社，2011.

10. 中国生态学学会．2009—2010生态学学科发展报告．北京：中国科学技术出版社，2010.

11. 中国环境科学学会．2008—2009环境科学技术学科发展报告．北京：中国科学技术出版社，2009.

12. 中华人民共和国环境保护部科技标准司，中国环境保护产业协会．环境保护技术发展报告（2008版）．北京：中国环境科学出版社，2009.

## 【哲学社会科学的生态化和生态化的哲学社会科学】


1. ［德］黑格尔．自然哲学．北京：商务印书馆，1980．

2. 海德格尔选集：上，下．上海：生活·读书·新知上海三联书店，1996．

3. ［德］海德格尔．诗·语言·思．北京：文化艺术出版社，1990．

4. ［德］汉斯·萨克塞．生态哲学．北京：东方出版社，1991．

5. ［法］阿尔贝特·施韦泽．敬畏生命．上海：上海社会科学院出版社，2003．

6. ［法］阿尔贝特·施韦泽．文化哲学．上海：上海人民出版社，2008．

7. ［美］奥尔多·利奥波德．沙乡年鉴．长春：吉林人民出版社，1997．

8. ［美］阿诺德·柏林特．环境美学．长沙：湖南科学技术出版社，2006．

9. ［加］卡尔松．环境美学．成都：四川人民出版社，2006．

10. ［英］戈德史密斯．生存的蓝图．北京：中国环境科学出版社，1987．

11. ［美］伊金斯．生存经济学．合肥：中国科学技术大学出版社，1991．

12. ［美］赫尔曼·戴利．超越增长：可持续发展的经济学．上海：上海译文出版社，2001．

13. 托达罗．第三世界的经济发展．北京：中国人民大学出版社，1988．

14. ［美］西奥多·舒尔茨．论人力资本投资．北京：北京经济学院出版社，1990．

15. ［英］安德鲁·多布森．绿色政治思想．济南：山东大学出版社，2005．

16. ［美］丹尼尔·科尔曼．生态政治——建设一个绿色社会．上海：上海译文出版社，2002．

17. 联合国环境规划署．环境法与可持续发展．北京：中国环境科学出版社，1996.

18. ［英］安东尼·吉登斯．现代性的后果．南京：译林出版社，2000.
19. ［德］乌尔里希·贝克．世界风险社会．南京：南京大学出版社，2004.
20. PORTA DONATELLA DELLA， et al. 社会运动概论．台北：巨流图书有限公司，2002.
21. ［美］比尔·麦吉本，等．消费的欲望．北京：中国社会科学出版社，2007.
22. ［日］饭岛伸子．环境社会学．北京：社会科学文献出版社，1999.
23. ［日］鸟越皓之．环境社会学——站在生活者的角度思考．北京：中国环境科学出版社，2009.
24. ［加］约翰·汉尼根．环境社会学．北京：中国人民大学出版社，2009.
25. ［美］迈克尔·贝尔．环境社会学的邀请．北京：北京大学出版社，2010.
26. ［法］塞尔日·莫斯科维奇．还自然之魅——对生态运动的思考．北京：生活·读书·新知三联书店，2005.
27. ［英］克里斯·卢茨，主编．西方环境运动：地方、国家和全球向度．济南：山东大学出版社，2005.
28. 王俊秀．全球变迁与变迁全球：环境社会学的视野．台北：巨流图书有限公司，2001.
29. 何明修．绿色民主：台湾环境运动的研究．台北：群学出版有限公司，2006.
30. ［美］唐纳德·沃斯特．自然的经济体系——生态思想史．北京：商务印书馆，1999.

31. [英] 克莱夫·庞廷. 绿色世界史——环境与伟大文明的衰落. 上海：上海人民出版社，2002.

32. [德] 约阿希姆·拉德卡. 自然与权力——世界环境史. 保定：河北大学出版社，2004.

33. [美] 唐纳德·休斯. 什么是环境史. 北京：北京大学出版社，2008.

34. [英] 帕尔默. 21世纪的环境教育——理论、实践、进展与前景. 北京：中国轻工业出版社，2002.

35. 赵中建，选编. 全球教育发展的研究热点——90年代来自联合国教科文组织的报告. 北京：教育科学出版社，2001.

36. 田青，等. 环境教育与可持续发展的教育联合国会议文件汇编. 北京：中国环境科学出版社，2011.

37. 中华人民共和国教育部. 小学环境教育实施指南. 北京：北京师范大学出版社，2003.

38. [美] 弗·卡普拉. 转折点——科学·社会·兴起中的新文化. 北京：中国人民大学出版社，1989.

39. [日] 岩佐茂. 环境的思想：环境保护与马克思主义的结合处. 北京：中央编译出版社，2006.

40. [日] 岩佐茂. 环境的思想与伦理. 北京：中央编译出版社，2011.

41. 刘思华. 生态马克思主义经济学原理. 北京：人民出版社，2006.

42. 李惠斌，薛晓源，王治河，主编. 生态文明与马克思主义. 北京：中央编译出版社，2008.

43. ZIMMERMAN MICHAEL E，et al. Environmental Philosophy： From Animal Rights to Radical Ecology. Prentice Hall，1993.

44. STERBA JAMES P．Earth Ethics. Second Edition．Prentice Hall，2000.

45. Edited by REDCLIFT MICHAEL，WOODGATE GRAHAM，ELGAR EDWARD. The International Handbook of Environmental Sociology. 1997.

46. BOOKCHIN MURRAY．Which Way for the Ecology Movement?．AK Press， 1994.

47. WILLIE CHARLES V，et al. Grassroots Social Action： Lessons in People Power Movements．the Lanham press， 2008.

48. LEE YOK-SHIU F，et al. Asia's Environmental Movements： Comparative Perspectives．M.E.Sharpe，Inc，1999.

49. KALLAND ARNE，PERSOON GERARD．Environmental Movements In Asia. Gurzon Press， 1998.

50. ELVIN MARK．The Retreat of the Elephants．Yale University Press，2004.

51. SARDA MICHEL F．Mind Garden： Conservations with Paolo Soleri．Bridgewood Press， 2007.

## 【国外生态思潮和环境思潮】

1. ［美］丹尼斯·米都斯，等．增长的极限——罗马俱乐部关于人类困境的报告．长春：吉林人民出版社，1997.

2. ［意］奥雷利奥·佩西．未来的一百页——罗马俱乐部总裁的报告．北京：中国展望出版社，1984.

3. ［意］奥雷利奥·佩西．人的素质．沈阳：辽宁大学出版社，1988.

4. ［美］卡恩，等．今后二百年：美国和世界的一幅远景．上海：上海译文出版社，1980.

5. ［美］朱利安·林肯·西蒙．没有极限的增长．成都：四川人民出版社，1985.

6. ［美］朱利安·林肯·西蒙，哈尔曼·卡恩．资源丰富的地球：驳《公元2000年的地球》．北京：科学技术文献出版社，1988.

7. ［美］卡洛琳·麦茜特．自然之死——妇女、生态和科学革命．长春：吉林人民出版社，1999.

8. ［美］查伦·斯普瑞特奈克．真实之复兴．北京：中央编译出版社，2001.

9. ［澳］薇尔·普鲁姆德．女性主义与对自然的主宰．重庆：重庆出版社，2007.

10. ［美］默里·布克金．自由生态学：等级制的出现与消解．济南：山东大学出版社，2008.

11. ［美］大卫·雷·格里芬．后现代科学——科学魅力的再现．北京：中央编译出版社，1998.

12. ［美］大卫·雷·格里芬．后现代精神．北京：中央编译出版社，1998.

13. ［美］小约翰·科布，大卫·雷·格里芬．过程神学．北京：中央编译出版社，1999.

14. NAESS ARNE．Ecology， Community and Lifestyle．Cambridge University Press，1989.

15. NAESS ARNE． Life's Philosophy： Reason and Feeling in Deeper World. The University of Georgia Press， 2002.

16. BOOKCHIN MURRY．Toward an Social Ecology．Black Rose Books，

1980.

17. BOOKCHIN MURRY．The Philosophy of Social Ecology．Black Rose Books， 1995.

18. KEULARTZ JOZEL．Struggle for Nature： A Critique of Radical Ecology. Routledge， 2003.

19. MOL ARTHUR P J，et al. Ecological Modernization Around the World. Routledge， 2000.

## 【中国文化（东方文化）与可持续发展（生态文明）】

1. ［德］阿尔伯特·史怀泽．中国思想史．北京：社会科学文献出版社，2009.

2. ［英］汤因比，［日］池田大作．展望二十一世纪——汤因比与池田大作对话录．北京：国际文化出版公司，1985.

3. 张云飞．天人合一——儒学与生态环境．成都：四川人民出版社，1995.

4. 张云飞．中国农家．北京：宗教文化出版社，1996.

5. TUCKER MARY EVELYN，et al. Confucianism and Ecology．Harvard University Press， 1998.

6. TUCKER MARY EVELYN，et al. Buddhism and Ecology．Harvard University Press，1997.

7. GIRARDOT N J，et al. Daoism and Ecology．Harvard University Press，2001.

## 【生态文明学术论文】


1. [德] 霍斯特・保尔. 马克思、恩格斯和生态学. 国外社会科学动态，1986（1）.

2. [英] 帕森斯. 自然生态与社会经济的相互关系——马克思和恩格斯的有关论述. 生态经济，1991（2）.

3. [日] 岩佐茂. 实践唯物论与生态思想. 马克思主义与现实，2001（2）.

4. [美] 约翰・贝拉米・福斯特. 马克思主义生态学与资本主义. 当代世界与社会主义，2005（3）.

5. [美] 约翰・贝拉米・福斯特. 社会主义的复兴. 代世界与社会主义，2006（1）.

6. [德] 莫尔. 罗马俱乐部的审慎魅力. 国外社会科学，1994（10）.

7. [挪] 奈斯. 浅层生态运动与深层、长远生态运动概要. 哲学译丛，1998（4）.

8. [美] 查伦・斯普瑞特奈克. 生态女权主义建设性的重大贡献. 国外社会科学，1997（6）.

9. [美] 查伦・斯普瑞特奈克. 生态女权主义哲学中的彻底的非二元论. 国外社会科学，1997（6）.

10. [美] 查伦・斯普瑞特奈克. 生态后现代主义对中国现代化的意义. 马克思主义与现实，2007（2）.

11. [美] 默里・布克金. 社会生态学导论. 南京林业大学学报：人文社会科学版，2007（1）.

12. [德] 马丁・耶内克. 生态现代化理论：回顾与展望. 马克思主义与现

实，2010（1）.

13. ［加］杰夫·尚茨．激进生态学与阶级理论．国外理论动态，2006（1）.

14. ［荷］沃特·阿赫特贝格．民主、正义与风险社会：生态民主政治的形态与意义. 马克思主义与现实，2003（3）.

15. 中华环保联合会．中国环保民间组织发展状况报告．环境保护，2006（5）.

16. 廖晓义．敬畏自然. 群言，2003（7）.

17. 廖晓义．以草根行动推进绿色消费. 绿叶，2007（6）.

18. 廖晓义．回归乐和，探寻中国式环保之路——地球村15年．绿叶，2011（3）.

19. ODUM EUGENE P．Great Ideas in Ecology for the 1990s．BioScience，42（7），July/August 1992.

20. DOBSON ANDY P，et al．Hopes for the Future：Restoration Ecology and Conservation Biology．Science，277，1997.

21. MARIETTA Don E，JR. Environmental Holism and Individuals. Environmental ethics，Vol. 10，No. 3，Fall 1988 .

22. JUNG HWA YOL．The Harmony of Man and Nature：A Philosophic Manifesto．Philosophical Inquiry，Vol.Ⅷ，No.1-2，1996.

23. UNEP，1997 Seoul Declaration on Environmental Ethics．http：//www.nyo.unep.org/wed_eth.htm

24. MOL ARTHUR P J，SONNENFELD DAVID A. Ecological Modernization around the World：An Introduction．Environmental Politics，Vol. 9,

No.1， Spring 2000.

25. MOL ARTHUR P J. Environment and Modernity in Transitional China: Frontiers of Ecological Modernization. Development and Change, Vol.37， No.1， 2006.

26. LIPIETZ ALAIN.Political Ecology and the Future of Marxism. Capitalism， Nature， Socialism， Vol.11，No. 1， （Issue 41）， March 2000.

27. FOSTER JOHN BELLAMY.Marx's Ecology in Historical Perspective. International Socialism Journal， Issue 96， Winter 2002.

28. SWEEZY PAUL M.Capitalism and the Environment.Monthly Review， Vol. 56，No. 5，2004.

29. 张云飞．生态伦理学初探．内蒙古社会科学，1986(4).中国人民大学书报资料中心复印报刊资料B8《伦理学》1986年第8期全文转载。

30. 张云飞．试论社会——自然的系统性．经济·社会，1988（1）．

31. 张云飞．社会和自然的统一及其关系类型．经济·社会，1988（4）．中国人民大学书报资料中心复印报刊资料B2《自然辩证法》1988年第10期全文转载。

32. 张云飞．人和自然的关系与哲学基本问题．内蒙古社会科学，1989（4）．中国人民大学书报资料中心复印报刊资料B1《哲学原理》1990年第1期全文转载。

33. 张云飞．生态伦理学的研究进展(上、下）．哲学动态，1989（4，5）．中国人民大学书报资料中心复印报刊资料B8《伦理学》1989年第9期全文转载。

34. 张云飞．罗马俱乐部的生态道德观述评．道德与文明，1989（5）.中国人民大学书报资料中心复印报刊资料B8《伦理学》1990年第1期全文转载。

35. 张云飞．浅析荀子的生态伦理意识倾向．孔子研究，1990（4）．

36. 张云飞．论生态伦理学的研究方法．科学管理研究，1991（6）．

37. 张云飞．生态伦理学中的理论倾向//社会生态与生态哲学研究.哈尔滨：东北林业大学出版社，1992.

38. 张云飞．略论社会生态运动规律的若干特征//社会生态与生态哲学研究.哈尔滨：东北林业大学出版社，1992.

39. 张云飞．试析孟子思想的生态伦理学价值．中华文化论坛，1994（3）．

40. 张云飞，等．关于军事环境伦理学．自然辩证法研究，1995（3）．

41. 张云飞．21世纪和生态伦理．天津日报，1996-01-02.

42. 张云飞．孔子思想中的生态伦理因素．中国人民大学学报，1996（3）．中国人民大学书报资料中心复印报刊资料B8〈伦理学》1996第9期全文转载。中国人民大学书报资料中心复印报刊资料B5《中国哲学》1996第9期全文转载。

43. 张云飞．全球问题的技术对策．科学管理研究，1997（1）．中国人民大学书报资料中心复印报刊资料B2《科学技术哲学》1997第5期全文转载。

44. 张云飞．持续发展的技术抉择．科学管理研究，1997（2）．中国人民大学书报资料中心复印报刊资料B2《科学技术哲学》1997第7期全文转载。

45. 张云飞．技术革命的生态方向．科学管理研究，1997（4）．

46. 张云飞．论持续农业的技术模式．科学管理研究，1998（2）．

47. 张云飞．社会发展生态向度的哲学展示——马克思恩格斯生态发展观初探．中国人民大学学报，1999（2）．中国人民大学书报资料中心复印报刊资料B1《哲学原理》1999第7期全文转载。中国人民大学书报资料中心复印报刊资料A1《马克思主义、列宁主义研究》1999第7期全文转载。

48. 张云飞．“礼”的生态伦理价值——《礼记》读书札记．［韩］韩国哲学论集（ISSN 1598-5024），第12辑，2003（3）．

49. 张云飞．退溪自然观的生态意蕴．［韩］韩华学报（ISSN 1598-3064），2003（7）．

50. 张云飞．生态减灾：我国贫困地区可持续发展的方向．唐都学刊，2004（1）．

51. 张云飞．走向“绿色小康”．唐都学刊，2004（4）．

52. 张云飞，任铃．试论人类中心主义的重构方向．教学与研究，2004（4）．

53. 张云飞．统筹人与自然和谐发展．高校理论战线，2004（6）．

54. 张云飞．面向“绿色奥运”的制度创新．前线，2005（2）．

55. 张云飞．试论生态文明在文明系统中的地位和作用．教学与研究，2006（5）.中国人民大学书报资料中心复印报刊资料B1《哲学原理》2006年第8期全文转载。

56. 张云飞．国外马克思主义生态文明理论研究．国外理论动态，2007（12）.中国人民大学书报资料中心复印报刊资料A1《马克思主义、列宁主义研究》2008年第2期全文转载。

57. 张云飞，等．马克思主义生态文明理论的性别意识．中国人民大学学报，2008（1）．

58. 张云飞．节约资源能源 保护生态环境．经济日报：理论周刊，2008-05-26（7）．

59. 张云飞．生态文明是全面建设小康奋斗目标的新要求//教育部社会科学司，编．理论之光——学习宣传党的十七大精神理论研究专集.北京：高等教育出版社，2008.

60. 张云飞．生态文明：中国现代化的生态之路．理论视野，2008（10）．

61. 张云飞．生态文明：和谐社会的新境界．思想理论教育导刊，2008（11）．

62. 张云飞．试论生态文明的历史方位．教学与研究，2009（8）．

63. 张云飞，等．中国传统伦理的生态文明意蕴．中国人民大学学报，2009（5）．

64. 张云飞．马克思主义生态文明理论的学科建构．理论学刊，2009（12）．

65. 张云飞．中医生态和谐思想的历史进程．［韩］中国研究（ISSN1975-5902），第6辑，2009（2）．

66. 张云飞．文明多样性是研究生态文明的科学视野//张雷声，顾钰民，主编.马克思主义理论学科研究：第4辑．北京：高等教育出版社，2009.

67. 张云飞．试论东北亚环境合作的非政府组织方式//冯俊，主编.亚洲学术（2008）．北京：人民出版社，2009.

68. 张云飞．实现工业文明和生态文明相融合的理论思考//曾晓东，主编．第五届环境与发展中国（国际）论坛论文集．北京：现代教育出版社，2009.

69. 张云飞．试论社会建设的生态方向．北京行政学院学报，2010（4）．

70. 张云飞．工业文明：生态文明的历史走廊//曾晓东，主编.第六届环境与发展中国（国际）论坛论文集．北京：法律出版社，2010.

71. 张云飞．中国生态文明的过去、现在和未来．［韩］历史与世界（ISSN2005-0143），第39辑，2011（6）．

72. 张云飞．统筹兼顾：生态文明建设的战略思维．理论学刊，2012（4）．

## 【在线期刊】

1. New Left Review， http：//newleftreview.org/.

2. Monthly Review， http：//monthlyreview.org/.

3. Capitalism，Nature，Socialism，http：//www.cnsjournal.org/.

4. Synthesis/Regeneration，http：//www.greens.org/s-r/index.html.

# 后　记

本书为中国人民大学985项目资助课题的最终成果。

自从拙文《生态伦理学初探》（《内蒙古社会科学》1986年第4期）发表以后，笔者就致力于生态伦理学、生态哲学、可持续发展理论和生态文明的学习和研究。在这个过程中，虽未达到“虽九死其犹未悔”之境界，但是，无论工作环境、人生境遇和心灵感受发生了什么样的变化，生态议题一直“亦余心之所善兮”。

继完成国家社会科学基金项目“唯物史观视野中的生态文明：理论和实践”（项目批号：04BZX011。结项时间：2009年10月。中国人民大学出版社2014年5月出版）之后，这是笔者推出的另一部生态文明著作。虽然前者也涉及了一些现实问题，但是，重点是从唯物史观的高度回答生态文明的理论问题；本书在延续前书思路的基础上，重点结合建设美丽中国的现实，回答当代中国生态文明建设的实践问题。在生态与发展的关系上，与生态现代化理论和绿色资本主义的“修补论”、生态中心主义的“否定论”、后现代主义的“颠覆论”不同，笔者主张“创新论”：要将生态化原则（人与自然的和谐），渗透在生态（自然物质条件，即人口、资源和能源、环境、生态空间和安全、防灾减灾）、经济、政治、文化、社会生活等社会有机体领域中，贯穿在渔猎文化、农业文明、工业文明、智能文明等技术社会形态的变迁中，走新型工业化道路，凭借从资本主义到社会主义和共产主义的生产关系革命，最终实现人道主义和自然主义的统一。即生态文明既非一种元素，也非一个阶段，而是发展的自然基础、基本主题、重要原则和永恒追求。这样，笔者的看法也与生态社会主义和生态马克思主义相异。而支持笔者观点的就是马克思主义社会结构理论和社会形态理论。当然，在一些纯粹绿色论者看来，笔者的观点不仅创新不足，而且愚不可及。这也是前书结项和出版坎坷的重要原因。但是，上述看法是笔者28年来探索中所坚持和信仰的东西。

在写作本书的过程中，首先由笔者根据党的十六大尤其是十七大以来中央文献中关于生态文明的论述为依据，结合国内外生态文明研究的理论成果和生态文明建设的实际经验，立足中国特色社会主义总体布局和发展愿景，按照“综合创新”的方式，以人与自然的和谐为原则，以生态文明的根据（为什么）、内容（是什么）、对策（怎么做）为线索，拟定了全书的提纲，并提供了各章写作的文本依据。然后由各章的作者分头撰写。在初稿完成后，根据笔者的修改意见，各章作者进行了数次修改，然后由笔者进行了统稿甚至是颠覆性的重写。党的十八大和十八届三中全会以后，笔者根据十八大的精神和十八届三中全会通过的《中共中央关于全面深化改革若干重大问题的决定》，对全书再度进行了调节、修改和完善。

具体分工如下：前言，张云飞。上篇，第一章，周鑫，张云飞；第二章，赵而雪，张云飞；第三章，赵而雪；第四章，张云飞；第五章，陈改桃，张云飞。中篇，第一章，赵而雪，张云飞；第二章，陈改桃，张云飞；第三章，张云飞，周鑫；第四章，刘海霞，张云飞；第五章，张云飞，赵而雪。下篇，第一章，张云飞；第二章，刘海霞，张云飞；第三章，任铃，张云飞；第四章，周鑫；第五章，任铃。至于书中的错误和纰漏，责任由笔者承担！

本书的出版得到了中共武汉大学党委宣传部和武汉大学马克思主义学院的大力支持，在此表示感谢！顾海良教授、张雷声教授对笔者的工作给予了无私帮助，在此表示诚挚的谢意！湖南教育出版社的领导和编辑为此书付出了辛勤劳动，在此表示感谢！除了笔者自己参阅的一些外文资料外，也参考了蔡文、任铃、周鑫、许瑛、赵雪峰、赵而雪、袁雷、田园等同学在平时专业外语学习中的一些译文，对此也表示感谢！且淑芬同志为本书的写作查阅了公开发布的统计数据，特此表示谢意！

“路漫漫其修远兮，吾将上下而求索”！

张云飞

2012年国庆节于京北回龙观，再记于2012年11月党的十八大后，三记于2014年3月党的十八届三中全会后